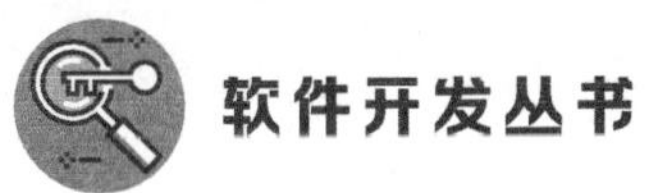

Java 完全自学教程

明日科技◉编著

人 民 邮 电 出 版 社
北 京

图书在版编目（CIP）数据

Java完全自学教程 / 明日科技编著. -- 北京 : 人民邮电出版社, 2022.2（2023.5重印）
（软件开发丛书）
ISBN 978-7-115-56239-5

Ⅰ. ①J… Ⅱ. ①明… Ⅲ. ①JAVA语言－程序设计－教材 Ⅳ. ①TP312.8

中国版本图书馆CIP数据核字(2021)第054122号

内 容 提 要

本书从零基础用户自学Java语言的角度出发，通过通俗易懂的语言、精彩有趣的实例介绍使用Java语言进行程序设计需要掌握的知识。全书共18章，分为4篇。其中基础篇介绍数据类型、运算符等，提高篇介绍数组、面向对象编程、异常处理等，高级篇介绍Swing程序设计、线程等，项目篇介绍如何设计一个开发计划管理系统。本书结合具体实例讲解知识，代码有详细注释，使读者轻松领会Java程序设计的精髓，快速提高程序设计水平。

本书适合作为Java初学者、初级和中级程序员的自学用书，通过本书读者可以全面掌握Java语言，并学会使用Java来解决问题、开发项目；本书也适合作为大中专院校相关专业、软件开发培训机构的教材或参考用书。

◆ 编　　著　明日科技
责任编辑　赵祥妮
责任印制　王　郁　陈　犇

◆ 人民邮电出版社出版发行　　北京市丰台区成寿寺路11号
邮编　100164　　电子邮件　315@ptpress.com.cn
网址　https://www.ptpress.com.cn
北京七彩京通数码快印有限公司印刷

◆ 开本：787×1092　1/16
印张：27.5　　　　2022年2月第1版
字数：755千字　　　　2023年5月北京第3次印刷

定价：79.90元

读者服务热线：(010)81055410　印装质量热线：(010)81055316
反盗版热线：(010)81055315
广告经营许可证：京东市监广登字20170147号

前言

PREFACE

Java 语言是通俗易懂的，它的语法与 C 语言和 C++ 语言的很接近，这成为很多 C 语言和 C++ 语言程序员选择学习并且使用 Java 语言的主要原因。Java 语言提供类、接口和继承等面向对象的特性。为了简单起见，Java 语言对这些面向对象的特性进行了设置，使得它们在使用时有规矩可循。此外，Java 语言还能够同时执行多个线程，并提供线程与线程之间的同步机制。综上所述，Java 语言是简单的，是面向对象的，是多线程的，让我们阅读这本书走进 Java 的世界。

本书内容

本书共分 18 章，包括 Java 语言基础、窗体设计开发、文件操作、线程和网络通信、数据库操作以及项目案例讲解等。具体内容分别为：搭建 Java 开发环境，走进 Java，数据类型，运算符，流程控制语句，数组，面向对象编程，异常的捕获与处理，字符串，Java 常用类，泛型类与集合类，Swing 程序设计，AWT 绘图，输入 / 输出流，线程，网络通信，使用 JDBC 操作数据库和开发计划管理系统。

本书资源内容

为方便读者自学本书，本书资源包中提供了全程的视频讲解课程，另外还包括所有项目和实例的源代码，帮助读者轻松学习 Java 编程。

本书特点

✓ 结构合理，符合自学要求

所讲内容既避开了艰涩难懂的理论知识，又覆盖了编程所需的各方面技术，其中一些知识是同类书鲜有提及，但又非常实用的。对于目前的热点技术与应用，本书也进行了介绍。

✓ 循序渐进，轻松上手

本书内容的讲解从零起步，循序渐进，可全面提高读者的学、练、用能力。讲解中使用了大量生动、实用的实例，可以使读者轻松上手，快速掌握所学内容。

✓ 实例经典，贴近实际

本书介绍的内容和实例多数来源于实际开发，实践性非常强，也非常经典，只需做少量修改甚至不做修改，即可用于实际项目开发。本书后面部分通过一个完整的综合项目，全面介绍窗体项目开发的业务流程和技术要求，案例讲解力求步骤详尽、清晰流畅。所选实例突出实用性，注重培养读者利用 Java 解决实际问题的能力。

☑ **学练结合，巩固知识**

本书每章后面都设置了“动手练一练”模块，可帮助读者巩固本章所学的理论知识，提升动手编程能力。

本书读者

- ☑ 初学编程的自学者
- ☑ 编程爱好者
- ☑ 大中专院校的老师和学生
- ☑ 相关培训机构的老师和学员
- ☑ 做毕业设计的学生
- ☑ 初中级程序开发人员
- ☑ 各级程序维护及管理人员
- ☑ 参加实习的菜鸟程序员

技术支持

本书由明日科技 Java 团队组织编写，参加编写的有王小科、高春艳、赛奎春、王国辉、申小琦、赵宁、何平、张鑫、周佳星、李菁菁、李磊、冯春龙、庞凤、谭畅、刘媛媛、胡冬、宋磊、张宝华、杨柳等。由于编者水平有限，错漏之处在所难免，请广大读者批评指正。

如果读者在使用本书时遇到问题，可以访问明日科技网站，我们将通过该网站全面为读者提供网上服务和支持。读者使用本书发现的错误和遇到的问题，我们承诺在 1 ~ 5 个工作日内给您提供回复。

服务网站：www.mingrisoft.com

服务邮箱：mingrisoft@mingrisoft.com

服务电话：0431-84978981/84978982

服务 QQ：4006751066

祝您读书愉快！

明日科技

2021 年 12 月

目录

CONTENTS

基础篇

第 7 章　面向对象编程

第 8 章　异常的捕获与处理

第 9 章　字符串

高级篇

第12章 Swing程序设计

第13章 AWT绘图

第14章 输入/输出流

第 15 章 线程

第 16 章 网络通信

第 17 章 使用 JDBC 操作数据库

项目篇

第 18 章 开发计划管理系统

基础篇

搭建 Java 开发环境

◀ 视频教学：29 分钟

“兵马未动，粮草先行。”在学习 Java 之前，需要先做好准备工作。本章首先介绍 Java 的特点，然后分别介绍如何在 Windows10 操作系统下安装、配置和测试已下载好的 JDK11，接着分别介绍如何下载、配置和使用 Eclipse，最后介绍 Java API 及其使用方法。

扫码看视频

1.1 Java 概述

Java 是一门简单易用、安全可靠的计算机语言。计算机语言是指人与计算机沟通时采用的语言。Java 是 1995 年由 Sun 公司推出的一门极富创造力的计算机语言，由具有“Java 之父”之称的詹姆斯·高斯林设计而成。Java 自诞生以来，经过不断的发展和优化，一直流行至今。

1.1.1 Java 的两个常用版本

Java 语言当下有两个常用版本：Java SE 和 Java EE，如图 1.1 所示。其中，Java SE 是 Java EE 的基础，用于桌面应用程序的开发；而 Java EE 用于 Web 应用程序的开发，Web 应用程序指的是用户使用浏览器即可访问的应用程序。

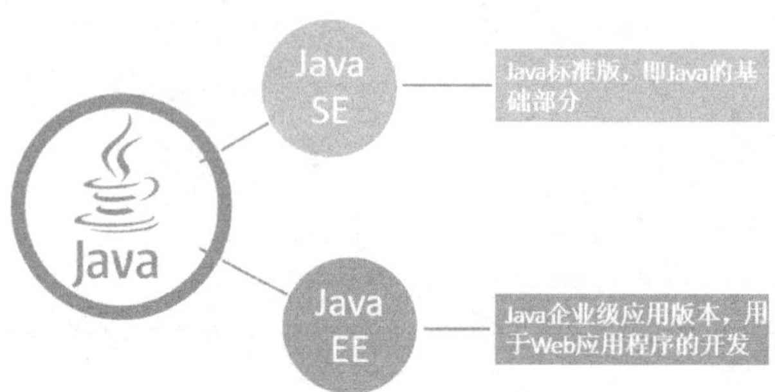

图 1.1 Java 的两个常用版本

1.1.2 Java 的主要特点及用途

Java 语言很简单。一方面，Java 语言的语法与 C 语言和 C++ 语言很相近，这使得学习过 C 语言或 C++ 语言的开发人员能够很容易地学习并使用 Java 语言；另一方面，Java 语言丢弃了 C++ 语言中很难理解的指针，并提供了自动的垃圾回收机制，即当 CPU 空闲或内存不足时，自动进行垃圾回收，这使得开发人员不必为内存不足而担忧。

Java 语言的一个主要特点是具有跨平台性。跨平台性是指同一个 Java 应用程序能够在不同的操作系统上被执行。在 Windows 操作系统、Linux 操作系统和 macOS 操作系统上分别安装与各个操作系统相匹配的 Java 虚拟机后，同一个 Java 应用程序就能够在这 3 个不同的操作系统上被执行，如图 1.2 所示。

说明

Java 虚拟机，简称 JVM（Java Virtual Machine）。如果某个操作系统安装了与之匹配的 Java 虚拟机，那么在这个操作系统上，Java 应用程序就能够被执行。

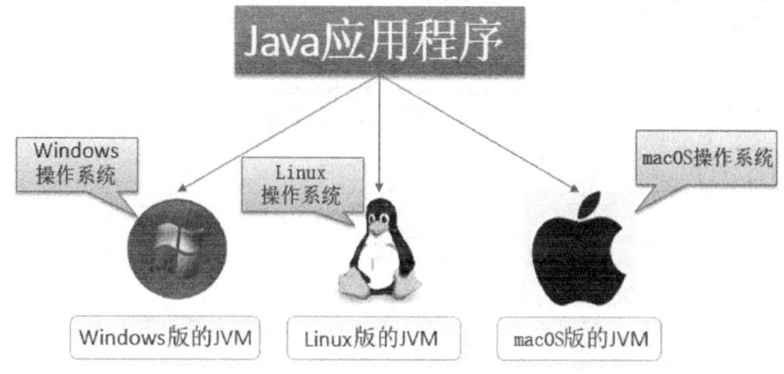

图 1.2 Java 语言的跨平台性

使用 Java 编写应用程序既能缩短开发时间，又能降低开发成本，这使得 Java 的用途不胜枚举。例如，Java 可以用于桌面应用程序、电子商务系统、多媒体系统、分布式系统及 Web 应用程序等的开发。在揭开 Java 的神秘面纱之前，先来做一些准备工作。

1.2 JDK 和 Eclipse

本书将使用 Eclipse 编写 Java 应用程序，但前提是必须安装 JDK，因为 Eclipse 和 JDK 是相辅相成的，下面将分别予以介绍。

（1）JDK 的英文全称为 Java Development Kit，即 Java 软件开发工具包。因为 JDK 提供了 Java 的开发环境和运行环境，所以 JDK 是 Java 应用程序的基础。换言之，所有的 Java 应用程序都是构建在 JDK 上的。

说明

Java 运行环境，简称 JRE（Java Runtime Environment）。Java 运行环境主要包含 JVM 和 Java 函数库。JDK、JRE、JVM 和 Java 函数库的关系如图 1.3 所示。

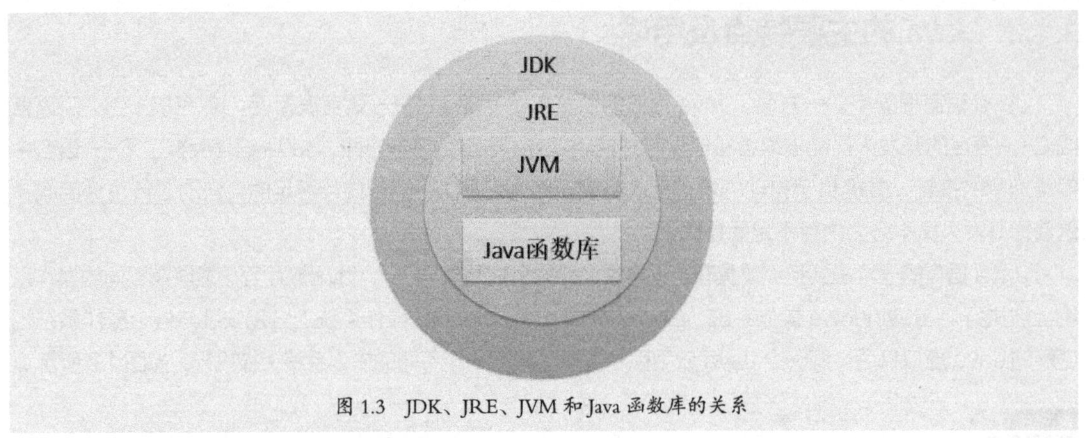

图 1.3 JDK、JRE、JVM 和 Java 函数库的关系

（2）Eclipse 是开发 Java 应用程序的众多开发工具中的一种，但不是必需的。例如，开发人员还可以使用记事本、MyEclipse、IntelliJ IDEA 等开发工具编写 Java 应用程序。

1.2.1 JDK 的下载与安装

扫码看视频

本书使用的 JDK 版本是 Java SE 11。Java SE 11 需要在 OpenJDK 上进行下载。

1. 下载 JDK

下面介绍下载 Java SE 11 的方法，具体步骤如下。

（1）打开浏览器，进入 JDK Java 的官网，打开图 1.4 所示的 OpenJDK 主页面。OpenJDK 主页面展示着 JDK 的各个版本号。因为本书使用的是 Java SE 11，所以单击图 1.4 所示页面中的超链接 11，即可进入 Java SE 11 详情页。

图 1.4 OpenJDK 主页面

（2）在图 1.5 所示的 Java SE 11 详情页中找到并单击超链接“Windows/x64 Java Development Kit”，弹出新建下载任务对话框。

（3）在图 1.6 所示的新建下载任务对话框中，先单击浏览按钮，选择 openjdk-11+28_windows-x64_bin.zip 的保存位置，再单击下载按钮。

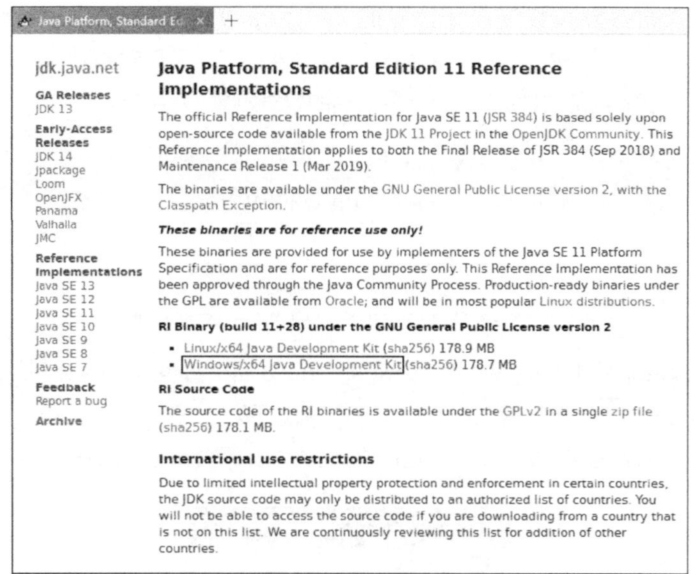

图 1.5　Java SE 11 详情页

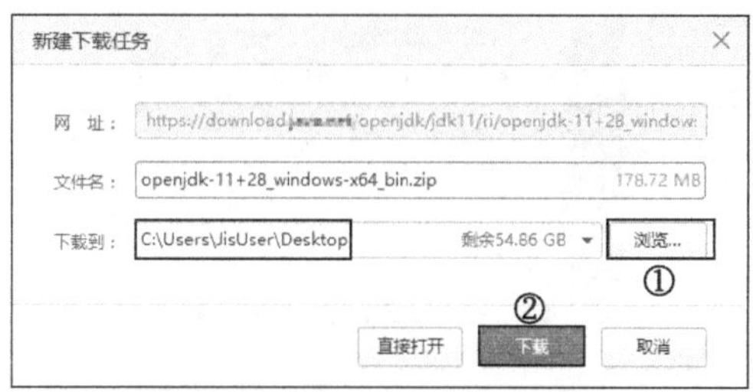

图 1.6　“新建下载任务”对话框

> **说明**
>
> 笔者将压缩包下载到了桌面上。建议读者朋友也先将压缩包下载到桌面上，便于后续操作。

2. 配置 JDK

在配置 Java SE 11 之前，要先移动并解压 openjdk-11+28_windows-x64_bin.zip，步骤如下。

（1）在 D 盘下新建一个空的、名为 Java 的文件夹，如图 1.7 所示。

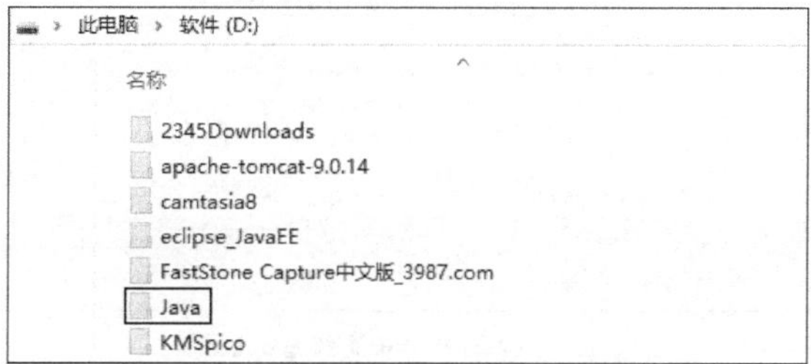

图 1.7　新建一个空的、名为 Java 的文件夹

（2）先单击桌面上已下载完成的 openjdk-11+28_windows-x64_bin.zip，按快捷键 <Ctrl +

X> 将其剪切；再双击打开 D 盘下已新建好的、名为 Java 的文件夹，按快捷键 <Ctrl + V> 将 openjdk-11+28_windows-x64_bin.zip 粘贴到 Java 文件夹下；最后对 openjdk-11+28_windows-x64_bin.zip 执行“解压到当前文件夹”操作，解压后的效果如图 1.8 所示。

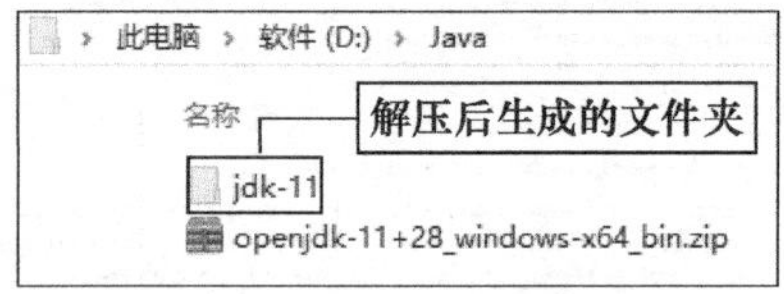

图 1.8　移动并解压 openjdk-11+28_windows-x64_bin.zip

移动并解压 openjdk-11+28_windows-x64_bin.zip 后，即可对 Java SE 11 进行配置。在 Windows10 的 64 位操作系统下配置 Java SE 11 的步骤如下。

（1）右击桌面上的此电脑图标，找到并选择快捷菜单中的属性选项，如图 1.9 所示。

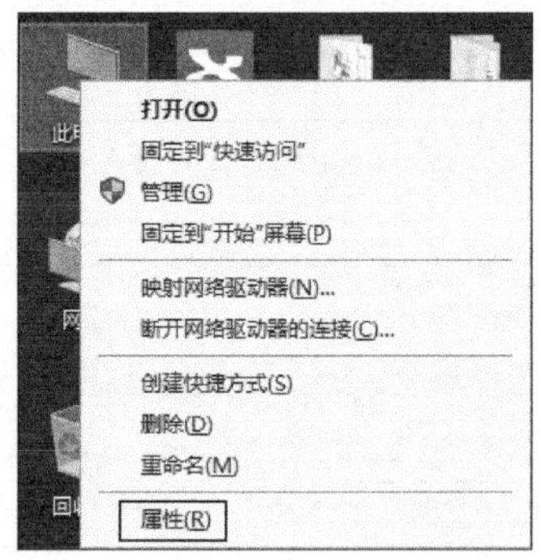

图 1.9　找到并选择快捷菜单中的属性选项

（2）弹出图 1.10 所示的界面后，找到并单击高级系统设置。

图 1.10　找到并单击高级系统设置

（3）弹出图 1.11 所示的系统属性对话框后，单击环境变量按钮。

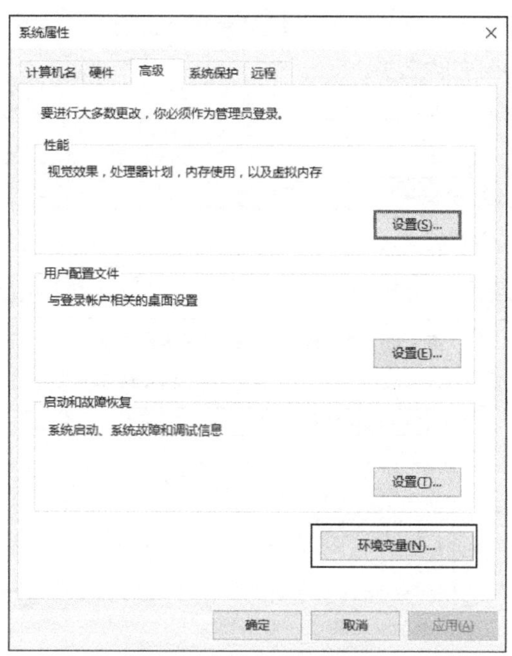

图 1.11　单击环境变量按钮

（4）弹出图 1.12 所示的环境变量对话框后，单击对话框下方的新建按钮，创建新的环境变量。

图 1.12　单击对话框下方的新建按钮

（5）弹出图 1.13 所示的新建系统变量对话框，在对话框中输入变量名和变量值后单击确定按钮。变量名和变量值的设置具体如下。

☑ 变量名：JAVA_HOME。

✓ 变量值：D:\Java\jdk-11（图 1.14 所示是笔者将 openjdk-11+28_windows-x64_bin.zip 解压后，jdk-11 文件夹中的内容）。

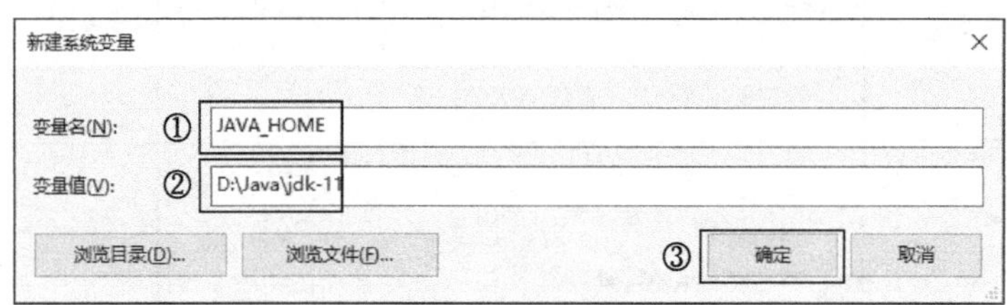

图 1.13　在对话框中输入变量名和变量值

图 1.14　jdk-11 文件夹中的内容

（6）弹出图 1.12 所示的环境变量对话框后，在“系统变量”选项组中找到并单击 Path 变量，单击对话框下方的编辑按钮，如图 1.15 所示。

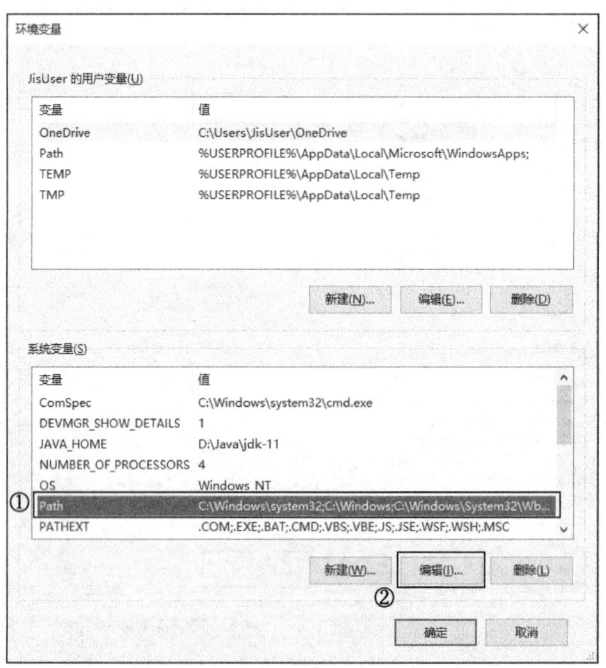

图 1.15　找到并单击 Path 变量后单击编辑按钮

（7）弹出图 1.16 所示的编辑环境变量对话框后，单击对话框右侧的新建按钮。

（8）单击新建按钮后，在列表中会增加一个空行。在空行中输入 %JAVA_HOME%\bin，如图 1.17 所示。

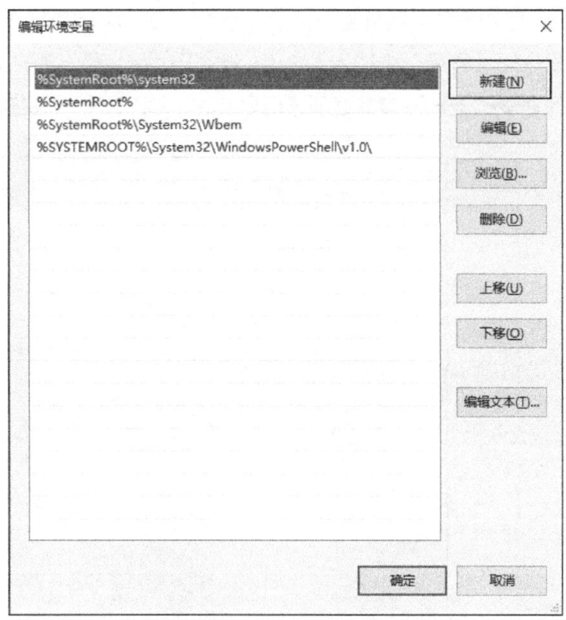

图 1.16　单击对话框右侧的“新建”按钮

（9）填写完毕后，先单击上移按钮，将 %JAVA_HOME%\bin 上移至列表的第一行；再单击确定按钮，如图 1.18 所示。

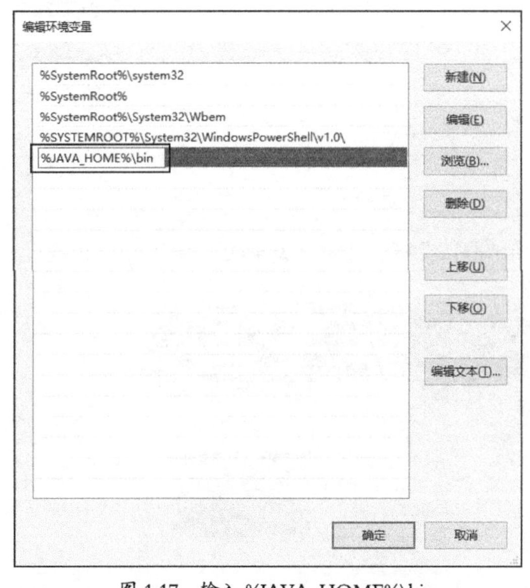

图 1.17　输入 %JAVA_HOME%\bin

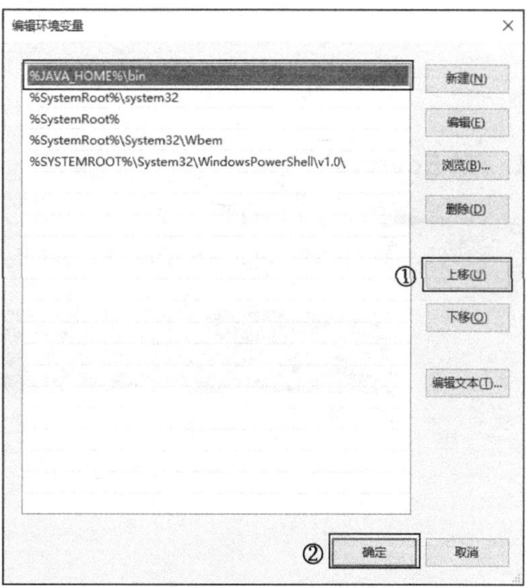

图 1.18　将 %JAVA_HOME%\bin 上移至列表的第一行

完成上述步骤，即可成功配置 Java SE 11。最后，依次单击各个对话框下方的确定按钮，关闭各个对话框。

3. 测试 JDK

Java SE 11 配置完成后，需测试 Java SE 11 是否配置准确。测试 Java SE 11 的步骤如下。

（1）在 Windows 10 操作系统下测试 JDK 环境时需要先单击桌面左下角的⊞图标，再直接输入

cmd，接着按〈Enter〉键，启动命令提示符窗口。输入 cmd 后的效果如图 1.19 所示。

（2）在已经启动的命令提示符窗口中输入 javac，按〈Enter〉键，将输出图 1.20 所示的 JDK 的编译器信息，其中包括修改命令的语法和参数选项等信息。这说明 JDK 环境搭建成功。

图 1.19　输入 cmd 后的效果

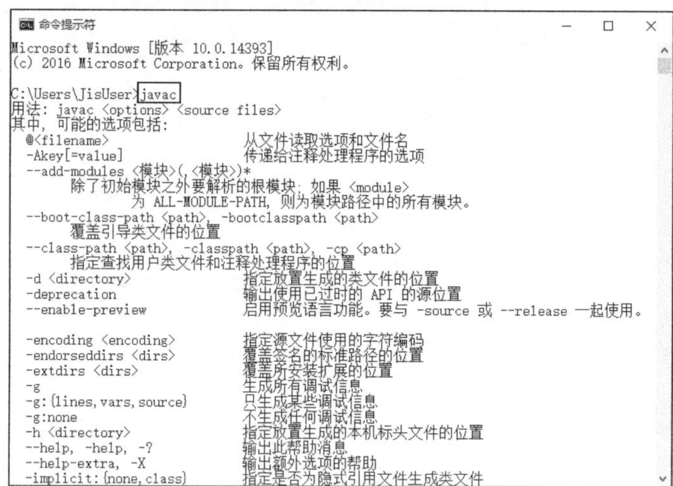

图 1.20　JDK 的编译器信息

1.2.2　Eclipse 的下载与启动

扫码看视频

Eclipse 是主流的 Java 开发工具之一，是由 IBM 公司开发的集成开发工具。本小节对 Eclipse 的下载与启动予以讲解。

1. 下载 Eclipse

Eclipse 的下载步骤如下。

（1）打开浏览器，进入 Eclipse 的官网首页，然后单击图 1.21 所示的 Download Packages 超链接。

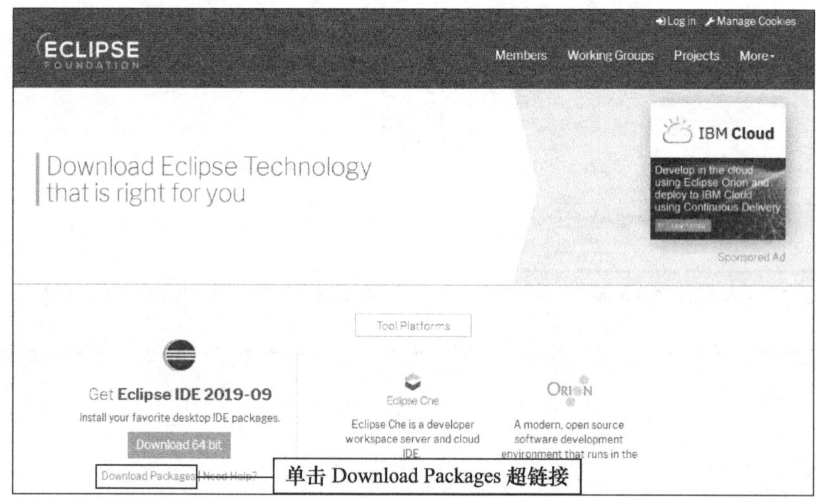

图 1.21　Eclipse 的官网首页

（2）单击 Download Packages 超链接后，进入 Eclipse Packages 页面，先在当前页面下方

找到 Eclipse IDE for Java Developers，再单击与其对应的 Windows 操作系统的 64-bit 超链接，如图 1.22 所示。

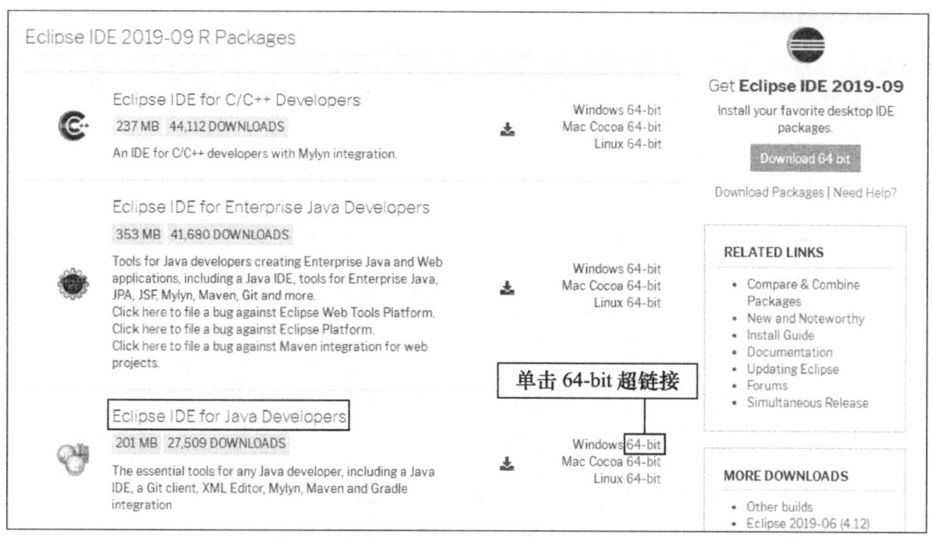

图 1.22 单击 Windows 操作系统的 64-bit 超链接

说明

（1）为了匹配 64 位 Windows 操作系统的 Java SE 11，需要下载 64 位 Windows 操作系统的 Eclipse。

（2）Eclipse 的版本更新速度比较快，因此，读者在下载 Eclipse 时如果没有 64 位的 Eclipse 2019-09 版本，可以直接下载最新版本的 64 位 Eclipse 进行使用。

（3）单击与 Eclipse IDE for Java Developers 对应的 Windows 操作系统的 64 bit 超链接后，Eclipse 服务器会根据客户端所在的地理位置分配合理的下载镜像站点，读者只需单击 Download 按钮，即可下载 64 位 Windows 操作系统的 Eclipse。Eclipse 的下载镜像站点页面如图 1.23 所示。

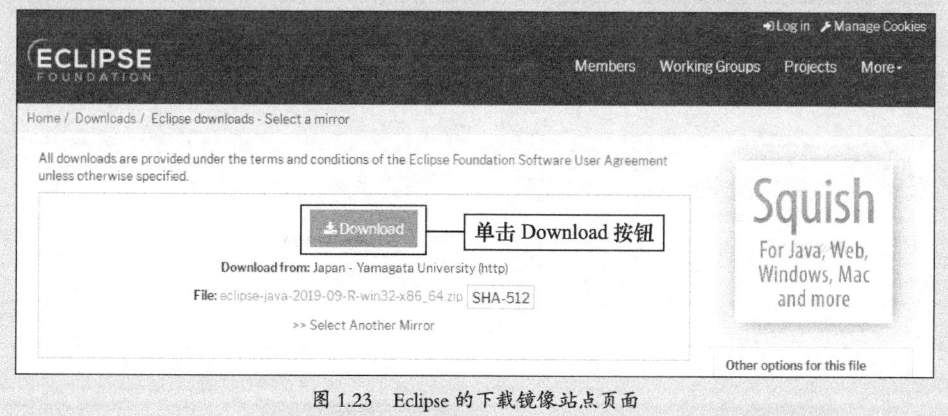

图 1.23 Eclipse 的下载镜像站点页面

2. 启动 Eclipse

将下载好的 Eclipse 压缩包解压后，就可以启动 Eclipse 了。启动 Eclipse 的步骤如下。

（1）在 Eclipse 解压后的文件夹中双击 eclipse.exe 文件。

（2）在弹出的 Eclipse IDE Launcher 对话框中设置 Eclipse 的工作空间（用于保存 Eclipse 建立的程序项目和相关设置），即在 Eclipse IDE Launcher 对话框的 Workspace 文本框中输入 .\workspace。

说明

“.\workspace”指定的文件地址是 Eclipse 解压后的文件夹中的 workspace 文件夹。

（3）输入 .\workspace 后单击 Launch 按钮，即可进入 Eclipse 的工作台，Eclipse IDE Launcher 对话框如图 1.24 所示。

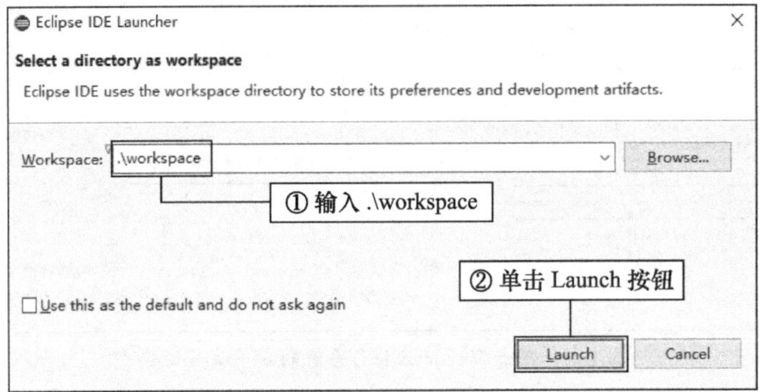

图 1.24　Eclipse IDE Launcher 对话框

注意

选中 Use this as the default and do not ask again 复选框可以将该地址设为默认工作空间，从而在启动 Eclipse 时就不会再询问工作空间的设置了。

首次启动 Eclipse 时，Eclipse 会呈现图 1.25 所示的欢迎界面。

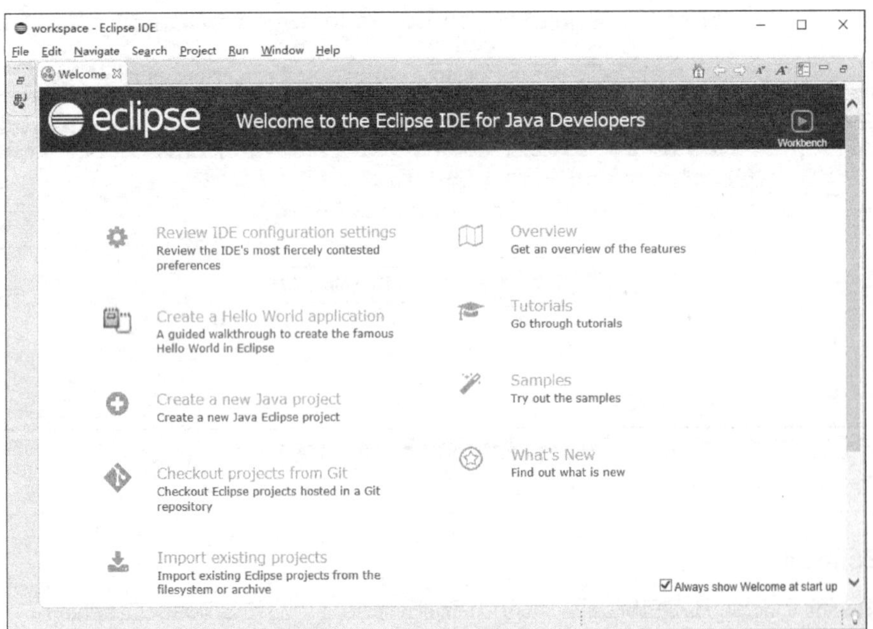

图 1.25　Eclipse 的欢迎界面

1.3 Eclipse 的窗口和菜单

关闭 Eclipse 的欢迎界面，即可进入 Eclipse 的工作台。Eclipse 的工作台是开发人员编写程序的主要场所。本节将介绍 Eclipse 工作台中的各个窗口和菜单。

1.3.1 Eclipse 的窗口说明

Eclipse 工作台主要包括标题栏、菜单栏、工具栏、编辑器、透视图和相关的视图等窗口，各个窗口如图 1.26 所示。

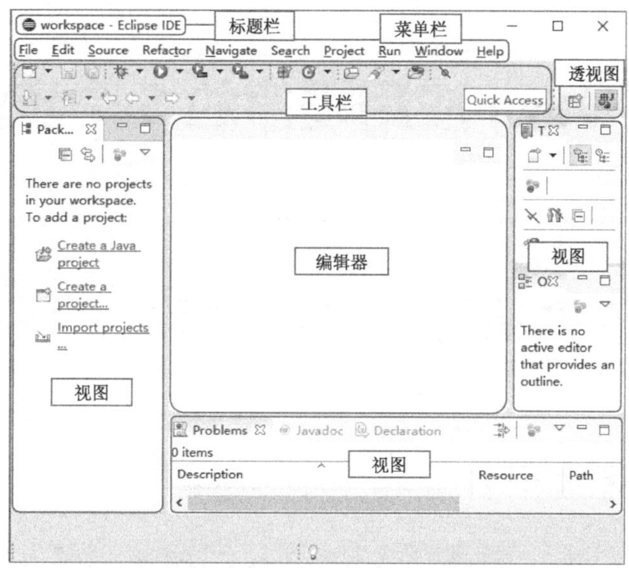

图 1.26　Eclipse 工作台中的各个窗口

1.3.2 Eclipse 的菜单说明

由图 1.26 可知，Eclipse 的菜单栏包含 File 菜单、Edit 菜单、Source 菜单、Refactor 菜单、Navigate 菜单、Search 菜单、Project 菜单、Run 菜单、Window 菜单和 Help 菜单。Eclipse 的菜单栏中各个菜单的相关说明如表 1.1 所示。

表 1.1　Eclipse 的菜单栏中各个菜单的相关说明

菜单名称	菜单说明
File	File 菜单可以打开文件、关闭编辑器、保存编辑的内容、重命名文件等。此外还可以向工作区导入内容和导出工作区的内容以及退出 Eclipse 等
Edit	Edit 菜单有复制和粘贴等功能
Source	Source 菜单包含一些关于编辑 Java 源码的操作
Refactor	Refactor 菜单可以自动检测类的依赖关系并修改类名

续表

菜单名称	菜单说明
Navigate	Navigate 菜单包含一些快速定位到资源的操作
Search	Search 菜单可以设置在指定工作区内对指定字符的搜索
Project	Project 菜单包含一些关于项目的操作
Run	Run 菜单包含一些关于代码执行模式与调试模式的操作
Window	Window 菜单允许同时打开多个窗口及关闭视图。Eclipse 的参数设置也在该菜单下进行
Help	Help 菜单包含显示帮助的窗口和 Eclipse 的描述信息。此外，还可以在该菜单下安装插件

1.4　编写 Java 应用程序的 5 个步骤

编写一个 Java 应用程序需要经过图 1.27 所示的 5 个步骤。

扫码看视频

图 1.27　编写 Java 应用程序的 5 个步骤

1.4.1　第 1 步：新建项目

要编写一个 Java 应用程序，首先需要新建 Java 项目。在 Eclipse 中新建 Java 项目的步骤如下。

（1）单击 File→选择 New→单击 Java Project 菜单项，打开 New Java Project（新建 Java 项目）对话框。打开 New Java Project 对话框的步骤如图 1.28 所示。

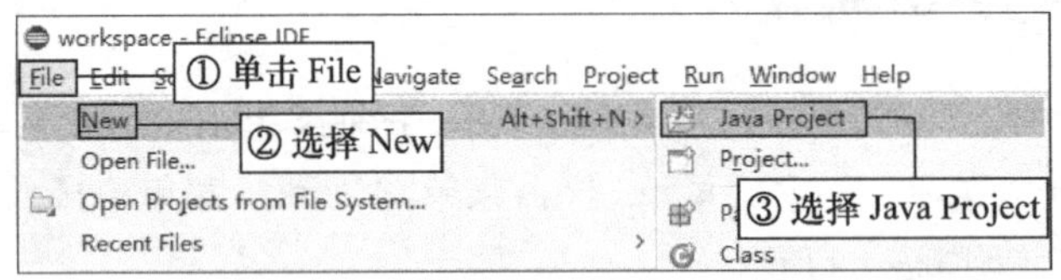

图 1.28　打开 New Java Project 对话框的步骤

（2）New Java Project 对话框如图 1.29 所示。首先在 Project name（项目名）文本框中输入 MyTest，然后在 Project layout（项目布局）选项组中确认 Create separate folders for sources and class files（为源文件和类文件新建单独的文件夹）单选按钮被选中，最后单击 Finish（完成）按钮，完成项目的新建。

（3）单击 Finish 按钮后，会弹出图 1.30 所示的 New module-info.java（新建模块化声明文件）对话框。模块化开发是 JDK9 新增的特性，但模块化开发过于复杂，并且新建的模块化声明文件也会影响 Java 项目的运行，因此需要单击新建模块化声明文件对话框中的 Don't Create 按钮。单击 Don't Create 按钮后，即可完成 Java 项目 MyTest 的创建。

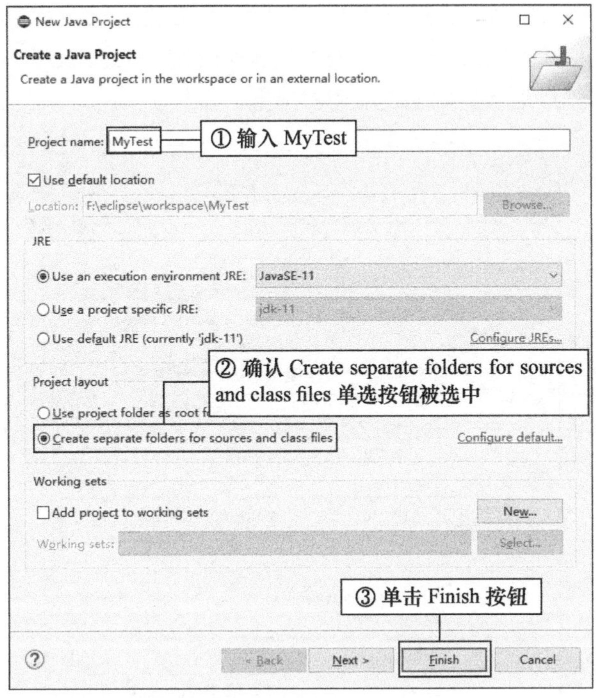

图 1.29　New Java Project 对话框

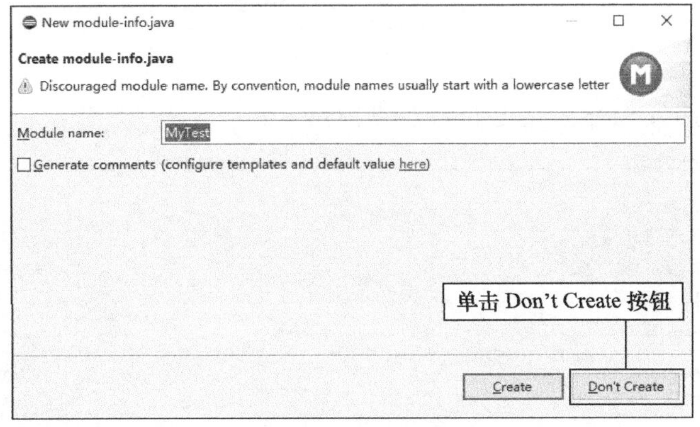

图 1.30　新建模块化声明文件的对话框

1.4.2　第 2 步：新建类

Java 类是存储 Java 代码的文件，扩展名是 .java。在 Eclipse 中新建 Java 类的步骤如下。

（1）右击新建的 Java 项目 MyTest，在弹出的快捷菜单中选择 New，单击 Class 菜单项，如图 1.31 所示。

图 1.31　打开 New Java Class（新建 Java 类）对话框的步骤

（2）打开 New Java Class（新建 Java 类）对话框后，首先在 Name 文本框中输入 First（Java 类的名称），表示第一个 Java 应用程序；然后选中复选框 public static void main(String[] args)；最后单击 Finish 按钮。新建 Java 类的步骤如图 1.32 所示。

图 1.32　New Java Class 对话框

单击 Finish 按钮后，Eclipse 的工作台如图 1.33 所示。

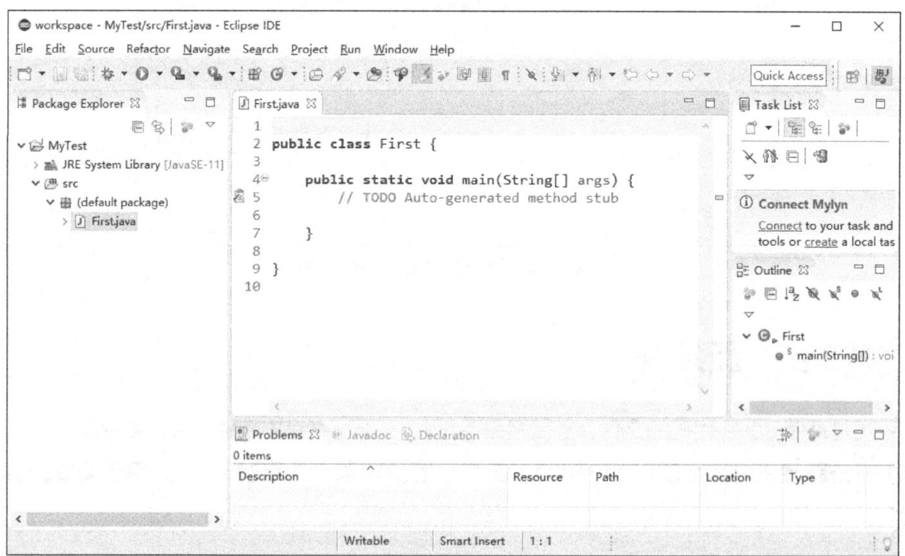

图 1.33　新建 First 类后 Eclipse 的工作台

注意

如果 Eclipse 显示的代码字体比较小，那么针对 64 位的 Eclipse 2019-09 版本，读者朋友可以直接按快捷键 <Ctrl + => 调大代码字体。

1.4.3 第 3 步：编写代码

实例1-1 输出金庸 14 部小说作品口诀。（实例位置：资源包 \MR\ 源码 \01\01。）

新建 First 类后，就可以在 First 类中编写“输出金庸 14 部小说作品口诀”程序的代码，在图 1.33 所示的第 6 行输入如下代码。

```
System.out.println("飞雪连天射白鹿，");
System.out.println("笑书神侠倚碧鸳。");
```

注意

（1）println 中的 l 不是数字 1，而是小写字母 l。

（2）上述代码的括号、双引号和分号均为英文格式下的标点符号。

1.4.4 第 4 步：保存代码

编写完 Java 代码后，需要对其进行保存。保存 Java 代码有 3 种方式。

（1）在 Eclipse 中按快捷键 <Ctrl +S> 保存当前的 .java 文件。

（2）在菜单栏中右击 File，在弹出的快捷菜单中选择 Save 菜单项（保存当前的 .java 文件）或者 Save All 菜单项（保存全部的 .java 文件）。

（3）单击工具栏中的 按钮（等价于 Save）或者 按钮（等价于 Save All）。

1.4.5 第 5 步：运行程序

在代码编辑区的空白区域右击，在弹出的快捷菜单中选择 Run As →单击 1 Java Application，即可运行 Java 应用程序。具体步骤如图 1.34 所示。

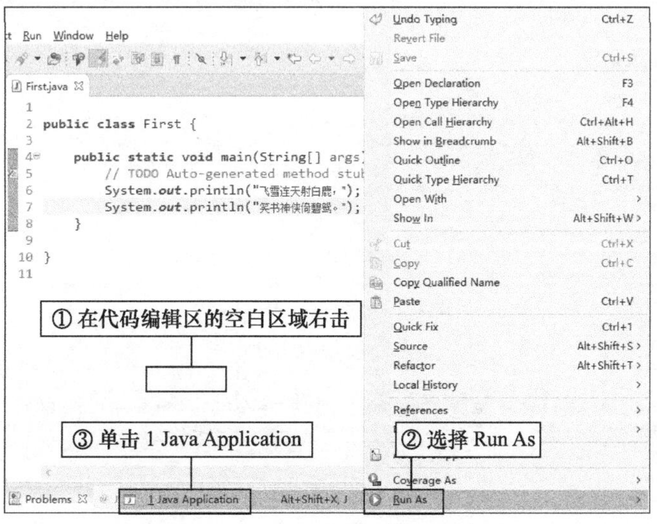

图 1.34 运行 Java 应用程序的具体步骤

上述代码的运行结果如图 1.35 所示。

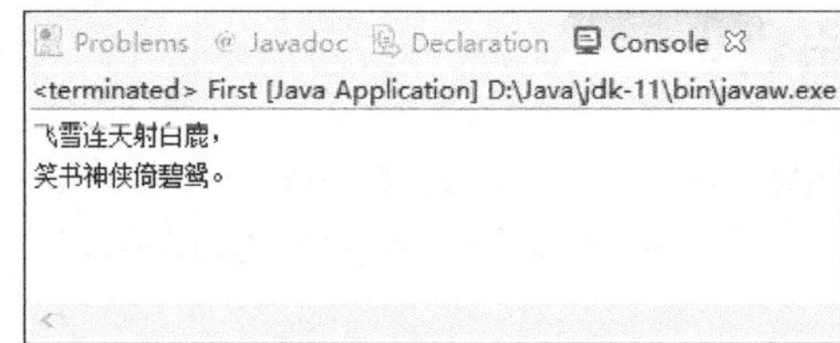

图 1.35 First 类的运行结果

1.5 Java 开发必备——API 文档

扫码看视频

Java API 即 Java API 文档，记录了 Java 语言中海量的知识点，是 Java 应用程序设计人员即查即用的编程词典。Java API 对 Java 应用程序设计人员的重要性类似于《现代汉语词典》对高中生的重要性。

1.5.1 Java API 简介

API 的全称是 Application Programming Interface，即应用程序编程接口，主要包括类的继承结构、成员变量、成员方法、构造方法、静态成员的描述信息和详细说明等内容。读者朋友可以在 https://docs.oracle.com/en/java/javase/11/docs/api/index.html 中找到 JDK11 的 API 文档，如图 1.36 所示。

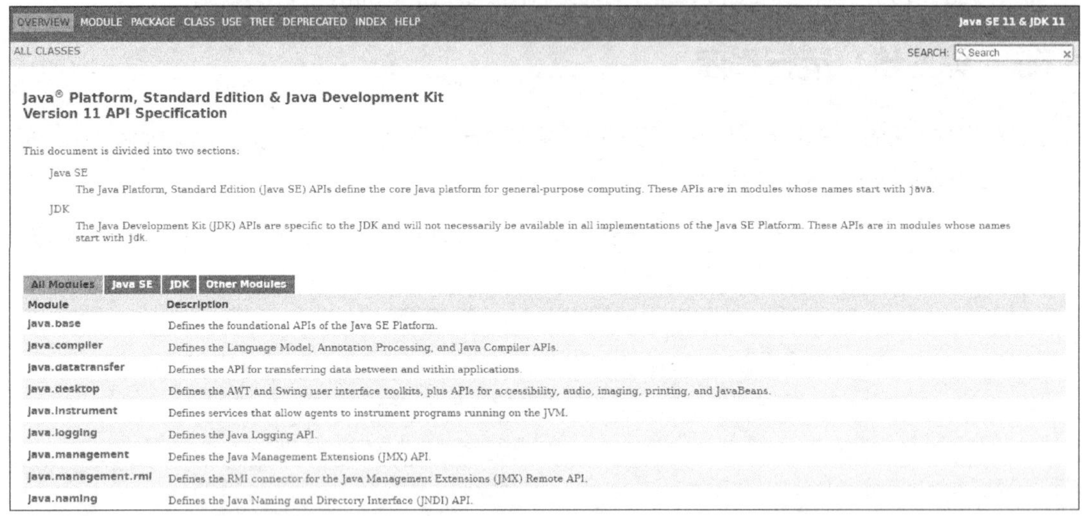

图 1.36 JDK11 的 API 文档

说明

JDK11 的 API 文档暂无中文版本，读者朋友在查询知识点时，可以借助网上流行的英译汉词典进行学习。

1.5.2 Java API 的使用方法

本小节将以 java.lang.String 为例，介绍 JDK11 的 API 文档的使用方法。在 JDK11 的 API 文档中查询 java.lang.String 的操作步骤如图 1.37 所示。

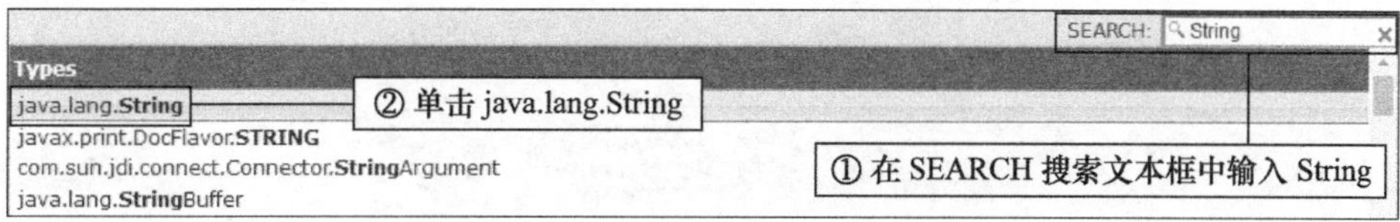

图 1.37　查询 java.lang.String 的操作步骤

单击 java.lang.String 后，页面即会显示 java.lang.String 的相应内容（类的继承结构、成员变量、成员方法、构造方法、静态成员的描述信息和详细说明等），如图 1.38 所示。

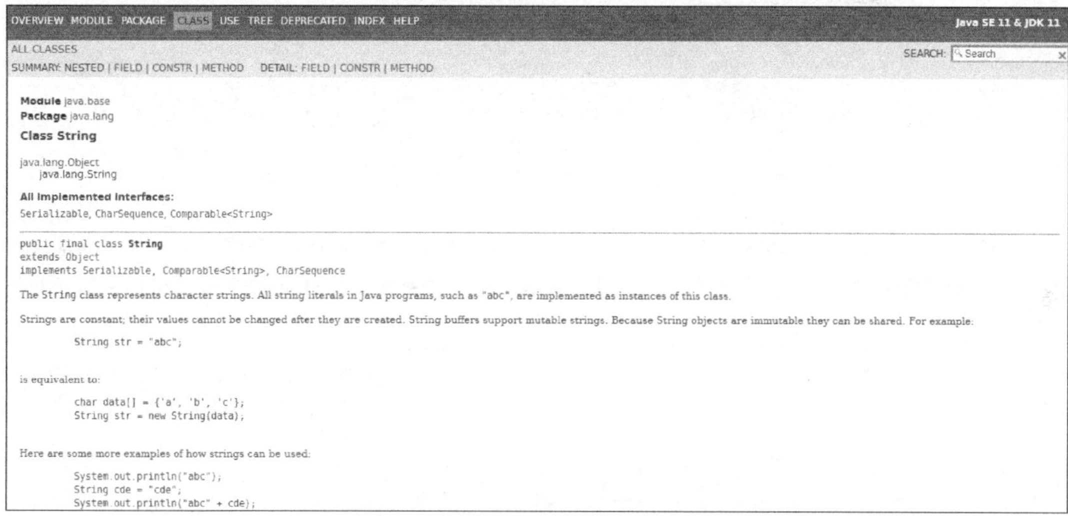

图 1.38　java.lang.String 的相应内容

1.6　动手练一练

（1）安装 JDK 后，下列哪一项不是 bin 目录下的主要开发工具？（　　）

A. javac　　B. JVM　　C. javadoc　　D. java

（2）下列哪一项是 Java 语言的编辑器？（　　）

A. javac.exe　　B. JDK　　C. JRE　　D. java.exe

（3）下列哪一项是编译 Java 程序的命令？（　　）

A. jar　　B. javac　　C. javadoc　　D. java

（4）下列哪一项是运行 Java 程序的命令？（　　）

A. jar　　B. javac　　C. javadoc　　D. java

（5）下列哪一项是正确的 main() 方法？（　　）

A. static void main(String[] args)　　B. public void main(String[] args)

C. public static void main(String args[])　　D. public void static main(String[] args)

第 2 章

走进 Java

视频教学：62 分钟

在真正学习 Java 这门编程语言之前，应该对 Java 代码的组成部分有一个基本的了解。本章首先介绍 Java 代码的组成部分及语法结构，然后引入 Java 语言中变量和常量的相关知识，最后讲解如何在控制台中进行输入与输出。

2.1　Java 代码的组成部分

扫码看视频（上）

扫码看视频（中）

扫码看视频（下）

Java 代码由类、主方法、关键字、标识符和注释等内容组成。本节将一一对其进行介绍。

2.1.1　类

类是 Java 程序的基本单位，是包含某些共同特征的实体的集合。例如，在某影视网站上，按照电影 → 科幻 → 中国大陆 → 2019 的搜索方式能够搜索到《流浪地球》《疯狂的外星人》《上海堡垒》《最后的日出》等影视作品。

换言之，《流浪地球》《疯狂的外星人》《上海堡垒》《最后的日出》等影视作品可以被归纳为 2019 年上映的中国大陆的科幻电影类。

使用 Java 语言创建类时，需要使用 class 关键字，创建类的语法如下。

```
[修饰符] class 类名称{ }
```

在程序设计过程中，开发人员为了避免程序的重要部分被其他程序员访问，需要借助修饰符予以实现。例如，class 被 public 修饰时，此时的 public 被称作公共类修饰符。如果一个类被 public 修饰，那么这个类被称作公共类，能够被其他类访问。此外，Java 语言还提供了其他修饰符，例如 private、protected 等。修饰符的相关内容详见后续章节。

注意

（1）class 与类名称之间必须至少有一个空格，否则 Eclipse 会出现图 2.1 所示的错误提示。

（2）“{”和“}”之间的内容叫作类体。类体包含主方法、注释和 Java 语句等内容，如图 2.2 所示。

```
public classScienceFictionFilms {

    public static void main(String[] args) {
        // TODO Auto-generated method stub
        System.out.println("---------------");
        System.out.println("|  片名          |");
        System.out.println("|  导演          |");
        System.out.println("|  主演          |");
        System.out.println("---------------");
    }

}
```

没有空格

图 2.1　class 与类名称之间没有空格

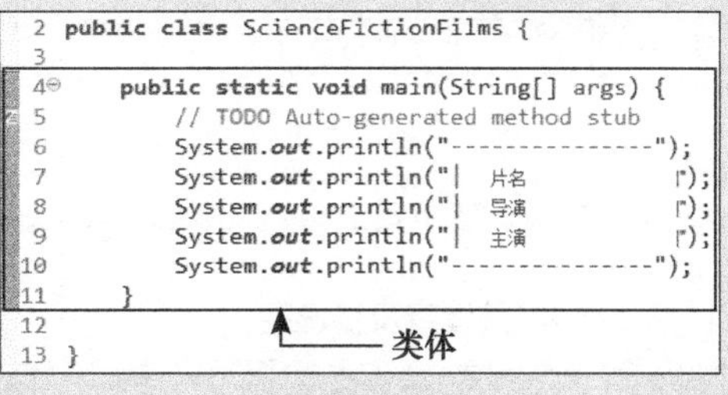

图 2.2　类体

2.1.2　主方法

主方法，即 main() 方法，是 Java 程序的入口，用于指定程序从这里开始被执行。主方法的语法如下。

```
public static void main(String[] args){
    //方法体
}
```

主方法的各个组成部分的说明如下。

- public：当使用 public 修饰方法时，public 被称作公共访问控制符，能够被其他类访问。
- static：被译为“全局”或者“静态”。主方法被 static 修饰后，当 Java 程序运行时，会被 JVM（Java 虚拟机）第一时间找到。
- void：指定主方法没有具体的返回值（即什么也不返回）；关于返回值，如果把投篮看作一个方法，那么投篮方法将具有两个返回值，即篮球被投进篮筐和篮球没有被投进篮筐。
- main：能够被 JVM 识别的、不可更改的一个特殊的单词。
- String[] args：主方法的参数类型，参数类型是一个字符串数组，该数组的元素是字符串。有关数组和字符串的相关知识，读者可参阅本书的第 6 章和第 9 章。

2.1.3　关键字

在 Java 语言中，关键字是指被赋予特定意义的一些单词，是 Java 程序重要的组成部分。凡是在 Eclipse 中显示为红色粗体的单词，都是关键字。在编写代码时，既要正确区分关键字的大小写，又要避免关键字拼写错误，否则，Eclipse 将出现图 2.3 和图 2.4 所示的错误提示。

注意

读者朋友在使用 Java 语言中的关键字时，要注意以下两点。

（1）表示关键字的英文单词都是小写的。

（2）不要少写或者错写英文字母，如将 import 写成 imprt、super 写成 supre。

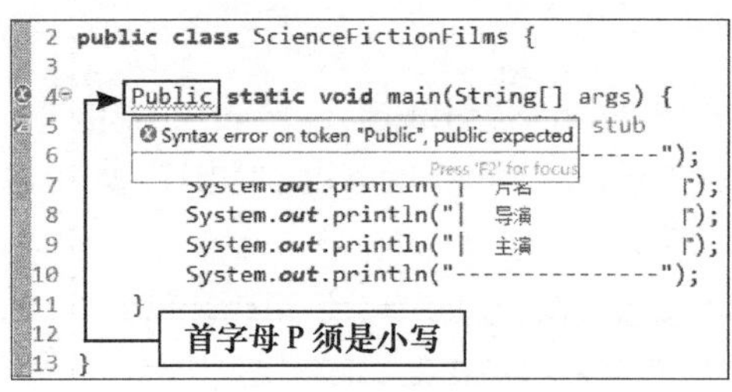

图 2.3　大小写错误

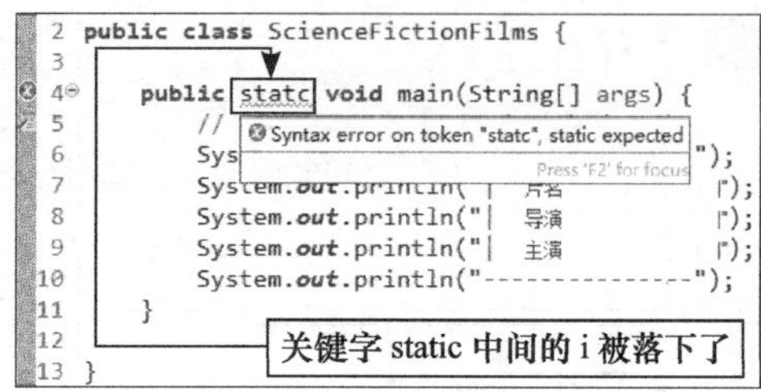

图 2.4　关键字的拼写错误

Java 中的关键字及其说明如表 2.1 所示，其中带有★标志的是 Java 程序中出现频率较高的关键字。

表 2.1　Java 中的关键字及其说明

关键字	说明
abstract	表明类或者成员方法具有抽象属性
assert	断言，用来进行程序调试
boolean ★	布尔类型
break ★	跳出语句，提前跳出一个代码块
byte ★	字节类型
case	用在 switch 语句之中，表示其中的一个分支
catch	用在异常处理中，用来捕捉异常
char ★	字符类型
class ★	用于声明类
const	保留关键字，没有具体含义
continue ★	回到一个代码块的开始处
default	默认，例如在 switch 语句中表示默认分支
do	do-while 循环结构使用的关键字
double ★	双精度浮点类型
else ★	用在条件语句中，表示当条件不成立时的分支
enum	用于声明枚举
extends	用于创建继承关系
final ★	用于声明不可改变的最终属性，例如常量
finally	声明异常处理语句中始终会被执行的代码块
float ★	单精度浮点类型
for ★	for 循环语句关键字
goto	保留关键字，没有具体含义
if ★	条件判断语句关键字

续表

关键字	说明
implements	用于创建类与接口的实现关系
import ★	导入语句
instanceof	判断两个类的继承关系
int ★	整数类型
interface	用于声明接口
long ★	长整数类型
native	用来声明一个方法是由与计算机相关的语言（如 C、C++、Fortran 语言）实现的
new ★	用来创建新实例对象
package ★	包语句
private	私有权限修饰符
protected	受保护权限修饰符
public ★	公有权限修饰符
return ★	返回方法结果
short ★	短整数类型
static ★	静态修饰符
strictfp	用来声明 FP_strict（单精度或双精度浮点数）表达式遵循 IEEE 754-2008 算术规范
super	父类对象
switch ★	分支结构语句关键字
synchronized	线程同步关键字
this	本类对象
throw	抛出异常
throws	将异常处理抛向外部方法
transient	声明不用序列化的成员域
try ★	尝试监控可能抛出异常的代码块
var	声明局部变量
void ★	表明方法无返回值
volatile	表明两个或者多个变量必须同步地发生变化
while ★	while 循环语句关键字

说明

（1）Java 语言中的关键字不是一成不变的，而是随着新版本的发布而不断变化的。

（2）Java 语言中的关键字不需要专门记忆，随着编写代码的熟练度的提高，自然就记住了。

2.1.4 标识符

什么是标识符呢？先来看一个生活实例，小王乘坐地铁时，偶遇到了某位同事并随即喊出了这位同事的名字，这个名字就是这位同事的“标识符”。而在 Java 语言中，标识符是指开发者在编写程序时为类、方法等内容定义的名称。为了提高程序的可读性，在定义标识符时，要尽量遵循“见名知意”的原则。例如，当其他开发人员看到类名 ScienceFictionFilms 时，就会知道这个类表示的是科幻电影。

Java 标识符的具体命名规则如下。

（1）标识符由一个或多个字母、数字、下划线“_”和美元符号“$”组成，字符之间不能有空格。

【正例】a、B、name、c18、$table、_column3。

【反例】hi!、left<、n a m e。

错误展示图如图 2.5 所示。

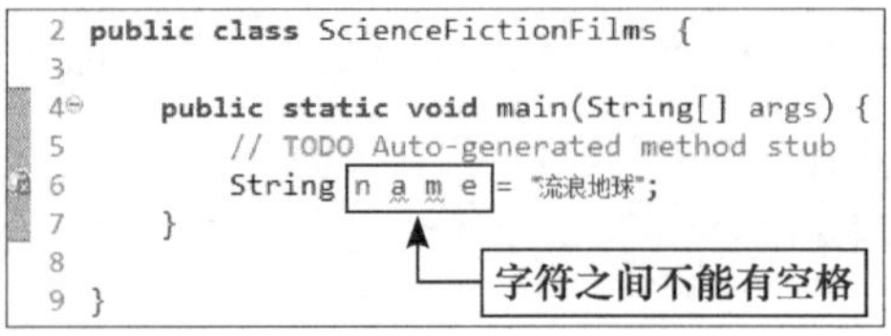

```
public class ScienceFictionFilms {

    public static void main(String[] args) {
        // TODO Auto-generated method stub
        String n a m e = "流浪地球";
    }

}
```

字符之间不能有空格

图 2.5　字符之间不能有空格

（2）一个标识符可以由几个单词连接而成，以提高标识符的可读性。

对于类名称，每个单词的首字母均为大写。

【正例】表示“科幻电影类”的类名称是 ScienceFictionFilms。

变量或者方法名称应采用驼峰式命名规则，即首个单词的首字母为小写，其余单词的首字母为大写。

【正例】表示“用户名”的变量名是 userName。

对于常量，每个单词的所有字母均为大写；单词之间不能有空格，但可以用英文格式的下划线“_”进行连接。

【正例】表示“一天的小时数”的常量名是 HOURSCOUNTS，也可写作 HOURS_COUNTS。

【反例】表示“一天的分钟数”的常量名是 MINUTES COUNTS，错误展示图如图 2.6 所示。

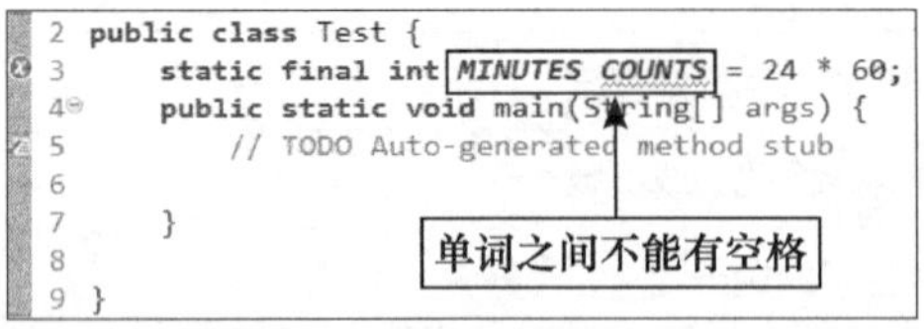

```
public class Test {
    static final int MINUTES COUNTS = 24 * 60;
    public static void main(String[] args) {
        // TODO Auto-generated method stub

    }

}
```

单词之间不能有空格

图 2.6　单词之间不能有空格

（3）标识符中的第一个字符不能为数字。

【反例】使用 24hMinutes 命名表示“24 个小时的分钟数”的变量，错误展示图如图 2.7 所示。

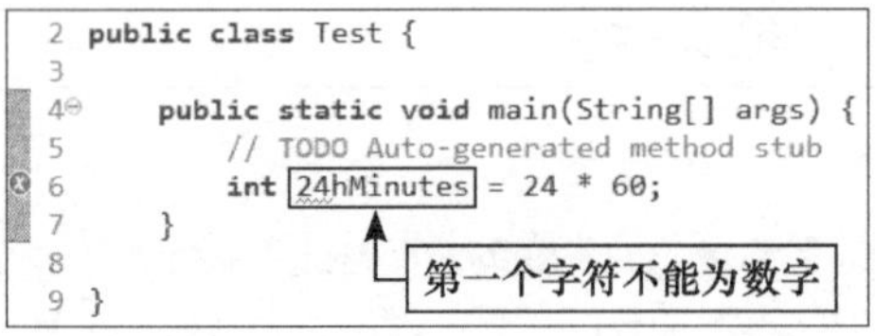

```
public class Test {

    public static void main(String[] args) {
        // TODO Auto-generated method stub
        int 24hMinutes = 24 * 60;
    }

}
```

第一个字符不能为数字

图 2.7　标识符中的第一个字符不能为数字

（4）标识符不能是关键字。

【反例】使用 class 命名表示“班级”的变量，错误展示图如图 2.8 所示。

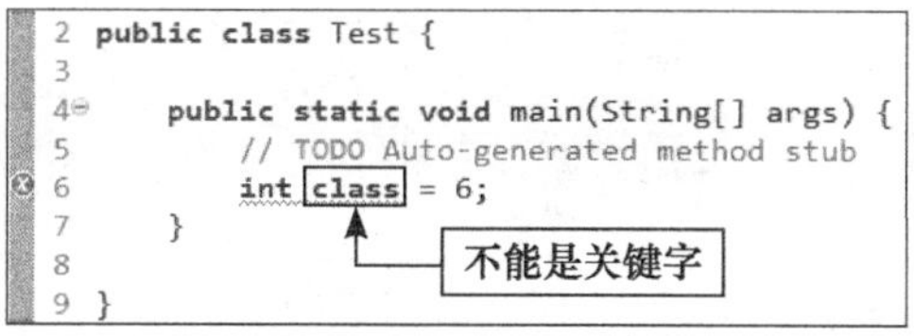

```
public class Test {

    public static void main(String[] args) {
        // TODO Auto-generated method stub
        int class = 6;
    }

}
```

不能是关键字

图 2.8　标识符不能是关键字

说明

（1）Java 语言严格区分单词的大小写，同一个单词的不同形式所代表的含义是不同的。例如，Class 和 class 代表着两种完全不同的含义：Class 是一个类名称，而 class 是被用来修饰类的关键字。

（2）Java 可以用中文作为标识符，但中文标识符不符合开发规范。当 Java 代码的编译环境发生改变后，中文会变成乱码，这将导致 Java 代码无法通过编译。

2.1.5　注释

当我们遇到一个陌生的英文单词时，会借助英汉词典进行解惑，词典会给出这个单词的中文解释。Java 语言也具有如此贴心的功能，即“注释”。注释是一种对代码程序进行解释、说明的标注性文字，可以提高代码的可读性。在开篇代码中，“//”后面的内容就是注释。注释会被 Java 编译器忽略，不会参与程序的执行过程。

Java 提供了 3 种代码注释，分别为单行注释、多行注释和文档注释。

1. 单行注释

“//”为单行注释标记，从符号“//”开始直到换行为止的所有内容均作为注释而被编译器忽略。单行注释的语法如下。

```
// 注释内容
```

例如，声明一个 int 类型的表示年龄的变量 age，并为变量 age 添加注释。

```
int age;    // 声明一个 int 类型的表示年龄的变量 age
```

说明

int 是 Java 语言中的一种整数类型（第 3 章将详细介绍）。因为年龄是整数，所以需要用整数类型予以声明。

注意

注释可以出现在代码的任意位置，但是不能分隔关键字或者标识符，错误展示图如图 2.9 所示。

```
public class ScienceFictionFilms {

    public static void//关键字 main(String[] args) {
        // TODO Auto-generated method stub
        System.out.println("---------------");
        System.out.println("|  片名          |");
        System.out.println("|  导演          |");
        System.out.println("|  主演          |");
        System.out.println("---------------");
    }

}
```

错误的位置

图 2.9　注释不能分隔关键字

2. 多行注释

“/*…*/”为多行注释标记，符号“/*”与“*/”之间的所有内容均为注释内容且可以换行。多行注释标记的作用有两个：为 Java 代码添加必要信息和将一段代码注释为无效代码。多行注释的语法如下。

```
/*
    注释内容 1
    注释内容 2
    ...
*/
```

例如，使用多行注释添加版权和作者信息的效果图如图 2.10 所示，使用多行注释将一段代码注释为无效代码的效果图如图 2.11 所示。

```
/*
 * 版权所有：吉林省明日科技有限公司
 * 作者：明日科技
 */
public class ScienceFictionFilms {

    public static void main(String[] args) {
        // TODO Auto-generated method stub
        System.out.println("---------------");
        System.out.println("|  片名          |");
        System.out.println("|  导演          |");
        System.out.println("|  主演          |");
        System.out.println("---------------");
    }

}
```

多行注释

图 2.10　使用多行注释添加版权和作者信息

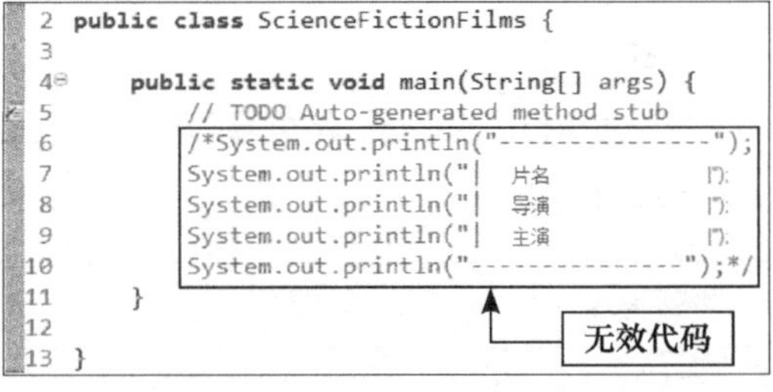

图 2.11　使用多行注释将一段代码注释为无效代码

3. 文档注释

Java 语言还提供了一种借助 Javadoc 工具能够自动生成说明文档的注释，即文档注释。

说明

Javadoc 工具是由 Sun 公司提供的。待程序编写完成后，借助 Javadoc 工具就可以生成当前程序的说明文档。

“/**…*/”为文档注释标记，符号“/**”与“*/”之间的内容为文档注释内容。不难看出，文档注释与一般注释的最大区别在于它的起始符号是“/**”而不是“/*”或“//”。

例如，使用文档注释为 main() 方法添加注释的效果如图 2.12 所示。

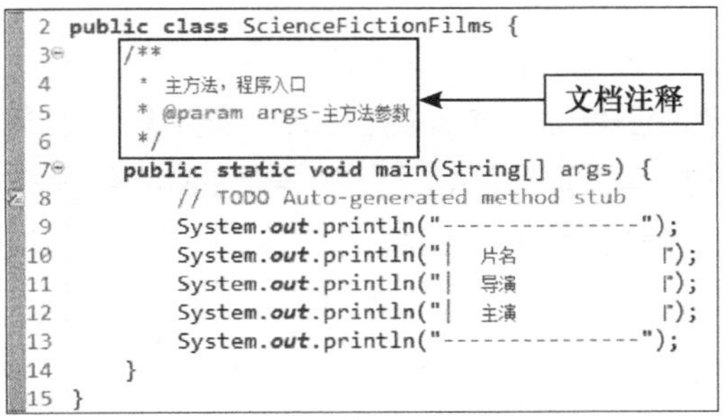

```
public class ScienceFictionFilms {
    /**
     * 主方法，程序入口
     * @param args-主方法参数
     */
    public static void main(String[] args) {
        // TODO Auto-generated method stub
        System.out.println("---------------");
        System.out.println("|  片名          |");
        System.out.println("|  导演          |");
        System.out.println("|  主演          |");
        System.out.println("---------------");
    }
}
```

文档注释

图 2.12　为 main() 方法添加文档注释

说明

一定要养成良好的编码习惯。软件编码规范中提到“可读性第一，效率第二”，所以程序员必须要在程序中添加适量的注释来提高程序的可读性和可维护性。建议程序中的注释总量占程序代码总量的 20% ~ 50%。

表 2.2 所示为文档注释的标签语法。

表 2.2　文档注释的标签语法

文档注释的标签	解释
@version	指定版本信息
@since	指定最早出现在哪个版本
@author	指定作者
@see	生成参考其他的说明文档的链接
@link	生成参考其他的说明文档，它和 @see 标签的区别在于 @link 标记能够嵌入注释语句中，为注释语句中的特殊词汇生成链接
@deprecated	用来注明被注释的类、变量或方法已经不提倡使用，在将来的版本中有可能被废弃
@param	描述方法的参数
@return	描述方法的返回值
@throws	描述方法抛出的异常，指明抛出异常的条件

说明

（1）注释的位置的具体要求如下。

- 单行注释应该写在被注释的代码的上方或右侧。
- 多行注释的位置和单行注释相同，虽然多行注释可以写在代码之内，但不建议这样写，因为这样写会降低代码可读性。
- 文档注释必须写在被注释代码的上方。

（2）注释是代码的说明书，用于说明代码是做什么的、使用代码时需要注意的问题等内容。编写注释时，既不要写代码中直观体现的内容，也不要写毫无说明意义的内容。

2.2 变量与常量

上一节讲解了 Java 代码的组成部分，本节将介绍 Java 语言中的两个重量级的概念：变量和常量。例如，某天美元兑换人民币的汇率为 6.7295，某天 92 号汽油的价格为每升 6.95 元等，这些可以被改变数值的量称作变量；而 1 分钟等于 60 秒，一年有 12 个月等，这些不可以被更改数值的量称作常量。下面将对变量和常量的异同进行讲解。

2.2.1 变量

扫码看视频

在讲解变量前，先来解释下声明的含义。声明指的是变量被创建后，没有被赋予具体数值的过程。那么，变量应该如何声明呢？

1. 声明变量

变量是用来存储数值的，但计算机并不聪明，无法自动分配指定大小的内存空间来存储这些数值。这时，需要借助 Java 语言提供的数据类型（第 3 章将详细介绍）予以实现。

声明变量的语法如下。

```
数据类型 变量标识符；
```

例如，某电商平台售有后壳为玻璃的手机壳，售价为 49.9 元，如图 2.13 所示。现声明表示手机壳售价的变量 shellPrice。

因为表示手机壳售价的变量 shellPrice 的值是一个小数，而在 Java 语言中，默认用表示浮点类型的 double 声明值为小数的变量，所以变量 shellPrice 的数据类型应为 double。因此，声明变量 shellPrice 的代码如下。

图 2.13　后壳为玻璃的手机壳

```
double shellPrice;
```

2. 为变量赋值

声明变量后，要为变量赋值，为变量赋值的过程称作定义、初始化或者赋初值。为变量赋值的语法如下。

```
数据类型 变量标识符 = 变量值；
```

例如，为上文中表示手机壳售价的变量 shellPrice 赋值，值为 49.9，代码如下。

```
double shellPrice = 49.9;
```

注意

选择正确的数据类型是至关重要的，否则 Eclipse 会出现图 2.14 所示的错误提示。

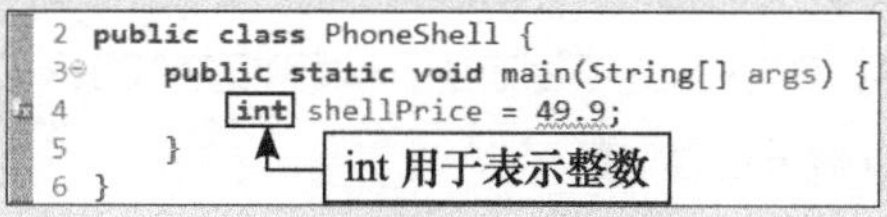

```
public class PhoneShell {
    public static void main(String[] args) {
        int shellPrice = 49.9;
    }
}
```

int 用于表示整数

图 2.14 数据类型选择不当

说明

int 是 Java 语言中的一种整数类型，其存储的是整数数值。而 49.9 是一个小数，这使得等号左右两端的数据类型不匹配，因此需要使用 Java 语言中表示浮点类型的 double 予以存储。

3. 同时声明多个变量

声明变量时，对于相同数据类型的变量，可以同时声明多个。同时声明多个变量的语法如下。

```
数据类型 变量标识符 1, 变量标识符 2, ..., 变量标识符 n;
```

例如，某超市特价销售 3 种水果，即苹果每 500 克 4.98 元、橘子每 500 克 3.98 元和香蕉每 500 克 2.98 元；现同时声明表示苹果价格的变量 applePrice、表示橘子价格的变量 orangePrice 和表示香蕉价格的变量 bananaPrice。因为苹果价格、橘子价格和香蕉价格都是小数，所以这 3 个变量的数据类型均为 double，代码如下。

```
double applePrice, orangePrice, bananaPrice;
```

声明变量 applePrice、orangePrice 和 bananaPrice 后，要分别为这 3 个变量赋值，进而表示这 3 种特价水果的价格。赋值的方式有以下两种。

（1）声明时直接赋值，代码如下。

```
double applePrice = 4.98, orangePrice = 3.98, bananaPrice = 2.98;
```

（2）先声明，再赋值，代码如下。

```
double applePrice, orangePrice, bananaPrice;
applePrice = 4.98;
orangePrice = 3.98;
bananaPrice = 2.98;
```

注意

多个变量在“先声明，再赋值”的过程中，多个赋值语句不能使用逗号间隔开且写在同一行；否则，Eclipse 会出现图 2.15 所示的错误提示。

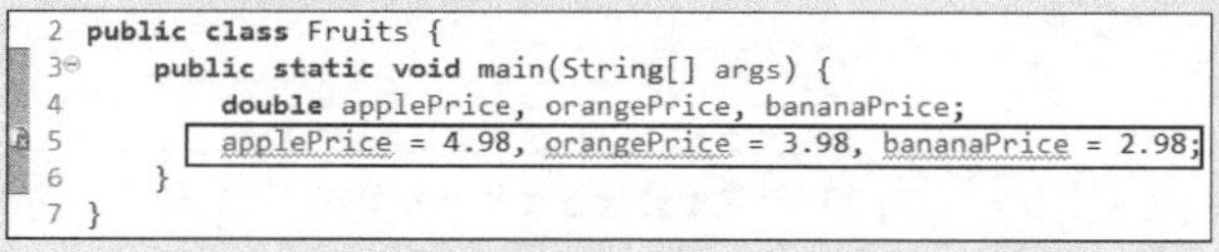

```
public class Fruits {
    public static void main(String[] args) {
        double applePrice, orangePrice, bananaPrice;
        applePrice = 4.98, orangePrice = 3.98, bananaPrice = 2.98;
    }
}
```

图 2.15 多个赋值语句不能使用逗号间隔开且写在同一行

2.2.2 常量

扫码看视频

如果一个值是确定且不会被改变的，那么用常量来存储这个值。例如，1分钟等于60秒，60就可以被设置为常量；而2月有多少天是不固定的，非闰年时有28天，闰年时有29天，这种会根据条件变化的值不可以被设置为常量。

1. 声明常量

如果要声明一个常量，那么需借助关键字final。关键字final被译为“最终的”，当修饰常量时，就相当于标记这个常量的值不允许被改变。声明常量的语法如下。

```
final 数据类型 常量标识符;
```

例如，声明一个表示1分钟等于多少秒的常量SECONDS，代码如下。

```
final int SECONDS;
```

2. 为常量赋值

声明常量时，通常要直接为其赋值，为常量赋值的语法如下。

```
final 数据类型 常量标识符 = 常量值;
```

例如，为上文中表示1分钟等于多少秒的常量SECONDS赋值，值为60，代码如下。

```
final int SECONDS = 60;
```

3. 同时声明多个常量

如果需要同时声明多个同一数据类型的常量，可以采用如下格式。

```
final 数据类型 常量标识符1 = 常量值1, 常量标识符2 = 常量值2, ..., 常量标识符n = 常量值n;
```

例如，声明多个常量，表示“1天有24小时，有1440分钟，有86400秒”，代码如下。

```
final int HOURS = 24, MINUTES = 1440, SECONDS = 86400;
```

在声明常量时，如果已经对其赋值了，那么常量的值不允许再被修改；否则，Eclipse会出现图2.16所示的错误提示。

```
public class Test {
    public static void main(String[] args) {
        final int HOURS = 24;
        HOURS = 23;
    }
}
```

常量HOURS被赋值后不能被修改

图2.16 常量的值不允许再被修改

2.3 控制台的输入和输出操作

生活中的输入与输出设备有很多。摄像机、扫描仪、话筒、键盘等都是输入设备，经过计算机解码后，由输入设备导入的图片、视频、音频和文字会在显示器、打印机、音响等输出设备进行输出，如图 2.17 所示。本节要讲解的控制台的输入和输出指的是先使用键盘输入字符，再将输入的字符显示在显示器上。

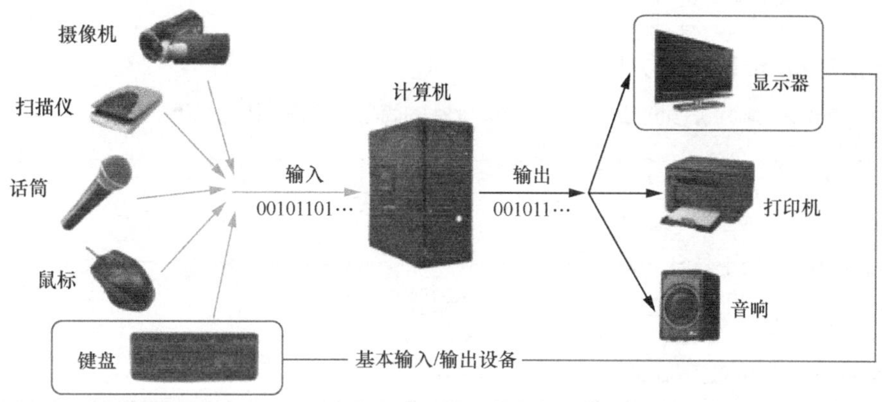

图 2.17 常用输入与输出设备

本书使用的是 Eclipse 编程软件，而 Eclipse 的输出方式指的是在控制台中输出。所谓控制台，指的是图 2.18 所示的 Console 窗口。通过 Console 窗口，可以输出 Java 代码的运行结果。

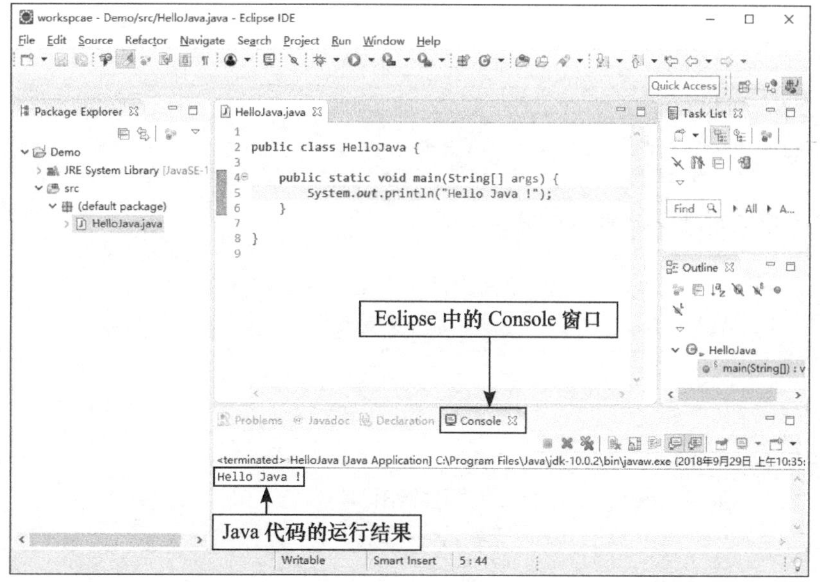

图 2.18 Eclipse 中的 Console 窗口

2.3.1 控制台输出字符

在控制台中输出字符的方法有 3 种，具体如下。

扫码看视频

1. 不会自动换行的 print() 方法

print() 方法的语法如下。

```
System.out.print("By falling we learn to go safely!");
```

控制台输出“By falling we learn to go safely！”后，光标会停留在这句话的末尾处，不会自动跳转到下一行的起始位置。

2. 可以自动换行的 println() 方法

println() 方法在 print 后面加上了“ln”（即 line 的简写）后缀，语法如下。

```
System.out.println("迷茫不可怕，只要你还在向前走！");
```

控制台输出“迷茫不可怕，只要你还在向前走！”后，光标会自动跳转到下一行的起始位置。

print() 方法与 println() 方法输出的效果对比如表 2.3 所示。

表 2.3　两种输出方法的效果对比

Java 代码	运行结果
System.*out*.print(" 梦想 "); System.*out*.print("insist"); System.*out*.print("(￣_￣)");	梦想 insist(￣_￣)
System.*out*.println(" 比萨 "); System.*out*.println("future"); System.*out*.println("(*^ ▽ ^*)");	比萨 future (*^ ▽ ^*)

所以 Java 换行输出的方法有以下两种。

```
System.out.print("\n");      // 利用换行符“\n”实现换行
System.out.println();        // 空参数即可实现换行
```

注意

使用这两个方法的时候还要注意以下两点。

（1）语句“System.out.println("\n");”会输出两行空行。

（2）语句“System.out.print();”无参数会报错。

实例2-1 创建“老者与小孩的故事”的 OlderAndChildStory 类。（实例位置：资源包 \MR\ 源码 \02\01。）

利用 Java 输出语句模拟老者与小孩的对话，对话内容如图 2.19 所示。

图 2.19 老者与小孩的对话内容

创建含义为“老者与小孩的故事”的 OlderAndChildStory 类，在类中创建 main() 方法，在 main() 方法中使用 System.out.println() 模拟老者与小孩的对话，具体代码如下。

```
public class OlderAndChildStory {
public static void main(String[] args) {

    int age = 3;

        System.out.println("老者：小朋友今年几岁啊？ ");

        System.out.println("小孩：" + age + “岁！ ");

        System.out.println("老者：那明年又是几岁啊？ ");

        int nextYearAge = age + 1;

        System.out.println("小孩：" + nextYearAge + "岁！ ");
    }
}
```

int age = 3; → 创建整数类型变量 age，记录小孩的年龄

System.out.println("老者：小朋友今年几岁啊？ "); → 老者在控制台中问了一个问题

System.out.println("小孩：" + age + “岁！ "); → 小孩在控制台中回答了自己的年龄

System.out.println("老者：那明年又是几岁啊？ "); → 老者又在控制台中问了一个问题

int nextYearAge = age + 1; → 小孩对自己的年龄做了一次加法运算

System.out.println("小孩：" + nextYearAge + "岁！ "); → 小孩在控制台中回答了计算得到的年龄

运行结果如图 2.20 所示。

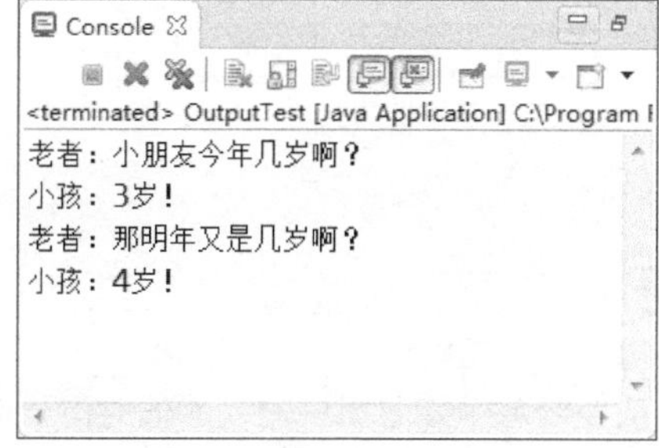

图 2.20 输出不同类型的值

3. 格式化输出

除了前面两种常规的输出方式，Java 语言还提供了格式化输出。例如，超市购物小票上的应收金额保留了两位小数，如图 2.21 所示。

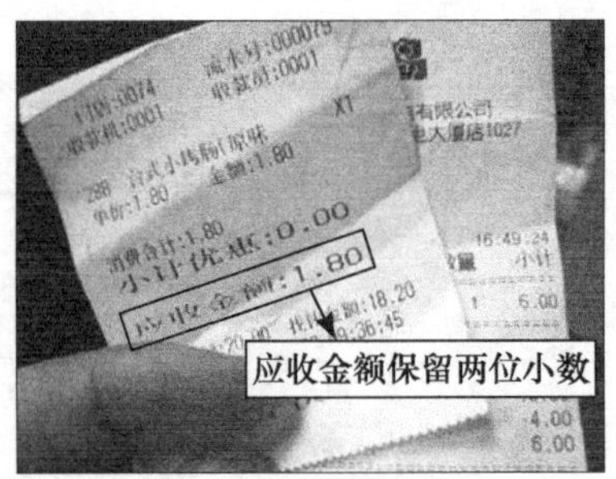

图 2.21　应收金额保留两位小数

Java 沿用了 C++ 中用于格式化输出的 printf() 函数，使用该函数即可将指定的内容以指定的格式输出在控制台中，其语法如下。

```
printf(String format, Object...args)
```

其中，参数 format 被译为“格式化的”，这里表示需要使用格式化的公式；参数 args 被译为“计算机参数”，是一个 Object 类型的可变参数，可变表示参数 args 的个数可以是多个。

下面着重介绍两种用于格式化输出的转换符。

- 输出数字时使用转换符“%d”，举例如下。

```
System.out.printf("1251+3950 的结果是：%d\n", 1251 + 3950);
```

输出结果如下。

```
1251+3950 的结果是：5201
```

- 指定小数位数时可以使用转换符“%f”，% 与 f 之间用“.X”的形式指定小数位数。其中，X 表示的是小数位数。例如，圆周率 π 的近似值为 3.1415926，这里保留小数点后两位小数，代码如下。

```
System.out.printf("π 取两位小数：%.2f\n", 3.1415926);
```

输出结果如下。

```
π 取两位小数：3.14
```

2.3.2 控制台输入字符

扫码看视频

有输出就会有输入，Java 从控制台中读取用户输入的值时需要借助一个被称作 Scanner 的类。Scanner 译为“扫描仪”，其用途和现实生活中的扫描仪一样，能够扫描用户输入的内容。Java 语言中的 System.in() 方法表示从控制台输入，使用 Scanner 类扫描 System.in() 方法即可获取用户输入的值。

需要注意的是，Scanner 类在 java.util 这个包里，不能像 System 类那样直接被使用。因此，使用前需要先使用 import 语句导入 java.util 包中的 Scanner 类。下面先对 import 语句进行介绍。

1. import 导入语句

import 语句用来导入本类所在包之外的类，导入具体包或完整类之后，就可以调用导入的类，举例如下。

```
import java.util.Date;
import java.util.Scanner;
```

import 语句与导入的类所在位置如图 2.22 所示。

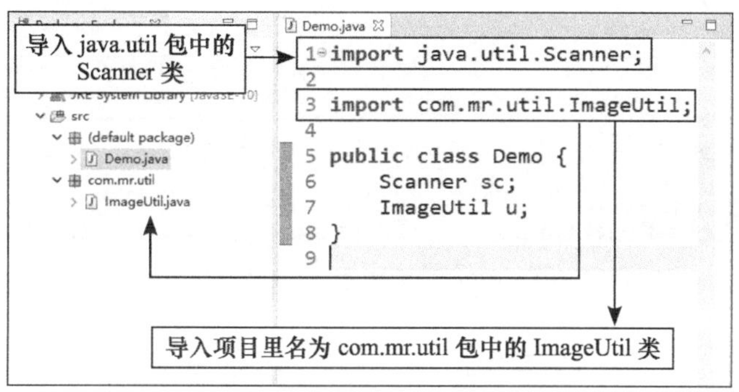

图 2.22　import 语句与引入的类位置

import 语句可以一次将某个包中的所有类都导入，“*”作为所有类名的替代符号，语法如下。

```
import java.util.*;
```

但有一点要注意，“*”只能替代类名，不能替代包名。例如，导入 java.awt 包中的所有类和 java.awt 的 event 子包中的所有类，需要写两条 import 语句，代码如下。

```
import java.awt.*;
import java.awt.event.*;
```

2. 使用 Scanner 类进行输入

上面介绍了 import 语句，使用 import 语句导入 Scanner 类的代码如下。

```
import java.util.Scanner;    // 导入 java.util 包中的 Scanner 类
```

Scanner 类提供了表 2.4 所示的常用方法，通过这些方法可以获取控制台中输入的不同类型的值。

表 2.4　Scanner 类的几个常用方法

方法名	返回类型	功能说明
next() ★	String	查找并返回此扫描器获取的下一个完整标记
nextBoolean()	boolean	扫描一个布尔值标记并返回
nextBtye()	byte	扫描一个值并返回 byte 类型
nextDouble()	double	扫描一个值并返回 double 类型
nextFloat()	float	扫描一个值并返回 float 类型
nextInt()	int	扫描一个值并返回 int 类型
nextLine() ★	String	扫描一个值并返回 String 类型
nextLong()	long	扫描一个值并返回 long 类型
nextShort()	short	扫描一个值并返回 short 类型
close()	void	关闭此扫描器

说明

nextLine() 方法扫描的内容是从第一个字符开始到换行符为止，而 next()、nextInt() 等方法扫描的内容是从第一个字符开始到这段完整内容结束。

使用 Scanner 类扫描控制台的代码如下。

```
Scanner sc=new Scanner(System.in);
```

其中，System.in 表示控制台的输入。在创建 Scanner 扫描器类的对象时，需要把 System.in 作为参数。

实例2-2 创建含义为“年龄示例”的 AgeDemo 类。（实例位置：资源包 \MR\ 源码 \02\02。）

创建含义为“年龄示例”的 AgeDemo 类，实现根据输入的年份（4 位数字，如 1981），计算目前的年龄，程序中使用 Scanner 扫描器类的 nextInt() 方法获取用户输入的数字，使用 Calendar 日历类获取当前年份数字，通过当前年份数字减去输入的年份数字得到年龄，具体代码如下。

```
import java.util.Calendar;
import java.util.Scanner;

public class AgeDemo {
    public static void main(String[] args) {

        Scanner sc = new Scanner(System.in);

        Calendar c = Calendar.getInstance();
```

首先使用 import 语句导入 Scanner 和 Calendar 类，让程序知道会用到这两个类

告诉 Scanner 类要扫描控制台

获取系统日历

```
        int thisYear = c.get(Calendar.YEAR);  → 从日历中取出当前年份数字，并记录下来

        System.out.println(" 请输入您的出生年份 ");  → 给用户显示一个提示

        int birth = sc.nextInt();  → 从控制台中扫描出用户输入的年份数字

        int age = thisYear - birth;
        System.out.println(" 您的年龄为 :" + age);

        if (age < 18) {
            System.out.println(" 您现在是未成年人 ( ๑ ´ ㅂ ` ๑ )");
        } else if (age >= 18) {
            System.out.println(" 您现在是青年人 (^_-) ☆ ");
        } else if (age >= 66) {                                    → 判断用户属于
            System.out.println(" 您现在是中年人 ( ╥◡╥ )✧");            哪个年龄段
        } else if (age >= 88) {
            System.out.println(" 您现在是老年人 ~@_@~" );
        }
    }
}
```

运行程序，提示输入出生年份。输入的出生年份必须是 4 位数字，例如 2005。输入之后按 <Enter> 键，运行结果如图 2.23 所示。

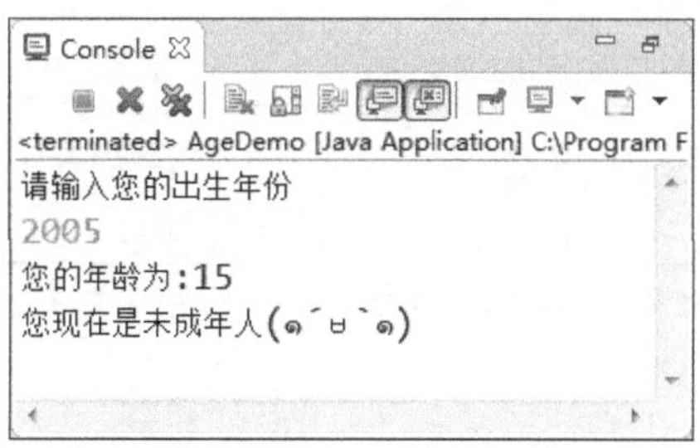

图 2.23 根据输入的出生年份计算年龄

说明

图 2.24 所示的“2005”是用户输入的，在运行程序时，读者可以自行输入。

2.4 动手练一练

（1）输出菱形。创建 Image 类，在 Eclipse 的控制台中输出图 2.24 所示的菱形。（答案位置：资源包 \ 章后练习 \02\01）

（2）输出错误信息与调试信息。程序设计中，业务代码的部分功能需要配合调试信息以确定代码执行流程和数据的正确性，当程序出现严重问题时还要输出警告信息，这样才可以在调试中完成程序设计，运行效果如图 2.25 所示。（答案位置：资源包 \ 章后练习 \02\02）

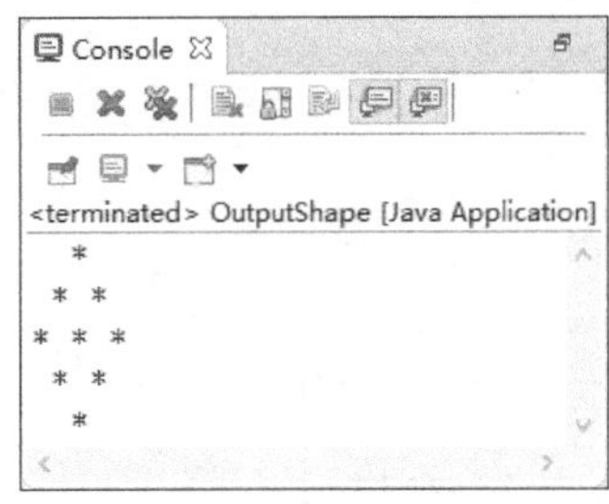

图 2.24　输出菱形

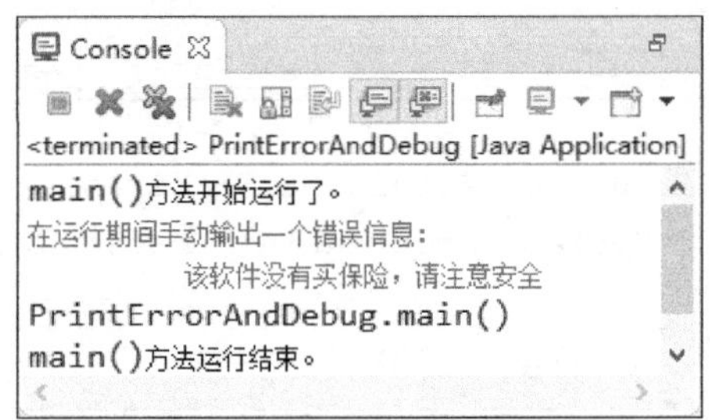

图 2.25　输出错误信息与调试信息

（3）从控制台接收输入的文本。System 类除了有 out 和 err 两个输出流之外，还有 in 输入流的实例对象作为类成员，它可以接收用户的输入。本题要求通过该输入流实现从控制台接收用户输入文本，并提示该文本的长度信息，运行效果如图 2.26 所示。（答案位置：资源包 \ 章后练习 \02\03）

（4）输入 Wi-Fi 密码。创建 PassWord 类，首先在控制台中输入用户名为 MRKJ 的 Wi-Fi 密码，然后对这个 Wi-Fi 密码进行验证。如果 Wi-Fi 密码正确，那么控制台输出“正在获取 ip 地址……已连接”；否则，控制台输出“密码错误”，运行效果如图 2.27 所示。（答案位置：资源包 \ 课后练习 \02\04）

图 2.26　从控制台接收输入的文本并输出文本长度信息

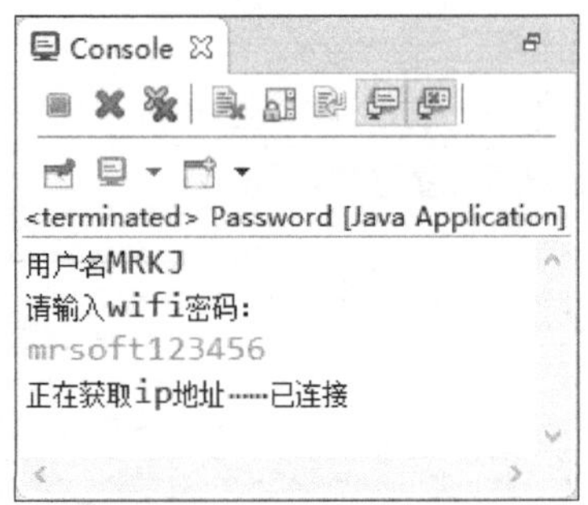

图 2.27　输入 Wi-Fi 密码

数据类型

视频教学：35 分钟

编写 Java 程序时，在使用变量前必须先确定数据类型。为此，Java 语言提供了基本数据类型和引用类型。此外，数据类型之间能够进行类型转换，这种类型转换包括自动类型转换和强制类型转换。本章将对基本数据类型、引用类型和类型转换等 3 个内容进行讲解。

3.1 基本数据类型

在 Java 语言中，有 8 种基本数据类型。这 8 种基本数据类型可以分为三大类，即数值类型（6 种）、字符类型（1 种）和布尔类型（1 种）。其中，数值类型包含整数类型（4 种）和浮点类型（2 种）。Java 的基本数据类型的示意图如图 3.1 所示。

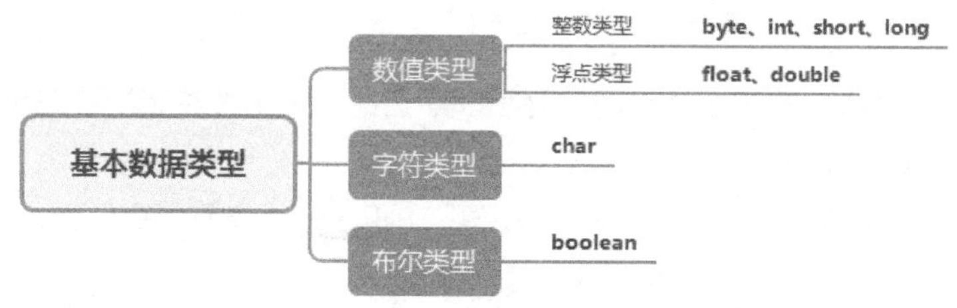

图 3.1 Java 的基本数据类型示意图

接下来逐一讲解这 8 种基本数据类型。

3.1.1 整数类型

扫码看视频

整数类型用于存储整数数值，这些整数数值既可以是正数，也可以是负数，还可以是零。例如，“截至 2019 年 5 月 21 日 7 时 11 分，您的话费余额为 0 元”，其中的 2019、5、21、7、11 和 0 等整数数值均属于整数类型。Java 语言提供了 4 种整数类型，即 byte、 short、int 和 long。这 4 种整数类型不仅占用的内存空间不同，取值范围也不同，具体如表 3.1 所示。

表 3.1　4 种整数类型占用的内存空间和取值范围

整数类型	占用的内存空间	取值范围
byte	1 个字节	-128 ~ 127
short	2 个字节	-32768 ~ 32767
int	4 个字节	-2147483648 ~ 2147483647
long	8 个字节	-9223372036854775808 ~ 9223372036854775807

1. byte 型

byte 型被称作字节型，是占用内存空间最少的整数类型，即 1 个字节；取值范围也是整数类型中最小的，即 -128 ~ 127。

例如，表示一个 byte 型变量 b 能取到的最大值的代码如下。

```
byte b;
b = 127;
```

→形式一：先声明变量，再赋值

上述代码等价于如下代码。

```
byte b = 127;
```

→形式二：声明变量时直接赋值

但是，如果把 128 赋给 byte 型变量 b，那么 Eclipse 将会出现图 3.2 所示的错误提示。

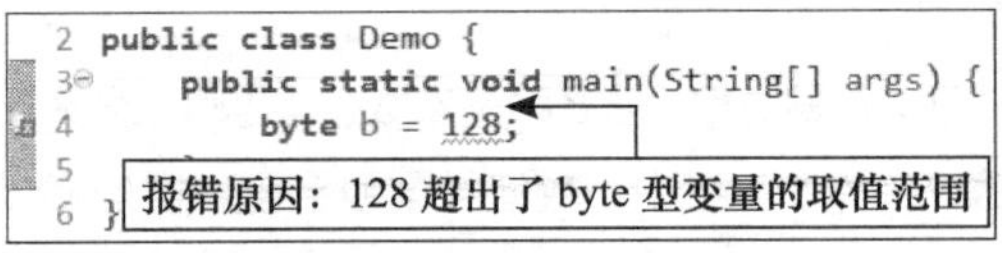

```
public class Demo {
    public static void main(String[] args) {
        byte b = 128;

}
```

报错原因：128 超出了 byte 型变量的取值范围

图 3.2　Eclipse 出现的错误提示

2. short 型

short 型被称作短整型，占用 2 个字节的内存空间。因此，short 型变量的取值范围要比 byte 型变量大很多，即 -32768 ~ 32767。

例如，先声明 short 型变量 min（表示“最小值”）和 max（表示“最大值”），再分别为变量 min 和 max 赋值，值分别为 -32768 和 32767，代码如下。

```
short min, max;
min = -32768;
max = 32767;
```

→形式一：先声明变量，再赋值

上述代码等价于以下代码。

```
short min = -32768;
short max = 32767;
```

→形式二：声明变量时直接赋值

3. int 型

int 型被称作整型，是 Java 语言默认的整数类型。默认的整数类型指的是如果一个整数不在 byte 型或 short 型的取值范围内，或者整数的格式不符合 long 型（后面将会介绍）的要求，那么当 Java 程序被编译时，这个整数会被当作 int 型。

int 型占用 4 个字节的内存空间，其取值范围是 -2147483648 ~ 2147483647。虽然 int 型变量的取值范围较大，但使用时也要注意 int 型变量能取到的最大值和最小值，以免因数据溢出产生错误。

例如，把 9787569205688 赋给一个 int 型变量 number 时，Eclipse 将出现错误提示，如图 3.3 所示。

```
public class Demo {
    public static void main(String[] args) {
        int number = 9787569205688;
    }
}
```

9787569205688 超出了 int 型的取值范围

The literal 9787569205688 of type int is out of range

Press 'F2' for focus

图 3.3　Eclipse 出现的错误提示

那么书号 9787569205688 要赋给哪种整数类型的变量，Eclipse 才不会报错呢？答案就是马上要讲到的 long 型。

4. long 型

long 型被称作长整型，占用 8 个字节的内存空间，其取值范围是 -9223372036854775808 ~ 9223372036854775807。

如果把图 3.3 所示的 int 修改为 long，其中的错误提示就会消失吗？修改后 Eclipse 的显示如图 3.4 所示。

```
public class Demo {
    public static void main(String[] args) {
        long number = 9787569205688;
    }
}
```

图 3.4　修改后 Eclipse 的显示

不难看出，错误提示依然存在。这是因为在为 long 型变量赋值时，须在数值的结尾处加上 L 或者 l（小写的 L），所以图 3.4 所示的代码要修改为如下格式。

```
long number = 9787569205688L;  ——→ 大写形式
```

数值结尾处的 L 还可以写作小写字母 L，代码如下。

```
long number = 9787569205688l;  ——→ 也可以小写
```

这样，图 3.4 所示的错误提示就会消失。

3.1.2　浮点类型

扫码看视频

浮点类型用于存储小数数值。例如，一把雨伞售价为 100.79 元、4 块蛋挞售价为 15.8 元，其中的 100.79、15.8 等小数数值均属于浮点类型。Java 语言把浮点类型分为单精度浮点型（float 型）和双精度浮点型（double 型）。float 型和 double 型占用的内存空间和取值范围如表 3.2 所示。

表 3.2　float 型和 double 型占用的内存空间和取值范围

浮点类型	占用的内存空间	取值范围
float	4 个字节	-3.4×10^{38} ~ 3.4×10^{38}
double	8 个字节	-1.8×10^{308} ~ 1.8×10^{308}

1. float 型

float 型被称作单精度浮点型，占用 4 个字节的内存空间，其取值范围为 -3.4×10^{38} ~ 3.4×10^{38}。需要注意的是，在为 float 型变量赋值时，必须在数值的结尾处加上 F 或者 f，就如同前面介绍的为 long 型变量赋值的规则一样。

例如，定义一个表示身高、值为 1.72 的 float 型变量 height，代码如下。

```
float height = 1.72F;
```

数值结尾处的 F 还可以写作小写形式，代码如下。

```
float height = 1.72f;
```

2. double 型

double 型被称作双精度浮点型，是 Java 语言默认的浮点类型，占用 8 个字节的内存空间，其取值范围为 -1.8×10^{308} ~ 1.8×10^{308}。因为 double 型是默认的浮点类型，所以在为 double 型变量赋值时，可以直接把小数数值写在等号的右边。

例如，定义一个表示体温、值为 36.8 的 double 型变量 temperature，代码如下。

```
double temperature = 36.8;
```

3.1.3　字符类型

扫码看视频

char 型即字符类型，用于存储单个字符，占用 2 个字节的内存空间。定义 char 型变量时，char 型变量的值要用英文格式下的单引号（'）引起来。char 型变量的值有以下 3 种表示方式。

1. 单个字符

char 型常用于表示单个字符。例如，定义一个值为 a 的 char 型变量 letter，代码如下。

```
char letter = 'a'; // 把小写字母 a 赋给了 char 型变量 letter
```

注意

（1）单引号必须是英文格式。以上述代码为例，如果单引号是中文格式，Eclipse 将出现图 3.5 所示的错误提示。

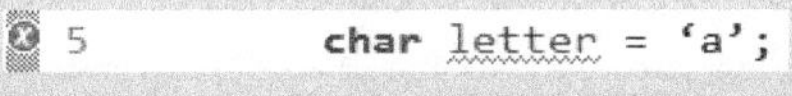

```
5        char letter = 'a';
```

图 3.5　Eclipse 出现的错误提示（1）

（2）单引号中只能有一个英文字母。以上述代码为例，如果单引号中的英文字母多于一个，Eclipse 将出现图 3.6 所示的错误提示。

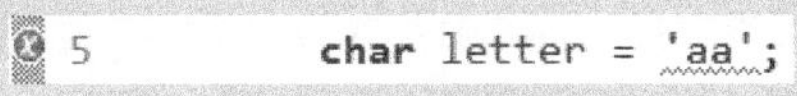

```
5        char letter = 'aa';
```

图 3.6　Eclipse 出现的错误提示（2）

Java 语言的 char 型能够用于存储任何国家的语言文字。例如，使用 char 型存储汉字，代码如下。

```
char a, b, c, d, e, f, g, h, i, j, k, l, m;
a = '你';
b = '我';
...// 省略部分代码
l = '论';
m = '剑';
```

注意

单引号中只能有一个汉字，否则 Eclipse 将出现图 3.7 所示的错误提示。

```
5        char sex = '男女';
```

图 3.7　Eclipse 出现的错误提示（3）

2. 转义字符

在字符类型中有一类特殊的字符，即以英文格式下的反斜线“\”开头，反斜线“\”后跟一个或多个字符，这类字符被称作转义字符。转义字符须由 char 型定义，它不再是字符原有的含义，而是具有了新的意义，如转义字符“\n”的意思是“换行”。Java 语言中的转义字符及其含义如表 3.3 所示，其中带有★标志的是使用频率较高的转义字符。

表 3.3　Java 语言中的转义字符及其含义

转义字符	含义
\'	单引号字符
\"	双引号字符
\\ ★	反斜杠字符
\t ★	垂直制表符，将光标移到下一个制表符的位置
\r	回车
\n ★	换行
\b	退格
\f	换页

实例3-1 输出反斜杠。（实例位置：资源包 \MR\ 源码 \03\01。）

使用转义字符定义值为反斜杠字符的 char 型变量 cr，并在控制台中输出 char 型变量 cr 的值，关键代码如下。

```
char cr = '\\';
System.out.println("输出反斜杠：" + cr);
```

上述代码的运行结果如下。

```
输出反斜杠：\
```

说明

转义字符“\\”表示的是反斜杠字符（即“\”）。因此，使用输出语句输出转义字符“\\”的结果是反斜杠字符（即“\”）。

3. ASCII 码

char 型变量的值还可以使用美国信息交换标准代码（American Standard Code for Information Interchange，ASCII）予以表示。ASCII 码有 128 个字符被编码到计算机里，其中包括英文大小写字母、数字和一些符号。这 128 个字符与十进制整数 0 ~ 127 一一对应，例如，大写字母 A 对应的 ASCII 码是 65，小写字母 a 对应的 ASCII 码是 97 等。

实例3-2 ASCII 码表示的 char 型变量。（实例位置：资源包 \MR\ 源码 \03\02。）

分别定义值为 65 和 97 的 char 型变量 ch 和 cr，并在控制台中分别输出变量 ch 和 cr 的值，代码如下。

```
char ch = 65;
System.out.println("变量 ch 的值：" + ch);
char cr = 97;
System.out.println("变量 cr 的值：" + cr);
```

上述代码的运行结果如下。

```
变量 ch 的值：A
变量 cr 的值：a
```

说明

常用字符与 ASCII 码对照表如表 3.4 所示。

表 3.4 常用字符与 ASCII 码对照表

ASCII 非输出字符						ASCII 输出字符									
十进制	字符	代码	十进制	字符	代码	十进制	字符	十进制	字符	十进制	字符	十进制	字符	十进制	字符
0	BLANK NULL	NUL	16	►	DLE	32	(space)	48	0	64	@	80	P	96	`	112	p
1	☺	SOH	17	◄	DC1	33	!	49	1	65	A	81	Q	97	a	113	q
2	☻	STX	18	↕	DC2	34	"	50	2	66	B	82	R	98	b	114	r
3	♥	ETX	19	‼	DC3	35	#	51	3	67	C	83	S	99	c	115	s
4	♦	EOT	20	¶	DC4	36	$	52	4	68	D	84	T	100	d	116	t
5	♣	ENQ	21	§	NAK	37	%	53	5	69	E	85	U	101	e	117	u
6	♠	ACK	22	▪	SYN	38	&	54	6	70	F	86	V	102	f	118	v
7	•	BEL	23	↨	ETB	39	'	55	7	71	G	87	W	103	g	119	w
8	◘	BS	24	↑	CAN	40	(	56	8	72	H	88	X	104	h	120	x
9	○	TAB	25	↓	EM	41	)	57	9	73	I	89	Y	105	i	121	y
10	◙	LF	26	→	SUB	42	*	58	:	74	J	90	Z	106	j	122	z
11	♂	VT	27	←	ESC	43	+	59	;	75	K	91	[	107	k	123	{
12	♀	FF	28	∟	FS	44	,	60	<	76	L	92	\	108	l	124	|
13	♪	CR	29	↔	GS	45	-	61	=	77	M	93	]	109	m	125	}
14	♫	SO	30	▲	RS	46	.	62	>	78	N	94	^	110	n	126	~
15	☼	SI	31	▼	US	47	/	63	?	79	O	95	_	111	o	127	(del)

4. Unicode 码

Unicode 码包含数十种字符集，其格式是“\uXXXX”（XXXX 代表一个十六进制的整数），取值范围是“\u0000”~“\uFFFF”（英文字母不区分大小写），一共包含 65536 个字符。其中，前 128 个字符和 ASCII 码中的字符完全相同。

实例3-3 使用 Unicode 码和 char 型变量定义字符。（实例位置：资源包 \MR\ 源码 \03\03。）

使用 Unicode 码和 char 型变量定义“天道酬勤”中的各个字符，代码如下。

```
char c1 = '\u5929'; // '\u5929' 表示“天”
char c2 = '\u9053'; // '\u9053' 表示“道”
char c3 = '\u916c'; // '\u916c' 表示“酬”
char c4 = '\u52e4'; // '\u52e4' 表示“勤”
```

```
System.out.print(c1);
System.out.print(c2);
System.out.print(c3);
System.out.print(c4);
```

上述代码的运行结果如下。

```
天道酬勤
```

3.1.4 布尔类型

boolean 型被称作布尔类型，boolean 型变量的值只能是 true 或 false，用于表示逻辑上的“真”或“假”。

定义 boolean 型变量的代码如下。

```
boolean yes = true;
boolean no = false;
```

3.2 类型转换

类型转换是将变量从一种数据类型更改为另一种数据类型的过程。Java 语言提供了两种类型转换的方式：自动类型转换和强制类型转换。其中，数据从占用内存空间较小的数据类型转换为占用内存空间较大的数据类型的过程，被称作自动类型转换（又被称作隐式类型转换）；反之，被称作强制类型转换（又被称作显示类型转换）。

3.2.1 自动类型转换

Java 的基本数据类型可以进行混合运算，不同类型的数据在运算过程中，会先被自动转换为同一类型再进行运算。数据类型根据占用内存空间的大小被划分为高低不同的级别，占用内存空间小的级别低，占用内存空间大的级别高，自动类型转换遵循从低级到高级的转换规则。也就是说，数据类型能够自动从占用内存空间小的类型向占用内存空间大的类型转换。

Java 的基本数据类型经过自动类型转换后的结果如表 3.5 所示。

表 3.5 Java 的基本数据类型经过自动类型转换后的结果

操作数 1 的数据类型	操作数 2 的数据类型	转换后的数据类型
byte、short、char	int	int
byte、short、char、int	long	long

续表

操作数 1 的数据类型	操作数 2 的数据类型	转换后的数据类型
byte、short、char、int、long	float	float
byte、short、char、int、long、float	double	double

实例3-4 选择合适的数据类型。（实例位置：资源包\MR\源码\03\04。）

分别对 byte、int、float、char 和 double 型变量进行加减乘除运算后，为运算结果选择合适的数据类型，关键代码如下。

```
byte b = 127;
int i = 150;
float f = 452.12f;
float result1 = b + f;//float 的级别比 byte 的高，因此 b + f 运算结果的数据类型为级别更高的 float
int result2 = b * i;//int 的级别比 byte 的高，因此 b * i 运算结果的数据类型为级别更高的 int
```

3.2.2 强制类型转换

扫码看视频

当数据类型从占用内存空间大的类型向占用内存空间小的类型转换时，必须使用强制类型转换（又被称作显式类型转换）。

当把一个整数赋给一个 byte、short、int 或 long 型变量时，不可以超出这些数据类型的取值范围，否则数据就会溢出。

实例3-5 int 型变量强制转换为 byte 型。（实例位置：资源包\MR\源码\03\05。）

定义一个值为 258 的 int 型变量 i，把 int 型变量 i 强制转换为 byte 型，并在控制台中输出强制转换后的结果，代码如下。

```
int i = 258;
byte b = (byte)i;
System.out.println("b 的值：" + b);
```

上述代码的运行结果如下。

```
b 的值：2
```

由于 byte 型变量的取值范围是 -128~127，而 258 超过了这个范围，因此数据溢出。

在进行强制类型转换时一定要加倍小心，不要超出变量的取值范围。

注意

boolean 型不能被转换为其他数据类型，反之亦然。

3.3 动手练一练

（1）象棋口诀。先使用 char 型变量定义“马”“象”和“卒”这 3 个棋子，再输出“马走日，象走田，小卒一去不复还”的象棋口诀，运行结果如图 3.8 所示。

（2）汇款单。现要向张三的卡号为 1234567890987654321 的银行卡里汇款 10000 元，要求控制台中输出图 3.9 所示的汇款单。

图 3.8　象棋口诀

图 3.9　控制台中输出的汇款单

（3）地区简称。先使用 char 型变量定义北京、天津、吉林和黑龙江的简称，再在控制台中输出北京、天津、吉林和黑龙江的简称，运行结果如图 3.10 所示。

（4）个人的基本信息。使用适当的数据类型定义姓名、性别、年龄、身高、体重和婚姻状况，再在控制台中输出图 3.11 所示的个人基本信息。

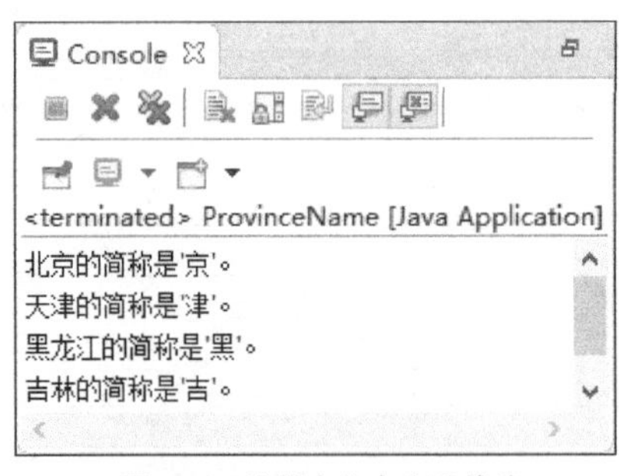

图 3.10　控制台输出地区简称

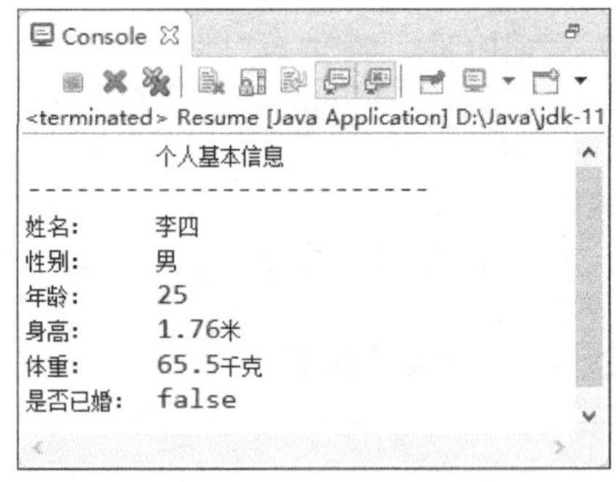

图 3.11　个人基本信息

（5）秘密电文。欧阳锋和洪七公定于“三月初三”在华山切磋。为了避免走漏风声，欧阳锋将战书写成了图 3.12 所示的秘密电文。

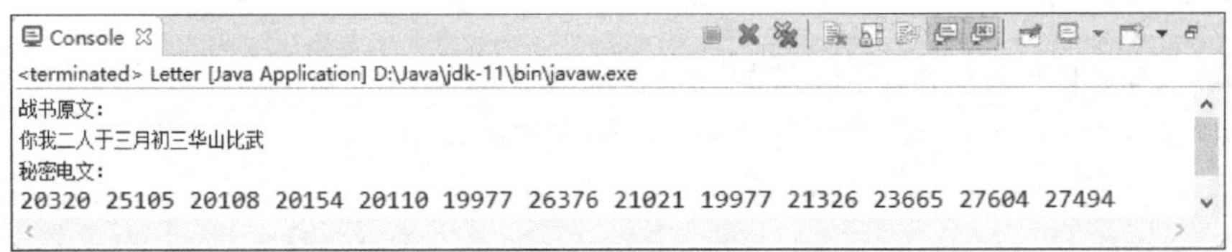

图 3.12　秘密电文

第4章 运算符

视频教学：52分钟

Java语言提供了功能丰富的运算符，包括赋值运算符、算术运算符、自增和自减运算符、关系运算符、逻辑运算符、位运算符以及三元运算符等。这些运算符是Java编程的基础，用于对Java基本数据类型的数据进行各种运算。本章将详细介绍上述各个运算符。

4.1 赋值运算符

扫码看视频

赋值运算符使用符号“=”表示，其功能是把“=”右边的值赋给“=”左边的变量。需要注意的是，“=”右边的值既可以是具体的数值，也可以是某个变量或常量，还可以是一个表达式。

例如，定义一个表示停车场里剩余的车位数、值为17的int型变量parkNumber，代码如下。

```
int parkNumber = 17;  →  “=”右边的值是一个具体的数值
```

再例如，先定义一个表示圆周率、值为3.1415926的double型常量PI，再把常量PI的值赋给double型变量rate，代码如下。

```
final double PI = 3.1415926;
double rate = PI;  →  “=”右边的值是一个常量
```

实例4-1 在编写Java程序的过程中，还可以把赋值运算符“=”连在一起使用。例如，使用int型变量描述半个足球场的长和宽都是45米，代码如下。（实例位置：资源包\MR\源码\04\01。）

```
int length, width;     // 声明半个足球场的长为 length，宽为 width
length = width = 45;  // 半个足球场的长和宽都是 45 米
```

4.2 算术运算符

扫码看视频

数学中的算术运算符有 4 种，即“+（加号）”“-（减号）”“×（乘号）”“÷（除号）”。而 Java 语言除了包括上述 4 种算术运算符（Java 中，“*”表示乘号，“/”表示除号）外，还包括一种算术运算符，即“%（求余）”。Java 语言中的算术运算符的功能及使用方式如表 4.1 所示。

表 4.1　Java 语言中的算术运算符的功能及使用方式

运算符	说明	实例	结果
+	加	12.45f + 15	27.45
-	减	4.56-0.16	4.4
*	乘	5L * 12.45f	62.25
/	除	7.0 / 2	3.5
%	取余	12 % 10	2

其中，“+”和“-”还可以表示一个数值是正数或者负数，如 +5、-7。

注意

在进行除法和取余运算时，0 不能做除数。例如，当程序执行语句“int a = 5/0;”时，控制台会输出图 4.1 所示的 ArithmeticException 异常（即“算术异常”）。

```
Test.java
public class Test {
    public static void main(String[] args) {
        int a = 5/0;
        System.out.println(a);
    }
}
```

```
Console
<terminated> Test [Java Application] C:\Program Files\Java\jdk-11.0.2\bin\javaw.exe
Exception in thread "main" java.lang.ArithmeticException: / by zero
        at Test.main(Test.java:4)
```

算术异常

图 4.1　ArithmeticException 异常

实例4-2 分别使用表 4.1 中的 5 种运算符对 18.75 和 2.5 这两个数字进行运算，代码如下。（实例位置：资源包 \MR\ 源码 \04\02。）

```
double numberOne = 18.75;
double numberTwo = 2.5;
System.out.println("18.75 和 2.5 的和为: " + (numberOne + numberTwo)); // 计算和
System.out.println("18.75 和 2.5 的差为: " + (numberOne - numberTwo)); // 计算差
System.out.println("18.75 和 2.5 的积为: " + (numberOne * numberTwo)); // 计算积
System.out.println("18.75 和 2.5 的商为: " + (numberOne / numberTwo)); // 计算商
System.out.println("18.75 和 2.5 的余数为: " + (numberOne % numberTwo)); // 计算余数
```

上述代码的运行结果如下。

```
18.75 和 2.5 的和为：21.25
18.75 和 2.5 的差为：16.25
18.75 和 2.5 的积为：46.875
18.75 和 2.5 的商为：7.5
18.75 和 2.5 的余数为：1.25
```

借助运算符，可以模拟数学、物理等学科的计算公式。例如，模拟图 4.2 所示的求解二元一次方程组的公式。

$$ax+by=e \quad cx+dy=f \qquad x=\frac{ed-bf}{ad-bc} \qquad y=\frac{af-ec}{ad-bc}$$

图 4.2 求解二元一次方程组的公式

实例4-3 使用图 4.2 所示的计算公式，求解二元一次方程组 $21.8x+2y=28$ 和 $7x+8y=62$，代码如下。（实例位置：资源包 \MR\ 源码 \04\03。）

```
public class Cramer {
    public static void main(String[] args) {
        double a = 21.8;
        int b = 2;
        int e = 28;
        int c = 7;
        int d = 8;
        int f = 62;
        // 使用运算符模拟克拉默法则求解二元一次方程组的公式
        double x = (e * d - b * f) / (a * d - b * c);
        double y = (a * f - e * c) / (a * d - b * c);
        // 输出 x 和 y 的值
        System.out.println(" 该二元一次方程组中的 x = " + x);
        System.out.println(" 该二元一次方程组中的 y = " + y);
    }
}
```

上述代码的运行结果如图 4.3 所示。

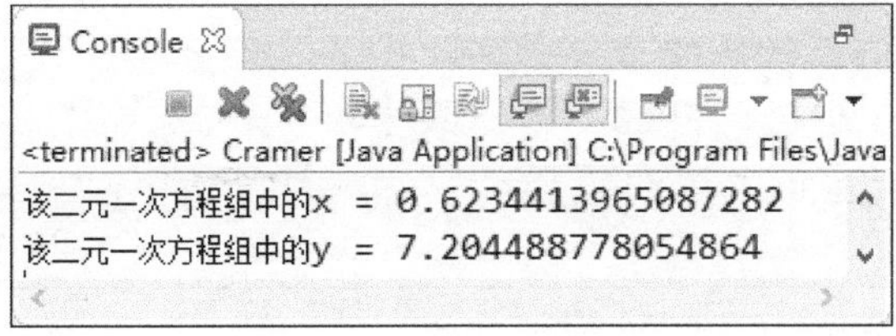

图 4.3 求解二元一次方程组

注意

（1）两个 int 型数值使用“/”做除法运算时，得到的结果也是 int 型数值。例如，5 除以 2 的结果为 2。

（2）一个 double 型数值与一个 int 型数值或者两个 double 型数值用“/”做除法运算时，得到的结果是 double 型数值。例如，5.0 / 2 的结果是 2.5，5.0 / 2.0 的结果也是 2.5。

4.3 自增和自减运算符

扫码看视频

自增、自减运算符的作用是使变量的值增 1 或减 1。以一个 int 型变量 a 为例，自增、自减运算符的写法如下。

```
a++;            // 先输出 a 的原值，后做 +1 运算
++a;            // 先做 +1 运算，再输出 a 计算之后的值
a--;            // 先输出 a 的原值，后做 -1 运算
--a;            // 先做 -1 运算，再输出 a 计算之后的值
```

不难发现，“++”或者“--”既可以放在变量之前，又可以放在变量之后。需要注意的是，“++”或者“--”的位置不同，自增或者自减的操作顺序也会不同。以“++”为例，自增的操作顺序如图 4.4 所示。

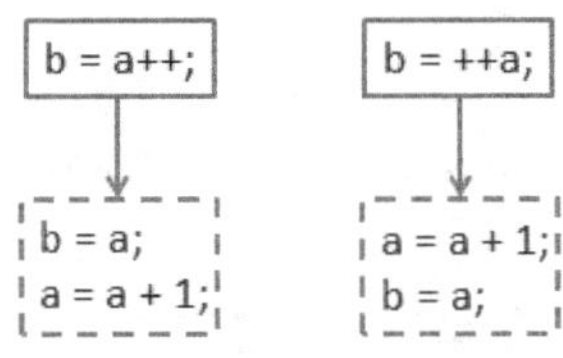

图 4.4　自增的操作顺序

实例4-4 先对值为 1 的 int 型变量做自增运算，再对其做自减运算，代码如下。（实例位置：资源包\MR\源码\04\04。）

```
int number = 1;       // number 的值为 1
System.out.println("number = " + number);
number++;             // number = number + 1
System.out.println("number++ = " + number);
number--;             // number = number - 1
System.out.println("number-- = " + number);
```

上述代码的运行结果如下。

```
number = 1
number++ = 2
number-- = 1
```

实例4-5 先对值为 1 的 int 型变量做“a++”运算，再对其做“++a”运算，代码如下。（实例位置：资源包 \MR\ 源码 \04\05。）

```
int a = 1;
int b;
System.out.println("a = " + a);
b = a++; // 先计算 b = a，再计算 a = a + 1
System.out.println("a++ 后，a = " + a + "，b = " + b);
b = ++a; // 先计算 a = a + 1，再计算 b = a
System.out.println("++a 后，a = " + a + "，b = " + b);
```

上述代码的运行结果如下。

```
a = 1
a++ 后，a = 2，b = 1
++a 后，a = 3，b = 3
```

4.4 关系运算符

扫码看视频

与数学中的关系运算符相同，Java 语言中的关系运算符的作用也是判断两个数字之间的关系，例如 1 是否大于 2、2 是否小于或等于 3 等。关系运算符的计算结果是布尔值，即 ture 或者 false。Java 语言中的关系运算符的功能及使用方式如表 4.2 所示。

表 4.2 Java 语言中的关系运算符的功能及使用方式

运算符	说明	实例	结果
==	等于	2 == 3	false
<	小于	2 < 3	true
>	大于	2 > 3	false
<=	小于或等于	5 <= 6	true
>=	大于或等于	7 >= 7	true
!=	不等于	2 != 3	true

实例4-6 分别使用表 4.2 中的关系运算符比较 7.11 和 4.4 这两个数字的关系，关键代码如下。（实例位置：资源包 \MR\ 源码 \04\06。）

```
double no = 7.11;
double nt = 4.4;
```

```
System.out.println("no < nt 的结果: " + (no < nt));   // 输出“小于”的结果
System.out.println("no > nt 的结果: " + (no > nt));   // 输出“大于”的结果
System.out.println("no == nt 的结果: " + (no == nt)); // 输出“等于”的结果
System.out.println("no != nt 的结果: " + (no != nt)); // 输出“不等于”的结果
System.out.println("no <= nt 的结果: " + (no <= nt)); // 输出“小于或等于”的结果
System.out.println("no >= nt 的结果: " + (no >= nt)); // 输出“大于或等于”的结果
```

上述代码的运行结果如下。

```
no < nt 的结果: false
no > nt 的结果: true
no == nt 的结果: false
no != nt 的结果: true
no <= nt 的结果: false
no >= nt 的结果: true
```

4.5 逻辑运算符

扫码看视频

Java 语言中的逻辑运算符是对 true 和 false 进行逻辑运算，运算后的结果仍为 true 或者 false。逻辑运算符包括“&&（逻辑与）”“||（逻辑或）”“!（逻辑非）”。Java 语言中的逻辑运算符如表 4.3 所示。

表 4.3 Java 语言中的逻辑运算符（A 的值为 true，B 的值为 false）

运算符	含义	举例	结果
&&	逻辑与	A && B	（对）与（错）= 错
||	逻辑或	A || B	（对）或（错）= 对
!	逻辑非	!A	不（对）= 错

说明

为了方便理解，表 4.3 中将 true、false 以“对”“错”的形式予以展示。

逻辑运算符的运算结果如表 4.4 所示。

表 4.4 逻辑运算符的运算结果

A	B	A&&B	A||B	！A
true	true	true	true	false
true	false	false	true	false

续表

A	B	A&&B	A||B	！A
false	true	false	true	true
false	false	false	false	true

逻辑运算符与关系运算符同时使用可以完成复杂的逻辑运算。

实例4-7 分别使用逻辑运算符“&&”和“||”对关系表达式“181 < 172”和“181 != 172”做逻辑运算，代码如下。（实例位置：资源包 \MR\ 源码 \04\07。）

```
int a = 181;
int b = 172;
boolean result = ((a < b) && (a != b));
boolean result2 = ((a < b) || (a != b));
System.out.println(result);
System.out.println(result2);
```

上述代码的运行结果如下。

```
false
true
```

4.6　位运算符

扫码看视频

Java 语言中的位运算符分为两大类：位逻辑运算符和位移运算符。位运算符如表 4.5 所示，其中带有★标志的是 Java 程序中出现频率较高的位运算符。

表 4.5　位运算符

运算符	含义	举例
& ★	与	a & b
| ★	或	a | b
~	取反	~a
^ ★	异或	a ^ b
<< ★	左移位	a << 2
>> ★	右移位	b >> 4
>>>	无符号右移位	x >>> 2

下面分别对位逻辑运算符和位移运算符予以介绍。

4.6.1 位逻辑运算符

位逻辑运算符包括“&”“|”“^”“~”，其运算结果如表 4.6 所示。

表 4.6 位逻辑运算符的运算结果

A	B	A&B	A|B	A^B	~A
0	0	0	0	0	1
1	0	0	1	1	0
0	1	0	1	1	1
1	1	1	1	0	0

参照上表来看一下这 4 个运算符的实际运算过程。

（1）位逻辑与实际上是将操作数转换成二进制表示方式，然后将两个二进制操作数对象从低位（最右边）到高位对齐，每位求与。若两个操作数对象同一位都为 1，则结果对应位为 1；否则结果对应位为 0。例如，12 和 8 经过位逻辑与运算后得到的结果是 8。

```
  0000 0000 0000 1100        （十进制数 12 的原码表示）
& 0000 0000 0000 1000        （十进制数 8 的原码表示）
  0000 0000 0000 1000        （十进制数 8 的原码表示）
```

（2）位逻辑或实际上是将操作数转换成二进制表示方式，然后将两个二进制操作数对象从低位（最右边）到高位对齐，每位求或。若两个操作数对象同一位都为 0，则结果对应位为 0；否则结果对应位为 1。例如，4 和 8 经过位逻辑或运算后的结果是 12。

```
  0000 0000 0000 0100        （十进制数 4 的原码表示）
| 0000 0000 0000 1000        （十进制数 8 的原码表示）
  0000 0000 0000 1100        （十进制数 12 的原码表示）
```

（3）位逻辑异或实际上是将操作数转换成二进制表示方式，然后将两个二进制操作数对象从低位（最右边）到高位对齐，每位求异或。若两个操作数对象同一位不同，则结果对应位为 1；否则结果对应位为 0。例如，31 和 22 经过位逻辑异或运算后得到的结果是 9。

```
  0000 0000 0001 1111        （十进制数 31 的原码表示）
^ 0000 0000 0001 0110        （十进制数 22 的原码表示）
  0000 0000 0000 1001        （十进制数 9 的原码表示）
```

（4）位逻辑取反实际上是将操作数转换成二进制表示方式，然后将各位二进制位由 1 变为 0，由 0 变为 1。例如，123 经过位逻辑取反运算后得到的结果是 −124。

```
~ 0000 0000 0111 1011        （十进制数 123 的原码表示）
  1111 1111 1000 0100        （十进制数 −124 的原码表示）
```

“&”“|”“^”也可以用于逻辑运算，运算结果如表 4.7 所示。

表 4.7　位逻辑运算符用于逻辑运算的运算结果

A	B	A&B	A|B	A^B
true	true	true	true	false
true	false	false	true	true
false	true	false	true	true
false	false	false	false	false

实例4-8 控制台输出位逻辑运算符用于逻辑运算的运算结果，代码如下。（实例位置：资源包\MR\源码\04\08。）

```
System.out.println("2>3 与 4!=7 的与结果: " + (2 > 3 & 4 != 7));
System.out.println("2>3 与 4!=7 的或结果: " + (2 > 3 | 4 != 7));
System.out.println("2<3 与 4!=7 的异或结果: " + (2 < 3 ^ 4 != 7));
```

上述代码的运行结果如下。

```
2>3 与 4!=7 的与结果: false
2>3 与 4!=7 的或结果: true
2<3 与 4!=7 的异或结果: false
```

4.6.2 位移运算符

位移运算符有 3 个，分别是左移运算符“<<”、右移运算符“>>”和无符号右移运算符“>>>”。在介绍位移运算符前，先来学习下什么是二进制数。

所谓二进制数，是指用 0 和 1 来表示的数。例如，十进制数 42 的二进制表示形式为 101010。那么，十进制数如何转换为二进制数呢？以十进制数 42 为例，将十进制数 42 转换成二进制数的过程如图 4.5 所示。

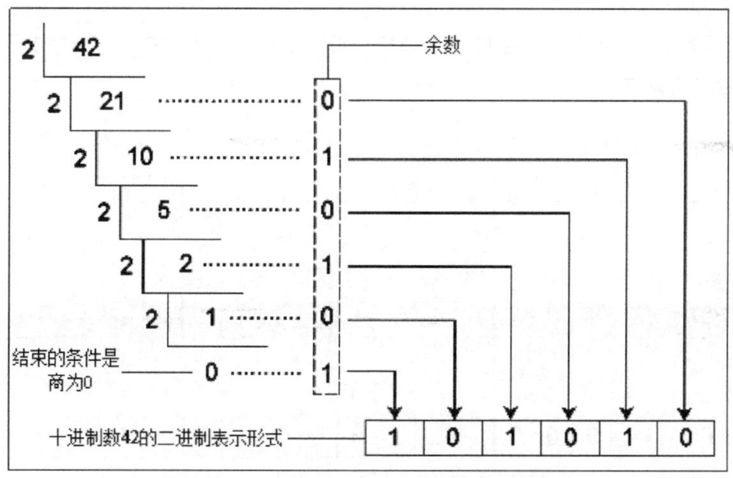

图 4.5　将十进制数 42 转换成二进制数

因为计算机内部表示数的字节单位是定长的，例如 8 位、16 位或 32 位，所以当二进制数的位数不够时，须在高位补零。十进制数 42 的二进制表示形式为 101010，如果计算机的字长是 8 位，那么 101010 的规范写法为 0010 1010。

如果把十进制数 -42 转换成二进制数，过程又是怎样的呢？先将对应的正整数转换成二进制数，再对二进制数取反，最后对结果加一，具体的转换过程如图 4.6 所示。

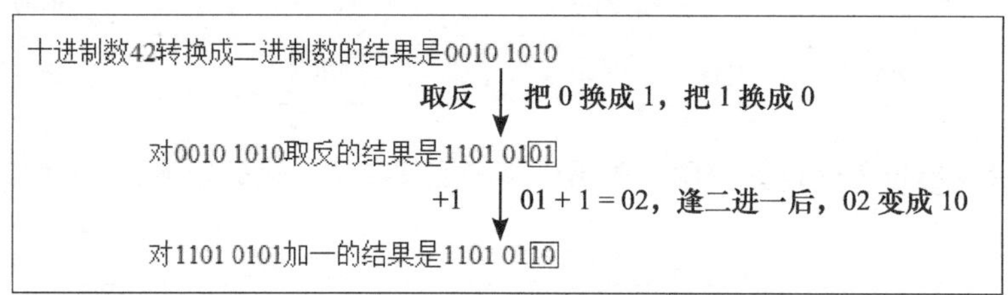

图 4.6　将十进制数 -42 转换成二进制数

综上所述，十进制数 -42 的二进制表示形式为 1101 0110。

掌握“什么是二进制数”和“十进制数是如何转换为二进制数的”这两个内容后，再来学习下左移、右移和无符号右移这 3 种运算。

（1）左移运算是将一个二进制操作数对象按指定的位数向左移，左边（高位端）溢出的位被丢弃，右边（低位端）的空位用 0 补充。左移 n 位相当于乘以 2^n，如图 4.7 所示。

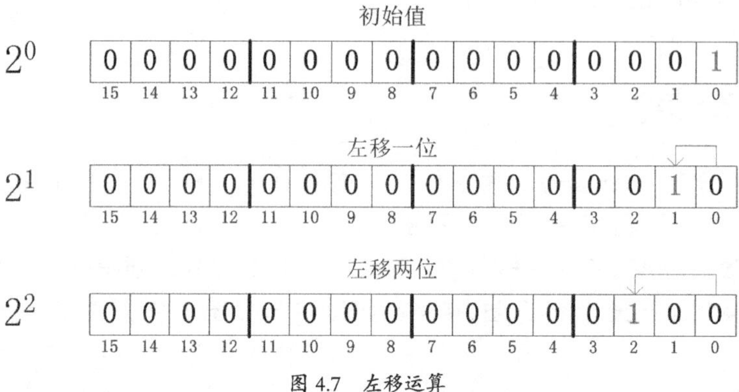

图 4.7　左移运算

例如，short 型整数 9115 的二进制形式是 0010 0011 1001 1011，左移一位变成 18230，左移两位变成 36460，如图 4.8 所示。

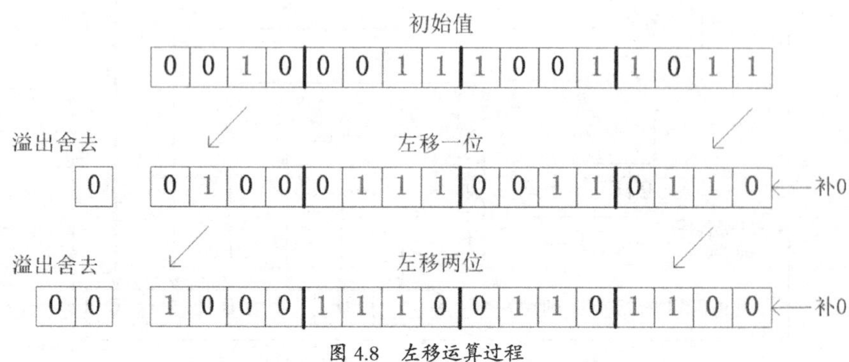

图 4.8　左移运算过程

（2）右移运算是将一个二进制数按指定的位数向右移动，右边（低位端）溢出的位被丢弃，左边（高位端）用符号位补充，正数的符号位为 0，负数的符号位为 1。右移 n 位相当于除以 2^n，如图 4.9 所示。

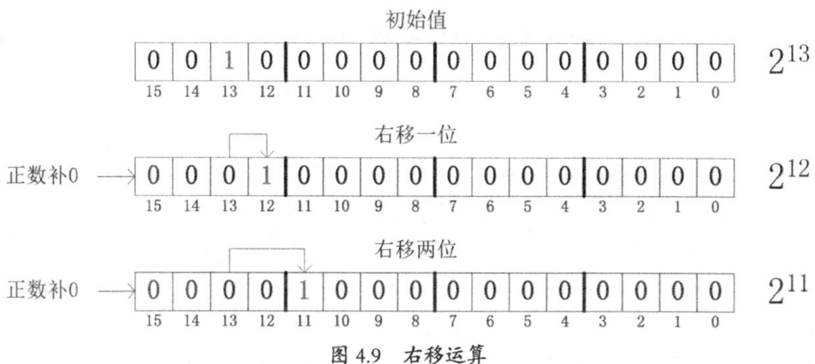

图 4.9 右移运算

例如，short 型整数 9115 的二进制形式是 0010 0011 1001 1011，右移一位变成 4557，右移两位变成 2278，运算过程如图 4.10 所示。

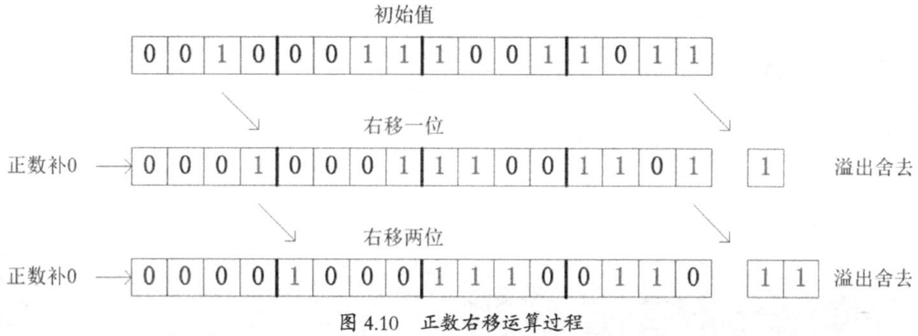

图 4.10 正数右移运算过程

short 型整数 -32766 的二进制形式是 0010 0011 1001 1011，右移一位变成 -16383，右移两位变成 -8192，运算过程如图 4.11 所示。

图 4.11 负数右移运算过程

（3）无符号右移运算是将一个二进制的数按指定的位数向右移动，右边（低位端）溢出的位被丢弃，左边（高位端）一律用 0 填充，相当于除以 2 的幂。例如 int 型整数 -32766 的二进制形式是 1111 1111 1111 1111 1000 0000 0000 0010，右移一位变成 2147467265，右移两位变成 1073733632，运算过程如图 4.12 所示。

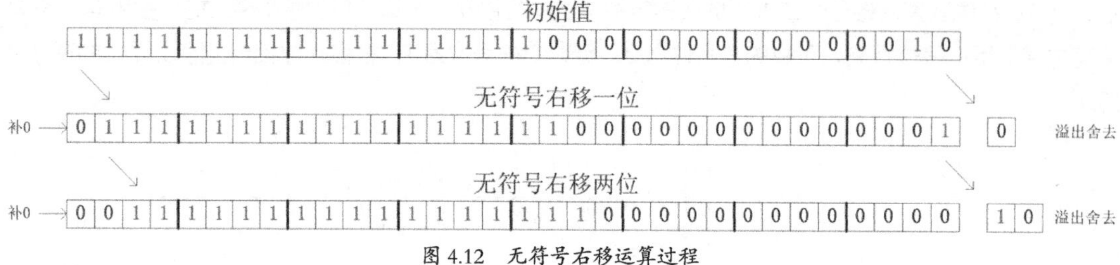

图 4.12　无符号右移运算过程

实例4-9 使用位移运算符对变量进行位移运算，代码如下。（实例位置：资源包 \MR\ 源码 \04\09。）

```
int a = 24;
System.out.println(a + "右移两位的结果是：" + (a >> 2));
int b = -16;
System.out.println(b + "左移 3 位的结果是：" + (b << 3));
int c = -256;
System.out.println(c + "无符号右移两位的结果是：" + (c >>> 2));
```

上述代码的运行结果如下。

```
24 右移两位的结果是：6
-16 左移 3 位的结果是：-128
-256 无符号右移两位的结果是：1073741760
```

4.7　复合赋值运算符

扫码看视频

所谓复合赋值运算符，就是将赋值运算符“=”与其他运算符合并成一个运算符来使用，从而实现两种运算符的效果。Java 语言中的复合赋值运算符如表 4.8 所示，其中带有★标志的是 Java 程序中出现频率较高的复合赋值运算符。

表 4.8　Java 语言中的复合赋值运算符

运算符	说明	举例	等价结果
+= ★	相加结果赋予 = 左侧	a += b;	a = a + b;
-= ★	相减结果赋予 = 左侧	a -= b;	a = a - b;
*= ★	相乘结果赋予 = 左侧	a *= b;	a = a * b;
/= ★	相除结果赋予 = 左侧	a /= b;	a = a / b;
%= ★	取余结果赋予 = 左侧	a %= b;	a = a % b;
&=	与结果赋予 = 左侧	a &= b;	a = a & b;

续表

运算符	说明	举例	等价结果
|=	或结果赋予 = 左侧	a |= b;	a = a | b;
^=	异或结果赋予 = 左侧	a ^= b;	a = a ^ b;
<<=	左移结果赋予 = 左侧	a <<= b;	a = a << b;
>>=	右移结果赋予 = 左侧	a >>= b;	a = a >> b;
>>>=	无符号右移结果赋予 = 左侧	a >>>= b;	a = a >>> b;

以“+=”为例，虽然“a += 1”与“a = a + 1”的计算结果是相同的，但是在不同的场景下，两种运算符有各自的优势和劣势。

（1）byte 或 short 型数值的自增。

以 byte 型数值为例，定义一个值为 1 的 byte 型变量 a，再编写代码“a = a + 1;”，Eclipse 将报错，错误提示如图 4.13 所示。

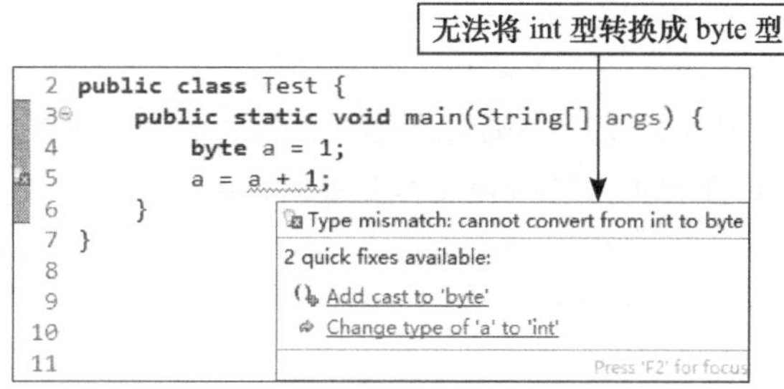

图 4.13　Eclipse 报错

在没有进行强制类型转换的情况下，“a+1”的结果是一个 int 型数值，无法直接赋给一个 byte 型变量。但是如果使用“+=”实现递增计算，程序将不会报错，如图 4.14 所示。

```
public class Test {
    public static void main(String[] args) {
        byte a = 1;
        a += 1;
    }
}
```

图 4.14　Eclipse 不报错

（2）不规则的多值相加。

“+=”虽然简洁、强大，但是有些时候是不好用的，例如下面这条语句。

```
a = (2 + 3 - 4) * 92 / 6;
```

上面这条语句如果改成使用复合赋值运算符就变得非常烦琐。

```
a += 2;
a += 3;
a -= 4;
a *= 92;
a /= 6;
```

> **注意**
>
> 复合运算符中两个符号之间没有空格，不要写成“a +　= 1 ;”这样错误的格式。

4.8 三元运算符

扫码看视频

三元运算符的语法格式如下。

```
条件式 ? 值 1 : 值 2
```

三元运算符的运算规则为：若条件式的值为 true，则整个表达式取“值 1”，相反则取“值 2”。例如以下代码。

```
boolean b = 20 < 45 ? true : false;
```

如上例所示，表达式“20<45”的运算结果为真，那么 boolean 型变量 b 取值为 true；相反，如果表达式“20<45”的运算结果为假，则 boolean 型变量 b 取值为 false。

实例4-10 三元运算符等价于 if-else 语句，语句“boolean b = 20 < 45 ? true : false;”转换为 if-else 语句的代码如下。（实例位置：资源包 \MR\ 源码 \04\10。）

```
boolean b;              // 声明 boolean 型变量
if (20 < 45) {          // 将“20<45”作为判断条件
    b = true;           // 条件成立将 true 赋给 a
} else {
    b = false;          // 条件不成立将 false 赋给 a
}
```

> **说明**
>
> if-else 语句的其他知识点将在本书第 5 章予以介绍。

4.9 圆括号

扫码看视频

使用圆括号能够更改运算的优先级，进而得到不同的运算结果。例如，分别定义值为 2 和 3 的 int 型变量 a、b，表达式“a * b + 5”和“a * (b + 5)”的运算结果如图 4.15 所示。

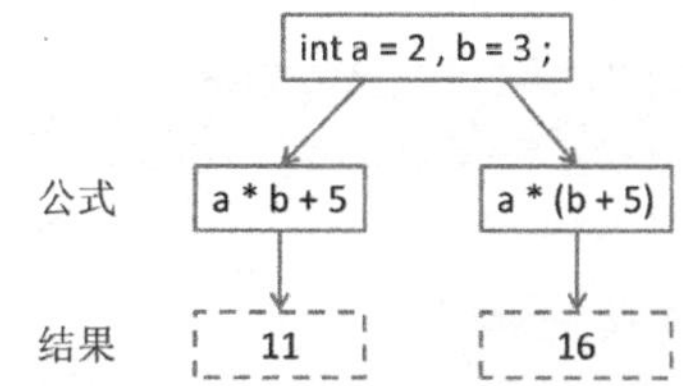

图 4.15 使用圆括号更改运算的优先级

圆括号也常用于调整代码格式，以提高代码的可读性。例如下列表达式。

```
a = 7 >> 5 * 6 ^ 9 / 3 * 5 + 4;
```

上述表达式既复杂又难读，而且很容易估错计算结果，影响后续代码的执行。

为了提高上述表达式的可读性，可以把上述表达式用圆括号括起来，在不改变任何运算优先级的前提下，上述表达式可更改为如下表达式。

```
a = (7 >> (5 * 6)) ^ ((9 / 3 * 5) + 4);
```

4.10 运算符优先级

扫码看视频

Java 语言中的表达式是指使用运算符连接起来的符合 Java 运算规则的表达式。运算符的优先级决定了表达式中运算的先后顺序。在 Java 语言中，运算符的优先级由高到低依次是：增量和减量运算符、算术运算符、比较运算符、逻辑运算符以及赋值运算符。

如果两个表达式具有相同的优先级，那么左边的表达式要比右边的表达式先被运算。表 4.9 所示为 Java 语言中的运算符的优先级，读者朋友可以在编写程序的过程中进行参考。

表 4.9 Java 语言中的运算符的优先级

优先级	描述	运算符
1	括号	()
2	正负号	+、-
3	一元运算符	++、--、!
4	乘除	*、/、%
5	加减	+、-
6	移位运算	>>、>>>、<<
7	比较大小	<、>、>=、<=
8	比较是否相等	= =、! =
9	按位与运算	&

续表

优先级	描述	运算符
10	按位异或运算	^
11	按位或运算	|
12	逻辑与运算	&&
13	逻辑或运算	||
14	三元运算符	? :
15	赋值运算符	=

! 多学两招

在编写程序时，要尽量使用圆括号“()”限定运算的优先级，以免产生错误的运算结果。

4.11 动手练一练

（1）计算小李每月的最终收入。小李每月的工资是 4500 元，每月的奖金是 1000 元，每月要缴纳的五险一金是 500 元，请计算小李每月的最终收入。

（2）数字转置。应用除运算符可以计算两个数的商，应用取余运算符可以计算两个数相除所得的余数。请使用这两个运算符做一个数字转置的练习，将 123 的顺序前后颠倒后输出，运行结果如图 4.16 所示。

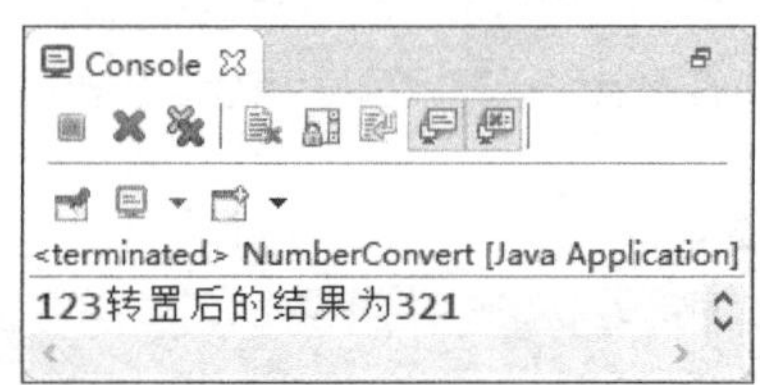

图 4.16 数字转置

（3）判断学生成绩是否及格。当分数大于或等于 60 时，成绩及格，否则不及格。某学生的分数是 80 分，请使用三元运算符判断这名学生的成绩是否及格。

（4）计算话费余额还可以通话的时长。向手机中充值 10 元，通话费用为 0.2 元 / 分钟，通话时长 30 分钟；流量使用 10MB，流量费用为 0.3 元 / MB，请计算话费余额还可以通话的时长。

（5）装西瓜。一辆货车的车厢长 400 厘米，宽 160 厘米，高 130 厘米，现有 100 个直径约为 23 厘米的西瓜，请问这辆货车能装多少个西瓜？

第 5 章 流程控制语句

◀ 视频教学：113 分钟

Java 程序之所以能够按照开发人员的想法执行，是因为程序中存在控制语句。控制语句能够改变程序执行顺序。在 Java 语言中，控制语句分为分支和循环两类。其中，分支的作用是根据判断的结果（真或假）决定要执行的一段语句序列；循环的作用是在满足一定条件下，反复执行一段语句序列。本章将对控制语句中的分支和循环分别予以详解。

5.1 分支结构

所谓分支结构，指的是程序根据不同的条件执行不同的语句。如果把一个正在运行的程序比作一个小孩乘坐公交车，那么这个程序将有两个分支：一个分支是如果这个小孩的身高高于 1.2 米，那么他需要购票；另一个分支是如果这个小孩的身高低于或等于 1.2 米，那么他可以免费乘车。在 Java 语言中，分支结构包含 if 语句和 switch 语句。

5.1.1 if 语句

扫码看视频

if 语句只有一个分支，即满足条件时执行 if 语句后“{}”中的语句序列，否则不执行 if 语句后“{}”中的语句序列。if 语句的语法如下。

```
if (条件表达式或者布尔值) {
    语句序列 1
}
语句序列 2
```

说明

条件表达式的返回值必须是 true 或者 false。如果条件表达式的返回值是 true，那么程序先执行语句序列 1，再执行语句序列 2。如果条件表达式的返回值是 false，那么程序不执行语句序列 1，直接执行语句序列 2。

使用 if 语句时，要注意以下两个问题。

（1）省略必要的“{}”。

“{}”中如果只有一条语句，那么可以省略“{}”。

例如，有如下代码。

```
if (salary <= 5000) { // 如果输入的工资不超过 5000 元
    System.out.println("只扣除“五险一金”");  ——→ 只有一条语句
}
```

因为上述代码“{}”中只有一条语句，所以“{}”能够被省略。省略“{}”后的代码如下。

```
if (salary <= 5000) // 如果输入的工资不超过 5000 元
    System.out.println("只扣除“五险一金”");
```

（2）条件表达式后出现分号。

在条件表达式后加上一个分号会被看作一个逻辑错误。这个错误既不是编译错误，也不是运行错误，而且 Eclipse 不会予以报错，如图 5.1 所示。因此，这个错误很难被发现。

```
if (salary <= 5000); // 如果输入的工资不超过5000元
{
    System.out.println("只扣除“五险一金”");
}
```

图 5.1　条件表达式后出现分号

为了避免出现图 5.1 所示的这类错误，建议读者朋友在编写 if 语句时不要换行，代码格式如下。

```
if (salary <= 5000) { // 如果输入的工资不超过 5000 元
    System.out.println("只扣除“五险一金”");
}
```

5.1.2　if-else 语句

扫码看视频

if-else 语句有两个分支，即满足条件时，执行一个语句序列；否则，执行另一个语句序列。也就是说，if-else 语句适用于“非 A 即 B”的各个场景。if-else 语句的语法如下。

```
if (条件表达式) {
    语句序列 1
} else {
    语句序列 2
```

```
}
语句序列 3
```

说明

如果条件表达式的返回值是 true，那么程序先执行语句序列 1，再执行语句序列 3。如果条件表达式的返回值是 false，那么程序先执行语句序列 2，再执行语句序列 3。if-else 语句的执行流程如图 5.2 所示。

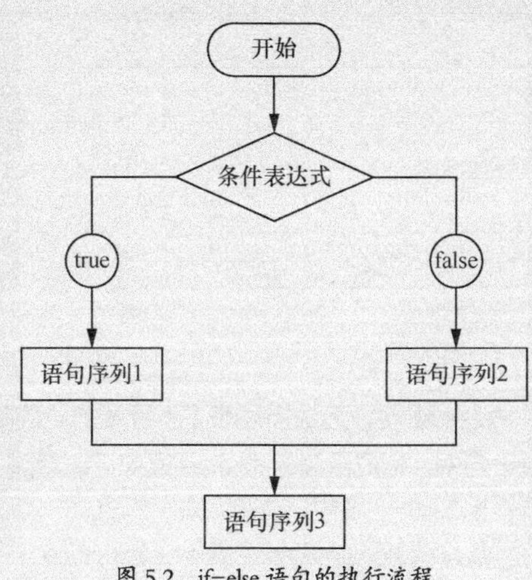

图 5.2 if-else 语句的执行流程

如果使用两个 if 语句分别描述了工资不超过 5000 元和超过 5000 元的情况，这样的编码结构略显笨拙。因为程序需要进行两次判断，即先判断工资是否不超过 5000 元，再判断工资是否超过 5000 元，代码如下。

```
if (salary <= 5000) { // 如果输入的工资不超过 5000 元
    System.out.println("只扣除“五险一金”");
}
if (salary > 5000) { // 如果输入的工资超过 5000 元
    System.out.println("除扣除“五险一金”外，还要缴纳个人所得税");
}
```

如果使用 if-else 语句改写上述代码，就能够将程序从进行两次判断改善为仅进行一次判断，代码如下。

```
if (salary <= 5000) { // 如果输入的工资不超过 5000 元
    System.out.println("只扣除“五险一金”");
} else { // 如果输入的工资超过 5000 元
    System.out.println("除扣除“五险一金”外，还要缴纳个人所得税");
}
```

具体的判断过程为：如果工资不超过 5000 元，那么只扣除“五险一金”；反之，除扣除“五险一金”外，还要缴纳个人所得税。

5.1.3 嵌套 if-else 语句和多分支 if-else 语句

扫码看视频

在讲解嵌套 if-else 语句之前，先来了解下个人所得税（简称个税）起征点升至 5000 元 / 月后，个税的征收级距发生的变化，个税征收级距如表 5.1 所示。

表 5.1　个税征收级距

征收级距（与 5000 元作差后的结果，/ 月）	税率（%）
不超过 3000 元	3
超过 3000 元至 12000 元的部分	10
超过 12000 元至 25000 元的部分	20
超过 25000 元至 35000 元的部分	25
超过 35000 元至 55000 元的部分	30
超过 55000 元至 80000 元的部分	35
超过 80000 元的部分	45

实例5-1 单独使用上文介绍的 if-else 语句，无法描述表 5.1 所示的“征收级距”。但是，如果把一个 if-else 语句置于另一个 if-else 语句中，构成嵌套的 if-else 语句后，就可予以描述，代码如下。（实例位置：资源包 \MR\ 源码 \05\01。）

```
double intervals = salary - 5000; // 与 5000 元作差后的结果
System.out.print("查询结果："); // 提示信息
if (intervals <= 3000) { // 结果不超过 3000 元
    System.out.println("需缴纳 3% 的个税");
} else { // 结果超过 3000 元
    if (intervals <= 12000) { // 结果不超过 12000 元
        System.out.println("需缴纳 10% 的个税");
    } else { // 结果超过 12000 元
        if (intervals <= 25000) { // 结果不超过 25000 元
            System.out.println("需缴纳 20% 的个税");
        } else { // 结果超过 25000 元
            if (intervals <= 35000) { // 结果不超过 35000 元
                System.out.println("需缴纳 25% 的个税");
            } else { // 结果超过 35000 元
                if (intervals <= 55000) { // 结果不超过 55000 元
                    System.out.println("需缴纳 30% 的个税");
                } else { // 结果超过 55000 元
                    if (intervals <= 80000) { // 结果不超过 80000 元
                        System.out.println("需缴纳 35% 的个税");
                    } else { // 结果超过 80000 元
                        System.out.println("需缴纳 45% 的个税");
                    }
                }
            }
        }
    }
}
```

表示“征收级距”

嵌套的 if-else 语句

在上述嵌套的 if-else 语句中，包含 6 个条件表达式。程序根据用户在控制台上输入的工资金额，测试第一个条件表达式“intervals <= 3000”，如果返回值为 true，那么需缴纳 3% 的个税；反之，程序将测试第二个条件表达式“intervals <= 12000”。以此类推，如果 6 个条件表达式的返回值均为 false，那么需缴纳 45% 的个税。

综上，对于嵌套的 if-else 语句，只有在前一个条件表达式返回 false 的情况下，程序才会测试下一个条件表达式。

嵌套的 if-else 语句虽然能够实现多重选择，但是会占用大量的编码篇幅，使得程序不易阅读。那么使用什么语句可以实现相同的功能，又能减少代码量呢？答案就是多分支 if-else 语句。多分支 if-else 语句的语法格式如下。

```
if(条件表达式 1){
    语句序列 1;
} else if(条件表达式 2){
    语句序列 2;
}
... // 多个 else if 语句
} else {
    语句序列 n;
}
```

多分支 if-else 语句的执行流程如图 5.3 所示。

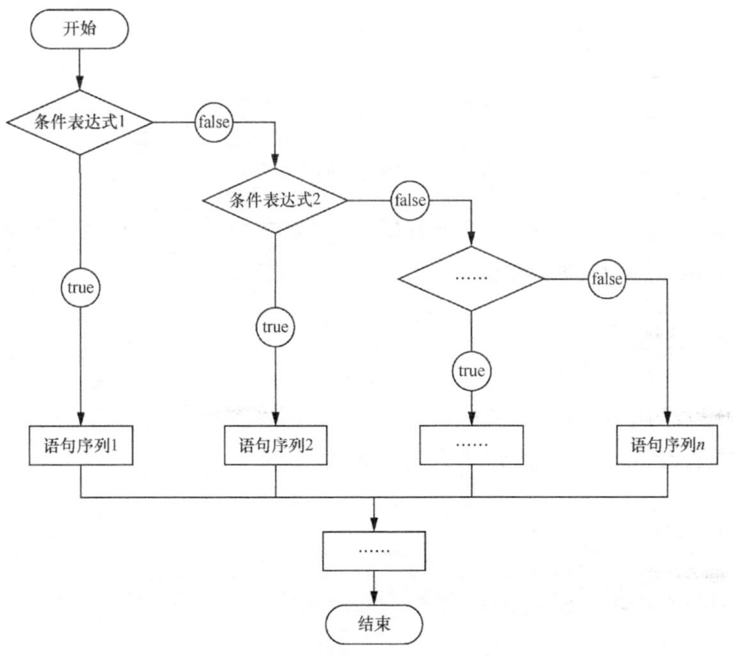

图 5.3　多分支 if-else 语句的执行流程

实例5-2 多分支 if-else 语句和嵌套的 if-else 语句的作用是等价的，都能实现多重选择。使用多分支 if-else 语句替换上述嵌套的 if-else 语句，代码如下。（实例位置：资源包 \MR\ 源码 \05\02。）

```
if (intervals <= 3000) { // 结果不超过 3000 元
    System.out.println(" 需缴纳 3% 的个税 ");
} else if (intervals <= 12000) { // 结果不超过 12000 元
    System.out.println(" 需缴纳 10% 的个税 ");
} else if (intervals <= 25000) { // 结果不超过 25000 元
    System.out.println(" 需缴纳 20% 的个税 ");
} else if (intervals <= 35000) { // 结果不超过 35000 元
    System.out.println(" 需缴纳 25% 的个税 ");
} else if (intervals <= 55000) { // 结果不超过 55000 元
    System.out.println(" 需缴纳 30% 的个税 ");
} else if (intervals <= 80000) { // 结果不超过 80000 元
    System.out.println(" 需缴纳 35% 的个税 ");
} else { // 结果超过 80000 元
    System.out.println(" 需缴纳 45% 的个税 ");
}
```

上述代码的运行结果如图 5.4 所示

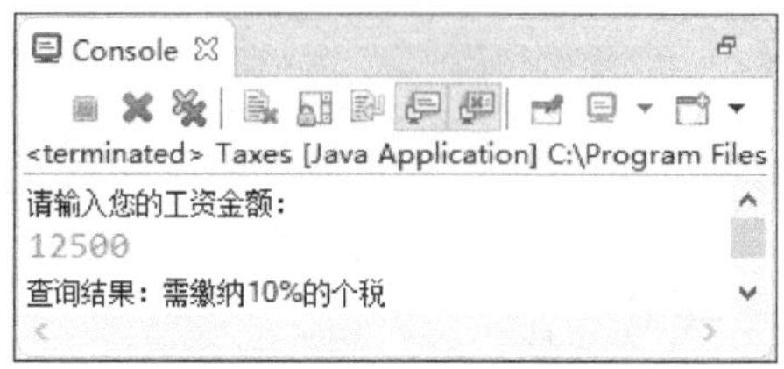

图 5.4 需缴纳个税的百分比

不难看出，使用多分支 if-else 语句的好处在于能够避免代码缩进，使得程序简单易读。在程序设计过程中，推荐使用多分支 if-else 语句。

5.1.4 switch 语句

除嵌套 if-else 语句和多分支 if-else 语句外，Java 还提供了更为简洁明了的 switch 语句，用以实现多重选择。switch 多分支语句的语法如下。

```
switch(用于判断的参数){
case 值 1 : 语句序列 1; [break;]
case 值 2 : 语句序列 2; [break;]
...
case 值 n : 语句序列 n; [break;]
default : 语句序列 n+1; [break;]
}
```

注意

switch 多分支语句中的参数类型必须是整数类型、字符类型、枚举类型或字符串类型（枚举类型和字符串类型将在本书的后续章节予以讲解），并且值 1~ 值 *n* 的数据类型必须与参数类型相符。

说明

当参数的值与 case 语句后的值相匹配时，程序开始执行当前 case 语句后的语句序列；当遇到 break 关键字时，程序将跳出 switch 多分支语句。

当参数的值与 case 语句后的值均不匹配时，程序将执行 default 后的语句序列。其中，default 后的语句序列被称作默认情况下被执行的语句序列。

实例5-3 掌握了上述内容后，现使用 switch 语句编写一个程序，根据表 5.1 所示的数据，当用户在控制台上输入需缴纳的个税百分比时，控制台输出相匹配的当月的工资范围，具体代码如下。（实例位置：资源包 \MR\ 源码 \05\03。）

```
import java.util.Scanner; // 引入扫描器类
public class Taxes { // 创建税金类
    public static void main(String[] args) {
        System.out.println("请输入您需缴纳的个税百分比（%）: "); // 提示信息
        Scanner sc = new Scanner(System.in); // 用于控制台输入
        int percent = sc.nextInt(); // 表示用户输入的个税百分比
        System.out.print("您当月的工资范围（元）: "); // 提示信息
        switch (percent) {
        case 0: // 用户输入的个税百分比为 0%
            System.out.println("0~5000");
            break;
        case 3: // 用户输入的个税百分比为 3%
            System.out.println("5000~8000");
            break;
        case 10: // 用户输入的个税百分比为 10%
            System.out.println("8000~17000");
            break;
        case 20: // 用户输入的个税百分比为 20%
            System.out.println("17000~30000");
            break;
        case 25: // 用户输入的个税百分比为 25%
            System.out.println("30000~40000");
            break;
        case 30: // 用户输入的个税百分比为 30%
            System.out.println("40000~60000");
            break;
```

参数 percent 的数据类型是 int 型

```
        case 35: // 用户输入的个税百分比为 35%
            System.out.println("60000~85000");
            break;
        case 45: // 用户输入的个税百分比为 45%
            System.out.println("85000 以上 ");
            break;
        default: // 用户输入的个税百分比不是上述 case 语句后的值
            System.out.println(" 查询无结果！ \n 请查阅个税百分比后再输入 ");
            break;
        }
        sc.close(); // 关闭控制台输入
    }
}
```

参数 percent 的数据类型是 int 型

上述代码的运行结果如图 5.5 所示。

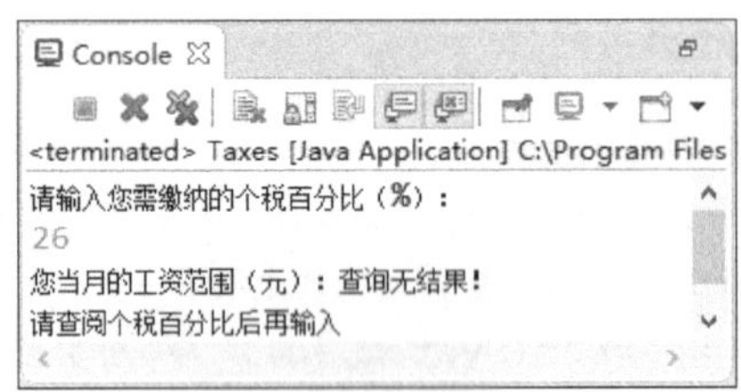

图 5.5　查询当月的工资范围

5.2　循环结构

循环结构可以简单地理解为让程序重复地执行一个语句序列，其中语句序列被重复执行的次数是可控的。就像电子表读秒一样，每一分钟都是从 0 读到 59。Java 提供了 3 种循环结构：while 循环、do-while 循环和 for 循环。下面将分别予以讲解。

5.2.1　while 循环

扫码看视频

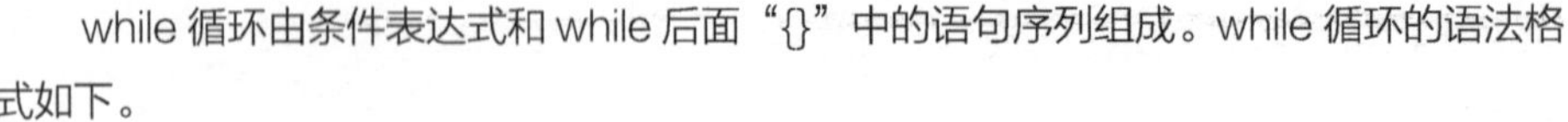

while 循环由条件表达式和 while 后面“{}”中的语句序列组成。while 循环的语法格式如下。

```
while (条件表达式) {
    语句序列 ;
}
```

条件表达式控制着 while 后面“{}”中的语句序列的执行。当条件表达式的返回值为 true 时，语句序列将被重复执行；当条件表达式的返回值为 false 时，while 循环结束，程序将执行 while 循环后的其他语句序列。while 循环的执行流程如图 5.6 所示。

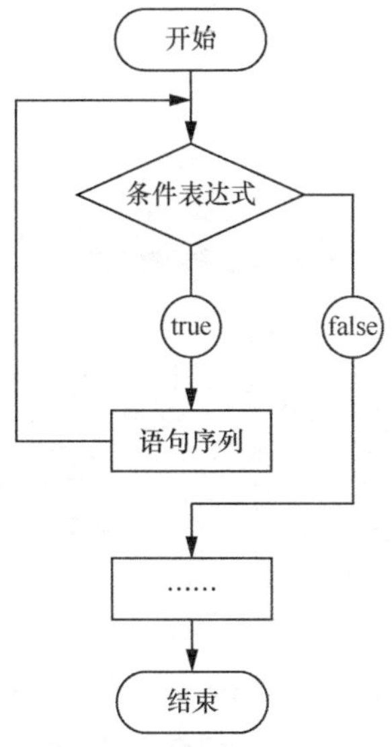

图 5.6 while 循环的执行流程

实例5-4 现使用 while 循环模拟体育课上老师要求学生进行 1 ~ 20 的报数过程，代码如下。

```
int number = 1; // 报数从 1 开始
while (number <= 20) { // 报数时的数值不能超过 20
    System.out.print(number + " "); // 控制台输出 number 的值
    number++; // 相当于“number = number + 1;”
}
```

上述代码的运行结果如下。

```
1 2 3 4 5 6 7 8 9 10 11 12 13 14 15 16 17 18 19 20
```

使用 while 循环时，要避免以下几个常见错误。

（1）如果在条件表达式后使用了分号，那么 while 循环将过早地结束，并且其中的语句序列将被视为空。以报数实例为例，在“while (number <= 20)”后加分号，代码如下。

```
int number = 1;
while (number <= 20);  ——→ 在条件表达式后加分号
```

上述代码等价于如下代码。

```
int number = 1;
while (number <= 20) {};  ——→ 语句序列将被视为空
```

（2）如果把报数实例中的“number++”删掉，代码如下。（实例位置：资源包 \MR\ 源码 \05\04。）

```
int number = 1; // 报数从 1 开始
while (number <= 20) { // 报数时的数值不能超过 20
```

```
    System.out.print(number + " "); // 控制台输出 number 的值
}
```

上述代码的运行结果如图 5.7 所示。

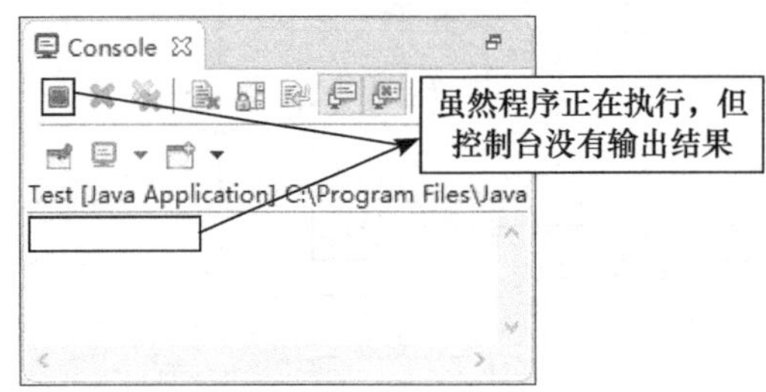

图 5.7　删掉"number++"后的运行结果

这是因为 number 的值始终为 1，所以"number <= 20"的返回值始终为 true，while 循环就会始终被执行，成为无限循环。无限循环是一个常见的程序设计错误，读者朋友要尽量避免。

（3）在程序设计过程中，开发人员经常会使循环多执行一次或少执行一次，这类错误被称为"差一错误"。以报数实例为例，如果把"number <= 20"写作"number < 20"，代码如下。（实例位置：资源包 \MR\ 源码 \05\05。）

```
int number = 1; // 报数从 1 开始
while (number < 20) { // 报数时的数值不能超过 20
    System.out.print(number + " "); // 控制台输出 number 的值
    number++; // 相当于"number = number + 1;"
}
```

上述代码的运行结果如下。

```
1 2 3 4 5 6 7 8 9 10 11 12 13 14 15 16 17 18 19
```

本例要模拟的是 1 ~ 20 的报数过程，但运行结果却是 1~19 的报数过程，这说明条件表达式被修改为"number < 20"后，循环少执行了一次。

5.2.2 do-while 循环

扫码看视频

do-while 循环和 while 循环的组成部分是相同的，不同的是 do-while 循环先执行一次 do 后面"{}"中的语句序列，再对条件表达式进行判断。如果条件表达式的返回值为 true，那么重复执行语句序列；如果条件表达式的返回值为 false，那么 do-while 循环结束。do-while 循环的执行流程如图 5.8 所示。

do-while 循环可以理解为是由 while 循环演变而来的。do-while 循环的语法格式如下。

```
do {
    语句序列 ;
} while (条件表达式);
```

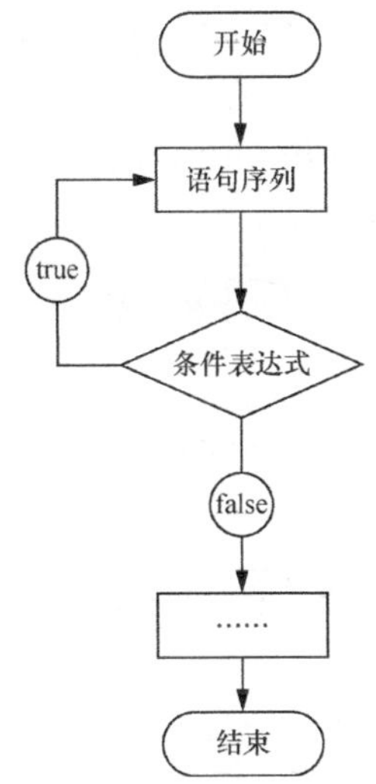

图 5.8 do-while 循环的执行流程

注意

do-while 循环结尾处的分号不能省略。

那么，什么时候使用 do-while 循环呢？如果循环中的语句序列至少要被执行一次，那么建议使用 do-while 循环。

实例5-5 现用 do-while 循环编写一个程序，计算1~20 的累加和，代码如下。（实例位置：资源包\MR\源码\05\06。）

```
int number = 1; // 起始数字为 1
int sum = 0; // 初始时，和为 0
do {
    sum = sum + number; // 从 1 开始求和
    number++; // 等价于“number = number + 1;”
} while (number <= 20); // 如果 number 的值超过 20，do-while 循环结束
```

使用输出语句输出上述代码中的 sum 值，输出结果如下。

```
sum 值为 210
```

5.2.3 for 循环

扫码看视频

在程序设计中，for 循环经常被用到。for 循环由初始化语句、判断条件语句和控制条件语句组成，并且使用英文格式下的分号将各个组成部分分隔开。for 循环的语法格式如下。

```
for( 初始化语句 ; 判断条件语句 ; 控制条件语句 ) {
    语句序列 ;
}
```

当程序执行至 for 循环时，首先执行初始化语句；然后执行判断条件语句，如果判断条件语句的返回值为 true，则执行 for 循环中的语句序列，否则结束 for 循环；for 循环中的语句序列被执行后，执行控制条件语句；最后程序返回至判断条件语句，根据判断条件语句的返回值判断是否继续执行 for 循环中的语句序列。for 循环的执行流程如图 5.9 所示。

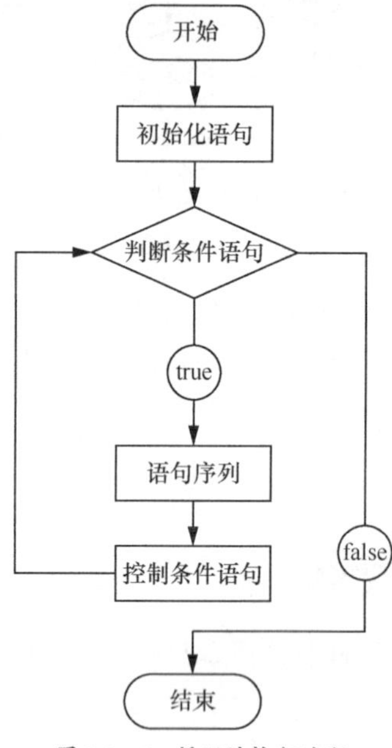

图 5.9 for 循环的执行流程

如果一个 for 循环同时省略了初始化语句、判断条件语句和控制条件语句这 3 个组成部分，那么这个 for 循环被称作无限循环，代码如下。

```
for ( ; ; ) {
    // 语句序列
}
```

注意

虽然上述 for 循环省略了判断条件语句，但是省略的判断条件语句会被看作 true。因此，上述 for 循环也可写作如下格式。

```
for ( ;true; ) {
    // 语句序列
}
```

5.2.4 嵌套 for 循环

当一个 for 循环被用在另一个 for 循环中时，就形成了嵌套 for 循环。嵌套 for 循环由一个外层 for 循环和一个或多个内层 for 循环组成。每当重复执行一次外层 for 循环时，程序就再次进入内层 for 循环。

扫码看视频

实例5-6 现使用嵌套 for 循环在控制台上输出图 5.10 所示的九九乘法表。（实例位置：资源包 \MR\源码 \05\07。）

```
Console
<terminated> Text (1) [Java Application] D:\Java\jdk-11\bin\javaw.exe
1*1=1
1*2=2	2*2=4
1*3=3	2*3=6	3*3=9
1*4=4	2*4=8	3*4=12	4*4=16
1*5=5	2*5=10	3*5=15	4*5=20	5*5=25
1*6=6	2*6=12	3*6=18	4*6=24	5*6=30	6*6=36
1*7=7	2*7=14	3*7=21	4*7=28	5*7=35	6*7=42	7*7=49
1*8=8	2*8=16	3*8=24	4*8=32	5*8=40	6*8=48	7*8=56	8*8=64
1*9=9	2*9=18	3*9=27	4*9=36	5*9=45	6*9=54	7*9=63	8*9=72	9*9=81
```

图 5.10 九九乘法表

代码如下。

```
for(int i = 1;i <= 9;i++){ // i 的取值范围是 1~9
    for(int j = 1;j <= i;j++){ // j 的取值范围是 1~9
        // 不换行输出乘法表
        System.out.print(j + "*" + i + "=" + i * j + "\t");
    }
    System.out.println(); // 在外层循环中换行
}
```

对于上述代码，控制外层 for 循环的变量是 i，控制内层 for 循环的变量是 j。在内层 for 循环中，针对每个 i 值，j 依次从 1 ~ 9 取值，这样就能够在每一行输出“i * j”的值。

5.3 控制循环结构

Java 提供了 break、continue 和 return 等关键字，用于控制程序在循环结构中的执行流程。因此，开发人员运用这些关键字能够让程序设计更方便、更简洁。本节将分别讲解 break、continue 关键字的用法。

5.3.1 break

扫码看视频

在 switch 语句中，break 能够使程序跳出 switch 多分支语句。如果 break 用在循环结构中，那么当程序遇到 break 时，会结束当前循环。break 有两种使用情况：一种是常用的不带标签的 break；另一种是带标签的 break。先来学习下如何使用不带标签的 break。

1. 不带标签的 break

实例5-7 编写一个程序模拟一道奥数题，对 1 ~ 100 内的整数求和，在控制台上输出当和大于 1000 时的整数值，代码如下。（实例位置：资源包 \MR\ 源码 \05\08。）

```
int max = 1000; // 最大和
int sum = 0; // 初始时和为 0
```

```
for (int i = 1; i <= 100; i++) { // i 的取值范围是 1~100
    sum += i;
    if (sum > max) { // 如果已经求得的和大于 1000
        System.out.println("和为" + sum + "时的整数值为" + i);
        break; // 结束 for 循环
    }
}
```

上述代码的运行结果如下。

```
和为 1035 时的整数值为 45
```

上述代码不使用 break 的运行结果如下。

```
和为 1035 时的整数值为 45
和为 1081 时的整数值为 46
......
和为 4950 时的整数值为 99
和为 5050 时的整数值为 100
```

综上，因为在程序中使用了 break，所以当和大于 1000 时，for 循环就会结束。如果省略了 break，那么程序将陆续输出 1 ~ 100 内和大于 1000 时的所有整数值。

2. 带标签的 break

带标签的 break 常用于嵌套 for 循环。使用带标签的 break 之前，开发人员要为某个 for 循环添加标签（标签属于标识符的一种，能够被程序识别），再使用“break 标签名;”语句指定 break 结束添加标签的 for 循环。

实例5-8 一辆油电混合轿车在充满电的情况下，纯电动模式以每小时 80 千米的速度匀速行驶，可行驶 8 小时；8 小时后，还可以用汽油继续行驶 100 千米。使用带标签的 break 编写一个程序：在这辆车的剩余电量只能让其行驶 5 小时，且油箱里没有可用的汽油的情况下，如图 5.11 所示，在控制台上输出这辆车的行驶过程。（实例位置：资源包 \MR\ 源码 \05\09。）

图 5.11　一辆油电混合轿车的实时信息

关键代码如下。

```
int leftTime = 5; // 这辆车的剩余电量只能让其行驶 5 小时
boolean oilOrNot = false; // 油箱里没有可用的汽油
loop: // 标签名为 loop，用来标记其紧邻的 for 循环
for (int i = 1; i <= 8; i++) { // 这辆车在充满电的情况下，以纯电动的模式可行驶 8 小时
    System.out.println("已行驶" + i + "小时"); // 记录已行驶的时间
    if (i == leftTime) { // 这辆车已行驶 5 小时
```

```
        for (int j = 0; j <= 100; j++) { // 这辆车用汽油还可以继续行驶 100 千米
            if (oilOrNot == false) { // 油箱里没有可用的汽油
                System.out.println(" 油箱里没有可用的汽油，不能继续行驶。");
                                                         // 提示信息
                break loop; // 结束 loop 标记的 for 循环
            }
        }
    }
}
```

这辆车的行驶过程如下。

```
已行驶 1 小时
......
已行驶 5 小时
油箱里没有可用的汽油，不能继续行驶。
```

注意

标签名的首字母一般为小写。此外，标签必须紧邻被其标记的 for 循环，正确的两种编码格式如下。

格式一如下。

```
loop:
// 这辆车在充满电的情况下，以纯电动的模式可行驶 8 小时
for (int i = 1; i <= 8; i++) {
    // 语句序列
}
```

格式二如下。

```
// 这辆车在充满电的情况下，以纯电动的模式可行驶 8 小时
loop: for (int i = 1; i <= 8; i++) {
    // 语句序列
}
```

实例5-9 对于实例 5-8 而言，如果不使用带标签的 break，程序的运行结果会有哪些变化？关键代码如下。（实例位置：资源包 \MR\ 源码 \05\10。）

```
int leftTime = 5; // 这辆车的剩余电量只能让其行驶 5 小时
boolean oilOrNot = false; // 油箱里没有可用的汽油
for (int i = 1; i <= 8; i++) { // 这辆车在充满电的情况下，以纯电动的模式可行驶 8 小时
    System.out.println(" 已行驶 " + i + " 小时 "); // 记录已行驶的时间
```

```
    if (i == leftTime) { // 这辆车已行驶 5 小时
        for (int j = 0; j <= 100; j++) { // 这辆车用汽油还可以继续行驶 100 千米
            if (oilOrNot == false) { // 油箱里没有可用的汽油
                // 提示信息
                System.out.println("油箱里没有可用的汽油，不能继续行驶。");
                break;
            }
        }
    }
}
```

上述代码的运行结果如下。

```
已行驶 1 小时
……
已行驶 5 小时
油箱里没有可用的汽油，不能继续行驶。
已行驶 6 小时
已行驶 7 小时
已行驶 8 小时 ——> 不应该被输出的行驶记录
```

综上，使用不带标签的 break 不能准确地记录这辆车的行驶过程。

5.3.2 continue

扫码看视频

在 for、while 和 do-while 循环中，当程序遇到 continue 时，先结束本次循环，再立即验证判断条件语句的返回值，如果返回值为 true，那么将执行下一次循环；如果返回值为 false，那么循环结束。也就是说，continue 不会像 break 一样立即结束循环。

实例5-10 使用 continue 编写一个程序，计算 1 ~ 100 内所有偶数的和，关键代码如下。（实例位置：资源包 \MR\ 源码 \05\11。）

```
int sum = 0; // 初始时和为 0
for (int i = 1; i <= 100; i++) { // i 的取值范围为 1~100
    if (i % 2 != 0) { // 如果 i 是奇数
        continue; // 结束本次循环
    }
    sum += i; // 如果 i 是偶数，开始求和。等价于 "sum = sum + i;"
}
System.out.println("2 + 4 + ... + 100 = " + sum); // 输出 1 ~ 100 内所有偶数的和
```

上述代码的运行结果如下。

```
2 + 4 + ... + 100 = 2550
```

5.4 动手练一练

（1）按照从大到小排序。先在控制台上分别输入 3 个整数，再使用 if 语句按照从大到小的顺序输出这 3 个整数。运行结果如图 5.12 所示。

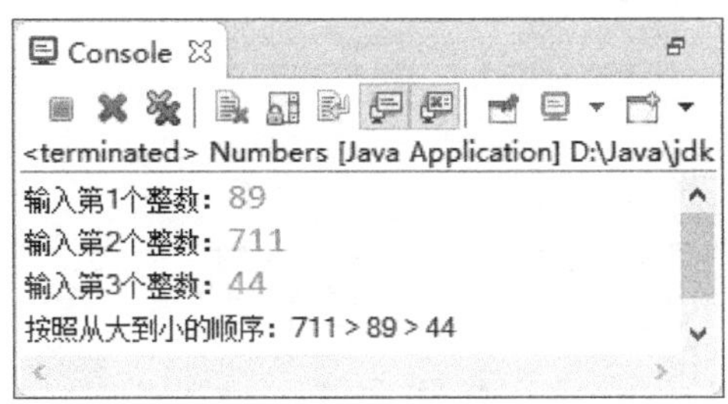

图 5.12 按照从大到小的顺序输出 3 个整数

（2）判断控制台输入的结果是否正确。首先，在控制台上输入两个整数 num1 和 num2，如果 num1 小于 num2，那么使用 if 语句交换 num1 和 num2 的值。然后，控制台输出“num1 - num2 = ”，在控制台上输入结果后，程序将使用 if-else 语句判断输入的结果是否正确。运行结果如图 5.13 所示。

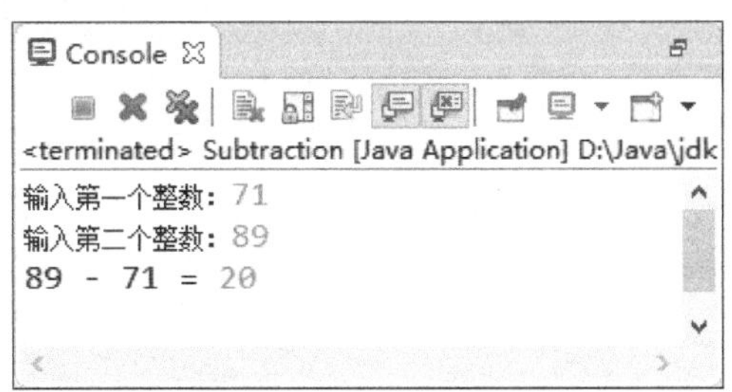

图 5.13 两个整数相减

（3）查询商品价格并计算总金额。使用 while 循环，当输入“true”时，循环输入商品编号，程序将显示对应的商品价格；当输入“false”时，程序将结束循环并计算商品总金额。运行结果如图 5.14 所示。

图 5.14 查询商品价格并计算总金额

（4）摄氏温度与华氏温度的对照表。使用 do-while 循环，让控制台输出摄氏温度与华氏温度的对照表。对照表包含摄氏温度 -30℃ ~ 50℃及其对应的华氏温度，每行间隔 10℃，运行结果如图 5.15 所示。

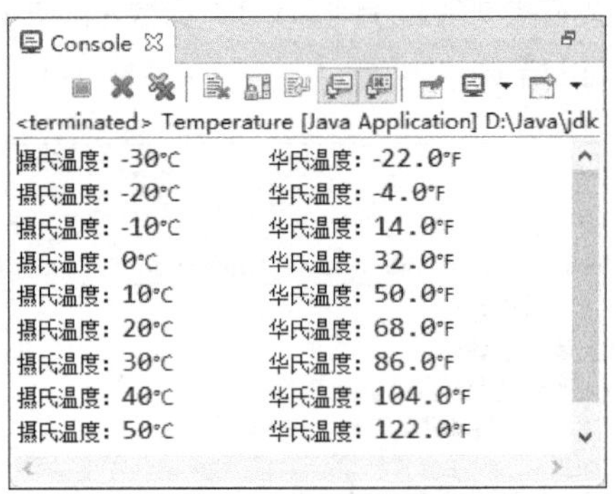

图 5.15 摄氏温度与华氏温度的对照表

（5）输出 1 ~ 100 内的素数。使用 for 循环，判断 1 ~ 100 内的素数，并在控制台上输出所有素数。（提示：判断素数的方法为用一个数分别去除以 2 到 sqrt（这个数），如果能被整除，则表明此数不是素数，反之是素数。）

提高篇

第 6 章

数组

视频教学：62 分钟

定义一个变量时，一行代码就能解决。现通过定义变量的方式存储一家超市上百件商品的价格。如果把商品的价格均声明为 double 型，那么在定义变量时就需要编写上百行几乎完全相同的代码（除变量名和变量的值不同外）。这样不仅会很麻烦，而且会产生大量重复多余的代码，那么应该如何解决这个问题呢？本章介绍的数组就是一种解决方案。

6.1 初识数组

扫码看视频

为了减少程序设计过程中越来越庞大的数据量，Java 引入了数组。数组是一种数据结构（即计算机存储、组织数据的方式），用于存储指定个数的、数据类型相同的变量，这些变量被称作元素。此外，数组也是一种常用的引用类型。

Java 数组有两个重要的概念：数组的大小和数组元素的下标。数组的大小指的是数组的长度，即数组能够存储的元素个数。如果把一辆限员 52 人的巴士看作一个数组，那么这个数组的大小（即数组的长度）为 52。也就是说，这个数组能够存储的元素个数为 52，示意图如图 6.1 所示。

限员52人
被看作一个数组，能够存储52个元素

图 6.1 把巴士看作数组

数组中的元素是用于访问和操作的，为此 Java 提供了元素的下标予以实现。也就是说，通过元素的下标即可访问和操作数组中的元素。因为数组中的元素是连续摆放的，所以元素的下标也是连续的。

注意，数组中第 1 个元素的下标为 0，而不是 1，如图 6.2 所示。

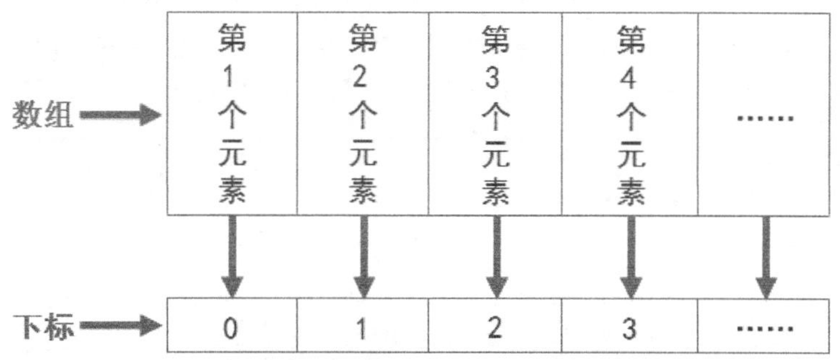

图 6.2 数组中元素的下标从 0 开始

Java 数组中比较常用的是一维数组和二维数组。下面先对一维数组予以介绍。

6.2 一维数组

扫码看视频（上）

扫码看视频（下）

一维数组有两种常见的理解方式：其一，如果把内存看作一张 Excel 表格，那么一维数组中的元素将被存储在这张 Excel 表格中的某一行；其二，一维数组可以看作一个存储指定个数的、数据类型相同的变量的集合。本节将依次介绍一维数组的声明、创建和初始化这 3 方面内容。

说明

集合是指多个具有某种相同性质的、具体的或抽象的对象所构成的集体。本书将在第 7 章和第 11 章分别介绍对象和集合这两个重要的知识点。

6.2.1 声明

在使用一维数组之前，不仅需要确定数组的元素类型，而且需要为一维数组命名（即引用一维数组时所使用的变量名），还需要使用符号“[ ]”，这个过程称作一维数组的声明。声明一维数组的语法格式有以下两种。

```
数组的元素类型 数组名 [];
数组的元素类型 [] 数组名 ;
```

→推荐使用，因为这种格式在程序设计过程中的使用频率更高

例如，声明一个 double 型的一维数组，用于存储一家超市上百件商品的价格，具体代码如下。

```
double prices[];
```

上述代码等价于如下代码。

```
double[] prices;
```

注意

数组的元素类型可以是任意的数据类型，不单单是常见的 8 种基本数据类型。例如，现有一个封装学生信息（如姓名、性别、年龄、家长的联系电话等）的学生类，即 Student 类；声明一个 Student 型的一维数组，用于存储 1 年级 1 班的学生信息，代码如下。

```
Student[] students;
```

说明

封装是面向对象编程的一个重要特点，将在后续章节予以介绍。

6.2.2 创建

声明一维数组后，需要使用 new 关键字创建一维数组。在创建一维数组的过程中，还需要确定数组的大小（即数组的长度）。创建一维数组的语法格式如下。

```
数组的元素类型 [] 数组名 = new 数组的元素类型 [ 数组的大小 ];
```

例如，声明一个 char 型的一维数组，用于存储 26 个大写的英文字母，代码如下。

```
char letters[] = new char[26];  → 推荐使用
```

上述代码等价于如下代码。

```
char letters[];
letters = new char[26];
```

注意

（1）数组的大小在创建数组时必须予以确定，否则 Eclipse 将会报错。以上述代码为例，如果省略了数组的大小 26，那么 Eclipse 将在代码所在行的行标处出现红叉，如图 6.3 所示。

```
4        char letters[] = new char[];
Eclipse报错
```

图 6.3　省略数组的大小

（2）“=”左右两端的数组的元素类型必须保持一致，否则 Eclipse 将会出现错误提示。以上述代码为例，如果一维数组 letters 的数据类型被替换为 int，那么 Eclipse 将提示须把数组 letters 的数据类型更正为 char，如图 6.4 所示。

```
int letters[] = new char[26];
        Type mismatch: cannot convert from char[] to int[]
        1 quick fix available:
          Change type of 'letters' to 'char[]'
                                         Press 'F2' for focus
```

图 6.4　“=”左右两端的数组的元素类型不一致

6.2.3 初始化

一维数组的初始化指的是为一维数组中的元素赋值。例如，letters 是已经被创建的、char 型的、大小为 26 的一维数组，用于存储 26 个大写的英文字母。下面为 letters 中的元素赋值，代码如下。

```
letters[0] = 'A';
letters[1] = 'B';
letters[2] = 'C';
...
letters[7] = 'H';
letters[8] = 'I';
letters[9] = 'J';
...
letters[14] = 'O';
letters[15] = 'P';
letters[16] = 'Q';
...
letters[23] = 'X';
letters[24] = 'Y';
letters[25] = 'Z';
```

注意

一旦数组的元素类型被确定，数组中所有元素的数据类型都必须与数组的元素类型保持一致，否则 Eclipse 将会出现图 6.5 所示的错误提示。

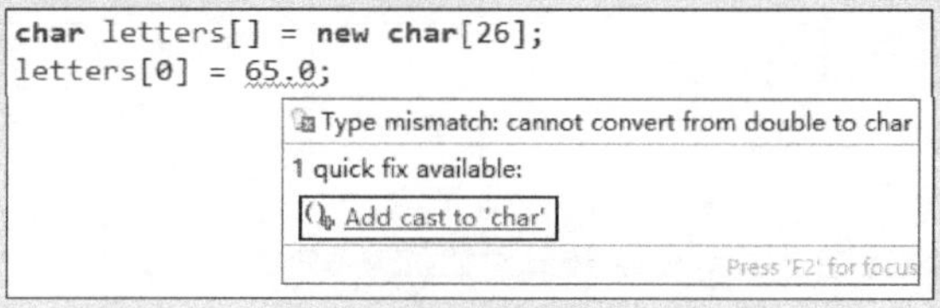

```
char letters[] = new char[26];
letters[0] = 65.0;
```

Type mismatch: cannot convert from double to char
1 quick fix available:
Add cast to 'char'
Press 'F2' for focus

图 6.5 元素的数据类型与数组的元素类型不一致

说明

在图 6.5 中，letters 是 char 型数组，65.0 是 double 型数值，这使得“=”左右两端的数据类型不一致。因此，Eclipse 提示要把 double 型的 65.0 强制转换为 char 型。

实例6-1 在为 letters 中的元素赋值的过程中，需要编写 26 行几乎完全相同的代码，这样不仅会占用大量篇幅，而且使得程序看起来很笨重。那么应该如何优化这 26 行几乎完全相同的代码呢？答案就是使用 for 循环，代码如下。（实例位置：资源包 \MR\ 源码 \06\01。）

```
/* i：元素的下标，从 0 开始；最后一个元素的下标为（letters.length - 1）
```

“数组名 .length”表示的是数组的大小

```
 * j：在 ASCII 表中，大写字母 A 对应的 int 型数值为 65
 */
   for (int i = 0, j = 65; i < letters.length; i++, j++) {
       letters[i] = (char) j;
       // letters 是 char 型数组，因此要把 int 型的 j 强制转换为 char 型
}
```

6.3 一维数组的基本操作

扫码看视频（上）

扫码看视频（中）

扫码看视频（下）

当需要处理多个相同数据类型的变量时，操作数组比操作单一变量更加简单、方便。本节以一维数组为例，分别对遍历一维数组、复制一维数组、填充一维数组、对一维数组中的元素进行升序和降序排列，以及在一维数组中查找指定元素等内容予以详解。

6.3.1 遍历

遍历一维数组指的是把一维数组中的所有元素全部访问一遍。遍历一维数组时有两个要求：其一，所有元素必须都被访问一遍；其二，元素被访问时不能被修改。遍历一维数组需要借助 for 循环，其原理是通过元素的下标依次访问一维数组中的所有元素。

实例6-2 先使用一个 for 循环，把 26 个大写的英文字母存储在 char 型数组 letters 中；再使用一个 for 循环遍历 letters 中的元素，并且把 letters 中的元素全部输出在控制台上，代码如下。（实例位置：资源包 \MR\ 源码 \06\02。）

```
char[] letters = new char[26];
/* 第一个 for 循环：为 letters 中的元素赋值。其中
 * i：元素的下标，从 0 开始
 * j：在 ASCII 表中，大写字母 A 对应的 int 型数值为 65
 */
for (int i = 0, j = 65; i < letters.length; i++, j++) {
    // letters 是 char 型数组，因此要把 int 型的 j 强制转换为 char 型
    letters[i] = (char) j;
}
/* 第二个 for 循环：遍历 letters 中的元素。其中
 * i：元素的下标，从 0 开始
 */
for (int i = 0; i < letters.length; i++) {
    System.out.print(letters[i] + " "); // 不换行输出 26 个大写的英文字母
}
```

上述代码的运行结果如图 6.6 所示。

```
Console
<terminated> Passanger [Java Application] C:\Program Files\Java\jdk\bin\javaw.exe
A B C D E F G H I J K L M N O P Q R S T U V W X Y Z
```

图 6.6　输出 26 个大写的英文字母

除 for 循环外，Java 还提供了 foreach 循环用于遍历一维数组。foreach 循环的优势在于不需要借助元素的下标就能够依次访问一维数组中的所有元素。

例如，上述代码中的“第二个 for 循环”，代码如下。

```
for (int i = 0; i < letters.length; i++) {
    System.out.print(letters[i] + " "); // 不换行输出 26 个大写的英文字母
}
```

使用 foreach 循环可以将其改写为如下格式。

```
for (char c : letters) {   可以理解为“依次访问 letters 中每个 char 型的元素 c”
    System.out.print(c + " "); // 不换行输出 26 个大写的英文字母
}
```

注意

元素 c 的数据类型必须与一维数组 letters 的数据类型保持一致。

6.3.2 复制

复制是计算机的常用操作之一，例如复制文件等。在 Java 语言中，一维数组也能够被复制。把一个一维数组中的所有元素或者部分元素复制到另一个一维数组中，这个过程称作复制一维数组。Arrays 类是由 Java 提供的用于操作数组的工具类。为了实现复制一维数组，Arrays 类提供了 copyOf() 方法和 copyOfRange() 方法。以 int 型一维数组为例，分别对 copyOf() 方法和 copyOfRange() 方法予以讲解。

（1）copyOf() 方法用于复制一维数组中的所有元素，其语法格式如下。

```
public static int[] copyOf(int[] original, int newLength)
```

- original：需要被复制的一维数组。
- newLength：原数组被复制后，新数组的大小。新数组的大小可以大于原数组的大小。

那么，如何理解“新数组的大小可以大于原数组的大小”这句话呢？这里将编写一个程序予以解释。

实例6-3 把一个 int 型的包含 5 个元素的一维数组 array 复制到同为 int 型的但大小为 6 的一维数组 arrayCopy 中，代码如下。（实例位置：资源包 \MR\ 源码 \06\03。）

```
int[] array = { 0, 1, 2, 3, 4 }; // 原数组，包含 5 个元素
int[] arrayCopy = Arrays.copyOf(array, 6); // 把原数组复制到新数组中，新数组的大小为 6
System.out.print(" 原数组：");
for (int i : array) { // 遍历输出原数组中的元素
    System.out.print(i + " ");
}
System.out.println();
System.out.print(" 新数组：");
for (int i : arrayCopy) { // 遍历输出新数组中的元素
    System.out.print(i + " ");
}
```

上述代码的运行结果如图 6.7 所示。

图 6.7　复制一维数组中的所有元素

从图 6.7 可以看出，新数组比原数组多了一个 0。对于 int 型一维数组，当新数组的大小大于原数组的大小时，新数组比原数组多出来的元素都将被赋初值 0，因为 0 是 int 型变量的默认值。

（2）copyOfRange() 方法用于复制一维数组中的部分元素，其语法格式如下。

```
public static int[] copyOfRange(int[] original, int from, int to)
```

- original：需要被复制的一维数组。
- from：原数组中的部分元素被复制时的起始下标，from 的取值范围是 0 ≤ from < original.length。
- to：原数组中的部分元素被复制时的终止下标，但新数组中的元素不包含原数组中为终止下标的元素；此外，终止下标必须大于或等于起始下标，而且终止下标可以大于原数组的大小。

那么，如何理解“终止下标可以大于原数组的大小”这句话呢？这里仍将借助一个程序予以解释。

实例6-4 现有一个 int 型的包含 5 个元素的一维数组 array，把 array 中下标为 2~5 的元素复制到同为 int 型的一维数组 arrayRangeCopy 中，代码如下。（实例位置：资源包 \MR\ 源码 \06\04。）

```
int[] array = { 0, 1, 2, 3, 4 }; // 原数组，包含 5 个元素
// 虽然 to 的值为 6，但是复制的是原数组中下标为 2~5 的元素
```

```
int[] arrayRangeCopy = Arrays.copyOfRange(array, 2, 6);
System.out.print("原数组: ");
for (int i : array) { // 遍历输出原数组中的元素
    System.out.print(i + " ");
}
System.out.println();
System.out.print("新数组: ");
for (int i : arrayRangeCopy) { // 遍历输出新数组中的元素
    System.out.print(i + " ");
}
```

上述代码的运行结果如图 6.8 所示。

因为 int 型一维数组 array 没有下标为 5 的元素，而 0 是 int 型变量的默认值，所以在一维数组 arrayRangeCopy 中，用 0 补充一维数组 array 下标为 5 的元素。

图 6.8 复制一维数组中的部分元素

6.3.3 填充

填充一维数组，即用某个值为已创建的一维数组中的所有元素赋值。Arrays 类提供了用于填充一维数组的 fill() 方法。以 char 型一维数组为例，fill() 方法的语法格式如下。

```
public static void fill(char [] a, char val)
```

- a：要被填充的一维数组。
- val：被填充数组要被赋予的元素值。

实例6-5 某同学参加 5 门选修课的期末考试，该同学的考试成绩均为 A。编写一个程序，在控制台输出该同学的考试成绩，代码如下。（实例位置：资源包 \MR\ 源码 \06\05。）

```
char[] scores = new char[5]; // 创建大小为 5 的 char 型数组 scores
Arrays.fill(scores, 'A'); // 把 scores 中的所有元素均赋值为 A
System.out.print("该同学的 5 门选修课的期末成绩: "); // 提示信息
for (char c : scores) { // 遍历 scores 中的所有元素
    System.out.print(c + " "); // 不换行输出 scores 中的所有元素
}
```

上述代码的运行结果如下。

```
该同学的 5 门选修课的期末成绩: A A A A A
```

6.3.4 排序

Java 提供了多种方式对一维数组中的所有元素进行排序。其中，较为常用的方式有 Arrays 类的 sort() 方法、冒泡排序和直接选择排序。下面以对一维数组中的所有元素进行升序排列为例，分别对上述 3 种排序方式予以讲解。

1. Arrays 类的 sort() 方法

Arrays 类提供了按升序排列一维数组中所有元素的 sort() 方法。以 double 型一维数组为例，sort() 方法的语法格式如下。

```
public static void sort(double[] a)
```

✓ a：要被排序的一维数组。

实例6-6 一位选手参加歌手选秀活动，这位选手一展歌喉后，5 位评委依次给出了 8.5、9.0、9.2、8.9 和 9.0 这 5 个分数。编写一个程序，在控制台输出这位选手的最低分和最高分，代码如下。（实例位置：资源包 \MR\ 源码 \06\06。）

```
// 初始化 double 型数组 scores，用于存储 5 位评委给出的分数
double[] scores = {8.5, 9.0, 9.2, 8.9, 9.0};
// 按升序排列数组 scores 中的所有元素
Arrays.sort(scores);
// 数组 scores 被升序排列后，下标为 0 的第一个元素就是该选手得到的最低分
System.out.println("该选手得到的最低分：" + scores[0] + "分");
// 下标为（scores.length - 1）的最后一个元素就是该选手得到的最高分
System.out.println("该选手得到的最高分：" + scores[scores.length - 1] + "分");
```

上述代码的运行结果如下。

```
该选手得到的最低分：8.5 分
该选手得到的最高分：9.2 分
```

2. 冒泡排序

对一维数组中的所有元素进行升序排列时，冒泡排序的工作原理可以归纳为“小数往前放，大数往后放”。具体过程：比较相邻的元素值，如果前一个元素比后一个元素大，那么就交换两个元素的位置，即把小的元素移动到数组前面，把大的元素移动到数组后面，否则保持原顺序不变，然后继续比较，直到排序完成。

实例6-7 使用冒泡排序对一个大小为 6 的一维数组进行升序排列，排序的过程和结果如图 6.9 所示。其中，下方画曲线的数字表示正在进行比较的状态；下方划直线的数字表示等待比较的状态；其余数字表示完成比较的状态。（实例位置：资源包 \MR\ 源码 \06\07。）

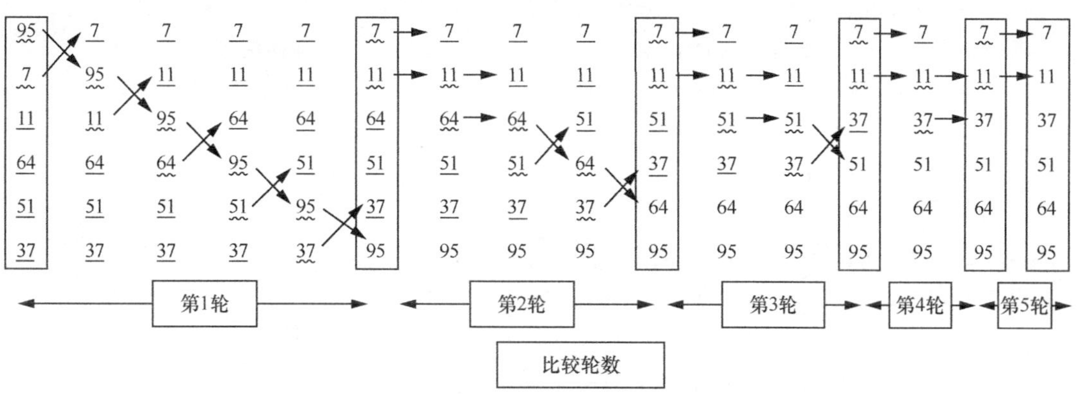

图 6.9　冒泡排序的排序过程

实现冒泡排序的具体代码如下。

冒泡排序的核心代码

```
public class BubbleSort {
    /**
     * 冒泡排序方法
     * @param array 要排序的数组
     */
    public void sort(int[] array) {
        for (int i = 1; i < array.length; i++) {
            // 比较相邻两个元素，较大的数往后移动
            for (int j = 0; j < array.length - i; j++) {
                // 如果前一个元素比后一个元素大，则两元素互换
                if (array[j] > array[j + 1]) {
                    int temp = array[j];         // 把第一个元素值保存到临时变量中
                    array[j] = array[j + 1];     // 把第二个元素值保存到第一个元素中
                    // 把临时变量（也就是第一个元素原值）保存到第二个元素中
                    array[j + 1] = temp;
                }
            }
        }
        showArray(array);                        // 输出冒泡排序后的数组元素
    }
    /**
     * 输出数组中的所有元素
```

```
     * @param array 要输出的数组
     */
    public void showArray(int[] array) {
        System.out.println("冒泡排序的结果: ");
        for (int i : array) {                                  // 遍历数组
            System.out.print(i + " ");                          // 输出每个数组元素
        }
        System.out.println();
    }
    public static void main(String[] args) {
        // 创建一个数组，这个数组元素是乱序的
        int[] array = { 95, 7, 11, 64, 51, 37 };
        // 创建冒泡排序类的对象
        BubbleSort sorter = new BubbleSort();
        // 调用排序方法将数组排序
        sorter.sort(array);
    }
}
```

上述代码的运行结果如下。

```
冒泡排序的结果:
7 11 37 51 64 95
```

说明

（1）冒泡排序由双层循环实现，其中外层循环控制排序的轮数，总轮数等于数组长度减 1，因为最后一次循环只剩下一个数组元素，不需要比较。而内层循环用于比较相邻的元素值，以确定是否需要交换两个元素的位置，而且比较和交换的次数随排序轮数的减少而减少。

（2）算法完成第一轮比较后，把 95（最大元素）移动到底部，而后 95 将不会再参与下一轮的比较。以此类推，每一轮比较后，都会把剩余元素中的最大元素移动到底部。最后一轮比较完成后，即可得到按升序排列的数组。

3. 直接选择排序

以升序排列为例，直接选择排序的工作原理是先将数组中的最大元素与数组中的最后一个元素交换位置，再将剩余元素中的最大元素与数组中的倒数第二个元素交换位置。以此类推，直至对数组中的所有元素都予以升序排列。

实例6-8 使用直接选择排序对一个大小为 6 的一维数组进行升序排列，排序的过程和结果如图 6.10 所示。（实例位置：资源包 \MR\ 源码 \06\08。）

图 6.10 直接选择排序的排序过程

与冒泡排序相比，直接选择排序的交换次数要少很多，所以速度会快些。

实现直接选择排序的具体代码如下。

```
public class SelectSort {
    /**
     * 直接选择排序法
     * @param array 要排序的数组
     */
    public void sort(int[] array) {
        int index;
        for (int i = 1; i < array.length; i++) {
            index = 0;
            for (int j = 1; j <= array.length - i; j++) {
                if (array[j] > array[index]) {
                    index = j;
                }
            }
            // 交换在位置 array.length-i 和 index（最大值）上的两个元素
            int temp = array[array.length - i];// 把第一个元素值保存到临时变量中
            array[array.length - i] = array[index];// 把第二个元素值保存到第一个元素中
            array[index] = temp;// 把临时变量（也就是第一个元素原值）保存到第二个元素中
        }
        showArray(array);// 输出直接选择排序后的数组元素
    }
    /**
     * 输出数组中的所有元素
     *
     * @param array 要输出的数组
     */
    public void showArray(int[] array) {
        System.out.println("直接选择排序的结果为：");
```

```
        for (int i : array) {                        // 遍历数组
            System.out.print(i + " ");               // 输出每个数组元素
        }
        System.out.println();
    }
    public static void main(String[] args) {
        int[] array = { 63, 4, 24, 1, 3, 15 }; // 创建一个数组,这个数组元素是乱序的
        SelectSort sorter = new SelectSort();    // 创建直接选择排序类的对象
        sorter.sort(array);                      // 调用排序对象的方法将数组排序
    }
}
```

上述代码的运行结果如下。

```
直接选择排序的结果为:
1 3 4 15 24 63
```

注意

Arrays 类的 sort() 方法只能对一维数组中的所有元素进行升序排列。冒泡排序和直接选择排序既能对一维数组中的所有元素进行升序排列，又能对一维数组中的所有元素进行降序排列。

6.3.5 搜索

在已初始化的一维数组中，能够搜索指定元素，就像在一个 Word 文档中搜索相同的文字内容一样。为了实现在已初始化的一维数组中搜索指定元素的功能，Arrays 类提供了 binarySearch() 方法。以 int 型一维数组为例，binarySearch() 方法的语法格式如下。

```
public static int binarySearch(int[] a, int key)
```

- a：要被搜索的一维数组。
- key：要被搜索的元素。

如果数组 a 存在 key，那么 binarySearch() 方法将返回 key 的下标；如果数组 a 不存在 key，那么 binarySearch() 方法将返回“-（插入点下标 + 1）”。插入点下标指的是数组 a 中第一个大于 key 的元素下标。下面将编写一个程序予以解释。

实例6-9 使用 binarySearch() 方法，在元素为 0、1、2、3、4、5、6、8 和 9 的 int 型一维数组 numbers 中搜索 1 和 7，代码如下。（实例位置：资源包 \MR\ 源码 \06\09。）

```
int[] numbers = {0, 1, 2, 3, 4, 5, 6, 8, 9};
System.out.println("在number中,1的下标: " + Arrays.binarySearch(numbers, 1));
System.out.println("在number中,7的下标: " + Arrays.binarySearch(numbers, 7));
```

上述代码的运行结果如下。

```
在 number 中, 1 的下标: 1
在 number 中, 7 的下标: -8
```

说明

数组 numbers 不包含元素 7，而第一个比元素 7 大的是元素 8，那么插入点下标就是元素 8 的下标。元素 8 的下标是 7，因此 Arrays.binarySearch(numbers, 7) 的返回值是 -8。

6.4 二维数组

电影院是当今人们休闲娱乐的好去处，当人们迈进电影院的放映厅时，每个人都会根据电影票上的座位号入座。因为放映厅里每一排的座位号都是从 1 号开始，所以每一排都会有重复的座位号。为了更快地让人们找到自己的座位，避免不必要的纠纷，电影票上的座位号由排和号两部分组成，例如 4 排 4 号、8 排 9 号等，这就形成了二维表结构。使用二维表结构表示放映厅里的座位号的示意图如图 6.11 所示。

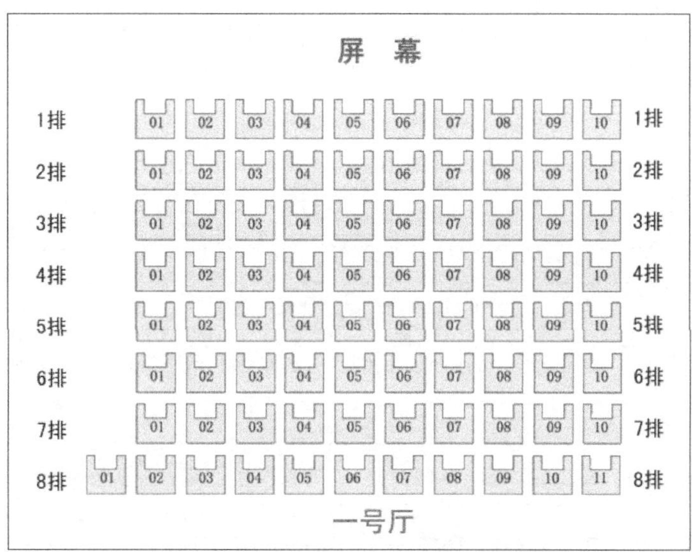

图 6.11 使用二维表结构表示放映厅里的座位号

Java 使用二维数组表示二维表结构，因为二维表结构由行和列组成，所以二维数组中的元素借助行和列的下标来访问。那么，如何声明并创建二维数组？如何初始化二维数组？如何遍历二维数组中的元素？下面将依次讲解上述 3 个问题。

6.4.1 声明并创建

扫码看视频

二维数组可以看作由多个一维数组组成的数组，声明二维数组有以下两种方式。

```
数组的元素类型 [][] 数组名 ;——►推荐使用
数组的元素类型 数组名 [][];
```

例如，使用推荐的方式声明一个 boolean 型二维数组 seats，关键代码如下。

```
boolean[][] seats;
```

同一维数组一样，二维数组被声明后也要使用 new 关键字创建二维数组。创建二维数组有以下两种方式。

1. 直接分配行列

直接分配行列适用于创建 *n* 排 *m* 列（即“$n \times m$”型）的二维数组。图 6.12 是图 6.11 的一部分，图 6.12 所示的座位分布是 7 排 10 列。

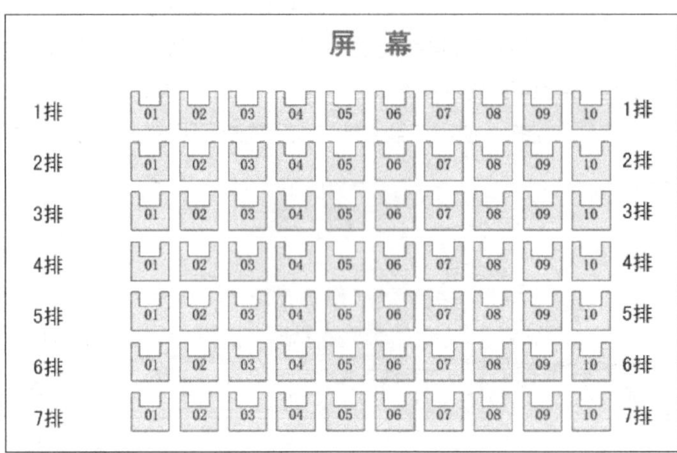

图 6.12　7 排 10 列的座位分布

使用直接分配行列的方式创建一个 boolean 型的二维数组，用于表示图 6.12 所示的座位是否有人入座，关键代码如下。

```
boolean[][] seats = new boolean[7][10]; // 可以理解为“seats包含7个大小为10的一维数组”
```

二维数组 seats 有两种下标：7 被看作行下标，10 被看作列下标。行下标和列下标都是从 0 开始的。

2. 先分配行，再分配列

在图 6.11 中，前 7 排每排均有 10 个座位，第 8 排比前 7 排多了一个座位。如何创建一个 boolean 型的二维数组，用于表示图 6.11 所示的座位是否有人入座呢？答案就是“先分配行，再分配列”，关键代码如下。

```
boolean[][] seats = new boolean[8][]; // 有 8 排座位
seats[0] = new boolean[10]; // 第 1 排有 10 个座位
seats[1] = new boolean[10]; // 第 2 排有 10 个座位
```

```
...
seats[6] = new boolean[10]; // 第 7 排有 10 个座位
seats[7] = new boolean[11]; // 第 8 排有 11 个座位
```

注意

在创建二维数组的过程中，如果不分配“行”的内存空间，那么 Eclipse 将会报错。错误写法如下。

```
boolean[][] seats = new boolean[][];
```

以下写法也是错误的。

```
boolean[][] seats = new boolean[][10];
```

6.4.2 初始化

扫码看视频

虽然 boolean 型的二维数组 seats 被创建后，其中的元素默认值均为 false，但是如何显式表示二维数组 seats 中各个元素的值呢？关键代码如下。

```
boolean[][] seats= {
    {false, false, false, false, false, false, false, false, false, false},
    {false, false, false, false, false, false, false, false, false, false},
    {false, false, false, false, false, false, false, false, false, false},
    {false, false, false, false, false, false, false, false, false, false},
    {false, false, false, false, false, false, false, false, false, false},
    {false, false, false, false, false, false, false, false, false, false},
    {false, false, false, false, false, false, false, false, false, false},
    {false, false, false, false, false, false, false, false, false, false, false},
};  → 语法中的“}”和“;”有且只有一个，而且一个都不能少
```

这样，boolean 型二维数组 seats 的初始化操作就完成了。

注意

上述代码既可以写作一行代码，又可以写作多行代码，但是其中的标点符号必须是英文格式的，否则 Eclipse 将会报错。

boolean 型二维数组 seats 被初始化后，其中元素的默认值均为 false，表示放映厅里的座位尚未售出。如果 4 排 4 号被观影者买了，那么只需把 4 排 4 号的默认值由 false 修改为 true 即可。需要注意的是，二维数组的行下标和列下标都是从 0 开始的，代码如下。

```
seats[3][3] = ture;  → 因为行下标和列下标都是从 0 开始的，所以 [3][3] 表示（3+1）排（3+1）号
```

6.4.3 遍历

扫码看视频

通过 for 循环或者 foreach 循环，能够遍历一维数组。那么，遍历二维数组的方式是什么呢？答案就是嵌套 for 循环。

实例6-10 以被初始化的 boolean 型二维数组 seats 为例，使用嵌套 for 循环把二维数组 seats 中所有元素输出在控制台上，关键代码如下。（实例位置：资源包 \MR\ 源码 \06\10。）

```
for (int i = 0; i < seats.length; i++) {
    for (int j = 0; j < seats[i].length; j++) {
        System.out.println(seats[i][j]);
    }
}
```

说明

（1）seats.length 表示的是二维数组 seats 的大小。

（2）二维数组 seats 包含 8 个一维数组，seats[i].length 表示的是每个一维数组的大小。

6.5 动手练一练

（1）统计每个小写的英文字母在字符串中出现的次数。在控制台上输入一串只由小写英文字母组成的字符串，控制台输出每个小写英文字母在这个字符串中出现的次数。运行结果如图 6.13 所示。

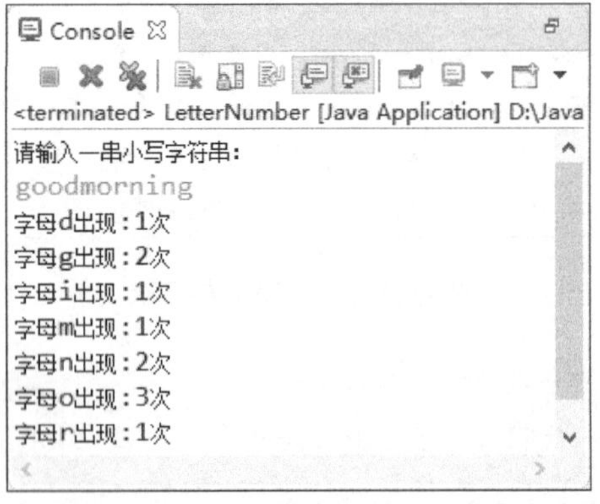

图 6.13 统计每个小写字母在字符串中出现的次数

（2）八皇后问题。将 8 个皇后放在棋盘上，任何两个皇后都不能相互攻击（即两个皇后不能在同一行、同一列或者同一对角线上），控制台输出所有可能的解决方案。

（3）模拟电商平台购物车。控制台输出商品名称、数量、价格和总金额。运行结果如图 6.14 所示。

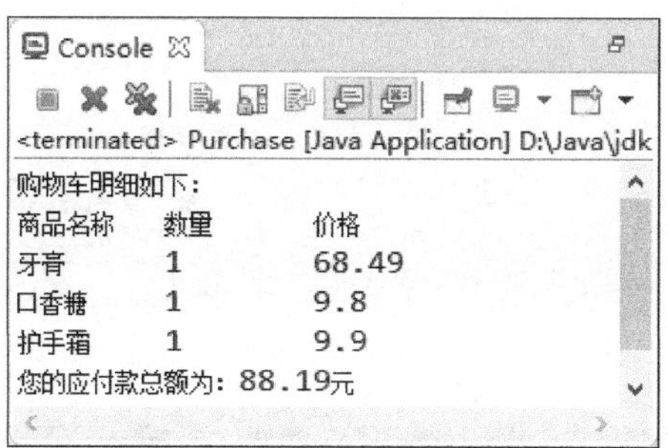

图 6.14 模拟电商平台购物车

（4）简易的五子棋游戏。使用二维数组创建一个 10 行 10 列的棋盘后，编写一个简易的五子棋游戏。运行结果如图 6.15 所示。

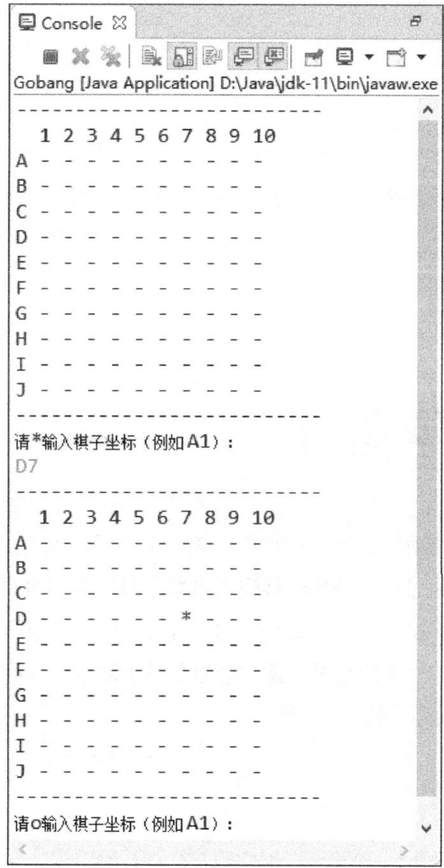

图 6.15 简易的五子棋游戏

第 7 章

面向对象编程

视频教学：177 分钟

在 Java 语言中经常提到的两个名词是类和对象，实质上可以把类看作对象的载体，程序设计人员通过类定义对象具有的功能，因此掌握类和对象是学习 Java 语言的基础。面向对象编程有 3 个基本特性：封装、继承和多态。除此之外，面向对象编程的内容还包括抽象类、接口、访问控制和内部类等。应用面向对象思想编写程序，整个程序既可以变得非常有弹性，又可以减少冗余的代码。

7.1　面向对象概述

在软件开发的初期，结构化编程语言（例如 C 语言）被广泛使用。随着软件规模的不断扩大，结构化语言的弊端逐渐显露出来，例如开发周期长、代码调试异常复杂等。当面向对象编程被引入软件开发后，面向对象编程被越来越多的程序设计人员掌握并运用，因为面向对象编程更符合人类的思考方式。程序设计人员使用面向对象编程把待处理的问题抽象为对象，分析对象具有哪些属性和行为，通过分析得到的属性和行为操作对象来解决实际问题。

7.1.1　对象

在现实世界中，任何事物都可以被归类，例如张医生和王老师都是人类，熊猫馆里的团团和圆圆都是熊猫，大街上行驶的奔驰和宝马都是汽车等。如果这个人叫小明，就可以称小明是人类的一个对象，如图 7.1 所示。对象就是类的具象化的体现。

扫码看视频

一个对象可以划分为两大部分：静态部分和动态部分。静态部分被称为属性，属性是客观存在且不能被忽视的，例如人的身高、体重、性别、年龄等，性别示意图如图 7.2 所示；动态部分指的是对象的行为，例如人的行为（包括吃饭、穿衣、睡觉、行走等），行走示意图如图 7.3 所示。

图 7.1　对象“人”的示意图

图 7.2 静态属性“性别”的示意图

图 7.3 动态属性“行走”的示意图

7.1.2 类

扫码看视频

类就是对象实体的设计图或者说明书。类会把对象的主要特征、功能都列出来，并解释得清清楚楚，但对一些不重要的特征，类会将其忽略掉。这种模式就是人类大脑的思维方式，人们会按照明显的、具有共性的特征来区分事物。例如，绿苹果和红苹果是同一类水果，但黄苹果和黄香蕉就不是同一类水果，在区分这些水果时，颜色就被人类的大脑忽略掉了，大脑分辨苹果的依据是苹果的形状，所以形状就是苹果类的重要属性。

再例如，把大雁类作为雁群的设计图，那么大雁类就具备了喙、翅膀和爪等属性，觅食、飞行和睡觉等行为，而一只要从北方飞往南方的大雁则被视为大雁类的一个对象。大雁类和大雁对象的关系图如图 7.4 所示。

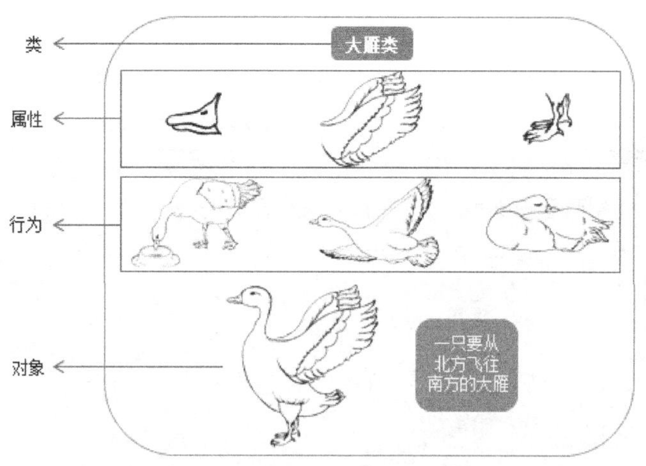

图 7.4 大雁类和大雁对象的关系图

Java 语言是面向对象开发语言，在 Java 代码中创建类需要使用 class 关键字，其语法如下。

```
class 类名称 {  }
```

类的属性也叫作成员变量，类的行为也叫作成员方法，其定义的语法如下。

```
class 类名称 {
    类型 成员变量名 ;
    返回值 成员方法名 ([ 参数 ]) {  }
}
```

类定义成员变量时可以直接赋值，也可以不赋值，如果不赋值则会使用对应类型的默认值。类中定义的成员变量和成员方法没有数量限制。

7.2 面向对象基础

在 Java 语言中，定义类时须使用关键字 class，关键字 class 的使用方法如下。

```
class 类名称 {
    // 类的成员变量，表示对象的属性
    // 类的成员方法，表示对象的方法
}
```

7.2.1 成员变量

扫码看视频

在面向对象编程中，类中对象的属性是以成员变量的形式定义的，成员变量的定义方法如下。

```
数据类型 变量名称 [ = 值 ] ;
```

其中，“[= 值]”表示可选内容，即定义成员变量时既可以为其赋值，又可以不为其赋值。

实例7-1 定义一个鸟类（Bird 类），在 Bird 类中定义 4 个成员变量，分别为鸟类的翅膀（wing）、爪子（claw）、喙（beak）和羽毛（feather），具体代码如下。（实例位置：资源包 \MR\ 源码 \07\01。）

```
public class Bird {
    String wing;        // 翅膀
    String claw;        // 爪子
    String beak;        // 喙
    String feather;     // 羽毛
}
```

不难看出，成员变量的数据类型被设置为 Java 语言中合法的数据类型。与变量的使用方法相同，定义成员变量时既可以为其赋值，又可以不为其赋值。如果不为成员变量赋值，那么成员变量被使用时会被赋予默认值。Java 语言中常见数据类型的默认值及其说明如表 7.1 所示。

表 7.1 Java 语言中常见数据类型的默认值及其说明

数据类型	默认值	说明
byte、short、int、long	0	整数类型零
float、double	0.0	浮点类型零

续表

数据类型	默认值	说明
char	'\u0000'	空字符
boolean	false	逻辑假
引用类型，例如 String	null	空值

7.2.2 成员方法

扫码看视频

在面向对象编程中，类中对象的行为是以成员方法的形式定义的，定义成员方法的语法格式如下。

```
[权限修饰符] [返回值类型] 方法名 ( [参数类型 参数名] ) {
      ...// 方法体
      return 返回值;
}
```

例如，在已创建的表示人类的 People 类中定义一个吃东西的 eat() 方法，代码如下。

```
public class People {
    void eat() { }
}
```

说明

方法必须定义在某个类中，定义方法时如果没有指定权限修饰符，则方法的默认访问权限为缺省。

又例如，如果 People 类的一个对象（即引用变量 tom）想调用表示吃东西的 eat() 方法，则须借助“对象 . 方法 ()”的格式实现，代码如下。

```
People tom = new People();
tom.eat();
```

7.2.3 构造方法

扫码看视频

类中除了成员方法外，还存在一种特殊类型的方法，即构造方法。构造方法是一种与类同名的方法，创建类的对象就是通过类的构造方法完成的。

构造方法的特点如下：

- 构造方法没有返回值类型，也不能定义为 void；
- 构造方法的名称要与本类的名称完全相同；
- 构造方法的主要作用是创建类的对象。

例如，定义一个 Dog 类，Dog 类的构造方法声明如下。

```
class Dog {
    public Dog() {            // 构造方法，其中 public 为构造方法修饰符
    }
}
```

定义好的构造方法会在创建对象的时候被调用，例如以下代码。

```
Dog lucky = new Dog(); ——→ 这里调用的就是构造方法
```

在类中声明构造方法时，还可以为其添加一个或者多个参数，即有参构造方法。例如，Dog 类的有参构造方法声明如下。

```
class Dog {
    public Dog(int args) { // 参数为 int 型 args 的有参构造方法
        /* 在这里可以对成员变量进行初始化 */
    }
}
```

注意

如果在类中声明的构造方法都是有参构造方法，那么编译器不会为类自动创建一个默认的无参构造方法。当使用无参构造方法创建一个对象时，编译器就会报错。如果在类中没有声明任何构造方法，那么编译器会在类中自动创建一个默认的无参构造方法。

构造方法可以被设为私有，例如以下代码。

```
class Dog {
    private  Dog() {            // 构造方法，其中 private 为构造方法修饰符
    }
}
```

这种构造方法就无法被其他类调用，也就是无法执行“new Dog()”代码。

7.2.4 this 关键字

扫码看视频

this 关键字用于表示本类当前的对象，当前对象不是通过某个 new 创建出来的实体对象，而是当前正在编辑的类。this 关键字只能在本类中使用。

this 关键字主要有以下 3 个使用场景。

1. 调用成员变量

调用对象的成员变量可以通过“对象.成员变量”的方式实现，this 关键字也有这样的语法，如下所示。

```
this.成员变量
```

这种语法只能在本类中使用。使用 this 调用本类成员变量可以有效地避免“名称冲突”问题。

实例7-2 如果构造方法中的参数名与成员变量名相同，那么把参数值赋给成员变量时，成员变量必须使用 this 关键字，本实例演示了使用 this 关键字和不使用 this 关键字对赋值结果的影响。（实例位置：资源包 \MR\ 源码 \07\02。）

```
public class Demo {
    String primitiveName;
    String nickname;
    public Demo(String primitiveName, String nickname) {
        primitiveName = primitiveName;
        this.nickname = nickname;
    }
    public static void main(String[] args) {
        Demo somebody = new Demo("golden", "狗蛋儿");
        System.out.println("primitiveName = "+somebody.primitiveName);
        System.out.println("nickname = "+somebody.nickname);
    }
}
```

运行结果如下。

```
primitiveName = null
nickname = 狗蛋儿
```

从这个结果可以看出，primitiveName 成员变量没有使用 this 关键字，从而导致赋值失败。因为构造方法始终认为 primitiveName 表示的是参数，而不会认为这个名字还有成员变量的含义。this.nickname 则主动告知构造方法这个是成员变量，所以只有 nickname 成员变量才会正确赋值。

2. 调用构造方法

如果类中有多个构造方法，则使用 this 关键字可以在一个构造方法中调用另一个构造方法，调用语法如下。

```
public Demo(){
   this( [参数] );
}
```

如果 this() 中没有参数则表示调用本类无参构造方法，如果有参数则调用对应参数的构造方法。

实例7-3 在 Demo 类中创建一个有参构造方法和一个无参构造方法，在无参构造方法中使用 this 关键字调用有参构造方法，代码如下。（实例位置：资源包 \MR\ 源码 \07\03。）

```
public class Demo {
    public Demo() {// 无参构造方法
        this(128);// 调用有参构造方法
    }
```

```
public Demo(int a) {// 有参构造方法

    }
}
```

这样写之后，即使使用无参构造方法创建对象，在构造方法中也能执行有参的构造过程。

使用 this 关键字调用其他构造方法时，this() 上方不可以有其他代码，否则会抛出编译错误，如图 7.5 所示。

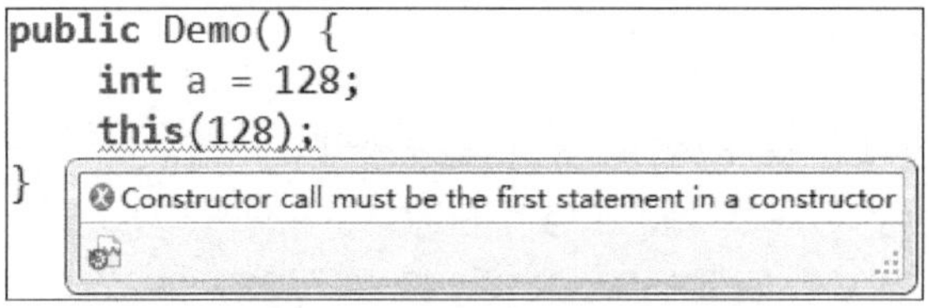

```
public Demo() {
    int a = 128;
    this(128);
}
```

Constructor call must be the first statement in a constructor

图 7.5　this 关键字调用构造方法时上方不可以有其他代码

3. 在内部类中使用

在内部类中，this 关键字表示内部类对象。如果想要在内部类中调用外部类对象，则需要使用“外部类名 .this”实现。

实例7-4 People 作为外部类，Heart 作为内部类，内部类中有一个外部类类型的成员变量，创建一个 set() 方法对这个成员变量赋值，并在构造方法中将外部类对象作为参数，代码如下。（实例位置：资源包 \MR\ 源码 \07\04。）

```
class People {                              // 外部类
    class Heart {                           // 内部类
        People p;
        public Heart() {
            setPeople(People.this);         // 参数为外部类对象
        }
        void setPeople(People p) {
            this.p = p;                     // 给内部类属性赋值
        }
    }
}
```

7.3　static 关键字

由 static 关键字修饰的变量、常量和方法分别被称作静态变量、静态常量和静态方法，也被称作类的静态成员。

7.3.1 静态变量

扫码看视频

如果一个局部变量被 static 修饰，那么这个变量叫作静态变量；如果一个类的成员变量被 static 修饰，那么这个成员变量就是静态成员变量，也可以简称为静态变量。

静态成员变量可以被该类的所有对象共享。如果一个对象修改了静态成员变量，其他对象读出的都是修改之后的值。例如一个水池，同时打开入水口和出水口，进水和出水这两个动作会同时影响到水池中的水量，此时水池中的水量就可以被认为是静态变量。

调用静态变量的语法与调用成员变量的方法不同，调用静态变量不需要创建类对象，其语法如下。

```
类名 . 静态类成员
```

实例7-5 在类中创建一个静态变量，然后在 main() 方法中直接通过类名获取该静态变量的值，代码如下。（实例位置：资源包 \MR\ 源码 \07\05。）

```
public class Demo {
    static int count = 128; // 静态变量
    public static void main(String[] args) {
        System.out.println("count 的值 =" + Demo.count);
    }
}
```

程序运行的结果如下。

```
count 的值 =128
```

7.3.2 静态方法

扫码看视频

用 static 修饰的方法称作静态方法。在 Java 语言中，如果想要调用某个类的成员方法，需要先创建这个类的对象。但有些情况下无法创建对象或不应该创建类对象，这时候如果还想要调用类中的方法，就应该把被调用的方法修改为静态方法。

调用静态方法的语法如下。

```
类名 . 静态方法 ();
```

实例7-6 不使用 new 关键字就可以调用静态方法，通常可以利用静态方法返回类对象，代码如下。（实例位置：资源包 \MR\ 源码 \07\06。）

```
public class Demo {
    static Demo getObject() {// 用静态方法返回本类对象
```

```
        return new Demo();// 用 new 关键字创建对象
    }
    public static void main(String[] args) {
        Demo d = Demo.getObject();// 通过静态方法创建对象
    }
}
```

这种语法经常被用在设计模式之“工厂模式”中，通过调用工具类提供的不同的静态方法，可以返回对应的工具类对象。API 中常见的工具类有 System、Math 等，这些工具类都提供了大量静态方法。

7.3.3 静态代码块

扫码看视频

在 Java 类中，被 static 修饰的代码块称作静态代码块。静态代码块用来完成类的初始化操作，在类声明时就会运行。

静态代码块的语法如下。

```
public class StaticTest {
    static {
        // 语句序列
    }
}
```

实例7-7 下面通过一个实例来验证静态代码块、非静态代码块、构造方法和成员方法在创建类时的执行顺序，代码如下。（实例位置：资源包 \MR\ 源码 \07\07。）

```
public class StaticTest {
    static String name;
    static {
        System.out.println(name + " 静态代码块 ");// 静态代码块
    }

    {
        System.out.println(name + " 非静态代码块 ");// 非静态代码块
    }

    public StaticTest(String a) {
        name = a;
        System.out.println(name + " 构造方法 ");
    }

    public void method() {
        System.out.println(name + " 成员方法 ");
```

```
    }
    public static void main(String[] args) {
        StaticTest s1;                          // 声明的时候就已经运行静态代码块了
        StaticTest s2 = new StaticTest("s2");// 使用 new 的时候才会运行构造方法
        StaticTest s3 = new StaticTest("s3");
        s3.method();                            // 只有调用的时候才会运行
    }
}
```

上述程序的运行结果如下。

```
null 静态代码块
null 非静态代码块
s2 构造方法
s2 非静态代码块
s3 构造方法
s3 成员方法
```

从这个运行结果可以得出以下结论。

（1）静态代码块由始至终只运行了一次。

（2）非静态代码块在每次创建对象后，会在构造方法之前运行。因此，读取成员变量 name 时，只能获取到 String 型的默认值“null”。

（3）构造方法只有在使用关键字 new 创建对象时才会运行。

（4）成员方法只有在被对象调用时才会运行。

（5）因为 name 是静态变量，在创建对象 s2 时，把字符串 s2 赋给了 name，所以创建对象 s3 时，程序重新调用了类的非静态代码块，但 name 的值还没有被对象 s3 改变，所以在控制台上输出了“s2 非静态代码块”。

7.4　类的继承

在 Java 语言中，继承的基本思想是子类既可以继承父类原有的属性和方法，又可以增加父类不具备的属性和方法，还可以重写父类原有的方法。例如，平行四边形是特殊的四边形，也就是说，平行四边形类继承了四边形类，并且平行四边形类在继承四边形类原有的属性和方法的同时，还增加了一些特有的属性和方法。

7.4.1　extends 关键字

扫码看视频

在 Java 语言中，一个类继承另一个类需要使用关键字 extends，关键字 extends 的使用方法如下。

```
class Child extends Parent
```

注意

因为 Java 仅支持单继承，即一个类只可以有一个父类，所以下面这种形式的代码是错误的。

```
class Child extends Parent1, Parent2 {
}
```

错误的继承语法，不可以同时继承多个父类

子类在继承父类之后，创建子类对象的同时也会调用父类的构造方法。

实例7-8 下面这段代码中，父类 Parent 和子类 Child 都各自有一个无参构造方法，在 main() 方法中创建子类对象时，会优先执行父类的构造方法，然后再执行子类的构造方法。（实例位置：资源包 \MR\ 源码 \07\08。）

```
class Parent {
    public Parent() {
        System.out.println(" 调用父类构造方法 ");
    }
}
class Child extends Parent {
    public Child() {
        System.out.println(" 调用子类构造方法 ");
    }
}
public class Demo {
    public static void main(String[] args) {
        new Child();
    }
}
```

运行结果如下。

```
调用父类构造方法
调用子类构造方法
```

子类继承父类之后可以调用父类创建好的属性和方法。

实例7-9 Telephone 电话类作为父类衍生出 Mobile 手机类，手机类可以直接使用电话类的按键属性和拨打电话行为，代码如下。（实例位置：资源包 \MR\ 源码 \07\09。）

```
class Telephone {                                   // 电话类
    String button = "button:0~9";                   // 成员属性，10 个按键
    void call() {                                   // 拨打电话行为
```

```
        System.out.println(" 开始拨打电话 ");
    }
}

class Mobile extends Telephone {                    // 手机类继承电话类
    String screen = "screen: 液晶屏 ";              // 成员属性，液晶屏幕
}

public class Demo {
    public static void main(String[] args) {
        Mobile motto = new Mobile();
        System.out.println(motto.button);           // 子类调用父类属性
        System.out.println(motto.screen);           // 子类调用父类没有的属性
        motto.call();                               // 子类调用父类方法
    }
}
```

运行结果如下。

```
button:0~9
screen: 液晶屏
开始拨打电话
```

子类 Mobile 类仅创建了一个显示屏属性，其他属性和方法都是从父类 Telephone 类中继承的。

7.4.2 方法的重写

重写（又被称作覆盖）就是在子类中沿用父类的成员方法的方法名后，重新编写这个成员方法的方法体。其中，这个成员方法既可以被修改方法的修饰符，又可以被修改返回值类型。

扫码看视频

注意

当重写父类方法时，父类方法的修饰符只能从小的范围被修改为大的范围。如果父类中的 doit() 方法的修饰符为 protected，那么子类中的 doit () 方法的修饰符就只能被修改为 public，而不能被修改为 private。例如，图 7.6 所示的重写关系就是错误的。

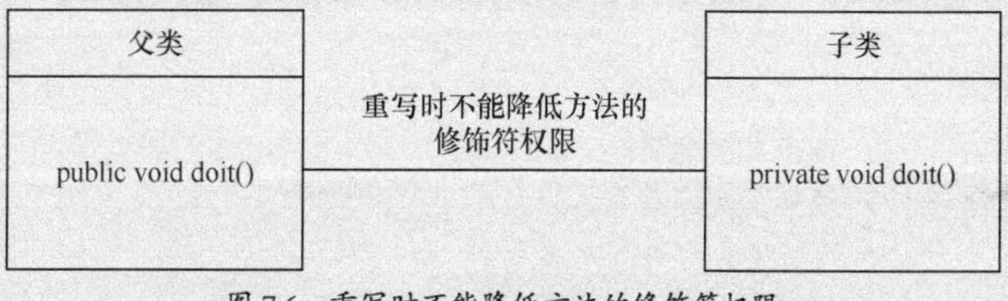

图 7.6 重写时不能降低方法的修饰符权限

子类重写父类的方法不会影响父类原有的调用关系，例如，被子类重写的方法在父类的构造方法中被调用，再创建子类，子类的构造方法调用的则是被重写的新方法。

实例7-10 在父类 Telephone 电话类的构造方法中调用安装方法 install()，子类 Mobile 重写此方法，然后分别创建父类对象和子类对象，查看父类和子类分别输出什么样的结果，具体代码如下。（实例位置：资源包 \MR\ 源码 \07\10。）

```
class Telephone {                                          // 电话类
    public Telephone() {                                   // 构造方法
        install();                                         // 构造时安装电话
    }
    void install() {                                       // 安装方法
        System.out.println("铺设电话线，安装电话机");
    }
}
class Mobile extends Telephone {                           // 手机类
    void install() {                                       // 重写安装方法
        System.out.println("办理电话卡，开通手机信号");
    }
}
public class Demo {
    public static void main(String[] args) {
        new Telephone();// 创建父类对象
        new Mobile();// 创建子类对象
    }
}
```

运行结果如下。

```
铺设电话线，安装电话机
办理电话卡，开通手机信号
```

此结果说明，父类调用的无参构造方法和子类调用的无参构造方法逻辑是相同的；但父类调用的 install() 方法和子类调用的 install() 方法则逻辑不同，相当于“父子各用各自的方法”。

7.4.3 super 关键字

Java 使用 this 关键字代表本类对象，而在子类中也有一个关键字可以表示父类对象，这个关键字就是 super。super 关键字可以调用父类的属性和方法，super 关键字的使用方法如下。

扫码看视频

```
super.property;    // 调用父类的属性
super.method();    // 调用父类的成员方法
super();           // 调用父类的构造方法
```

1. 调用父类属性

如果子类的属性与父类的属性重名，则会覆盖父类属性。如果想调用父类属性，就需要使用 super

关键字。

实例7-11 Computer 的名字叫电脑，而衍生出的子类 Pad 叫作平板电脑，子类可以利用父类的名称拼接出自己的名称，代码如下。（实例位置：资源包 \MR\ 源码 \07\11。）

```
class Computer {
    String name = " 电脑 ";
    public void introduction() {
        System.out.println(" 我是 " + name);
    }
}
class Pad extends Computer {
    String name = " 平板 " + super.name;// 使用父类属性拼接
    public void introduction() {
        System.out.println(" 我是 " + name);
    }
}
public class Demo {
    public static void main(String[] args) {
        Computer c = new Computer();
        c.introduction();
        Pad p = new Pad();
        p.introduction();
    }
}
```

运行结果如下。

```
我是电脑
我是平板电脑
```

如果把 Computer 的 name 属性默认值改为“计算机”，则 Pad 输出的名称也会同步改为“平板计算机”。

2. 调用父类方法

如果子类把父类的方法重写，但还需要执行父类方法原有的逻辑，就可以使用 super 关键字调用父类原来的方法。

实例7-12 父类方法可以返回一段文字信息，子类需要在这段信息的基础上追加日期，子类可以在重写方法时调用父类原有方法，并拼接一段日期字符串，代码如下。（实例位置：资源包 \MR\ 源码 \07\12。）

```
class Parent {                                          // 父类
    String showMessage() {
```

```
        return " 您的账户余额不足，请及时缴费！ ";
    }
}
class Child extends Parent {                                    // 子类
    String showMessage() {                                      // 重写父类方法
        // 调用父类原有方法的逻辑，并在后面拼接时间字符串
        return super.showMessage() + " 2020-11-12 12:02:00";
    }
}
public class Demo {
    public static void main(String[] args) {
        Child c = new Child();
        System.out.println(c.showMessage());
    }
}
```

运行结果如下。

```
您的账户余额不足，请及时缴费！ 2020-11-12 12:02:00
```

这个结果就包含了父类原来的信息内容，使用 super 关键字大大降低了代码书写量，提高了代码重用率。

3. 调用父类构造方法

使用 super 调用父类构造方法的方式与使用 this 调用本类构造方法一致。

实例7-13 在子类的无参构造方法中调用父类的有参构造方法，代码如下。（实例位置：资源包 \MR\ 源码 \07\13。）

```
class Parent {                                          // 父类
    String message;                                     // 父类属性
    public Parent(String message) {
        this.message = message;
    }
}
class Child extends Parent {                            // 子类
    public Child() {
        super(" 您的账户余额不足，请及时缴费！ ");       // 调用父类构造方法
    }
}

public class Demo {
    public static void main(String[] args) {
```

```
        Child c = new Child();
        System.out.println(c.message);
    }
}
```

运行结果如下。

```
您的账户余额不足，请及时缴费!
```

子类在无参构造方法中调用父类有参构造方法，父类有参构造方法又会给 message 属性赋值，最后程序输出子类的 message 属性的值，即 super() 方法中的参数。

7.4.4 所有类的父类——Object 类

扫码看视频

在 Java 语言中，所有的类都直接或间接地继承了 java.lang.Object 类。Object 类是比较特殊的类，它是所有类的父类。当创建一个类时，除非已经指定这个类要继承其他类，否则都要继承 java.lang.Object 类。因为所有类都直接或间接地继承了 java.lang.Object 类，所以在创建一个类时可以省略"extends Object"，如图 7.7 所示。

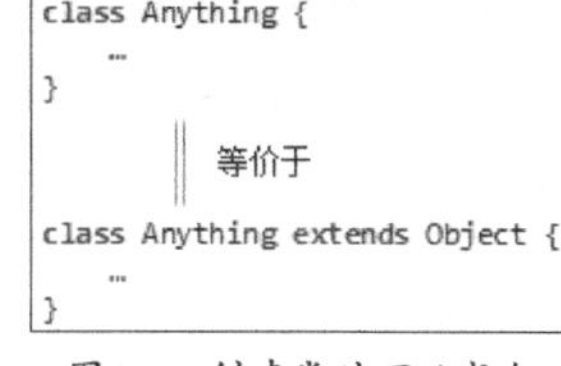

图 7.7 创建类时可以省略"extends Object"

Object类中主要包括clone()、finalize()、equals()、toString()等方法，其中常用的两个方法为 equals() 和 toString() 方法。因为所有类都直接或间接地继承了 java.lang.Object 类，所以所有类都可以重写 Object 类中的方法。

注意

Object 类中的 getClass()、notify()、notifyAll()、wait() 等方法不能被重写，因为这些方法被定义为 final 类型。

下面对 Object 类中的几个重要方法予以介绍。

1. getClass() 方法

Class 也是 Java API 中的一个类，表示正在运行的 Java 应用程序中的类和接口。一个对象调用 getClass() 方法后，可以获取该对象的 Class 类实例。例如，获取 String 的 Class 实例，并输出该实例，代码如下。

```
String name = new String("tom");
Class c = name.getClass();
System.out.println(c);
```

输出的结果如下。

```
class java.lang.String
```

通过返回的 Class 对象可以获知 name 变量所对应的完整类名。

2. toString() 方法

toString() 方法将返回某个对象的字符串表示形式。当使用输出语句输出某个类对象时，程序将自动调用 toString() 方法。

实例7-14 创建 People 类，类中有姓名和年龄两个属性，重写 People 类的 toString() 方法，把该方法返回的结果写成自我介绍。最后在 main() 方法中创建 People 类对象，并使用输出语句输出该对象，具体代码如下。（实例位置：资源包 \MR\ 源码 \07\14。）

```
class People {
    String name;// 姓名
    int age;// 年龄
    public People(String name, int age) {
        this.name = name;
        this.age = age;
    }
    public String toString() {// 重写
        return "我叫" + name + "，今年" + age + "岁";
    }
}
public class Demo {
    public static void main(String[] args) {
        People tom = new People("tom", 24);
        System.out.println(tom);
    }
}
```

运行结果如下。

```
我叫 tom，今年 24 岁
```

如果不重写 toString() 方法，People 对象输出的则是“类名 @ 散列码”的形式，例如 People@139a55。

3. equals() 方法

equals 是“等于”的意思，在 Java 中，Object 类提供的 equals() 方法用于比较两个对象的引用地址是否相等。API 中很多类都重写了 equals() 方法，例如 String、Integer 等，重写之后的 equals() 方法可以用于判断更具体的数据。最典型的例子就是使用 equals() 方法判断两个字符串常量是否相等，例如，使用构造方法创建两个字符串对象，分别使用 equals() 方法和“==”运算符进行比较，代码如下。

```
String key1 = new String("A129515");
String key2 = new String("A129515");
```

```
System.out.println(key1.equals(key2));
System.out.println(key1 == key2);
```

比较的结果如下。

```
true
false
```

7.5 类的多态

在 Java 语言中，多态的含义是“一种定义，多种实现”。例如，运算符“+”用于两个整型变量之间时，其作用是求和；用于两个字符串对象之间时，其作用是把它们连接在一起。类的多态性可以体现在两方面：一是方法的重载；二是类的向上、向下转型。本节将主要介绍类的向上、向下转型。

7.5.1 向上转型与向下转型

向上转型的意思是将子类对象变成父类对象，向下转型的意思是将父类对象变成子类对象。下面将分别讲解。

扫码看视频

1. 向上转型

子类对象可以直接赋给父类对象，这就相当于按照父类来描述子类。

实例7-15 人类是教师类的父类，一名教师也可以被称为一个人。因此，Java 支持下面实例中的写法。（实例位置：资源包 \MR\ 源码 \07\15。）

```
class People {
}
class Teacher extends People {
}
public class Demo {
    public static void main(String[] args) {
        People tom = new Teacher();                // 父类声明对象，由子类实例化
    }
}
```

对象 tom 的类型是 People 类型，但是可以用 People 类的子类 Teacher 类进行实例化，这就是向上转型的语法。向上转型可以按图 7.8 所示的方式去理解。

综上所述，向上转型就是把子类对象赋给父类类型的变量。因为向上转型是从一个较具体的类转换为一个较抽象的类，所以向上转型是安全的。

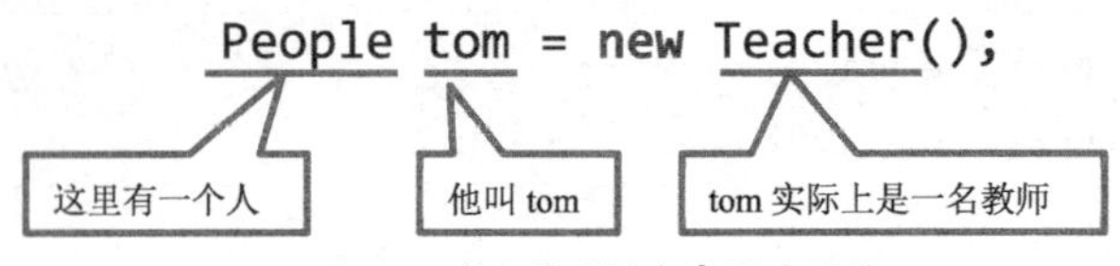

图 7.8　向上转型结合实例的说明

2. 向下转型

通过向上转型可以推理出向下转型是把一个较抽象的类转换为一个较具体的类，这样的转型通常会出现错误。例如，可以说某只鸽子是一只鸟，但不能说某只鸟是一只鸽子，因为鸽子是具体的，鸟是抽象的。一只鸟除了可能是鸽子，也有可能是老鹰等，因此可以说向下转型是不安全的。

实例7-16 向下转型时会发生错误。（实例位置：资源包 \MR\ 源码 \07\16。）

```
class Parent {
}
class Child extends Parent {
}
public class Demo {
    public static void main(String[] args) {
        Parent p = new Parent();
        Child c = p; // 尝试把父类对象转换为子类对象
    }
}
```

这段代码无法执行，因为会发生图 7.9 所示的错误。

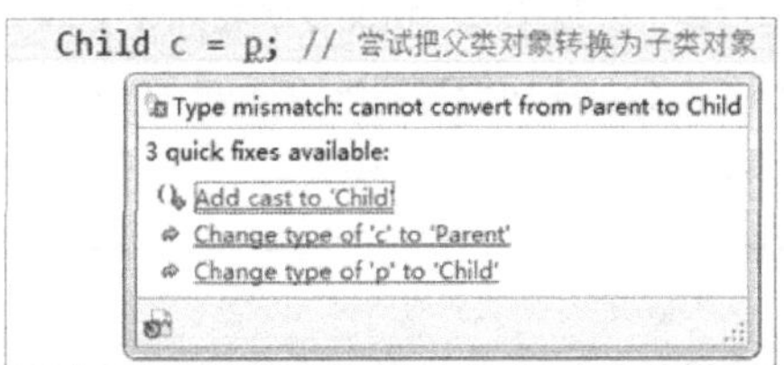

图 7.9　尝试把父类对象转换为子类对象时发生的错误

想要正确地实现向下转型需要使用强制转换语法，语法如下。

```
子类对象 = （子类类型）父类对象；
```

所以实例中把父类对象转换为子类对象的代码应该写成以下形式。

```
Parent p = new Parent();
Child c = (Child) p; // 父类对象强制转换为子类对象
```

注意

两个没有继承关系的对象不可以进行向上转型或向下转型。

7.5.2 instanceof 关键字

扫码看视频

关键字 instanceof 既可以用于判断父类对象是否为子类的实例，又可以用于判断某个类是否实现了某个接口，使用语法如下。

```
子类对象 instanceof 父类名
```

注意

在 Java 语言中，关键字均为小写。

在几何学中，四边形中包含平行四边形，平行四边形中又包含正方形，如图 7.10 所示。如果把这 3 种图形写成类，那么这 3 个类就是依次继承的关系。

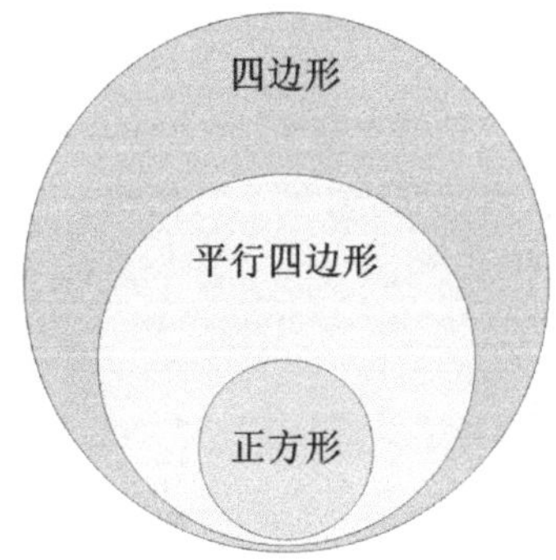

图 7.10　四边形中包含平行四边形，平行四边形中又包含正方形

在这个继承关系前提下，“正方形 instanceof 平行四边形”就应该返回 true 的结果，但“平行四边形 instanceof 正方形”返回的结果就是 false。

实例7-17 创建 Quadrangle 四边形类、Parallelogram 平行四边形类、Square 正方形类和 Triangle 三角形类，其中 Parallelogram 类继承 Quadrangle 类，Square 类继承 Parallelogram 类。使用 instanceof 关键字判断不同类对象之间的继承关系，代码如下。（实例位置：资源包 \MR\ 源码 \07\17）

```
class Quadrangle { // 四边形类
}
class Parallelogram extends Quadrangle {// 平行四边形类
}
class Square extends Parallelogram { // 正方形类
}
class Triangle { // 三角形类
}
public class Demo {
    public static void main(String[] args) {
```

```
        Quadrangle q = new Quadrangle();
        Parallelogram p = new Parallelogram();
        Square s = new Square();
        System.out.println("平行四边形是否继承四边形: " + (p instanceof Quadrangle));
        System.out.println("正方形是否继承四边形: " + (s instanceof Quadrangle));
        System.out.println("四边形是否继承正方形: " + (q instanceof Square));
    }
}
```

程序运行结果如下。

```
平行四边形是否继承四边形: true
正方形是否继承四边形: true
四边形是否继承正方形: false
```

但如果创建了三角形对象，然后三角形对象使用 instanceof 与和自己没有任何继承关系的四边形类做判断，这样会发生编译错误，错误提示如图 7.11 所示。无继承关系的对象或类之间不能使用 instanceof 关键字。

```
Triangle t = new Triangle();
System.out.println("三角形是否继承四边形: " + (t instanceof Quadrangle));
```

Incompatible conditional operand types Triangle and Quadrangle

图 7.11　三角形对象使用 instanceof 关键字发生错误

7.6　抽象类与接口

在 Java 语言中，并不是所有的类都是用来描述对象的。如果一个类中没有包含足够的信息来描述一个具体的对象，那么这样的类称作抽象类。接口是一个抽象类型，是抽象方法的集合，一个抽象类通过实现接口的方式进而实现接口中的抽象方法。

7.6.1　抽象类与抽象方法

扫码看视频

在 Java 语言中，抽象类不能被实例化。定义抽象类时需要使用关键字 abstract，定义抽象类的语法如下。

```
[权限修饰符] abstract class 类名 {
    // 语句序列
}
```

同理，定义抽象方法时也需要使用关键字 abstract，定义抽象方法的语法如下。

```
[权限修饰符] abstract 方法返回值类型 方法名(参数列表);
```

从上述语法可以看出，抽象方法直接以分号结尾，且没有方法体。虽然抽象方法本身没有任何意义，但是当某个类继承用于承载抽象方法的抽象类时，在这个类中需要重写抽象类中的抽象方法。被重写的抽象方法既有意义，又有方法体。

创建抽象类和抽象方法时，需要遵循以下原则。

（1）在抽象类中，既可以包含抽象方法，又可以不包含抽象方法，但是包含抽象方法的类必须被定义为抽象类。

（2）抽象类不能被实例化，即使抽象类中不包含抽象方法。

（3）抽象类被继承后，子类需要重写抽象类中所有的抽象方法。

（4）如果继承抽象类的子类也是抽象类，那么可以不用重写父类中所有的抽象方法。

注意

构造方法不能定义为抽象方法。

例如，世界上有很多国家，每个国家的人说的语言可能不同，但不管哪一个国家的人都属于同一个物种——智人。所以智人就是一个抽象的概念，一个智人可能是一个中国人，可能是一个英国人，也有可能是一个南非人，像智人这样的抽象概念就可以在程序中写成抽象类。

智人抽象类可以写成如下代码。

```
abstract class Sapiens {            // 智人抽象类
    String skinColour;              // 肤色
    abstract void say();            // 抽象方法：说话
}
```

实例7-18 智人抽象类作为父类可以延伸出很多具体的类，例如中国人、南非人和英国人，这 3 个国家的人可以写成以下方式。（实例位置：资源包\MR\源码\07\18。）

```
class Chinese extends Sapiens {              // 中国人
    public Chinese() {
        skinColour = "黄色";
    }
    void say() {                             // 实现父类的抽象方法
        System.out.println("你好");
    }
}
class SouthAfricans extends Sapiens {              // 南非人
    public SouthAfricans() {
        skinColour = "黑色";
    }
```

```
    void say() {                                    // 实现父类的抽象方法
        System.out.println("Sawubona（祖鲁语）");
    }
}
class Britisher extends Sapiens {                   // 英国人
    public Britisher() {
        skinColour = "白色";
    }
    void say() {                                    // 实现父类的抽象方法
        System.out.println("Hello");
    }
}
```

7.6.2 接口的声明及实现

扫码看视频

使用抽象类时，可能会出现这样的问题：一个类在继承抽象类的同时，还需要继承另一个类。在 Java 语言中，类不允许多重继承。为了解决这一问题，接口应运而生。

接口是抽象类的延伸，可以把接口看作纯粹的抽象类。定义接口时，需要使用关键字 interface，定义接口的语法如下。

```
[修饰符] interface 接口名 [extends 父接口名列表]{
}
```

- 修饰符：可选，用于指定接口的访问权限，可选值为 public，如果省略则使用默认的访问权限。
- 接口名：接口名必须是合法的 Java 标识符，一般情况下，要求首字母大写。
- extends 父接口名列表：用于指定要定义的接口继承哪个父接口。

一个类实现一个接口时，需要使用关键字 implements，语法如下。

```
class 类名  implements 接口名 {
}
```

实例7-19 有的鸟类会飞，但有的鸟类只会跑，鸟类的父类不可能同时拥有飞行和奔跑这两个方法，所以这两个方法就可以写在接口里，让鸟类的子类自己选择实现移动的方法。（实例位置：资源包\MR\源码\07\19。）

飞行接口的代码如下。

```
interface Flyable {
    void flying();
}
```

奔跑接口的代码如下。

```
interface Runable {
    void running();
}
```

鸟类仅作为被继承的父类使用，不用写具体的属性和方法，代码如下。

```
class Bird{
}
```

创建老鹰类，老鹰类继承鸟类，同时实现飞行接口，代码如下。

```
class hawk extends Bird implements Flyable{
    public void flying() {
        System.out.println("老鹰飞行");
    }
}
```

创建鸵鸟类，鸵鸟类继承鸟类，同时实现奔跑接口，代码如下。

```
class Ostrich extends Bird implements Runable{
    public void running() {
        System.out.println("鸵鸟奔跑");
    }
}
```

在这个程序中，虽然老鹰和鸵鸟都是鸟，但以实现接口的方式选择了不同的移动方法。

7.6.3 接口的多重继承

扫码看视频

在 Java 语言中，虽然类不允许多重继承，但接口可以实现多重继承，即一个类可以同时实现多个接口。使用接口实现多重继承的语法如下。

```
class 类名 implements 接口1, 接口2,..., 接口n{
}
```

在真实世界中，有的物体可以移动，有的物体可以发出声音，有的物体同时具备这两种特性。在设计程序时可以把不同的特性写成接口，物体写成类，物体有哪些特性就继承哪些接口。

实例7-20 设计可发声接口 Soundable 和可移动接口 Movable，然后让火车类 Train 实现这两个接口，具体代码如下。（实例位置：资源包 \MR\ 源码 \07\20。）

```
interface Soundable {                    // 可发声的
    void makeVoice();                    // 发出声音
}
```

```
interface Movable {                                     // 可移动的
    void move();                                        // 移动
}
class Train implements Soundable, Movable {             // 火车
    public void move() {
        System.out.println("沿着铁轨移动");
    }
    public void makeVoice() {
        System.out.println("呜~呜~");
    }
}
```

火车同时实现两个接口，即同时具备两种特性，火车类可以作为任意接口的实现类，代码如下。

```
Soundable s = new Train();
Movable m = new Train();
```

7.7 访问控制

Java 语言主要通过访问控制符、类包和 final 关键字控制类、变量以及方法的访问权限，本节将介绍访问控制符、Java 类包和 final 关键字。

7.7.1 访问控制符

扫码看视频

本节将详细介绍 public、protected、private 和 default（被称作“默认”，即什么也不写）这 4 种访问控制符，具体如下：

（1）public 被称作“公有访问修饰符”，用于修饰类、变量、方法和接口；

（2）protected 被称作“受保护的访问修饰符”，用于修饰变量和方法；

（3）private 被称作“私有访问修饰符”，用于修饰变量和方法；

（4）default 被称作“默认访问修饰符”，用于修饰类、变量、方法和接口。

不难发现，访问控制符的作用是控制对类、变量、方法和接口的访问。这 4 种访问控制符的访问权限从高到低依次为 public → protected → default → private。其中，访问权限越低，代表访问限制越严格。表 7.2 所示详细地列出了 public、protected、private 和 default 的访问权限。

注意

声明类时，如果不使用 public 修饰符设置类的权限，则这个类默认使用 default 修饰。

表 7.2　Java 语言中访问控制符的访问权限

权限类别 \ 访问控制符	public	protected	default	private
本类	可见	可见	可见	可见
与本类同包下的子类	可见	可见	可见	不可见
与本类同包下的非子类	可见	可见	可见	不可见
其他包中的子类	可见	可见	不可见	不可见
其他包中的非子类	可见	不可见	不可见	不可见

7.7.2　Java 类包

扫码看视频

在 Java 中每定义好一个类，通过 Java 编译器进行编译之后都会生成一个扩展名为 .class 的文件。当这个程序的规模逐渐变大时，很容易发生类名称冲突的现象。那么 JDK API 中提供了成千上万个具有各种功能的类，又是如何管理的呢？Java 提供了一种管理类文件的机制，即类包。

Java 中的每个接口或类都来自不同的类包，无论是 Java API 中的类与接口，还是自定义的类与接口都需要属于某一个类包。如果没有包的存在，管理程序中的类名称将是一件非常麻烦的事情。如果程序只由一个类定义组成，那么并不会给程序带来什么影响，但是随着程序代码的增多，难免会出现类同名的问题。例如，在程序中定义一个 Login 类，因业务需要，还要定义一个名称为 Login 的类，但是这两个类所实现的功能完全不同，于是问题就产生了，编译器不允许存在同名的类文件。解决这类问题的办法是将这两个类放置在不同的类包中，实际上，Java 中类的完整名称是包名与类名的组合，如图 7.12 所示。

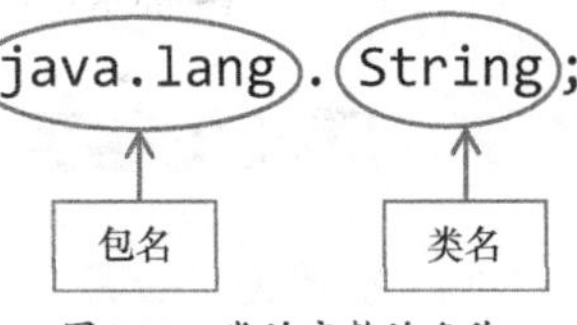

图 7.12　类的完整的名称

在 Java 中采用类包机制非常重要，类包不仅可以解决类名冲突问题，还可以在开发庞大的应用程序时帮助开发人员管理庞大的应用程序组件，方便软件复用。

> **说明**
>
> 同一个包中的类相互访问时，可以不指定包名。

在 Java 中，包名应与文件系统结构相对应，如果一个包名为 com.mingrisoft，那么该包中的类位于 com 文件夹下的 mingrisoft 子文件夹下。没有定义包的类会被归纳在预设包（默认包）中。在实际开发中，应该为所有类设置包名，这是良好的编程习惯。

在类中定义包名的语法格式如下。

```
package 包名1[.包名2[.包名3...]];
```

上面的语法中，包名可以设置多个，包名和包名之间使用“.”分隔，其中前面的包名包含后面的包名。

在类中指定包名时需要将 package 放置在程序的第一行，它必须是文件中的第一行非注释代码。

当使用 package 关键字为类指定包名之后，包名将会成为类名中的一部分，预示着这个类必须指定全名。例如，在使用位于 com.mingrisoft 包下的 Dog.java 类时，需要使用形如 com.mingrisoft.Dog 这样的格式。

> **注意**
>
> Java 包的命名规则是全部使用小写字母。另外，因为包名将转换为文件的名称，所以包名中不能包含特殊字符。

定义完包之后，如果要使用包中的类，可以使用 Java 中的 import 关键字指定，其语法格式如下。

```
import 包名 1[. 包名 2[. 包名 3...]]. 类名 ;
```

在使用 import 关键字时，可以指定类的完整描述。但如果想使用包中更多的类，则可以在包名后面加“.*”，以表示可以在程序中使用包中的所有类，代码如下。

```
import  com.mr.*;             // 指定 com.mr 包中的所有类在程序中都可以使用
import  com.mr.Math            // 指定 com.mr 包中的 Math 类在程序中可以使用
```

> **注意**
>
> 如果类定义中已经导入 com.mr.Math 类，在类体中还想使用其他包中的 Math 类，则必须使用完整的带有包格式的类名，例如，这种情况下使用 java.lang 包中的 Math 类就要使用全名格式 java.lang.Math。

在程序中添加 import 关键字时，指定一个包中的所有类并不会指定这个包的子包中的类。如果要使用这个包中的子类，需要对子包进行单独引用。

7.7.3 final 关键字

final 被译为“最后的，最终的”，换言之，被 final 修饰的类、变量和方法不能被改变。

扫码看视频

1. final 类

被 final 修饰的类不能被继承。定义 final 类的语法如下。

```
final  class 类名 {}
```

当把某个类定义为 final 类时，类中的所有方法都被隐式地定义为 final 形式，但是 final 类中的成员变量既可以被定义为 final 形式，又可以被定义为非 final 形式。

例如，String 字符串类就是一个 final 类，开发者无法继承 String 类，String 类的定义如下。

```
public final class String
    implements java.io.Serializable, Comparable<String>, CharSequence {
        (此处省略类中的代码)
}
```

一切尝试继承 String 类的操作都会报错，图 7.13 所示的就是一个错误场景。

```
2 public class MyString extends String{
3
4 }
5
```

The type MyString cannot subclass the final class String

图 7.13 String 类无法被继承

2. final 方法

被 final 修饰的方法不能被重写。如果一个父类的某个方法被定义为 private final 的方法，那么这个方法不能被子类覆盖，否则会报错。

例如，图 7.14 所示为 B 类继承 A 类之后，B 类试图重写 A 类的 final 方法，结果 Eclipse 抛出“Cannot override the final method from A”的错误提示。

```
class A {
    final void action() {

    }
}

class B extends A {
    void action() {

    }
}
```

Cannot override the final method from A
1 quick fix available:
Remove 'final' modifier of 'A.action'(..)

图 7.14 final 方法无法被子类重写

3. final 常量

变量被 final 修饰时，这个变量的值不可以被改变。在 Java 语言中，被 final 修饰的变量称作常量。使用 final 修饰变量时，必须为该变量赋值。

常量在开发中经常用到，例如，Java 提供的 Math 类就提供了两个常用的常量，分别是圆周率和自然常数，代码如下。

```
Math.PI                    // 圆周率，常量值为 3.141592653589793
Math.E                     // 自然常数，常量值为 2.718281828459045
```

常量有两种赋值方式，一种是定义的时候直接赋值，另一种是在构造方法中赋值。不管使用哪种赋值方式，常量都只能被赋值一次，赋完的值无法被更改。

实例7-21 常量的两种赋值方式，代码如下。（实例位置：资源包 \MR\ 源码 \07\21。）

```
public class Demo {
    final int a = 128;        // 定义的同时赋值
    final int b;
    public Demo() {
        b = 512;             // 在构造方法中赋值
    }
}
```

注意

静态常量必须在定义时赋值。

7.8 内部类

在类中定义的类称作内部类。例如，发动机被安装在汽车内部，如果把汽车定义为汽车类，发动机定义为发动机类，那么发动机类就是汽车类的内部类。内部类有很多种形式，本节将介绍最常用的成员内部类和匿名内部类。

7.8.1 成员内部类

扫码看视频

类的成员除了包含成员变量和方法外，还包含成员内部类。定义成员内部类的语法如下。

```
public class OuterClass {            // 外部类
    private class InnerClass {       // 内部类
        // 语句序列
    }
}
```

外部类的成员方法和成员变量尽管都被 private 修饰，但仍可以在内部类中使用，如图 7.15 所示。

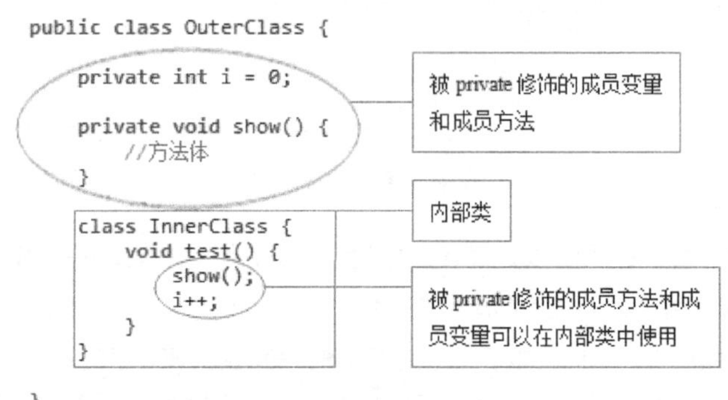

图 7.15　内部类可以使用外部类的私有成员

下面通过一个实例展示成员内部类的使用场景。

实例7-22 心脏是动物的重要器官，不断跳动的心脏意味着鲜活的生命力。现在创建一个人类，把心脏类设计为人类里面的一个成员内部类。心脏类有一个跳动的方法，在一个人被创建时，心脏就开始不断地跳动。实现这个场景的代码如下。（实例位置：资源包 \MR\ 源码 \07\22。）

```
public class People {                       // 人类
    final Heart heart = new Heart();        // 心脏属性
    public People() {                       // 构造人类对象
        heart.beating();                    // 心脏开始跳动
```

```
    }
    class Heart {                              // 人类内部的心脏类
        public void beating() {                // 跳动
            System.out.println("心脏：扑通扑通……");
        }
    }
}
```

当在 main() 方法中创建一个人类对象时，也会创建一个心脏对象，并且心脏对象会在人类构造的时候开始跳动，例如下面的代码。

```
public static void main(String[] args) {
    new People();
}
```

此代码执行后会在控制台输出如下内容。

```
心脏：扑通扑通……
```

在静态方法或其他类体中创建某个类的成员内部类对象的语法比较特殊，创建成员内部类的语法如下。

```
外部类名 . 成员内部类名  内部类对象名  =  外部类对象 .new  成员内部类构造方法 ();
```

例如，在 main() 方法中创建人类的成员内部类——心脏类对象的代码如下。

```
public static void main(String[] args) {
    People p = new People();
    People.Heart h = p.new Heart();
}
```

创建成员内部类对象之前，必须创建外部类对象。

7.8.2 匿名内部类

扫码看视频

匿名内部类只能使用一次。也就是说，匿名内部类不能重复使用，创建匿名内部类的对象后，这个匿名内部类就会立即消失。创建匿名内部类的对象的语法如下。

```
new A(){
    /* 匿名内部类中的语句序列 */
};
```

其中，A 代表接口名或类名。

匿名内部类经常用来创建临时对象，例如接口的临时实现类、只会运行一次的线程对象等。

实例7-23 使用匿名内部类创建接口临时对象的场景。（实例位置：资源包 \MR\ 源码 \07\23。）

创建一个接口，接口中只有一个抽象方法，代码如下。

```
interface Soundable {                              // 可发出声音的接口
    void makeSound();                              // 发声的抽象方法
}
```

在测试类的 main() 方法中使用 new 关键字创建接口匿名对象，并在匿名对象的最后一个大括号之后直接调用接口的方法，具体代码如下。

```
public class Demo {
    public static void main(String[] args) {
        new Soundable() {                          // 创建接口的匿名对象
            public void makeSound() {              // 实现抽象方法
                System.out.println("有什么东西发出了巨大的响声");
            }
        }.makeSound();                             // 匿名对象调用自己的成员方法
    }
}
```

运行 Demo 类后会在控制台中输出以下内容。

```
有什么东西发出了巨大的响声
```

出现这个结果的原因就是匿名对象在实现抽象方法的同时直接调用了该方法。整个过程中没有创建任何带有名字的类，虽然实现了接口，但是匿名内部类没有用到 class 关键字。

说明

使用匿名内部类时应该遵循以下原则：

- 匿名内部类没有构造方法；
- 匿名内部类不能定义静态的成员；
- 匿名内部类不能用 private、public、protected、static、final、abstract 等关键字修饰；
- 只可以创建一个匿名内部类对象。

7.9 枚举

扫码看视频

JDK 1.5 中新增了枚举。枚举是一种数据类型，是一系列具有名称的常量的集合。例如，在数学中所学的集合 A={1、2、3}，当使用这个集合时，只能使用集合中的 1、2、3 这 3 个元素，不是这个集合中的元素就无法使用。Java 中的枚举也是同样的道理，例如在程序中定义了一个性别枚举，里面只有两个值——男、女，那么在使用该枚举时，只能使用男和女这两个值，任何其他值都是无法使用的。本节将详细介绍枚举类型。

以往设置常量时，通常将常量放置在接口中，这样在程序中就可以直接使用，并且该常量不能被修改，因为在接口中定义常量时，该常量的修饰符为 final 或 static。

例如，在项目中创建 Constants 接口，在接口中定义常量的常规方式的代码如下。

```
public interface Constants {
    public static final int Constants_A = 1;
    public static final int Constants_B = 12;
}
```

在 JDK 1.5 版本中新增的枚举类型逐渐取代了这种常量的定义方式，因为使用枚举类型可以赋予程序在编译时进行检查的功能。使用枚举类型定义常量的语法如下。

```
public enum ConstantsEnum {
    Constants_A,
    Constants_B,
    Constants_C
}
```

其中，enum 是定义枚举类型的关键字。当需要在程序中使用该枚举时，可以使用 ConstantsEnum.Constants_A。

例如，创建一个用于区分性别的枚举，代码如下。

```
enum SexEnum {
    male,           // 男
    female          // 女
}
```

如果在学生类中使用性别枚举记录性别，可以写成以下形式。

```
class Studet {
    SexEnum sex;    // 性别
}
```

给学生对象的性别赋值时，需要使用“枚举类 . 枚举项”的语法。例如，将一个叫 tom 的学生对象的性别赋值为男性，代码如下。

```
Studet tom = new Studet();
tom.sex = SexEnum.male;
```

枚举可以使用“==”运算符进行比较，比较方式如下。

```
if (tom.sex == SexEnum.male) {

}
```

枚举也可以使用 Object 类提供的 equals() 方法进行比较，比较方式如下。

```
if (SexEnum.male.equals(tom.sex)) {

}
```

“==”运算符和 equals() 方法的执行结果是一样的。

实例7-24 枚举也可以用在switch语句中，case语句右侧不用写枚举类名，可以直接写枚举项，代码如下。（实例位置：资源包 \MR\ 源码 \07\24。）

```
switch (tom.sex) {
    case male :                          // 自动识别为 SexEnum 中的 male
        System.out.println("tom 是男孩 ");
        break;
    case female :                        // 自动识别为 SexEnum 中的 female
        System.out.println("tom 是女孩 ");
        break;
}
```

7.10 动手练一练

（1）输出信用卡消费账单。控制台先输出使用信用卡消费的每一条交易信息，再输出使用信用卡消费的总次数，运行结果如图 7.16 所示。

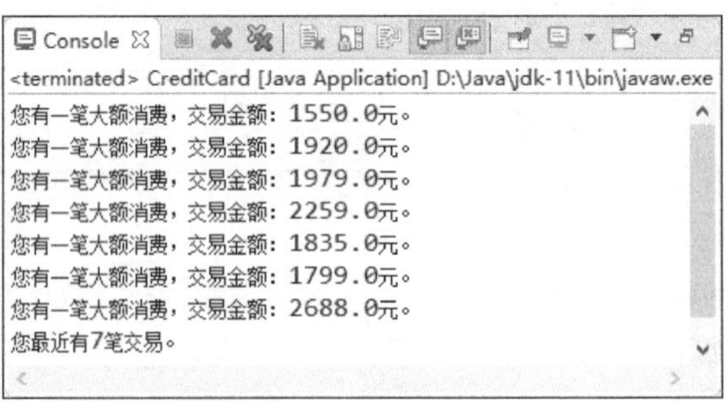

图 7.16　信用卡消费账单

（2）经理与员工的差异。对在同一家公司工作的经理和员工而言，两者是有很多共同点和不同点的。例如，两者每个月都会得到工资，但是经理在完成目标任务后还会获得奖金。请利用继承描述经理与员工的差异，控制台的输出内容如下。

```
员工的姓名：Java
员工的工资：2000.0
经理的姓名：明日科技
经理的工资：3000.0
经理的奖金：2000.0
```

（3）模拟交通红绿灯的点亮时间。请使用 instanceof 关键字模拟交通红绿灯的点亮时间，控制台的输出内容如下。

```
红灯亮 45 秒
黄灯亮 5 秒
绿灯亮 30 秒
```

（4）验证 3 条边能否构成三角形。创建一个抽象的图形类，图形类中有一个抽象的“计算周长”的方法。让三角形类继承图形类，先在三角形类中声明三角形的 3 条边，再判断这 3 条边能否构成三角形，接着重写图形类中的抽象方法。现有长分别为 3、4、5 的 3 条边和长分别为 1、4、5 的 3 条边，控制台分别输出这两组 3 条边能否构成三角形。如果能，则计算三角形的周长；如果不能，则输出原因。控制台的输出内容如下。

```
长为 3.0、4.0、5.0 的 3 条边能构成三角形，这个三角形的周长为 12.0
长为 1.0、4.0、5.0 的 3 条边不能构成三角形，因为三角形任意两边之和必须大于第三边
```

（5）计算两个数相加的结果。首先，创建一个表示增加的接口 Addable，接口中有多个同名的表示两个数相加的抽象方法 add()。然后，创建一个加法类 Addition，使之实现接口 Addable。最后，创建测试类 Test，并在控制台上输出如下内容。

```
7 + 4 = 11
7 + 4.4 = 11.4
7.11 + 4 = 11.11
7.11 + 4.4 = 11.510000000000002
```

异常的捕获与处理

视频教学：49 分钟

在 Java 语言中，运行时错误会被程序作为异常抛出。以控制台的输入输出为例，如果一个程序要求用户在控制台上输入一个 int 型数值，用户却输入了一个 double 型数值，那么这个程序就会出现运行时错误，控制台将输出 InputMismatchException，即“输入不匹配异常”。本章将对如何捕获并处理异常予以讲解。

扫码看视频

8.1 什么是异常

在 Java 语言中，异常是对象，表示阻止程序正常运行的错误。换言之，程序在运行过程中，如果 Java 虚拟机检测到一个不能执行的操作，程序就会终止运行，同时抛出异常。

实例8-1 现以录入姓名、年龄、性别等个人信息为例，演示异常是如何被抛出的，关键代码如下。（实例位置：资源包 \MR\ 源码 \08\01。）

```
Scanner sc = new Scanner(System.in);
System.out.println("请输入姓名：");
String name = sc.next();
System.out.println("请输入年龄：");
int age = sc.nextInt();  → 年龄的数据类型是 int 型
System.out.println("请输入性别：");
String sex = sc.next();
System.out.println("个人信息录入成功！请核对：\n 姓名："
    + name + "\t 年龄：" + age + "\t 性别：" + sex);
sc.close();
```

运行上述代码，根据提示信息，在控制台上依次输入 Leon 和 12.5 后的运行结果如图 8.1 所示。

```
Console ⊠
<terminated> Test [Java Application] C:\Program Files\Java\jdk\bin\javaw.exe
请输入姓名:
Leon
请输入年龄:
12.5
Exception in thread "main" java.util.InputMismatchException
        at java.base/java.util.Scanner.throwFor(Scanner.java:939)
        at java.base/java.util.Scanner.next(Scanner.java:1594)
        at java.base/java.util.Scanner.nextInt(Scanner.java:2258)
        at java.base/java.util.Scanner.nextInt(Scanner.java:2212)
        at Test.main(Test.java:10)
```

图 8.1　输入不匹配异常

说明

String 是 Java 中的对象，用于表示字符串对象。字符串对象的相关内容将在后续章节予以讲解。

由图 8.1 可知，在控制台输入 12.5 后，正在运行的程序被终止，后续的代码将不被执行。这是因为 Java 虚拟机检测到一个错误：12.5 是 double 型数值（而需要输入的年龄的数据类型是 int 型）。因此，程序会抛出 InputMismatchException 异常，即“输入不匹配异常”。

8.2　异常类型

扫码看视频

异常是对象，由异常类来定义。所有的 Java 异常类都直接或间接地继承 java.lang 包中的 Throwable 类。Throwable 类主要包含 3 种类型的异常：系统错误、可控式异常和运行时异常。Throwable 类的框架结构如图 8.2 所示。

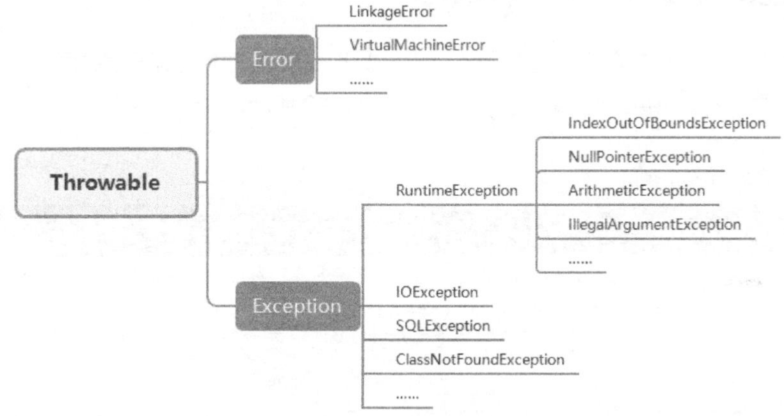

图 8.2　Throwable 类的框架结构

8.2.1　系统错误——Error 类

Java 使用 Error 类表示系统错误，系统错误是由 Java 虚拟机抛出的。系统错误很少发生，一旦发生，用户除了终止程序外，什么也不能做。常见的 Error 类的子类如表 8.1 所示。

表 8.1　常见的 Error 类的子类

子类	可能引起系统错误的原因
LinkageError	两个类相互依赖，一个类被编译的同时另一个类被修改，使之不相互兼容
VirtualMachineError	Java 虚拟机崩溃

实例8-2 控制台输出“用几小时来制订计划，可以节省几周的编程时间”，具体代码如下。（实例位置：资源包 \MR\ 源码 \08\02。）

```
public class Demo {
    public static void main(String[] args) {
        System.out.println("用几小时来制订计划，可以节省几周的编程时间")
    }
}
```

上述代码的运行结果如图 8.3 所示。

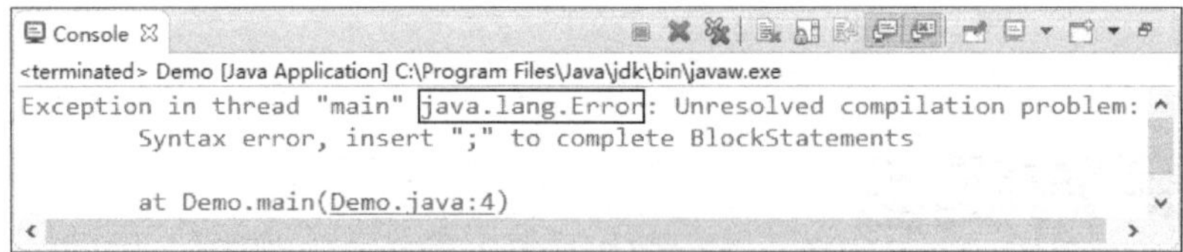

图 8.3　输出语句的结尾处缺少分号

由图 8.3 可知，Java 虚拟机检测到一个系统错误（输出语句的结尾处缺少分号），正在运行的程序被终止。

8.2.2　可控式异常——Exception 类

Java 使用 Exception 类表示可控式异常，可控式异常是由程序和外部环境共同引起的异常。这类异常能够被捕获并处理。常见的 Exception 类的子类如表 8.2 所示。

表 8.2　常见的 Exception 类的子类

子类	可能引起可控式异常的原因
IOException	试图打开一个不存在的文件
SQLException	数据库被访问时出现错误
ClassNotFoundException	试图使用一个不存在的类

实例8-3 读取 D 盘下不存在的 test.txt 文件中的内容，关键代码如下。（实例位置：资源包 \MR\ 源码 \08\03。）

```
// 把 D 盘下的 test.txt 文件定义为路径名
String path = "D:\\test.txt";
```

```
try {
    // 读取 D 盘下的 test.txt 文件中的内容
    FileReader fis = new FileReader(path);
} catch (FileNotFoundException e) {
    e.printStackTrace();
}
```

上述代码的运行结果如图 8.4 所示。

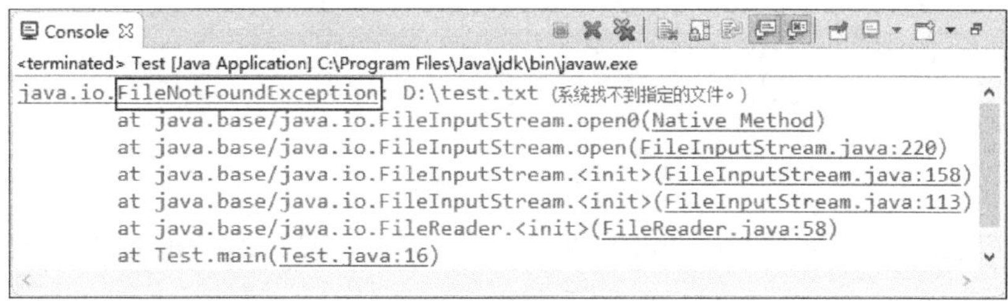

图 8.4 文件没有找到异常

由图 8.4 可知，程序因没有找到 D 盘下的 test.txt 文件，通过 try-catch 代码块捕获 FileNotFoundException（文件没有找到异常）。

说明

（1）FileReader 类用于以字符型读取指定文件中的内容，FileReader 类的相关内容将在本书第 14 章予以介绍。

（2）FileNotFoundException 是 IOException 类的子类。

（3）try-catch 代码块用于捕获并处理程序抛出的异常。

（4）printStackTrace() 方法用于在控制台上输出异常信息。

8.2.3 运行时异常——RuntimeException 类

Java 使用 RuntimeException 类表示运行时异常，运行时异常指的是程序的设计错误，例如错误的数据类型转换、使用一个越界的下标访问数组中的元素等。常见的 RuntimeException 类的子类如表 8.3 所示。

表 8.3 常见的 RuntimeException 类的子类

子类	可能引起运行时异常的原因
IndexOutOfBoundsException	使用一个越界的下标访问数组中的元素
NullPointerException	通过一个值为 null 的引用变量访问一个对象
ArithmeticException	一个数除以 0
IllegalArgumentException	传递给方法的参数的数据类型不合适

实例8-4 使用 equals() 方法比较 null 和空字符串是否相等，关键代码如下。（实例位置：资源包 \MR\ 源码 \08\04。）

```
String strNull = null;
String strEmpty = ""; // 空字符串
System.out.println("null 和空字符串是否相等 " + strNull.equals(strEmpty));
```

上述代码的运行结果如图 8.5 所示。

图 8.5　空指针异常

由图 8.5 可知，不能用值为 null 的引用变量访问一个字符串对象，否则程序就会抛出空指针异常。

8.3　捕获异常

可控式异常是能够被捕获并处理的。因此，Java 提供了 try-catch-finally 代码块。在讲解 try-catch-finally 代码块之前，先详细地介绍下 try-catch 代码块。

8.3.1　try-catch 代码块

try-catch 代码块用于捕获并处理异常。其中，try 代码块用于捕获可能发生异常的 Java 代码；catch 代码块用于处理指定类型的异常对象的 Java 代码。try-catch 代码块的语法如下。

扫码看视频

```
try{
    // 捕获可能发生异常的 Java 代码
} catch(Exceptiontype1 e1) {
    // 处理异常对象 e1 的 Java 代码
} catch(Exceptiontype2 e2) {
    // 处理异常对象 e2 的 Java 代码
}
...
catch(ExceptiontypeN eN) {
    // 处理异常对象 eN 的 Java 代码
}
```

如果 try 代码块中的某行 Java 代码发生异常，那么程序将跳过 try 代码块中剩余的 Java 代码，进入 catch 块；然后根据异常对象的类型，查找处理这个异常对象的 Java 代码。如果 try 代码块中没有发生异常，那么程序将跳过 catch 代码块中的 Java 代码。

实例8-5 在录入姓名、年龄、性别等个人信息的过程中，因为年龄的数据类型是 int 型，所以在控制台输入12.5后，程序会抛出 InputMismatchException 异常，现使用 try-catch 代码块捕获并处理这个异常，关键代码如下。（实例位置：资源包 \MR\ 源码 \08\05。）

```
Scanner sc = new Scanner(System.in);
System.out.println(" 请输入姓名: ");
try {
    String name = sc.next();
    System.out.println(" 请输入年龄: ");
    int age = sc.nextInt();
    System.out.println(" 请输入性别: ");
    String sex = sc.next();
    System.out.println(" 个人信息录入成功! 请核对: \n 姓名: "
            + name + "\t 年龄: " + age + "\t 性别: " + sex);
} catch (InputMismatchException ime) {        → 捕获并处理 InputMismatch Exception 异常
    System.out.println(" 输入错误: 年龄须是整数! ");
}
sc.close();
```

上述代码的运行结果如图 8.6 所示。

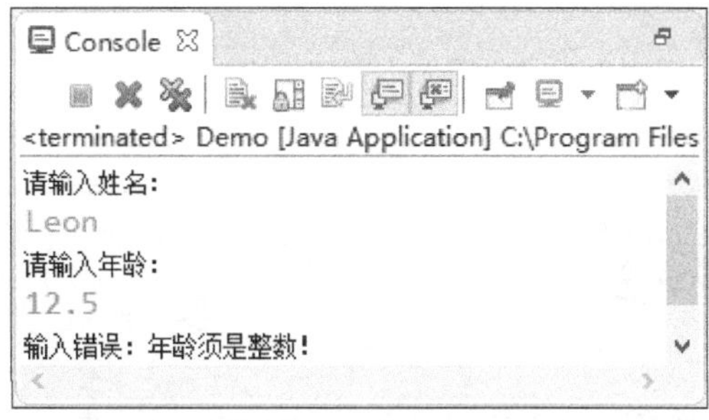

图 8.6 捕获并处理 InputMismatchException 异常

以上述代码为例，如果不具体指定异常对象的类型（即 InputMismatchException），那么可以使用 InputMismatchException 的父类 Exception 来替代。使用 Exception 替换 InputMismatchException 后的代码如下。

```
...
catch (Exception e) {
    System.out.println(" 输入错误: 年龄须是整数! ");
}
```

8.3.2 finally 代码块

扫码看视频

一个完整的异常处理代码块，除了包括 try-catch 代码块外，还应该搭配 finally 代码块。如果一个程序使用 try-catch-finally 代码块捕获并处理异常，那么不管这个程序是否发生异常，finally 代码块中的 Java 代码都会被执行。

实例8-6 对于表示文本扫描器的 Scanner 对象，如果不调用 close() 方法予以关闭，就会继续扫描下一个文本单位。如果使用 try-catch-finally 代码块，为了释放 Scanner 对象占用的内存空间，需要把 Scanner 对象调用 close() 方法的代码置于 finally 代码块中，关键代码如下。（实例位置：资源包 \MR\ 源码 \08\06。）

```
Scanner sc = new Scanner(System.in);
System.out.println("请输入姓名：");
try {
    String name = sc.next();
    System.out.println("请输入年龄：");
    int age = sc.nextInt();
    System.out.println("请输入性别：");
    String sex = sc.next();
    System.out.println("个人信息录入成功！请核对：\n 姓名："
        + name + "\t 年龄：" + age + "\t 性别：" + sex);
} catch (InputMismatchException ime) {
    ime.printStackTrace();
} finally {
    sc.close();  → 关闭扫描器
}
```

8.4 抛出异常

所谓抛出异常，就是将异常从一个地方传递到另一个地方。换言之，当异常被抛出时，程序正常的执行流程就会被终止。那么如何捕获并处理被抛出的异常呢？ Java 中的方法经常会抛出异常，所以当某个方法抛出异常时，调用这个方法的语句就会被置于 try-catch 代码块中，进而捕获并处理被抛出的异常。

Java 提供了 throws 和 throw 关键字用于抛出方法中发生的异常，本节将分别予以讲解。

8.4.1 throws 关键字

在声明一个方法时，可以使用 throws 关键字抛出这个方法可能发生的异常。如果这个方法可能抛出多个异常，那么可以使用逗号分隔这些异常。使用 throws 关键字抛出异常的语法格式如下。

扫码看视频

```
返回值类型名 方法名（参数列表） throws 异常类型名 {
    方法体
}
```

实例8-7 编写一个程序，模拟期末考试测试题“计算 7 ÷ 0 的结果”，关键代码如下。（实例位置：资源包 \MR\ 源码 \08\07。）

```
public static void main(String[] args) {
    try {
        divide(7, 0); // 调用静态的表示除法的 divide() 方法，其中被除数是 7，除数是 0
    } catch (ArithmeticException e) { // 捕获并处理算术异常
        System.out.println(" 陷阱！除数不能为 0。");
    }
}
/**
         * 表示除法的方法
 * @param dividend 被除数
 * @param divisor 除数
 * @return
 * @throws ArithmeticException 算术异常
 */
public static double divide(int dividend, int divisor) throws Arithmetic Exception {
    double result = dividend / divisor; // 计算“7 ÷ 0”
    return result; // 返回“7 ÷ 0”的结果
}
```

上述代码的运行结果如下。

```
陷阱！除数不能为 0。
```

上述代码通过调用静态的表示除法的 divide() 方法计算“7 ÷ 0”的结果。但是，当除数为 0 时，程序会发生 ArithmeticException（算术异常）。因此，在声明 divide() 方法的同时，还需要使用 throws 关键字抛出这个方法可能发生的 ArithmeticException（算术异常）。这样，把调用 divide() 方法的代码置于 try-catch 代码块中，就能够捕获并处理 ArithmeticException（算术异常）。

8.4.2 throw 关键字

扫码看视频

throw 关键字通常用于在方法体中抛出一个异常。程序执行到 throw 语句时，就会被立即终止，throw 语句后的其他代码都不执行。使用 throw 关键字抛出异常的语法格式如下。

```
throw new 异常类型名 ( 异常信息 );
```

实例8-8 现使用 throw 关键字改写模拟期末考试测试题“计算 7 ÷ 0 的结果”的程序，关键代码如下。（实例位置：资源包 \MR\ 源码 \08\08。）

```
public static void main(String[] args) {
    try {
```

```
        divide(7, 0); // 调用静态的表示除法的 divide() 方法，其中被除数是 7，除数是 0
    } catch (ArithmeticException e) { // 捕获并处理算术异常
        e.printStackTrace(); // 控制台输出异常信息
    }
}
/**
 * 表示除法的方法
 * @param dividend 被除数
 * @param divisor 除数
 * @return
 * @throws ArithmeticException 算术异常
 */
public static double divide(int dividend, int divisor) {
    if (divisor == 0) { // 如果除数是 0
        // 抛出算术异常，并在控制台输出异常对象的信息，即“陷阱！除数不能为 0。”
        throw new ArithmeticException("陷阱！除数不能为 0。");
    }
    double result = dividend / divisor;
    return result;
}
```

上述代码的运行结果如图 8.7 所示。

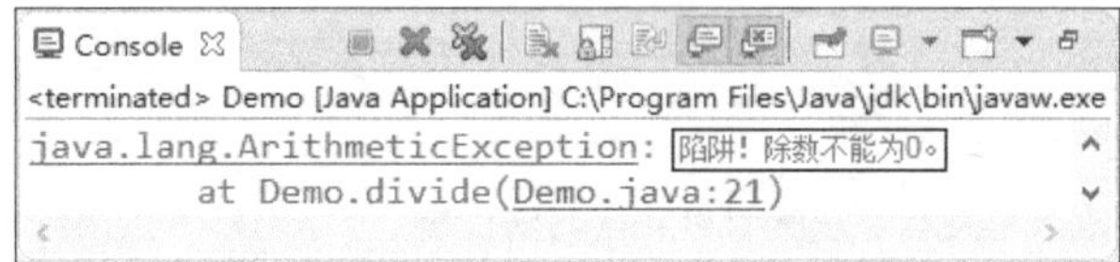

图 8.7　使用 throw 关键字抛出异常

8.5　自定义异常

扫码看视频

使用 Java 提供的异常类可以描述程序设计过程中出现的大部分异常，但是有些情况却是无法描述的。例如，用一个负数描述一个人的年龄，关键代码如下。

```
int age = -50;
System.out.println("小丽今年 "+age+" 岁了！");
```

虽然上述代码运行时没有任何问题，但是人的年龄不可能是负数。这类问题不符合常理，而且 Java 虚拟机也无法检测到其中的错误。对于这类问题，需要通过自定义异常对其进行捕获并处理。

使用自定义异常类的步骤如下。

（1）创建继承 Exception 类的自定义异常类。

（2）在方法体中通过 throw 关键字抛出异常对象。

（3）如果在当前抛出异常的方法体中处理异常，须使用 try-catch 代码块捕获并处理。否则，在声明方法时，先使用 throws 关键字抛出这个方法可能发生的异常，再把调用这个方法的代码置于 try-catch 代码块中。

实例8-9 现使用自定义异常解决年龄为负数的异常问题，步骤如下。

（1）创建一个继承 Exception 类的自定义异常类 MyException，具体代码如下。（实例位置：资源包 \MR\ 源码 \08\09。）

```
public class MyException extends Exception {
public MyException(String ErrorMessage) { // MyException 类构造方法，参数为异常信息
    super(ErrorMessage); // 把异常信息传递给 Exception 类的构造方法
    }
}
```

（2）在项目中创建 Test 类，该类中包含一个带有 int 型参数的方法 avg()，该方法用于检查年龄是否小于 0。如果小于 0，则使用 throw 关键字抛出一个自定义的 MyException 异常对象，并在 main() 方法中对其进行捕捉并处理，具体代码如下。（实例位置：资源包 \MR\ 源码 \08\09。）

```
public class Test {
// 定义方法，使用 throws 关键字抛出 MyException 异常
    public static void avg(int age) throws MyException {
        if (age < 0) { // 如果年龄小于 0
        throw new MyException(" 年龄不可以为负数 "); // 抛出 MyException 异常对象
        } else {
            System.out.println(" 小丽今年  " + age + " 岁了！ ");
        }
    }
    public static void main(String[] args) {
        try {
            avg(-50);
        } catch (MyException e) {
            e.printStackTrace();
        }
    }
}
```

上述代码的运行结果如图 8.8 所示。

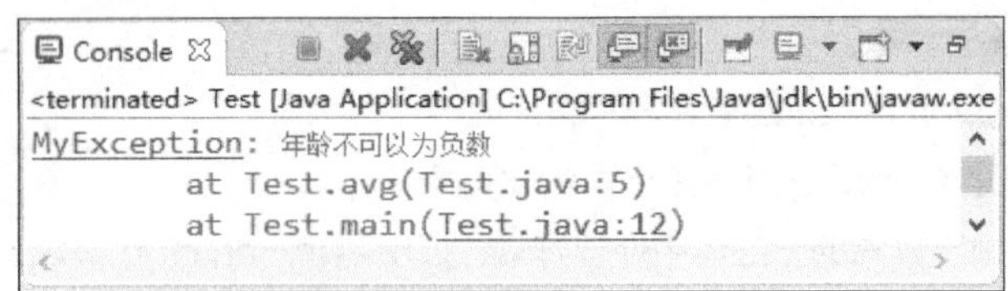

图 8.8 人的年龄不可以为负数

8.6 动手练一练

（1）捕获任意两个数相乘时可能发生的异常。创建类 Number，通过类中的方法 count() 可得到任意两个数相乘的结果，并在调用该方法的主方法中使用 try-catch 代码块捕获可能发生的异常。

（2）捕获控制台输入的不是整数时的异常。模拟一个简单的整数计算器（只能进行两个整数之间的加、减、乘、除运算），并用 try-catch 代码块捕获 InputMismatchException（控制台输入的不是整数）异常。

（3）捕获用户输入信息时的异常。编写一个信息录入程序，获取用户输入的姓名和年龄。如果用户输入的年龄不正确，则抛出异常并让用户重新输入；如果输入的年龄正确，则输出用户输入的信息，效果如图 8.9 所示。

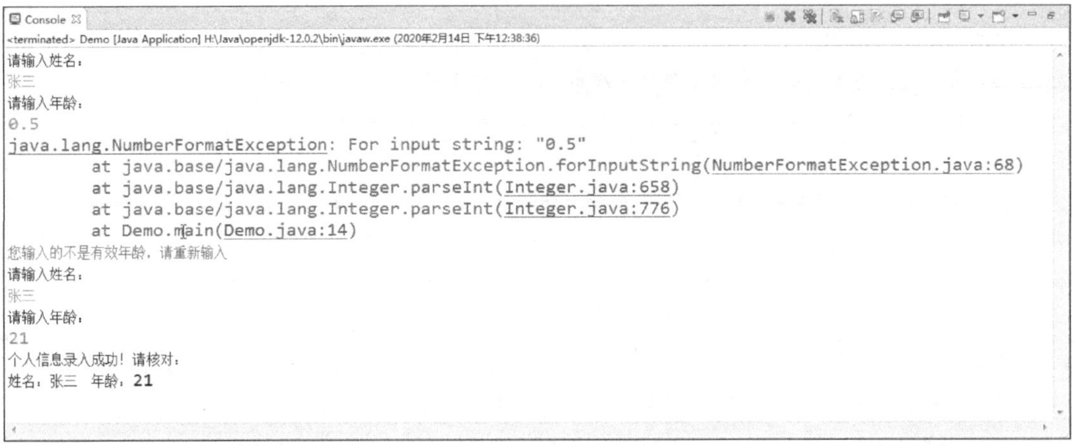

```
Console
<terminated> Demo [Java Application] H:\Java\openjdk-12.0.2\bin\javaw.exe (2020年2月14日 下午12:38:36)
请输入姓名：
张三
请输入年龄：
0.5
java.lang.NumberFormatException: For input string: "0.5"
	at java.base/java.lang.NumberFormatException.forInputString(NumberFormatException.java:68)
	at java.base/java.lang.Integer.parseInt(Integer.java:658)
	at java.base/java.lang.Integer.parseInt(Integer.java:776)
	at Demo.main(Demo.java:14)
您输入的不是有效年龄，请重新输入
请输入姓名：
张三
请输入年龄：
21
个人信息录入成功！请核对：
姓名：张三  年龄：21
```

图 8.9 捕捉用户输入信息时的异常

（4）循环不会因为出现异常而中断。编写一段循环执行的代码，当代码中出现异常时，循环中断；修改这段代码，当代码中出现异常时，循环不会中断。

（5）捕获传递负整数时的异常。创建类 Computer，该类中有一个计算两个数的最大公约数的方法，如果向该方法传递负整数，该方法就会抛出自定义异常。

字符串

视频教学：111 分钟

在程序设计过程中，如果需要定义地理方位中的“东”“南”“西”和“北”，可以使用只能表示一个字符的 char 型予以实现。但是，哪种数据类型能够定义“东南”“西南”“东北”或者“西北”这 4 个地理方位呢？为此，Java 提供了字符串对象。本章将对字符串对象的相关知识予以详解。

9.1 字符串与 String 类型

扫码看视频

字符串是由一个或者多个字符组成的字符序列。为了表示字符串，Java 提供了 String 类型。String 类型是一种引用类型，使用引用类型声明的变量称作引用变量，引用变量的作用是引用一个对象。String 类型的变量又称作字符串对象。

下面将通过图 9.1 所示的示意图来展示上述内容中的专有名词。

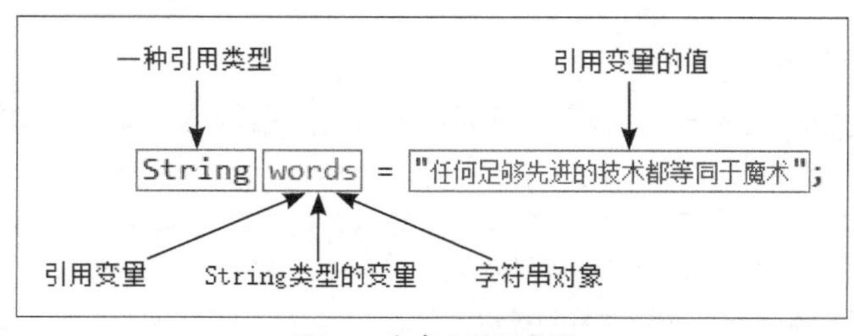

图 9.1 专有名词示意图

> **说明**
>
> 引用变量 words 的作用是引用一个值为“任何足够先进的技术都等同于魔术”的字符串对象。

初始化字符串对象有 6 种方式，分别如下。

1. 引用字符串常量

Java 允许直接将字符串常量赋给 String 型变量，示例代码如下。

```
String a = "当你试图解决一个不理解的问题时，复杂化就产生了。";
String b = "红烧排骨", c = "香辣肉丝";
```

如果两个字符串对象引用相同的字符串常量，那么这两个字符串对象的内存地址和内容均相同，示例代码如下。

```
String str1, str2;
str1 = "控制复杂性是编程的本质";
str2 = "控制复杂性是编程的本质";
```

字符串对象引用相同的常量的示意图如图 9.2 所示。

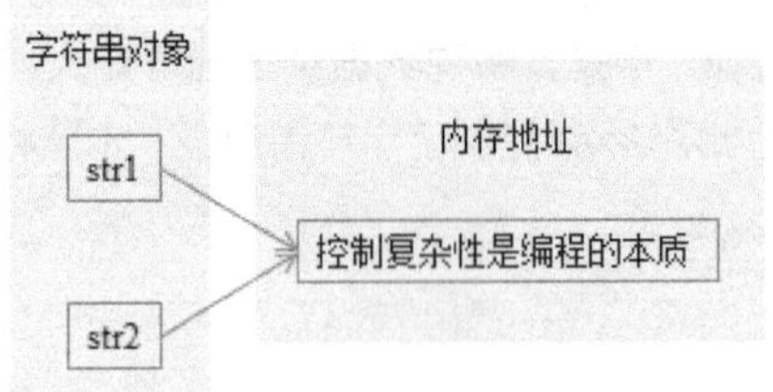

图 9.2　两个字符串对象引用相同的常量

2. 利用构造方法初始化

使用 new 关键字新建 String 对象，将字符串常量当作构造方法参数，代码如下。

```
String str = new String("没有什么代码的执行速度比空代码更快");
String newStr = new String(str);
```

3. 利用字符串数组初始化

字符串有多个构造方法，其中一个就是将字符串数组作为参数，新建的对象就是将数组中所有字符拼接起来的字符串，代码如下。

```
char[] charArray = {'s', 'u', 'c', 'c' 'e', 's', 's'};
String str = new String(charArray);
```

4. 提取字符串数组中的一部分新建字符串对象

字符串的构造方法也可以指定字符串数组的拼接范围。例如，定义一个字符串数组 charArray，从该字符串数组索引值为 3 的位置开始，提取两个元素，新建一个字符串，代码如下。

```
char[] charArray = {'成', '功', '是', '失' '败', '之', '母'};
String str = new String(charArray, 3, 2);
```

5. 利用字节数组初始化

在程序设计过程中，经常会遇到将 byte 型数组转换为字符串的情况，那么如何处理这类型情况呢？示例代码如下。

```
byte[] byteArray = {65, 66, 67, 68};
String str = new String(byteArray);
```

控制台输出字符串对象 str 的结果如下。

```
ABCD
```

说明

byte 型数组中的 65、66、67 和 68 对应 ASCII 表中的 A、B、C 和 D。

6. 提取字节数组中的一部分新建字符串对象

可以提取字节数组中的一部分新建字符串对象。因为一个汉字占两个字节，所以如果要取字节数组中的汉字，至少要提取两个字节的内容，代码如下。

```
byte[] byteArray = {65, 66, 67, 68};
String str = new String(byteArray, 0, 2);
```

9.2 操作字符串对象

为了操作字符串对象，Java 提供了 String 类中的方法。这些方法能够实现连接字符串、获取字符串信息、比较字符串、替换字符串、分割字符串、转换字符串大小写，以及去除字符串首末空格等效果。下面依次讲解常用的操作字符串对象的方法。

9.2.1 连接字符串

扫码看视频

连接字符串有两种方式：使用“+”和使用 String 类的 concat() 方法。在程序设计的过程中，“+”要比 concat() 方法更常用。

concat() 方法的语法如下。

```
public String concat(String str)
```

☑ str：要被连接的字符串对象，字符串对象 str 会被连接到当前字符串对象的末尾。

例如，分别使用“+”和 concat() 方法连接字符串“To be ”和“happy!”，关键代码如下。

```
String message1 = "To be " + "happy!";          // 使用“+”连接字符串
String message2 = "To be ".concat("happy!");  // 使用 concat() 方法连接字符串
```

说明

String 类中的方法只能通过一个字符串对象来调用。因此，代码“"To be ".concat("happy!")”可以理解为值为“To be ”的字符串对象调用 concat() 方法，连接值为“happy!”的字符串对象。需要注意的是，代码中“concat”前的“.”不能省略。

使用“+”还可以将字符串对象与其他数据类型的数据连接在一起。但是，当“+”用于数学运算时，需要特别注意运算符的优先级。

例如，在控制台上输出使用“+”连接字符串对象和整型数据后的结果，关键代码如下。

```
System.out.println("7 + 11 = " + 7 + 11);
System.out.println("7 + 11 = " + (7 + 11));
```

上述程序的运行结果如下。

```
7 + 11 = 711
7 + 11 = 18
```

不难看出，第一个输出结果因为没有使用括号，所以相当于先使用“+”把字符串对象“7 + 11 =”和整数 7 连接起来（得到新的字符串对象“7 + 11 = 7”），再使用“+”把字符串对象“7 + 11 = 7”和整数 11 连接起来（得到新的字符串对象“7 + 11 = 711”）。第二个输出结果相当于先计算整数 7 和 11 相加后的结果（即整数 18），再使用“+”把字符串对象“7 + 11 =”和整数 18 连接起来（得到新的字符串对象“7 + 11 = 18”）。

9.2.2 获取字符串信息

扫码看视频

1. 获取字符串长度

使用 String 类中的 length() 方法可以获得当前字符串中包含的 Unicode 代码单元个数，通常情况下即包含的字符个数。注意，这里空格也算字符。

例如，在控制台上输出值为“有信念的人经得起任何磨砺。”的字符串对象的长度，关键代码如下。

```
String message = "有信念的人经得起任何磨砺。";
System.out.println("“" + message + "”的长度：" + message.length());
```

上述程序的运行结果如下。

```
"有信念的人经得起任何磨砺。"的长度：13
```

说明

String 类的 length() 方法和数组的 length 属性有本质上的区别。在程序设计的过程中，要注意区分。

2. 获取指定字符的索引值

String 类的 indexOf() 方法和 lastIndexOf() 方法都可以获得符合要求的指定字符（或者指定字符串）在目标字符串中的索引值，其区别在于 indexOf() 方法是获得第一个符合要求的索引值，lastIndexOf() 方法是获得最后一个符合要求的索引值，两个方法的语法如下。

```
public int indexOf(String str)
```

- str：需要查找的字符串。

```
public int lastIndexOf(String str)
```

- str：需要查找的字符串。

例如，在控制台上输出值为“So say we can!”的字符串对象中字母 s 首次和最后出现的索引值，关键代码如下。

```
String message = "So say we can!";
System.out.println("s 首次出现的索引值: " + message.indexOf("s"));
System.out.println("s 最后出现的索引值: " + message.lastIndexOf("s"));
```

上述程序的运行结果如下。

```
s 首次出现的索引值：3
s 最后出现的索引值：3
```

说明

indexOf() 和 lastIndexOf() 方法都是区分大小写的。

3. 获取指定索引值的字符

String 类的 charAt() 方法可以获取目标字符串指定索引值的字符，charAt() 方法的语法如下。

```
public char charAt(int index)
```

- index：目标字符的索引值，取值在 0 和“目标字符串的长度 -1”之间。

实例9-1 控制台输出值为“So say we can!”的字符串对象中索引值为奇数的字符，关键代码如下。（实例位置：资源包 \MR\ 源码 \09\01。）

```
String message = "So say we can!";
  System.out.println(message + " 中索引值为奇数的字符：");
  for (int i = 0; i < message.length(); i++) {
      if (i % 2 == 1) { // 如果 i 是奇数
          System.out.print(message.charAt(i) + "_");
      }
}
```

上述程序的运行结果如下。

```
So say we can! 中索引值为奇数的字符：
o_s_y_w_ _a_!_
```

9.2.3 比较字符串

1. 比较字符串的全部内容

扫码看视频

String 类的 equals() 方法可以用于比较两个字符串的全部内容是否完全相同，equalsIgnoreCase() 方法可以在忽略大小写的情况下比较两个字符串的全部内容是否完全相同。

equals() 方法的语法如下。

```
public boolean equals(Object anObject)
```

- anObject：用于比较的字符串对象。

equalsIgnoreCase() 方法的语法如下。

```
public boolean equalsIgnoreCase(String anotherString)
```

- anotherString：用于比较的字符串对象

实例9-2 先使用 equals() 方法比较字符串对象 “mrsoft” 和 “mrsoft” 是否完全相同，再使用 equalsIgnoreCase() 方法比较字符串对象 “mrsoft” 和 “MrSoft” 是否完全相同，关键代码如下。（实例位置：资源包 \MR\ 源码 \09\02。）

```
String message1 = "mrsoft";
String message2 = "mrsoft ";
String message3 = "MrSoft";
System.out.println(message1 + " equals " + message2 + ": "
       + message1.equals(message2));
System.out.println(message1 + " equalsIgnoreCase " + message3 + ": "
       + message1.equalsIgnoreCase(message3));
```

上述程序的运行结果如下。

```
mrsoft equals mrsoft : false
mrsoft equalsIgnoreCase MrSoft: true
```

2. 比较字符串的开头和结尾

String 类的 startsWith() 方法可以用于判断目标字符串是否以指定字符串开头，startsWith() 方法的语法如下。

```
public boolean startsWith(String prefix)
```

- prefix：字符串前缀。

String 类的 endsWith() 方法可以用于判断目标字符串是否以指定字符串结尾，endsWith() 方法的语法如下。

```
public boolean endsWith(String suffix)
```

- suffix：字符串后缀。

实例9-3 判断值为“So say we can!”的字符串对象是否以“So”开头、以“!”结尾，关键代码如下。（实例位置：资源包 \MR\ 源码 \09\03。）

```
String message = "So say we can!";
  boolean startsWith = message.startsWith("So");
  boolean endsWith = message.endsWith("!");
  System.out.println(message + " 以 So 作为前缀: " + startsWith);
  System.out.println(message + " 以 ! 作为后缀: " + endsWith);
```

上述程序的运行结果如下。

```
So say we can! 以 So 作为前缀: true
So say we can! 以 ! 作为后缀: true
```

9.2.4 替换字符串

扫码看视频

String 类的 replace() 方法可以替换目标字符串中的指定字符串为另一个字符串，replace() 方法的语法如下。

```
public String replace(CharSequence target, CharSequence replacement)
```

- target：被替换的字符串。
- replacement：替换后的字符串。

说明

replaceAll() 和 replaceFirst() 方法也可以用于字符串替换，请读者参考 API 文档学习它们的使用方法。

实例9-4 把值为“So say we can!”的字符串对象中的空格全部替换为换行符“\n”，关键代码如下。(实例位置：资源包 \MR\ 源码 \09\04。)

```
String message = "So say we can!";
String replace = message.replace(" ", "\n");
System.out.println("替换后字符串：\n" + replace);
```

上述程序的运行结果如下。

```
替换后字符串：
So
say
we
can!
```

9.2.5 分割字符串

扫码看视频

String 类的 split() 方法用于分割字符串，返回值是一个字符串类型的数组。split() 方法的语法如下。

```
public String[] split(String regex)
```

✓ regex：用于分割字符串的指定字符串。

实例9-5 控制台输出值为“So say we can!”的字符串对象中单词的个数，代码如下。(实例位置：资源包 \MR\ 源码 \09\05。)

```
String message = "So say we can!";
String[] split = message.split(" ");
System.out.println(message + "中共有" + split.length + "个单词！");
```

上述程序的运行结果如下。

```
So say we can! 中共有 4 个单词！
```

9.2.6 转换字符串大小写

扫码看视频

String 类的 toUpperCase() 方法和 toLowerCase() 方法分别用于将目标字符串中的英文字符全部转换为大写和小写。

toUpperCase() 方法的语法如下。

```
public String toUpperCase()
```

toLowerCase() 方法的语法如下。

```
public String toLowerCase()
```

实例9-6 控制台分别输出把值为“So say we can!”的字符串对象全部转换为大写和小写后的结果，关键代码如下。（实例位置：资源包 \MR\ 源码 \09\06。）

```
String message = "So say we can!";
System.out.print(message);
System.out.println("转换为大写形式：" + message.toUpperCase());
System.out.print(message);
System.out.println("转换为小写形式：" + message.toLowerCase());
```

上述程序的运行结果如下。

```
So say we can!转换为大写形式：SO SAY WE CAN!
So say we can!转换为小写形式：so say we can!
```

9.2.7 去除字符串首末空格

扫码看视频

String 类的 trim() 方法用于去除目标字符串的首末空格。trim() 方法的语法如下。

```
public String trim()
```

实例9-7 在控制台上分别输出值为“过早地优化是罪恶之源。”的字符串对象去除首末空格前、后的长度，关键代码如下。（实例位置：资源包 \MR\ 源码 \09\07。）

```
String message = " 过早地优化是罪恶之源。 "; // 定义字符串
System.out.println("未去除首末空格的字符串长度：" + message.length());
System.out.println("去除首末空格后的字符串长度：" + message.trim().length());
```

上述程序的运行结果如下。

```
未去除首末空格的字符串长度：13
去除首末空格后的字符串长度：11
```

9.3 格式化字符串

扫码看视频

String 类的 format() 方法用于格式化字符串对象。format() 方法有两种重载形式，本节只介绍 format() 方法比较常用的重载形式，其语法如下。

```
public static String format(String format,Object...args)
```

上述的 format() 方法使用指定的格式来格式化字符串对象。其中，format 代表格式化字符串对象时要使用的格式；args 代表被格式化的字符串对象。

9.3.1 日期格式化

使用 format() 方法对日期进行格式化时，会用到日期格式化转换符，常用的日期格式化转换符如表 9.1 所示。

表 9.1 常用的日期格式化转换符

转换符	说明	示例
%te	一个月中的某一天（1~31）	6
%tb	指定语言环境的月份简称	Feb（英文）、二月（中文）
%tB	指定语言环境的月份全称	February（英文）、二月（中文）
%tA	指定语言环境的星期几全称	Monday（英文）、星期一（中文）
%ta	指定语言环境的星期几简称	Mon（英文）、星期一（中文）
%tc	包括全部日期和时间信息	星期二 六月 05 13:37:22 CST 2018
%tY	4 位数的年份	2018
%tj	一年中的第几天（001 ~ 366）	085
%tm	月份	06
%td	一个月中的第几天（01 ~ 31）	02
%ty	两位数的年份	18

实例9-8 在项目中新建DateFormat类，今天是小明的生日，在控制台上以年月日的形式输出小明的生日，关键代码如下。（实例位置：资源包 \MR\ 源码 \09\08。）

```
Date date = new Date(); // 新建日期对象
/*
 * “1$”表示格式化第一个参数，“tY”表示格式化时间中的年份字段
 * 那么“%1$tY”输出的值为 date 对象中的年份，例如 2018
 * 同理类推：“%1$tm”输出月；“%1$td”输出日
 */
```

```
String message = String.format(" 小明的生日：%1$tY 年 %1$tm 月 %1$td 日 ", date);
System.out.println(message);
```

上述程序的运行结果如下。

```
小明的生日：2020 年 11 月 12 日
```

9.3.2 时间格式化

使用 format() 方法对时间进行格式化时，会用到时间格式化转换符。时间格式化转换符要比日期格式化转换符更多、更精确，并且可以将时间格式化为时、分、秒和毫秒。常用的时间格式化转换符如表 9.2 所示。

表 9.2 常用的时间格式化转换符

转换符	说明	示例
%tH	两位数字的 24 小时制的小时（00 ~ 23）	14
%tI	两位数字的 12 小时制的小时（01 ~ 12）	05
%tk	两位数字的 24 小时制的小时（0 ~ 23）	5
%tl	两位数字的 12 小时制的小时（1 ~ 12）	10
%tM	两位数字的分钟（00 ~ 59）	05
%tS	两位数字的秒数（00 ~ 59）	12
%tL	3 位数字的毫秒数（000 ~ 999）	920
%tN	9 位数字的微秒数（000000000 ~ 999999999）	062000000
%tp	指定语言环境下上午或下午标记	下午（中文）、pm（英文）
%tz	相对于 GMT RFC 82 格式的数字时区偏移量	+0800
%tZ	时区缩写形式的字符串	CST
%ts	1970-01-01 00:00:00 至现在经过的秒数	1528175861
%tQ	1970-01-01 00:00:00 至现在经过的毫秒数	1528175911460

实例9-9 在控制台上输出 12 小时制的当前时间，关键代码如下。（实例位置：资源包 \MR\ 源码 \09\09。）

```
Date date = new Date(); // 新建日期对象
String message = String.format(" 当前时间：%1$tI 时 %1$tM 分 %1$tS 秒 ", date);
System.out.println(message);
```

上述程序的运行结果如下。

```
当前时间：02 时 21 分 48 秒
```

9.3.3 日期时间组合格式化

因为日期与时间经常是同时出现的，所以格式化转换符还定义了各种日期和时间组合的格式，常用的日期和时间组合的格式化转换如表 9.3 所示。

表 9.3 常用的日期和时间组合的格式化转换

转换符	说明	示例
%tF	“年 - 月 - 日”格式（4 位数的年份）	2018-06-05
%tD	“月 / 日 / 年”格式（两位数的年份）	06/05/18
%tc	全部日期和时间信息	星期二 六月 05 15:20:00 CST 2018
%tr	“时：分：秒 PM（AM）”格式（12 小时制）	03:22:06 下午
%tT	“时：分：秒”格式（24 小时制）	15:23:50
%tR	“时：分”格式（24 小时制）	15:25

实例9-10 在控制台上输出格式为“时：分：秒”的当前时间，关键代码如下。（实例位置：资源包\MR\源码\09\10。）

```
Date date = new Date(); // 新建日期对象
String message = String.format("当前时间：%tT", date);
System.out.println(message);
```

上述程序的运行结果如下。

```
当前时间：14:23:47
```

9.3.4 常规类型格式化

扫码看视频

在程序设计过程中，经常需要对常规数据类型的数据进行格式化。格式化的方式有两种，即转换符和转换符标识。

（1）常用的转换符如表 9.4 所示。

表 9.4 常用的转换符

转换符	说明	示例
%b、%B	结果被格式化为布尔类型	true
%h、%H	结果被格式化为散列码	A05A5198
%s、%S	结果被格式化为字符串类型	"abcd"

续表

转换符	说明	示例
%c、%C	结果被格式化为字符类型	'a'
%d	结果被格式化为十进制整数	40
%o	结果被格式化为八进制整数	11
%x、%X	结果被格式化为十六进制整数	4b1
%e	结果被格式化为用计算机科学记数法表示的十进制数	1.700000e+01
%a	结果被格式化为带有效位数和指数的十六进制浮点值	0X1.C000000000001P4
%n	结果为特定于平台的行分隔符	
%%	结果为字面值 '%'	%

实例9-11 在控制台上分别输出十进制 99 的八进制和十六进制表示形式，关键代码如下。（实例位置：资源包 \MR\ 源码 \09\11。）

```
System.out.println(String.format("%1$d 的八进制表示: %1$o", 99));
System.out.println(String.format("%1$d 的十六进制表示: %1$x", 99));
```

上述程序的运行结果如下。

```
99 的八进制表示: 143
99 的十六进制表示: 63
```

（2）常用的转换符标识及其说明如表 9.5 所示。

表 9.5 常用的转换符标识及其说明

转换符标识	说明
"-"	在最小宽度内左对齐，不可以与 "0" 填充标识同时使用
"#"	用于八进制和十六进制格式，在八进制前加一个 0，在十六进制前加一个 0x
"+"	显示数字的正负号
" "	在正数前加空格，在负数前加负号
"0"	在不够最小位数的结果前用 0 填充
","	只适用于十进制，每 3 位数字用 "，" 分隔
"("	用括号把负数括起来

实例9-12 使用表 9.5 所示的转换符标识格式化字符串，关键代码如下。（实例位置：资源包 \MR\ 源码 \09\12。）

```
// 让字符串输出的最大长度为 5，不足长度在前端补空格
System.out.println(String.format(" 输出长度为 5 的字符串: |%5d|", 123));
```

```
// 让字符串左对齐
System.out.println(String.format("左对齐：|%-5d|", 123));
// 在八进制前加一个 0
System.out.println(String.format("33 的八进制表示是：%#o", 33));
// 在十六进制前加一个 0x
System.out.println(String.format("33 的十六进制表示是：%#0x", 33));
// 显示数字正负号
System.out.println(String.format("我是正数：%+d", 1));
// 显示数字正负号
System.out.println(String.format("我是负数：%+d", -1));
// 在正数前补一个空格
System.out.println(String.format("我是正数，前面有空格 |% d|", 1));
// 在负数前补一个负号
System.out.println(String.format("我是负数，前面有负号 |% d|", -1));
// 让字符串输出的最大长度为 5，不足长度在前端补 0
System.out.println(String.format("前面不够的数用 0 填充：%05d", 12));
// 用逗号分隔数字
System.out.println(String.format("用逗号分隔：%,d", 123456789));
// 正数无影响
System.out.println(String.format("我是正数，我没有括号：%(d", 13));
//用括号把负数括起来
System.out.println(String.format("我是负数，我有括号：%(d", -13));
```

上述代码的运行结果如下。

```
输出长度为 5 的字符串：|  123|
左对齐：|123  |
33 的八进制表示是：041
33 的十六进制表示是：0x21
我是正数：+1
我是负数：-1
我是正数，前面有空格 | 1|
我是负数，前面有负号 |-1|
前面不够的数用 0 填充：00012
用逗号分隔：123,456,789
我是正数，我没有括号：13
我是负数，我有括号：(13)
```

9.4 字符串对象与数值类型的相互转换

扫码看视频

因为字符串对象与数值类型的变量之间不可以直接用“=”运算符，所以 Java 提供了用于很多字符串对象与数值类型的变量相互转换的方法，具体如下。

1. 字符串对象转换为数值类型

不能通过强制类型转换把字符串对象转换为数值类型，因此 Java 提供了表 9.6 所示的静态方法予以实现。

表 9.6　将字符串对象转换为数值类型的静态方法

静态方法	功能说明
int Integer.parseInt(String s)	将字符串对象 s 转换成 int 型
byte Byte.parseByte(String s)	将字符串对象 s 转换成 byte 型
short Short .parseShort(String s)	将字符串对象 s 转换成 short 型
long Long.parseLong(String s)	将字符串对象 s 转换成 long 型
double Double .parseDouble(String s)	将字符串对象 s 转换成 double 型
float Float.parseFloat(String s)	将字符串对象 s 转换成 float 型

实例9-13 将字符串对象分别转换成 int、byte、short、long、duoble、float 型变量，关键代码如下。（实例位置：资源包 \MR\ 源码 \09\13。）

```
// 新建字符串对象，赋值 int 型数字
String strInt = "235";
// 将字符串对象转换成 int 型变量
int intValue = Integer.parseInt(strInt);
// 输出结果
System.out.println("intValue 中数字乘以 2 的结果 = " + (intValue * 2));
// 新建字符串对象，赋值 byte 型数字
String strByte = "12";
// 将字符串对象转换成 byte 型变量
byte byteValue = Byte.parseByte(strByte);
// 输出结果
System.out.println("byteValue 中数字除以 2 的结果 = " + (byteValue / 2));
// 新建字符串对象，赋值 short 型数字
String strShort = "35";
// 将字符串对象转换成 short 型变量
short shortValue = Short.parseShort(strShort);
// 输出结果
System.out.println("shortValue 中数字加 2 的结果 = " + (shortValue + 2));
// 新建字符串对象，赋值 long 型数字
String strLong = "9876543200000";
// 将字符串对象转换成 long 型变量
long longValue = Long.parseLong(strLong);
```

```
// 输出结果
System.out.println("longValue 中数字减去 100000 的结果 = " + (longValue - 100000L));
// 新建字符串对象，赋值 double 型数字
String strDouble = "3.1415926";
// 将字符串对象转换成 double 型变量
double doubleValue = Double.parseDouble(strDouble);
// 输出结果
System.out.println("doubleValue 中数字加 0.001 的结果 = " + (doubleValue + 0.001));
// 新建字符串对象，赋值 float 型数字
String strFloat = "8.02f";
// 将字符串对象转换成 float 型变量
float floatValue = Float.parseFloat(strFloat);
// 输出结果
System.out.println("floatValue 中数字 = " + floatValue);
```

上述代码的运行结果如下。

```
intValue 中数字乘以 2 的结果 = 470
byteValue 中数字除以 2 的结果 = 6
shortValue 中数字加 2 的结果 = 37
longValue 中数字减去 100000 的结果 = 9876543100000
doubleValue 中数字加 0.001 的结果 = 3.1425926
floatValue 中数字 = 8.02
```

实例9-14 将字符串对象表示二进制、八进制、十六进制或者二十八进制的值转换为十进制的值，关键代码如下。（实例位置：资源包 \MR\ 源码 \09\14。）

```
// 初始化二进制字符串对象
String str_2 = "110001";
// 将字符串对象按照二进制解析
int binary = Integer.parseInt(str_2, 2);
// 输出结果
System.out.println(" 二进制转换为十进制: " + str_2 + " → " + binary);
// 初始化八进制字符串对象
String str_8 = "143";
// 将字符串对象按照八进制解析
int octal = Integer.parseInt(str_8, 8);
// 输出结果
System.out.println(" 八进制转换为十进制: " + str_8 + " → " + octal);
// 初始化十六进制字符串对象
String str_16 = "-FF";
```

```
// 将字符串对象按照十六进制解析
int hex = Integer.parseInt(str_16, 16);
// 输出结果
System.out.println("十六进制转换为十进制: " + str_16 + " → " + hex);
// 初始化二十八进制字符串对象
String str_28 = "amlk";
// 将字符串对象按照二十八进制解析
int value = Integer.parseInt(str_28, 28);
// 输出结果
System.out.println("二十八进制转换为十进制: " + str_28 + " → " + value);
```

上述代码的运行结果如下。

```
二进制转换为十进制: 110001 → 49
八进制转换为十进制: 143 → 99
十六进制转换为十进制: -FF → -255
二十八进制转换为十进制: amlk → 237376
```

2. 数值类型转换为字符串对象

数值类型转换为字符串对象的方法有两种：显式转换和隐式转换。

（1）显式转换就是通过 String 类提供的方法予以实现，这些方法如表 9.7 所示。

表 9.7　数值类型转换为字符串对象的方法

方法	功能描述
static String valueOf(double d)	以字符串的形式表示 double 型变量的值
static String valueOf(float f)	以字符串的形式表示 float 型变量的值
static String valueOf(int i)	以字符串的形式表示 int 型变量的值
static String valueOf(long l)	以字符串的形式表示 long 型变量的值

实例9-15 使用表 9.7 所示的相应方法分别以字符串的形式表示值为 520.1314 的 double 型变量和值为 5203344 的 int 型变量，关键代码如下。

```
String strDou = String.valueOf(520.1314);
String strInt = String.valueOf(5203344);
```

（2）隐式转换是程序设计过程中最常用的转换方式，其实现方式是先通过“+”运算符把数值和英文格式的闭合双引号连接起来，再通过“=”运算符把连接后的结果赋给字符串对象。示例代码如下。（实例位置：资源包 \MR\ 源码 \09\15。）

```
// 通过“+”运算符把数值和英文格式的闭合双引号连接起来
String str1 = "" + 520.1314;
```

```
String str2 = "91" + 203344;
System.out.println("str1 = " + str1);
System.out.println("str2 = " + str2);
```

上述代码的运行结果如下。

```
str1 = 520.1314
str2 = 91203344
```

9.5 StringBuilder 类对象

扫码看视频

StringBuilder 类对象表示的是一个长度可变的、执行效率较高的字符序列。相比值不可修改的字符串对象，StringBuilder 类对象的值是可以被直接修改的。因此，Java 提供了用于操作 StringBuilder 类对象的相关方法。本节将对 StringBuilder 类对象予以详解。

9.5.1 新建 StringBuilder 类对象

新建 StringBuilder 类对象，不能像新建字符串对象一样直接引用字符串常量，必须使用 new 关键字。新建 StringBuilder 类对象有如下格式。

```
// 新建一个 StringBuilder 类对象，无初始值
StringBuilder sbd = new StringBuilder();
// 新建一个 StringBuilder 类对象，初始值为“abc”
StringBuilder sbd = new StringBuilder("abc");
// 新建一个 StringBuilder 类对象，可以容纳 32 个字符
StringBuilder sbd = new StringBuilder(32);
```

9.5.2 StringBuilder 类的常用方法

使用 StringBuilder 类的相关方法能够直接修改 StringBuilder 类对象的值。例如，在 StringBuilder 类对象的值的末尾处追加新的字符串，删除或替换 StringBuilder 类对象中的字符等。下面对 StringBuilder 类的常用方法进行讲解。

1. append() 方法

append() 方法用于在 StringBuilder 类对象的值的末尾处追加新的字符串，其效果相当于使用“+”运算符连接字符串。append() 方法的语法如下。

```
StringBuilder append(Object obj)
```

✓ obj：任意数据类型的对象，例如 String、int、double、boolean 等，都可以拼接到 StringBuilder 类对象的值的末尾处。

实例9-16 使用 append() 方法，在初始值为“锄禾日当午”的 StringBuilder 类对象基础上补齐《悯农》的剩余诗句，关键代码如下。（实例位置：资源包 \MR\ 源码 \09\16。）

```
StringBuilder sbd = new StringBuilder("锄禾日当午，");
sbd.append("汗滴禾下土。");
sbd.append("谁知盘中餐，");
sbd.append("粒粒皆辛苦。");
System.out.println(sbd);
```

上述代码的运行结果如下。

```
锄禾日当午，汗滴禾下土。谁知盘中餐，粒粒皆辛苦。
```

2. setCharAt() 方法

setCharAt() 方法用于根据指定的索引值修改 StringBuilder 类对象的值中的字符。setCharAt() 方法的语法如下。

```
void setCharAt(int index, char ch)
```

✓ index：被替换字符的索引值。

✓ ch：替换后的新的字符。

实例9-17 找到并修改“如火如荼”中的错别字，关键代码如下。（实例位置：资源包 \MR\ 源码 \09\17。）

```
StringBuilder sbd = new StringBuilder("如火如茶");
System.out.println("sbd 的原值是：" + sbd);
sbd.setCharAt(3, '荼'); // 将“茶”改成“荼”
System.out.println("sbd 的新值是：" + sbd);
```

上述代码的运行结果如下。

```
sbd 的原值是：如火如茶
sbd 的新值是：如火如荼
```

3. insert() 方法

insert() 方法用于在指定的索引位置向 StringBuilder 类对象的值中插入一个字符串。insert() 方法的语法如下。

```
StringBuilder insert(int offset, String str)
```

☑ offset：指定的索引位置。

☑ str：被插入的字符串。

实例9-18 把古诗“少小离家老大回，________________。儿童相见不相识，笑问客从何处来。”补充完整，关键代码如下。（实例位置：资源包 \MR\ 源码 \09\18。）

```
StringBuilder sbd = new StringBuilder
(" 少小离家老大回，。儿童相见不相识，笑问客从何处来。");
System.out.println("sbd 的原值是：" + sbd);
sbd.insert(8, “乡音无改鬓毛衰”);
System.out.println("sbd 的新值是：" + sbd);
```

上述代码的运行结果如下。

```
sbd 的原值是：少小离家老大回，。儿童相见不相识，笑问客从何处来。
sbd 的新值是：少小离家老大回，乡音无改鬓毛衰。儿童相见不相识，笑问客从何处来。
```

4. reverse() 方法

reverse() 方法用于倒置 StringBuilder 类对象的值，倒置就是前后颠倒所有字符的顺序。reverse() 方法的语法如下。

```
StringBuilder reverse()
```

实例9-19 颠倒词能够充分体现汉语灵动摇曳的特点，在控制台上输出“人名”的颠倒词，关键代码如下。（实例位置：资源包 \MR\ 源码 \09\19。）

```
StringBuilder sbd = new StringBuilder(" 人名 ");
System.out.println("sbd 的原值是：" + sbd);
sbd.reverse();
System.out.println("sbd 的新值是：" + sbd);
```

上述代码的运行结果如下。

```
sbd 的原值是：人名
sbd 的新值是：名人
```

5. delete() 方法

delete() 方法用于删除 StringBuilder 类对象的值中从起始索引到“终止索引 -1”范围内的字符序列。delete() 方法的语法如下。

```
StringBuilder delete(int start, int end)
```

☑ start：起始索引（包含）。

✓ end：终止索引（不包含）。

StringBuilder 类对象的值被删除的范围是从 start 至 “end−1”。如果 start 等于 end，则 StringBuilder 类对象的值不发生改变。

实例9-20 删除“君子天行健以自强不息”中语句不通顺的部分，关键代码如下。（实例位置：资源包\MR\源码\09\20。）

```
StringBuilder sbd = new StringBuilder("君子天行健以自强不息");
System.out.println("sbd 的原值是：" + sbd);
sbd.delete(2, 5); // 删除 “天行健”
System.out.println("sbd 的新值是：" + sbd);
```

上述代码的运行结果如下。

```
sbd 的原值是：君子天行健以自强不息
sbd 的新值是：君子以自强不息
```

9.6 正则表达式

扫码看视频

正则表达式是一种强大的文本处理工具。使用正则表达式能够验证某个字符串是否满足指定的文本格式。

实例9-21 正则表达式 “^[0-9]*$” 表示的是 “要么是个完全数字的字符串，要么是个完全空的字符串”，示例代码如下。（实例位置：资源包\MR\源码\09\21。）

```
System.out.println("2147483647".matches("^[0-9]*$"));
System.out.println("".matches("^[0-9]*$"));
System.out.println("-1".matches("^[0-9]*$"));
System.out.println("8.9".matches("^[0-9]*$"));
System.out.println("false".matches("^[0-9]*$"));
System.out.println("A".matches("^[0-9]*$"));
```

上述代码的运行结果如下。

```
true
true
false
false
false
false
```

从上述代码不难发现，String 类提供了 matches() 方法用于判断字符串是否匹配给定的正则表达式，而且 matches() 方法返回的是布尔值。matches() 方法的语法如下。

```
boolean matches(String regex)
```

- regex：正则表达式。

正则表达式是由一些具有特殊意义的字符组成的字符串，这些特殊字符被称为正则表达式的元字符。例如，正则表达式“\\d”表示数字 0 ~ 9 中的任意一个数字，其中“\d”就是元字符。正则表达式中的元字符及其意义如表 9.8 所示。

表 9.8　元字符及其意义

元字符	正则表达式中的写法	意义
.	\\.	代表任意一个字符
\d	\\d	代表 0 ~ 9 中的任意一个数字
\D	\\D	代表任意一个非数字字符
\s	\\s	代表空白字符，如“\t”“\n”
\S	\\S	代表非空白字符
\w	\\w	代表可用作标识符的字符，但不包括“$”
\W	\\W	代表不可用作标识符的字符
\p{Lower}	\\p{Lower}	代表小写字母 a ~ z
\p{Upper}	\\p{Upper}	代表大写字母 A ~ Z
\p{ASCII}	\\p{ASCII}	ASCII 字符
\p{Alpha}	\\p{Alpha}	字母字符
\p{Digit}	\\p{Digit}	十进制数字，即 0 ~ 9
\p{Alnum}	\\p{Alnum}	数字或字母字符
\p{Punct}	\\p{Punct}	标点符号：!"#$%&'()*+,-./:;<=>?@[\]^_`{|}~
\p{Graph}	\\p{Graph}	可见字符：[\p{Alnum}\p{Punct}]
\p{Print}	\\p{Print}	可输出字符：[\p{Graph}\x20]
\p{Blank}	\\p{Blank}	空格或制表符：[\t]
\p{Cntrl}	\\p{Cntrl}	控制字符：[\x00-\x1F\x7F]

在正则表达式中，可以使用闭合的方括号“[ ]”将若干个字符括起来表示一个元字符，该元字符可代表方括号中的任何一个字符。如果把正则表达式写作“[abc]4”，那么字符串“a4”“b4”和“c4”都是能够匹配正则表达式的字符串。这类正则表达式还有很多格式，示例如下。

- [^456]：代表 4、5、6 之外的任意一个字符。
- [a-r]：代表 a~r 的任意一个英文字母。

- [a-zA-Z]：可表示任意一个英文字母。
- [a-e[g-z]]：代表 a~e 或 g~z 中的任何一个字母（并运算）。
- [a-o&&[def]]：代表字母 d、e、f（交运算）。
- [a-d&&[^bc]]：代表字母 a、d（差运算）。
- (ab)|(13)|(50)：代表"ab""13"和"50"中的任意值。

在正则表达式中允许使用限定修饰符来限定元字符出现的次数。例如，"A*"代表 A 可在字符串中出现 0 次或多次。限定修饰符及其意义如表 9.9 所示。

表 9.9　限定修饰符及其意义

限定修饰符	意义	示例
?	0 次或一次	A?
*	0 次或多次	A*
+	一次或多次	A+
{n}	正好出现 *n* 次	A{2}
{n,}	至少出现 *n* 次	A{3,}
{n,m}	出现 *n* 次至 *m* 次	A{2,6}

实例9-22 使用正则表达式来判断字符串变量的值是否是合法的 E-mail 地址，关键代码如下。（实例位置：资源包 \MR\ 源码 \09\22。）

```
// 定义一个正则表达式，用于匹配格式为"X@X.com.cn"的 E-mail 地址
String regex = "\\w+@\\w+(\\.\\w{2,3})\\.\\w{2,3}";
// 定义要进行验证的邮箱
String str1 = "mrsoft@mrsoft.com.cn";
String str2 = "mrsoft@163.com";
// 判断字符串对象是否与正则表达式匹配
if (str1.matches(regex)) {
    System.out.println(str1 + "是一个合法的 E-mail 地址。");
}
if (str2.matches(regex)) {
    System.out.println(str2 + "是一个合法的 E-mail 地址。");
}
```

上述代码的运行结果如下。

```
mrsoft@mrsoft.com.cn 是一个合法的 E-mail 地址。
```

说明

通常情况下，E-mail 地址的格式为"X@X.com.cn"。字符 X 表示一个或多个字符，@ 为 E-mail 地址中的特有符号，符号 @ 后还有一个或多个字符，之后是字符".com"，也可能后面还有类似".cn"

的字符。

因此，在正则表达式“\\w+@\\w+(\\.\\w{2,3})\\.\\w{2,3}”中有以下结论：

（1）字符集“\\w”用于匹配任意字符；

（2）符号“+”表示字符可以出现一次或多次；

（3）表达式“(\\.\\w{2.3})”用于匹配“.”后面紧跟的两个或 3 个字符组成的字符串，例如“.com”；

（4）表达式“\\.\\w{2.3}”用于匹配“.”后面紧跟的两个或 3 个字符组成的字符串，例如“.cn”。

正则表达式除了能够匹配合法的 E-mail 地址，还能匹配很多与生活息息相关的数据，例如身份证号、QQ 号、IP 地址、域名、手机号码等。常用的正则表达式及其说明如表 9.10 所示。

表 9.10　常用的正则表达式及其说明

正则表达式	说明
^[0-9]*$	数字
^\d{n}$	*n* 位的数字
^\d{n,}$	至少 *n* 位的数字
^\d{m,n}$	*m* ~ *n* 位的数字
^(\-)?\d+(\.\d{1,2})?$	带 1 ~ 2 位小数的正数或负数
^[0-9]+(.[0-9]{2})?$	有两位小数的正实数
^[0-9]+(.[0-9]{1,3})?$	有 1 ~ 3 位小数的正实数
^[\u4e00-\u9fa5]{0,}$	汉字
^.{3,20}$	长度为 3 ~ 20 的所有字符
^[A-Z]+$	由 26 个大写英文字母组成的字符串
^[a-z]+$	由 26 个小写英文字母组成的字符串
^[A-Za-z]+$	由 26 个英文字母（大小写均可）组成的字符串
^[A-Za-z0-9]+$	由数字和 26 个英文字母（大小写均可）组成的字符串
[^~\x22]+	禁止输入含有 ~ 的字符
[a-zA-Z0-9][-a-zA-Z0-9]{0,62}(/.[a-zA-Z0-9][-a-zA-Z0-9]{0,62})+/.?	域名
^1(3|4|5|7|8)\d{9}$	手机号码
d{18}$	身份证号（18 位数字）
[1-9][0-9]{4,}	QQ 号（从 10000 开始）
((?:(?:25[0-5]|2[0-4]\\d|[01]?\\d?\\d)\\.){3}(?:25[0-5]|2[0-4]\\d|[01]?\\d?\\d))	IP 地址
[1-9]\d{5}(?!\d)	中国邮政编码

续表

正则表达式	说明
^[a-zA-Z]\w{5,17}$	密码（以字母开头，长度范围为 ~ 18，只能包含字母、数字和下划线）
^[a-zA-Z][a-zA-Z0-9_]{4,15}$	账号是否合法（字母开头，允许 5 ~ 16 个字节，允许包含字母、数字、下划线）

9.7 动手练一练

（1）输出身份证号中的出生年月日。用字符串变量记录一个身份证号，在控制台上输出这个身份证号中的出生年月日。运行效果如图 9.3 所示。

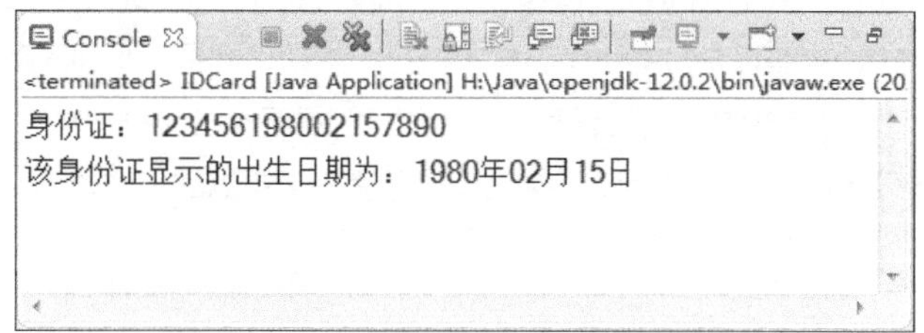

图 9.3 输出身份证号中的出生年月日

（2）实现用户的登录。某网站已注册 4 名用户，用户名和密码分别为 mrsoft 和 mingRI、mr 和 Mr1234、miss 和 MissYeah 以及 Admin 和 admin，且用户信息存储在二维数组中。在控制台分别输入用户名和密码后实现用户的登录。运行效果如图 9.4 所示。

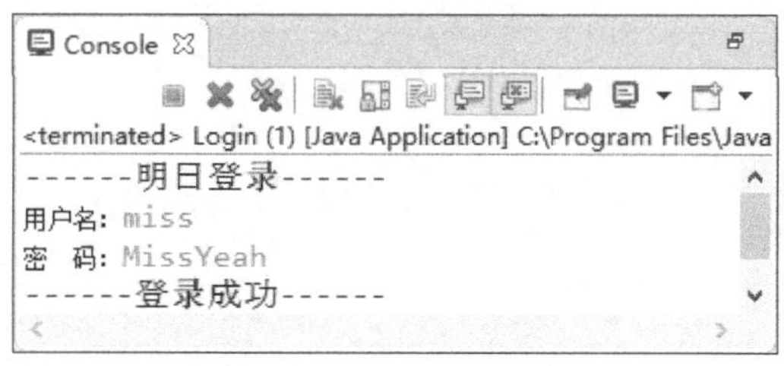

图 9.4 实现用户的登录

（3）将李四的名字从公司名单中删除。公司名单上有 5 名员工，名单的内容为“周七、张三、李四、王五、赵六”，员工李四申请离职后，请将李四的名字从公司名单中删除。运行效果如图 9.5 所示。

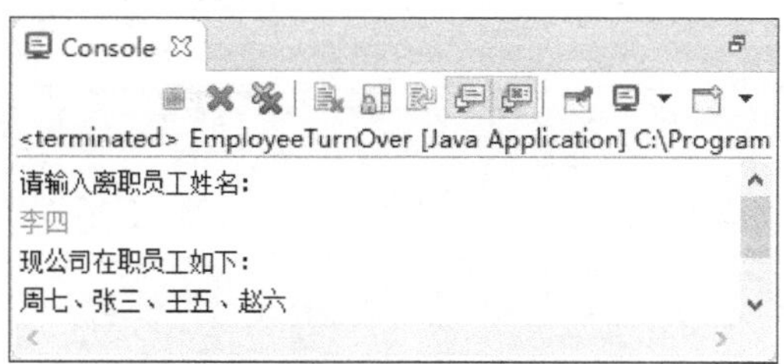

图 9.5 将李四的名字从公司名单中删除

（4）转置输出字符串。在控制台输入一个字符串，在不使用 StringBuilder 类的前提下，将此字符串转置输出，例如“百事可乐”转置后变为“乐可事百”，运行效果如图 9.6 所示。

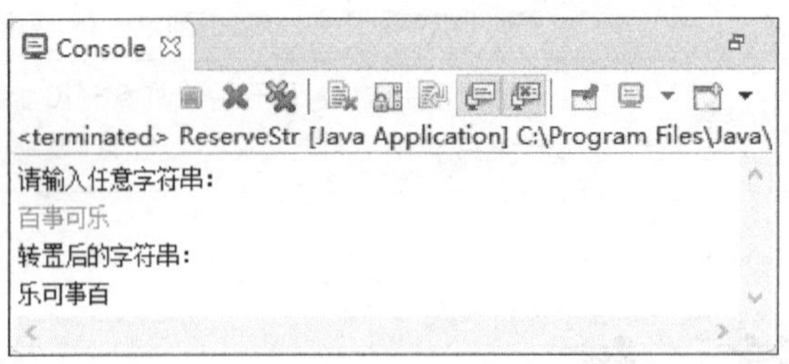

图 9.6　字符串转置输出

（5）开发自己的“简易虚拟机”。我们写的 Java 代码实际上并不是计算机真正执行的代码，Java 代码只是用来给人看的，计算机执行的实际上是字节码。Java 虚拟机把 .java 文件编译成 .class 文件的过程就是将 Java 代码翻译成字节码的过程。

按照编译转码这个思路，我们也可以开发自己的“简易虚拟机”，然后自己设计开发语言，让“简易虚拟机”把我们设计的语言编译成 Java 代码再去执行。实现“简易虚拟机”的最简单方式就是替换字符串，例如，我们设计一款纯中文的开发语言，然后用“简易虚拟机”将中文编译成可执行的 Java 代码，如图 9.7 所示。如果有这样一款“简易虚拟机”，即使不懂英语的人也能利用我们设计的开发语言编写 Java 程序。

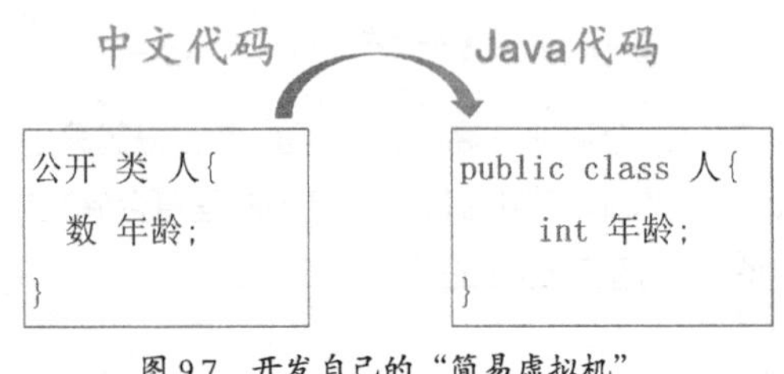

图 9.7　开发自己的“简易虚拟机”

Java 常用类

视频教学：81 分钟

为了提升 Java 程序的开发效率，Java 的类包中提供了很多常用类供开发人员使用。正所谓“术业有专攻”，常用类中主要包含可以将基本数据类型封装起来的包装类、解决常见数学问题的 Math 类、生成随机数的 Random 类，以及处理日期时间的相关类，本章将对这些 Java 中常用的类进行讲解。

10.1 包装类

Java 是一门面向对象语言，但在 Java 中不能定义基本数据类型的对象，为了能将基本数据类型视为对象进行处理，Java 提出了包装类的概念，它主要是将基本数据类型封装在包装类中，如 int 型数值的包装类 Integer、boolean 型的包装类 Boolean 等，这样便可以把这些基本数据类型转换为对象进行处理。Java 中的包装类及其对应的基本数据类型如表 10.1 所示。

表 10.1 包装类及其对应的基本数据类型

包装类	对应基本数据类型	包装类	对应基本数据类型
Byte	byte	Short	short
Integer	int	Long	long
Float	float	Double	double
Character	char	Boolean	boolean

说明

Java 是可以直接处理基本数据类型的，但在有些情况下需要将其作为对象来处理，这时就需要将其转换为包装类了，这里的包装类相当于基本数据类型与对象之间的一个桥梁。为了方便包装类和基本数据类型间的转换，Java 引入了装箱和拆箱的概念：装箱就是将基本数据类型转换为包装类，而拆箱就是将包装类转换为基本数据类型。这里只需要简单了解这两个概念即可。

10.1.1 Integer 类

扫码看视频

java.lang 包中的 Integer 类、Byte 类、Short 类和 Long 类分别将基本数据类型 int、byte、short 和 long 封装成一个类，因为这些类都是 Number 的子类，区别就是封装不同的数据类型，而其包含的方法基本相同，所以本小节以 Integer 类为例介绍整数包装类。

Integer 类在对象中包装了一个基本数据类型 int 的值，该类的对象包含一个 int 型的字段。此外，该类提供了多个方法用于 int 类型和 String 类型之间的互相转换，同时还提供了一些其他处理 int 型时非常有用的常量和方法。

1. 构造方法

Integer 类提供了两种常用构造方法，第一种构造方法的语法如下。

```
Integer (int number)
```

该方法以一个 int 型变量作为参数来获取 Integer 对象。

例如，以 int 型变量作为参数创建 Integer 对象，代码如下。

```
Integer number = new Integer(128);
Integer maxValue = new Integer(9999);
```

第二种构造方法的语法如下。

```
Integer (String str)
```

该方法以一个 String 型变量作为参数来获取 Integer 对象。

例如，以 String 型变量作为参数创建 Integer 对象，代码如下。

```
Integer number = new Integer("100");
Integer peopleCount = new Integer("200");
```

注意

如果要使用字符串变量创建 Integer 对象，那么字符串变量的值必须是 int 型字面值，否则将会抛出 NumberFormatException 异常。

【正例】123456、999、0、0002、-10、+10。

【反例】abc、123L、5_6_7、6.0、3+4。

2. 常用方法

Integer 类的常用方法如表 10.2 所示。

表 10.2　Integer 类的常用方法

方法	功能描述
Integer valueOf(String str)	返回保存指定的 String 值的 Integer 对象
int parseInt(String str)	返回包含在由 str 指定的字符串中的数字的等价整数值
String toString()	返回一个表示该 Integer 值的 String 对象（可以指定进制基数）
String toBinaryString(int i)	以二进制无符号整数形式返回一个整数参数的字符串表示形式
String toHexString(int i)	以十六进制无符号整数形式返回一个整数参数的字符串表示形式
String toOctalString(int i)	以八进制无符号整数形式返回一个整数参数的字符串表示形式
equals(Object IntegerObj)	比较此对象与指定的对象是否相等
int intValue()	以 int 型返回此 Integer 对象
short shortValue()	以 short 型返回此 Integer 对象
byte byteValue()	以 byte 型返回此 Integer 对象
int compareTo(Integer anotherInteger)	在数字上比较两个 Integer 对象。如果这两个值相等，则返回 0；如果调用对象的数值小于 anotherInteger 的数值，则返回负值；如果调用对象的数值大于 anotherInteger 的数值，则返回正值

在表 10.2 介绍的方法中，最常用的就是将表示数字的字符串转换为数字类型的 parseInt() 方法。例如，把值为“1314”的字符串转换为 int 型数值，代码如下。

```
int a = Integer.parseInt("1314");
```

注意

使用 parseInt() 方法时要注意参数字符串必须是有效的十进制数字字符串，否则会抛出 NumberFormatException 异常。

表 10.2 还介绍了一些用于进制转换的方法，例如把二进制、八进制和十六进制数转换为十进制数。下面将对这些方法予以讲解。

（1）十进制与二进制互相转换。

将二进制数转换为十进制数时需要在数字前加 0B 前缀，语法如下。

```
int a = 0B110010;                          // 变量 a 的值为十进制数 50
```

Integer 类提供的 toBinaryString() 方法可以将十进制数转换为二进制数的字符串形式，使用方法如下。

```
String s = Integer.toBinaryString(50);     // 字符串 s 的值为 110010
```

（2）十进制与八进制互相转换。

将八进制数转换为十进制数时需要在数字前加 0 前缀，语法如下。

```
int a = 010;                                        // 变量 a 的值为十进制数 8
```

Integer 类提供的 toOctalString() 方法可以将十进制数转换为八进制数的字符串形式，使用方法如下。

```
String s = Integer. toOctalString(8);        // 字符串 s 的值为 10
```

（3）十进制与十六进制互相转换。

将十六进制数转换为十进制数时需要在数字前加 0x 前缀，语法如下。

```
int a = 0x10;                                        // 变量 a 的值为十进制数 16
```

Integer 类提供的 toHexString() 方法可以将十进制数转换为十六进制数的字符串形式，使用方法如下。

```
String s = Integer. toHexString(999);        // 字符串 s 的值为 3e7
```

（4）十进制与任意进制互相转换。

Integer 类可以将十进制数与任意进制数进行互相转换，实现这个功能需要用到下面两个方法。

```
public static Integer valueOf(String s, int radix)
```

第一种方法可以将字符串 s 按照 radix 进制转换为十进制的 Integer 对象。例如，七进制数 1001 转换为十进制数的代码如下。

```
int a = Integer.valueOf("1001", 7);
```

最后 a 的值为 344。

```
public static String toString(int i, int radix)
```

第二种方法可以将十进制数 i 转换为 radix 进制数的字符串表现形式。例如，十进制数 44027 转换为三十六进制数的代码如下。

```
String s = Integer.toString(44027, 36);
```

最后 s 的值为 xyz。因为每一位的值都大于 10，所以会用字母表示。

3. 常量

Integer 类提供的常量名及其说明如表 10.3 所示。

表 10.3　Integer 类提供的常量名及其说明

常量名	说明
MAX_VALUE	表示 int 类型可取的最大值，即 $2^{31}-1$
MIN_VALUE	表示 int 类型可取的最小值，即 -2^{31}

续表

常量名	说明
SIZE	以二进制补码形式表示 int 值的位数，值为 32
TYPE	表示基本类型 int 的 Class 实例

10.1.2 Double 类

扫码看视频

Double 类和 Float 类是对 double、float 基本类型的封装，它们都是 Number 类的子类，都是对小数进行操作，所以常用方法基本相同。本小节将对 Double 类进行介绍，Float 类可以参考 Double 类的相关介绍。

Double 类在对象中包装一个基本类型为 double 的值，每个 Double 类的对象都包含一个 double 型的字段。此外，该类提供了多个方法用于 String 型与 double 型的相互转换，也提供了一些其他处理 double 型时有用的常量和方法。

1. 构造方法

Double 类提供了两种常用构造方法，第一种构造方法的语法如下。

```
Double(double value)
```

该方法基于 double 参数创建 Double 类对象。

例如，以 int 型变量作为参数创建 Double 对象，代码如下。

```
Double number = new Double(19.63);
```

第二种构造方法的语法如下。

```
Double(String str)
```

该方法以一个 String 型变量作为参数来获取 Double 对象。

例如，以 String 型变量作为参数创建 Double 对象，代码如下。

```
Double number = new Double("0.0002");
```

2. 常用方法

Double 类的常用方法如表 10.4 所示。

表 10.4 Double 类的常用方法

方法	功能描述
Double valueOf(String str)	返回保存用参数字符串 str 表示的 double 型数值的 Double 对象
double parseDouble(String s)	返回一个新的 double 值，该值被初始化为用指定 String 表示的值，这与 Double 类的 valueOf() 方法一样

续表

方法	功能描述
double doubleValue()	以 double 型返回此 Double 对象
boolean isNaN()	如果此 double 型数值是非数字（NaN）值，则返回 true；否则返回 false
int intValue()	以 int 型返回 double 型数值
byte byteValue()	以 byte 型返回 Double 对象值（通过强制转换）
long longValue()	以 long 型返回此 double 的值（通过强制转换）
int compareTo(Double d)	对两个 Double 对象进行数值比较。如果两个值相等，则返回 0；如果调用对象的数值小于 d 的数值，则返回负值；如果调用对象的数值大于 d 的值，则返回正值
boolean equals(Object obj)	将此对象与指定的对象比较
String toString()	返回此 Double 对象的字符串表示形式
String toHexString(double d)	返回 double 参数的十六进制字符串表示形式

实例10-1 Double 类一些常用方法的应用如下。（实例位置：资源包 \MR\ 源码 \10\01。）

```
Double dNum = Double.valueOf("3.14");
System.out.println("3.14 是否为非数字值: " + Double.isNaN(dNum.doubleValue()));
System.out.println("3.14 转换为 int 型数值为: " + dNum.intValue());
System.out.println(" 值为 3.14 的 Double 对象与 3.14 的比较结果: " + dNum.equals(3.14));
System.out.println("3.14 的十六进制表示为: " + Double.toHexString(dNum));
```

运行结果如下。

```
3.14 是否为非数字值: false
3.14 转换为 int 型数值为: 3
值为 3.14 的 Double 对象与 3.14 的比较结果: true
3.14 的十六进制表示为: 0x1.91eb851eb851fp1
```

3. 常量

Double 类提供的常量名及其说明如表 10.5 所示。

表 10.5　Double 类提供的常量名及其说明

常量名	说明
MAX_EXPONENT	返回 int 型数值，表示有限 double 型变量可能具有的最大指数
MIN_EXPONENT	返回 int 型数值，表示标准化 double 型变量可能具有的最小指数
NEGATIVE_INFINITY	返回 double 型数值，表示保存 double 型的负无穷大值的常量
POSITIVE_INFINITY	返回 double 型数值，表示保存 double 型的正无穷大值的常量

10.1.3 Boolean 类

Boolean 类将基本类型为 boolean 的值包装在一个对象中。一个 Boolean 类的对象只包含一个类型为 boolean 的字段。此外，此类为 boolean 和 String 的相互转换提供了许多方法，还提供了处理 boolean 型时非常有用的一些其他常量和方法。

1. 构造方法

Boolean 类提供了两种常用的构造方法，第一种构造方法的语法如下。

```
Boolean(boolean value)
```

该方法创建一个表示 value 参数的 Boolean 对象。

例如，创建一个表示 value 参数的 Boolean 对象，代码如下。

```
Boolean b1 = new Boolean(true);
Boolean b2 = new Boolean(false);
```

第二种构造方法的语法如下。

```
Boolean(String str)
```

该方法以 String 变量作为参数创建 Boolean 对象。如果 String 参数不为 null 且在忽略大小写时等于 true，则分配一个表示 true 值的 Boolean 对象，否则分配一个表示 false 值的 Boolean 对象。

例如，以 String 变量作为参数创建 Boolean 对象，代码如下。

```
Boolean bool1 = new Boolean("true");
Boolean bool2 = new Boolean("false");
Boolean bool3 = new Boolean("ok");
```

2. 常用方法

Boolean 类的常用方法如表 10.6 所示。

表 10.6　Boolean 类的常用方法

方法	功能描述
boolean booleanValue()	将 Boolean 对象的值以对应的 boolean 型数值返回
boolean equals(Object obj)	判断调用该方法的对象与 obj 是否相等。当且仅当参数不是 null，而且与调用该方法的对象一样都表示同一个 boolean 型数值的 Boolean 对象时，才返回 true
boolean parseBoolean(String s)	将字符串参数解析为 boolean 型数值
String toString()	返回表示该 boolean 型数值的 String 对象
boolean valueOf(String s)	返回一个用指定的字符串表示值的 boolean 型数值

实例10-2 使用不同参数创建 Boolean 对象的效果如下。（实例位置：资源包 \MR\ 源码 \10\02。）

```
Boolean b1 = new Boolean(true);
Boolean b2 = new Boolean("ok");
System.out.println("b1: " + b1.booleanValue());
System.out.println("b2: " + b2.booleanValue());
```

运行结果如下。

```
b1: true
b2: false
```

3. 常量

Boolean 类提供的常量名及其说明如表 10.7 所示。

表 10.7　Boolean 类提供的常量名及其说明

常量名	说明
TRUE	对应基值 true 的 Boolean 对象
FALSE	对应基值 false 的 Boolean 对象
TYPE	基本类型 boolean 的 Class 对象

10.1.4　Character 类

扫码看视频

Character 类在对象中包装一个基本类型为 char 的值，该类提供了多种方法用于确定字符的类别（小写字母、数字等），并可以很方便地将字符从大写转换成小写，反之亦然。

1. 构造方法

Character 类的构造方法的语法如下。

```
Character(char value)
```

该类的构造方法的参数必须是一个 char 型的数据。该构造方法可以将一个 char 型数据包装成一个 Character 类对象。一旦 Character 类被创建，它包含的数值就不能改变了。

例如，以 char 型变量作为参数创建 Character 对象，代码如下。

```
Character c1 = new Character('k');
Character c2 = new Character('3');
Character c3 = new Character('\n');
```

2. 常用方法

Character 类提供了很多方法来完成对字符的操作，常用的方法如表 10.8 所示。

表 10.8 Character 类的常用方法

方法	功能描述
char charvalue()	返回此 Character 对象的值
int compareTo(Character anotherCharacter)	根据数字比较两个 Character 对象，若这两个对象相等则返回 0
Boolean equals(Object obj)	将调用该方法的对象与指定的对象相比较
char toUpperCase(char ch)	将字符参数转换为大写
char toLowerCase(char ch)	将字符参数转换为小写
String toString()	返回一个表示指定 char 型数值的 String 对象
char charValue()	返回此 Character 对象的值
boolean isUpperCase(char ch)	判断指定字符是否是大写英文字符
boolean isLowerCase(char ch)	判断指定字符是否是小写英文字符
boolean isLetter(char ch)	判断指定字符是否为字母
boolean isDigit(char ch)	判断指定字符是否为数字

实例10-3 isUpperCase() 方法可以判断字符是否是大写英文字符，toLowerCase() 方法可以将大写英文字符转换为小写，这两个方法的使用如下。（实例位置：资源包 \MR\ 源码 \10\03。）

```
Character mychar1 = new Character('A');
if (Character.isUpperCase(mychar1)) {                    // 判断是否为大写字母
    System.out.println(mychar1 + "是大写字母 ");
    System.out.println(“转换为小写字母的结果： " + Character.toLowerCase(mychar1));
}
```

上述代码的运行结果如下。

```
A是大写字母
转换为小写字母的结果： a
```

实例10-4 isLowerCase() 方法可以判断字符是否是小写英文字符，toUpperCase() 方法可以将小写英文字符转换为大写，这两个方法的使用如下。（实例位置：资源包 \MR\ 源码 \10\04。）

```
Character mychar2 = new Character('a');
if (Character.isLowerCase(mychar2)) {                    // 判断是否为小写字母
    System.out.println(mychar2 + "是小写字母");
    System.out.println(" 转换为大写字母的结果： " + Character.toUpperCase(mychar2));
}
```

上述代码的运行结果如下。

```
a是小写字母
转换为大写字母的结果：  A
```

如果要判断某个字符是否为 '0' ~ '9' 中的某个数字，那么需要借助 Character 类提供的 isDigit(char ch) 方法予以实现。

例如，使用 isDigit(char ch) 方法分别判断 0、'0'、'a' 和 56 否为 '0'~'9' 中的某个数字，代码如下。

```
System.out.println(Character.isDigit(0));       // Unicode 码中的空字符
System.out.println(Character.isDigit('0'));     // 数字 0
System.out.println(Character.isDigit('a'));     // 字符 a
System.out.println(Character.isDigit(56));      // Unicode 码中的字符 '8'
```

上述代码的运行结果如下。

```
false
true
false
true
```

此外，Character 类还提供了用于判断某个字符是否为英文字母的 isLetter(char ch) 方法。

例如，使用 isLetter(char ch) 方法分别判断 '?'、'\n'、'a'、'A' 和 69 是否为英文字母，代码如下。

```
System.out.println(Character.isLetter('?'));    // 字符问号
System.out.println(Character.isLetter('\n'));   // 换行符
System.out.println(Character.isLetter('a'));    // 字符 a
System.out.println(Character.isLetter('A'));    // 字符 A
System.out.println(Character.isLetter(69));     // Unicode 码中的字符 'E'
```

上述代码的运行结果如下。

```
false
false
true
true
true
```

10.1.5 Number 类

扫码看视频

前面介绍了 Java 中的包装类，对于数值型的包装类，它们有一个共同的父类——Number 类。该类是一个抽象类，它是 Byte、Integer、Short、Long、Float 和 Double 类的父类，其子类必须提供将表示的数值转换为 byte、int、short、long、float 和 double 型数值的方法。例如，doubleValue() 方法返回双精度值，floatValue() 方法返回浮点值，这些方法如表 10.9 所示。

表 10.9 数值型包装类的共有方法

方法	功能描述
byte byteValue()	以 byte 型返回指定的数值
int intValue()	以 int 型返回指定的数值
float floatValue()	以 float 型返回指定的数值
short shortValue()	以 short 型返回指定的数值
long longValue()	以 long 型返回指定的数值
double doubleValue()	以 double 型返回指定的数值

Number 类的方法分别被 Number 的各子类所实现，也就是说，在 Number 类的所有子类中都包含以上这几种方法。

10.2 Math 类

扫码看视频

在前面的章节中，我们已经学习过“+”“-”“*”“/”“%”等基本算术运算符，使用它们可以进行基本的数学运算。但是，如果碰到了一些复杂的数学运算，该怎么办呢？ Java 中提供了一个执行数学基本运算的 Math 类。该类包括常用的数学运算方法，如三角函数方法、指数函数方法、对数函数方法、平方根函数方法等，除此之外，还提供了一些常用的数学常量，如 PI、E 等。本节将介绍 Math 类以及其中的一些常用方法。

10.2.1 Math 类概述

Math 类表示数学类，它位于 java.lang 包中，由系统默认调用。该类中提供了众多数学函数方法，主要包括三角函数方法、指数函数方法、取整函数方法、取最大值函数方法、取最小值函数方法以及取绝对值函数方法，这些方法都被定义为 static 形式，因此在程序中可以直接通过类名进行调用，使用形式如下。

```
Math.数学方法
```

在 Math 类中除了函数方法之外，还存在一些常用的数学常量，如 PI、E 等。这些数学常量作为 Math 类的成员变量出现，调用起来也很简单，可以使用如下形式调用。

```
Math.PI                    //表示圆周率的值
Math.E                     //表示自然对数底数 e 的值
```

例如，下面的代码用来分别输出 PI 和 E 的值，代码如下。

```
System.out.println(" 圆周率 π 的值为: " + Math.PI);
System.out.println(" 自然对数底数 e 的值为: " + Math.E);
```

上面代码的输出结果如下。

```
圆周率 π 的值为: 3.141592653589793
自然对数底数 e 的值为: 2.718281828459045
```

10.2.2 常用数学运算方法

Math 类中的常用数学运算方法较多，大致可以将其分为四大类别，分别为三角函数方法，指数函数方法，取整函数方法，以及取最大值、最小值和绝对值函数方法，下面分别进行介绍。

1. 三角函数方法

Math 类中包含的三角函数方法如表 10.10 所示。

表 10.10 Math 类中的三角函数方法

方法	功能描述
double sin(double a)	返回角的三角正弦
double cos(double a)	返回角的三角余弦
double tan(double a)	返回角的三角正切
double asin(double a)	返回一个值的反正弦
double acos(double a)	返回一个值的反余弦
double atan(double a)	返回一个值的反正切
double toRadians(double angdeg)	将角度转换为弧度
double toDegrees(double angrad)	将弧度转换为角度

以上每个方法的参数和返回值都是 double 型，这样设置是有一定道理的，参数以弧度代替角度来实现，其中 1° 等于 π/180 弧度，所以 180° 可以使用 π 弧度来表示。除了可以获取角的正弦、余弦、正切、反正弦、反余弦、反正切之外，Math 类还提供了角度和弧度相互转换的方法 toRadians() 和 toDegrees()。但需要注意的是，角度与弧度的转换通常是不精确的。

实例10-5 Math 提供的三角函数的使用方法如下。（实例位置：资源包 \MR\ 源码 \10\05。）

```
public class TrigonometricFunction {
  public static void main(String[] args) {
     // 取 90° 的正弦
     System.out.println("90 度的正弦值: " + Math.sin(Math.PI / 2));
     System.out.println("0 度的余弦值: " + Math.cos(0)); // 取 0° 的余弦
```

```
        // 取 60° 的正切
        System.out.println("60 度的正切值: " + Math.tan(Math.PI / 3));
        // 取 2 的平方根与 2 商的反正弦
        System.out.println("2 的平方根与 2 商的反正弦值: " + Math.asin(Math.sqrt(2) / 2));
        // 取 2 的平方根与 2 商的反余弦
        System.out.println("2 的平方根与 2 商的反余弦值: " + Math.acos(Math.sqrt(2) / 2));
        System.out.println("1 的反正切值: " + Math.atan(1));      // 取 1 的反正切
        // 取 120° 的弧度值
        System.out.println("120 度的弧度值: " + Math.toRadians(120.0));
        // 取 π/2 的角度
        System.out.println("π/2 的角度值: " + Math.toDegrees(Math.PI / 2));
    }
}
```

运行结果如下所示。

```
90 度的正弦值: 1.0
0 度的余弦值: 1.0
60 度的正切值: 1.7320508075688767
2 的平方根与 2 商的反正弦值: 0.7853981633974484
2 的平方根与 2 商的反余弦值: 0.7853981633974483
1 的反正切值: 0.7853981633974483
120 度的弧度值: 2.0943951023931953
π/2 的角度值: 90.0
```

通过运行结果可以看出，90°的正弦值为 1，0°的余弦值为 1，6°的正切值与 Math.sqrt(3) 的值应该是一致的，也就是取 3 的平方根。在结果中可以看到第 4~6 行的值是基本相同的，这个值换算后正是 45°，也就是获取的 Math.sqrt(2)/2 反正弦、反余弦值与 1 的反正切值都是 45°。最后两行输出语句实现的是角度和弧度的转换，其中 Math.toRadians(120.0) 语句是获取 120°的弧度值，而 Math. toDegrees(Math.PI/2) 语句是获取 π/2 的角度值。读者可以将这些具体的值使用 π 的形式表示出来，与上述结果应该是基本一致的，这些结果不能做到十分精确，因为 π 本身也是一个近似值。

2. 指数函数方法

Math 类中与指数相关的函数方法如表 10.11 所示。

表 10.11　Math 类中与指数相关的函数方法

方法	功能描述
double exp(double a)	用于获取 e 的 *a* 次方，即取 e^a
double double log(double a)	用于取自然对数
double double log10(double a)	用于取底数为 10 的对数

续表

方法	功能描述
double sqrt(double a)	用于取 *a* 的平方根，其中 *a* 的值不能为负值
double cbrt(double a)	用于取 *a* 的立方根
double pow(double a,double b)	用于取 *a* 的 *b* 次方

指数运算包括求方根、取对数以及求 *n* 次方的运算。为了使读者更好地理解这些指数函数方法的用法，下面举例说明。

实例10-6 Math 类提供的指数运算函数的使用方法如下。（实例位置：资源包 \MR\ 源码 \10\06。）

```
public class ExponentFunction {
    public static void main(String[] args) {
        System.out.println("e 的平方值：" + Math.exp(2));  // 取 e 的 2 次方
        // 取以 e 为底 2 的对数
        System.out.println(" 以 e 为底 2 的对数值：" + Math.log(2));
        // 取以 10 为底 2 的对数
        System.out.println(" 以 10 为底 2 的对数值：" + Math.log10(2));
        System.out.println("4 的平方根值：" + Math.sqrt(4));    // 取 4 的平方根
        System.out.println("8 的立方根值：" + Math.cbrt(8));    // 取 8 的立方根
        System.out.println("2 的 2 次方值：" + Math.pow(2, 2));  // 取 2 的 2 次方
    }
}
```

运行结果如下。

```
e 的平方值：7.38905609893065
以 e 为底 2 的对数值：0.6931471805599453
以 10 为底 2 的对数值：0.3010299956639812
4 的平方根值：2.0
8 的立方根值：2.0
2 的 2 次方值：4.0
```

3. 取整函数方法

在具体的问题中，取整操作也很普遍，所以 Java 在 Math 类中添加了数字取整方法。Math 类中常用的取整方法如表 10.12 所示。

表 10.12　Math 类中常用的取整方法

方法	功能描述
double ceil(double a)	返回大于或等于参数的最小整数
double floor(double a)	返回小于或等于参数的最大整数

续表

方法	功能描述
double rint(double a)	返回与参数最接近的整数，如果两个同为整数且同样接近，则结果取偶数
double round(float a)	将参数加上 0.5 后返回与参数最接近的整数
double round(double a)	将参数加上 0.5 后返回与参数最接近的整数，然后强制转换为长整型

下面以数 1.5 作为参数，演示使用取整方法后的返回值，在坐标轴上的表示如图 10.1 所示。

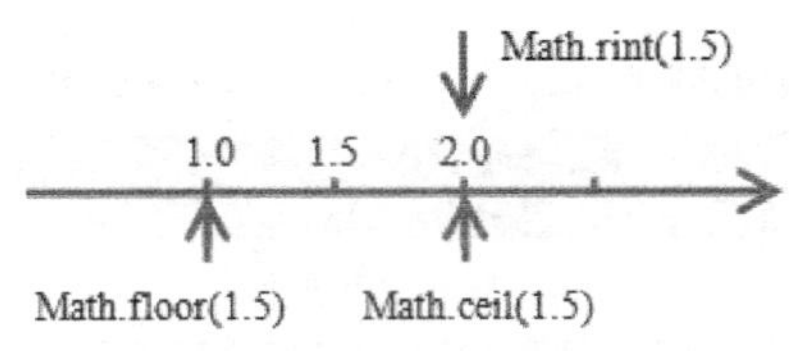

图 10.1 取整函数的返回值

注意

由于数 1.0 和数 2.0 距离数 1.5 都是 0.5 个单位长度，因此 Math.rint() 返回偶数 2.0。

实例10-7 演示这几种取整方法的取值效果，具体代码如下。（实例位置：资源包 \MR\ 源码 \10\07。）

```
public class IntFunction {
    public static void main(String[] args) {
        // 返回第一个大于或等于参数的整数
        System.out.println("使用 ceil() 方法取整：" + Math.ceil(5.2));
        // 返回第一个小于或等于参数的整数
        System.out.println("使用 floor() 方法取整：" + Math.floor(2.5));
        // 返回与参数最接近的整数
        System.out.println("使用 rint() 方法取整：" + Math.rint(2.7));
        // 返回与参数最接近的整数
        System.out.println("使用 rint() 方法取整：" + Math.rint(2.5));
        // 将参数加上 0.5 后返回最接近的整数
        System.out.println("使用 round() 方法取整：" + Math.round(3.4f));
        // 将参数加上 0.5 后返回最接近的整数，并将结果强制转换为长整型
        System.out.println("使用 round() 方法取整：" + Math.round(2.5));
    }
}
```

运行结果如下。

```
使用 ceil() 方法取整：6.0
使用 floor() 方法取整：2.0
使用 rint() 方法取整：3.0
```

```
使用 rint() 方法取整：2.0
使用 round() 方法取整：3
使用 round() 方法取整：3
```

4. 取最大值、最小值、绝对值函数方法

Math 类还有一些常用的数据操作方法，例如取最大值、最小值、绝对值函数方法等，它们的说明如表 10.13 所示。

表 10.13 Math 类中其他的常用数据操作方法

方法	功能描述
double max(double a,double b)	取 *a* 与 *b* 之间的最大值
int min(int a,int b)	取 *a* 与 *b* 之间的最小值，参数为整型
long min(long a,long b)	取 *a* 与 *b* 之间的最小值，参数为长整型
float min(float a,float b)	取 *a* 与 *b* 之间的最小值，参数为浮点型
double min(double a,double b)	取 *a* 与 *b* 之间的最小值，参数为双精度型
int abs(int a)	返回整型参数的绝对值
long abs(long a)	返回长整型参数的绝对值
float abs(float a)	返回浮点型参数的绝对值
double abs(double a)	返回双精度型参数的绝对值

实例10-8 调用 Math 类中的方法实现求两数的最大值、最小值和取绝对值运算的代码如下。（实例位置：资源包 \MR\ 源码 \10\08。）

```
public class AnyFunction {
    public static void main(String[] args) {
        System.out.println("4 和 8 较大者 :" + Math.max(4, 8));
        System.out.println("4.4 和 4 较小者: " + Math.min(4.4, 4));
        // 取两个参数的最小值
        System.out.println("-7 的绝对值: " + Math.abs(-7));  // 取参数的绝对值
    }
}
```

运行结果如下。

```
4 和 8 较大者 :8
4.4 和 4 较小者: 4.0
-7 的绝对值: 7
```

10.3 随机数

在实际开发中生成随机数的操作是很普遍的，所以在程序中生成随机数的操作很重要。Java 中主要提供了两种方法生成随机数，分别为 Math 类提供的 random() 方法和 Random 类提供的生成各种数据类型随机数的方法，下面分别进行讲解。

10.3.1 Math.random() 方法

扫码看视频

Math 类中存在一个 random() 方法，用于生成随机数字，该方法默认生成大于或等于 0.0、小于 1.0 的 double 型随机数，即 0<=Math.random()<1.0。

注意

Math.random() 的结果不会出现 1.0 这个值。

使用方法如下。

```
double d = Math.random();
```

d 的值可能是 0（包含 0）到 1 之间的任意值。

实例10-9 使用 Math.random() 方法实现一个简单的猜数字小游戏。要求：使用 Math.random() 方法生成一个 0 ~ 100 内的随机数字，然后用户输入猜测的数字，判断输入的数字是否与随机生成的数字匹配，如果不匹配，提示相应的信息；如果匹配，则表示猜中，游戏结束。具体代码如下。（实例位置：资源包 \MR\ 源码 \10\09。）

```
import java.util.Scanner;
public class NumGame {
    public static void main(String[] args) {
        System.out.println("——————猜数字游戏——————\n");
        int iNum;
        int iGuess;
        Scanner in = new Scanner(System.in);      // 创建扫描器对象，用于输入
        iNum = (int) (Math.random() * 100);      // 生成 0 ~ 100 内的随机数
        System.out.print(“请输入你猜的数字：”);
        iGuess = in.nextInt();                   // 输入首次猜测的数字
        // 判断输入的数字是否为 -1 或者基准数
        while ((iGuess != -1) && (iGuess != iNum)) {
            // 若猜测的数字小于基准数，则提示用户输入的数太小，请重新输入
            if (iGuess < iNum) {
                System.out.print(" 太小，请重新输入：");
                iGuess = in.nextInt();
```

```
            } else {  // 若猜测的数字大于基准数，则提示用户输入的数太大，请重新输入
                System.out.print("太大，请重新输入：");
                iGuess = in.nextInt();
            }
        }
        // 若最后一次输入的数字是 -1，循环结束的原因是用户选择退出游戏
        if (iGuess == -1) {
            System.out.println("退出游戏！");
        } else {    // 若最后一次输入的数字不是 -1，用户猜对数字，获得成功，游戏结束
            System.out.println("恭喜你，你赢了，猜中的数字是：" + iNum);
        }
        System.out.println("\n—————————游戏结束—————————");
    }
}
```

运行结果如图 10.2 所示。

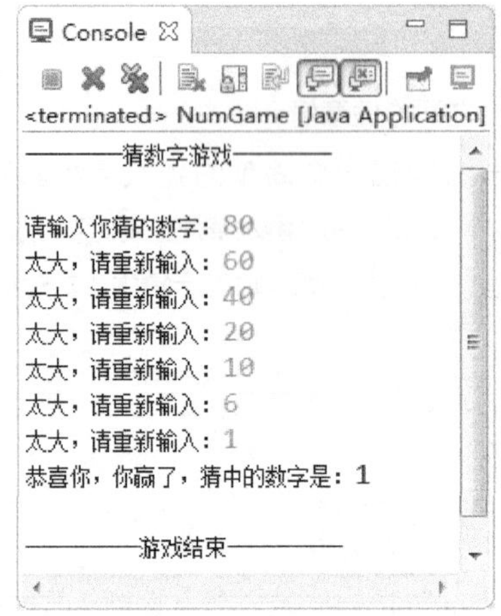

图 10.2　猜数字游戏

除了随机生成数字以外，使用 Math 类的 random() 方法还可以随机生成字符，例如可以使用下面的代码随机生成 a ~ z 内的字符。

```
(char)('a'+Math.random()*('z'-'a'+1));
```

通过上述表达式可以求出更多的随机字符，如 A~Z 内的随机字符，进而推理出求任意两个字符之间的随机字符，可以使用以下语句表示。

```
(char)(cha1+Math.random()*(cha2-cha1+1));
```

在这里可以将这个表达式设计为一个方法，参数设置为随机生成字符的上限与下限。下面举例说明。

实例10-10 在项目中创建 MathRandomChar 类，在类中编写 GetRandomChar() 方法生成随机字符，并在主方法中输出该字符，具体代码如下。（实例位置：资源包 \MR\ 源码 \10\10。）

```
public class MathRandomChar {
    // 定义获取任意字符之间的随机字符
    public static char GetRandomChar(char cha1, char cha2) {
        return (char) (cha1 + Math.random() * (cha2 - cha1 + 1));
    }
    public static void main(String[] args) {
        // 获取 a~z 内的随机字符
        System.out.println("任意小写字符" + GetRandomChar('a', 'z'));
        // 获取 A~Z 内的随机字符
        System.out.println("任意大写字符" + GetRandomChar('A', 'Z'));
        // 获取 0~9 内的随机字符
        System.out.println("0 ~ 9 任意数字字符" + GetRandomChar('0', '9'));
    }
}
```

运行结果如下。

```
任意小写字符 t
任意大写字符 W
0 ~ 9 任意数字字符 8
```

注意

Math.random() 方法返回的值实际上是伪随机数，它通过复杂的运算而得到一系列的数，该方法将当前时间作为随机数生成器的参数，所以每次执行程序都会产生不同的随机数。

10.3.2 Random 类

扫码看视频

除了 Math 类中的 random() 方法可以获取随机数之外，Java 中还提供了另外一种获取随机数的方式，那就是 java.util.Random 类。该类表示一个随机数生成器，可以通过实例化一个 Random 对象创建一个随机数生成器。语法如下。

```
Random r = new Random();
```

其中，r 是指 Random 对象。

以这种方式实例化对象时，Java 编译器会把系统当前时间作为随机数生成器的种子，因为每时每刻的时间都不相同，所以生成的随机数将不同。但是如果运行速度太快，也会生成相同的随机数。

同时也可以在实例化 Random 类对象时设置随机数生成器的种子，语法如下。

```
Random r = new Random(seedValue);
```

- r：Random 类对象。
- seedValue：随机数生成器的种子。

Random 类中提供了获取各种数据类型随机数的方法，其中的常用方法及说明如表 10.14 所示。

表 10.14　Random 类中常用的获取随机数的方法及说明

方法	功能描述
int nextInt()	返回一个随机整数
int nextInt(int n)	返回大于或等于 0 并且小于 *n* 的随机整数
long nextLong()	返回一个随机长整型值
boolean nextBoolean()	返回一个随机布尔型值
float nextFloat()	返回一个随机浮点型值
double nextDouble()	返回一个随机双精度型值
double nextGaussian()	返回一个概率密度为高斯分布的双精度值

最常用的方法是 nextInt(int n) 方法，*n* 指定了随机数的最大值。例如，生成一个 0~100 内的随机数，代码如下。

```
Random r = new Random();
int a = r.nextInt(100 + 1);
```

因为随机数不会取到 n 值，所以如果想要让生成的随机数包含 100，需要将最大值设为 100+1。

不管是 Math.random() 方法还是 Random 类提供的方法，取值的起始值都是 0，但实际开发过程中很多随机数不能从 0 开始。如果想要设置随机数的前后取值范围，需要在随机数方法之外再做一次计算。

任何一个随机数范围都可以写成复数的形式，即 $a+bi$。a 表示实部，*b*i 表示虚部，i 的取值范围为 $0 \leqslant i<1$。例如，0 ~ 99 这个取值范围可以写成 0 + (99 + 1) i。如果最小取值不是 0 而是 10，最高取值不变，范围就变成了 10 ~ 99，这个范围可以写成 10 + (99 + 1−10) i。

当 $0 \leqslant i<1$ 时，公式 10 + (99 + 1−10) i 的取值范围计算过程如下。

$0 \leqslant i<1$

$10+(99+1-10) \times 0 \leqslant 10+(99-10) \times i<10+(99+1-10) \times 1$

$10+90 \times 0 \leqslant 10+(99-10) \times i<10+90 \times 1$

$10 \leqslant 10+(99-10) \times i<100$

因为 Math.random() 的取值范围和 i 相同，所以取 *x*~*y* 内的随机数的代码可以写成如下形式。

```
x + Math.random() * (y-x)
```

注意

使用 Math.random() 方法获得的结果应该强制转换为 int 型，否则会出现小数位，例如 99.3147。

Random 类的 nextInt(int n) 方法的取值范围为 $0 \leqslant$ nextInt(int n) $<n$，根据上述公式原理，取 *x* ~

y 内的值可以写成如下形式（假设 Random 的对象为 r）。

```
x + r.nextInt(y - x)
```

10.4 日期时间类

在程序设计中，经常需要处理日期时间，Java 中提供了专门的日期时间类来完成相应的操作，本节将对 Java 中的日期时间类进行详细讲解。

10.4.1 Date 类

扫码看视频

Date 类用于表示日期时间，它位于 java.util 包中，使用此类时需要先导入此类。使用 import 语句导入的方式如下。

```
import java.util.Date;
```

直接使用完整类名创建对象的方式如下。

```
java.util.Date date;
```

在程序中使用该类表示时间时，需要使用其构造方法创建 Date 类的对象，其构造方法及说明如表 10.15 所示。

表 10.15 Date 类的构造方法及说明

构造方法	功能描述
Date()	分配 Date 对象并初始化此对象，以表示分配它的时间（精确到毫秒）
Date(long date)	分配 Date 对象并初始化此对象，以表示自标准基准时间（即 1970 年 1 月 1 日 00:00:00 GMT）以来的指定毫秒数

例如，使用 Date 类的第二种方法创建一个 Date 类的对象，代码如下。

```
long timeMillis = System.currentTimeMillis();
Date date=new Date(timeMillis);
```

上面代码中的 System 类的 currentTimeMillis() 方法主要用来获取系统当前时间距标准基准时间的毫秒数。另外需要注意的是，创建 Date 对象时使用的是 long 型整数，而不是 double 型数值，这主要是因为使用 double 型数值可能会损失精度。

使用 Date 类创建的对象表示日期和时间时，涉及最多的操作就是比较，例如比较两个人的生日，哪个较早，哪个又晚一些，或者两人的生日完全相同，其常用的方法及说明如表 10.16 所示。

表 10.16　Date 类的常用方法及说明

方法	功能描述
boolean after(Date when)	测试当前日期是否在指定的日期之后
boolean before(Date when)	测试当前日期是否在指定的日期之前
long getTime()	获取自 1970 年 1 月 1 日 00:00:00 GMT 开始到现在所表示的毫秒数
void setTime(long time)	设置当前 Date 对象所表示的日期时间值，该值用以表示 1970 年 1 月 1 日 00:00:00 GMT 以后 time 毫秒的时间点

实例10-11 获取当前日期，并输出当前日期的毫秒数，代码如下。（实例位置：资源包 \MR\ 源码 \10\11。）

```
Date date = new Date();            // 创建现在的日期
long value = date.getTime();        // 获取毫秒数
System.out.println("日期: " + date);
System.out.println("到现在所经历的毫秒数为:  " + value);
```

运行此代码后，将在控制台输出日期及自 1970 年 1 月 1 日 00:00:00 GMT 开始至今所经历的毫秒数，结果如下所示。

```
日期: Mon Oct 29 11:44:32 CST 2018
到现在所经历的毫秒数为: 1540784672921
```

说明

由于 Date 类所创建对象的时间是变化的，因此每次运行程序在控制台所输出的结果都是不一样的。

10.4.2　格式化日期

扫码看视频

如何将日期时间显示为“2016-02-29”或者“17:39:50”这样的日期时间格式呢？Java 中提供了 DateFormat 类来实现类似的功能。

DateFormat 类是日期 / 时间格式化子类的抽象类，它位于 java.text 包中，可以按照指定的格式对日期或时间进行格式化。DateFormat 类提供了很多方法，以获得基于默认或给定语言环境和多种格式化风格的默认日期 / 时间 Formatter，格式化风格主要包括 SHORT、MEDIUM、LONG 和 FULL 4 种，介绍分别如下。

- SHORT：完全为数字，如 11.13.52 或 3:30pm。
- MEDIUM：较长，如 Jan 12, 1952。
- LONG：更长，如 January 12, 1952 或 3:30:32pm。
- FULL：完全指定，如 Tuesday、April 12、1952 AD 或 3:30:42pm PST。

另外，使用 DateFormat 类还可以自定义日期时间的格式。要格式化一个当前语言环境下的日期，首先需要创建 DateFormat 类的一个对象，由于它是抽象类，因此可以使用其静态工厂方法 getDateInstance() 进行创建，语法如下。

```
DateFormat df = DateFormat.getDateInstance();
```

getDateInstance() 方法获取的是该国家 / 地区的标准日期格式。另外，DateFormat 类还提供了一些其他静态工厂方法，例如，使用 getTimeInstance() 方法可获取该国家 / 地区的时间格式，使用 getDateTimeInstance() 方法可获取日期和时间格式。

DateFormat 类的常用方法及说明如表 10.17 所示。

表 10.17　DateFormat 类的常用方法及说明

方法	功能描述
String format(Date date)	将一个 Date 格式化为日期 / 时间字符串
Calendar getCalendar()	获取与此日期 / 时间格式器相关联的日历
static DateFormat getDateInstance()	获取日期格式器，该格式器具有默认语言环境的默认格式化风格
static DateFormat getDateTimeInstance()	获取日期 / 时间格式器，该格式器具有默认语言环境的默认格式化风格
static DateFormat getInstance()	获取日期和时间格式器，该格式器具有 SHORT 格式化风格
static DateFormat getTimeInstance()	获取时间格式器，该格式器具有默认语言环境的默认格式化风格
Date parse(String source)	将字符串解析成一个日期，并返回这个日期的 Date 对象

例如，将当前日期按照 DateFormat 默认格式输出。

```
DateFormat df = DateFormat.getInstance();
System.out.println(df.format(new Date()));
```

运行结果如下。

```
18-10-24 上午 10:13
```

输出长类型格式的当前时间。

```
DateFormat df = DateFormat.getTimeInstance(DateFormat.LONG);
System.out.println(df.format(new Date()));
```

运行结果如下。

```
上午 10 时 13 分 48 秒
```

输出长类型格式的当前日期。

```
DateFormat df = DateFormat.getDateInstance(DateFormat.LONG);
System.out.println(df.format(new Date()));
```

运行结果如下。

```
2018 年 10 月 24 日
```

输出长类型格式的当前日期和时间。

```
DateFormat df = DateFormat.getDateTimeInstance(DateFormat.LONG, DateFormat.LONG);
System.out.println(df.format(new Date()));
```

运行结果如下。

```
2018 年 10 月 24 日 上午 10 时 13 分 48 秒
```

由于 DateFormat 类是一个抽象类，因此不能用 new 关键字创建实例对象。除了可以使用 getXXXInstance() 方法创建其对象外，还可以使用其子类，例如 SimpleDateFormat 类。该类是一个以与语言环境相关的方式来格式化和分析日期的具体类，它允许进行格式化（日期→文本）、分析（文本→日期）和规范化。

SimpleDateFormat 类提供了 19 个格式化字符，让开发者可以随意编写日期格式，这 19 个格式化字符如表 10.18 所示。

表 10.18　SimpleDateFormat 的格式化字符

字母	日期或时间元素	表示	示例
G	Era 标志符	Text	AD
y	年	Year	1996; 96
M	年中的月份	Month	July; Jul; 07
w	年中的周数	Number	27
W	月份中的周数	Number	2
D	年中的天数	Number	189
d	月份中的天数	Number	10
F	月份中的星期	Number	2
E	星期中的天数	Text	Tuesday; Tue
a	am/pm 标记	Text	PM
H	一天中的小时数（0 ~ 23）	Number	0
k	一天中的小时数（1 ~ 24）	Number	24
K	am/pm 中的小时数（0 ~ 11）	Number	0
h	am/pm 中的小时数（1 ~ 12）	Number	12
m	小时中的分钟数	Number	30

续表

字母	日期或时间元素	表示	示例
s	分钟中的秒数	Number	55
S	毫秒数	Number	978
z	时区	General time zone	Pacific Standard Time; PST; GMT-08:00
Z	时区	RFC 822 time zone	-800

通常这些字符出现的数量会影响数字的格式，其中 yyyy 表示 4 位数的年份，如 2008；yy 表示两位数的年份，如 2008 会显示为 08；但只有一个 y 的话，会按照 yyyy 显示；如果超过 4 个 y，如 yyyyyy，会在 4 位数的年份左侧补 0，结果为 002008。

一些常用的日期、时间格式如表 10.19 所示。

表 10.19　常用的日期时间格式

日期、时间	对应的格式
2018/10/25	yyyy/MM/dd
2018.10.25	yyyy.MM.dd
2018-09-15 13:30:25	yyyy-MM-dd HH:mm:ss
2018 年 10 月 24 日 10 时 25 分 07 秒 星期三	yyyy 年 MM 月 dd 日 HH 时 mm 分 ss 秒 EE
下午 3 时	ah 时
今年已经过去了 297 天	今年已经过去了 D 天

10.4.3　Calendar 类

扫码看视频

打开 Java API 可以看到 java.util.Date 类提供的大部分方法已经过时了，因为 Date 类在设计之初没有考虑到国际化，而且很多方法也不能满足用户需求。例如，获取指定时间的年月日、时分秒信息，或者对日期时间进行加减运算等复杂的操作，Date 类已经不能胜任。所以，JDK 提供了新的时间处理类 Calendar 类。

Calendar 类是一个抽象类，它为特定瞬间与一组诸如 YEAR、MONTH、DAY_OF_MONTH、HOUR 等日历字段之间的转换提供了一些方法，并为操作日历字段（例如获得下星期的日期）提供了一些方法。另外，该类还为实现包范围外的具体日历系统提供了其他字段和方法，这些字段和方法被定义为 protected。

Calendar 类提供了一个类方法 getInstance()，用于获得此类型的一个通用的对象。Calendar 类的 getInstance() 方法会返回一个 Calendar 对象，其日历字段已由当前日期和时间初始化，其代码如下。

```
Calendar rightNow = Calendar.getInstance();
```

说明

由于 Calendar 类是一个抽象类，不能用 new 关键字创建实例对象，因此除了使用 getInstance() 方法创建其对象外，必须使用其子类创建其对象，例如 GregorianCalendar 类。

Calendar 类提供的常用字段名及其说明如表 10.20 所示。

表 10.20　Calendar 类提供的常用字段名及其说明

字段名	说明
DATE	get 和 set 的字段数字，指示一个月中的某天
DAY_OF_MONTH	get 和 set 的字段数字，指示一个月中的某天
DAY_OF_WEEK	get 和 set 的字段数字，指示一个星期中的某天
DAY_OF_WEEK_IN_MONTH	get 和 set 的字段数字，指示当前月中的第几个星期
DAY_OF_YEAR	get 和 set 的字段数字，指示当前年中的天数
HOUR	get 和 set 的字段数字，指示上午或下午的小时
HOUR_OF_DAY	get 和 set 的字段数字，指示一天中的小时
MILLISECOND	get 和 set 的字段数字，指示一秒中的毫秒
MINUTE	get 和 set 的字段数字，指示一小时中的分钟
MONTH	指示月份的 get 和 set 的字段数字，一月用 0 记录
SECOND	get 和 set 的字段数字，指示一分钟中的秒
time	日历的当前设置时间，以毫秒为单位，表示自格林威治标准时间 1970 年 1 月 1 日 0:00:00 后经过的时间
WEEK_OF_MONTH	get 和 set 的字段数字，指示当前月中的星期数
WEEK_OF_YEAR	get 和 set 的字段数字，指示当前年中的星期数
YEAR	指示年的 get 和 set 的字段数字

Calendar 类提供的常用方法如表 10.21 所示。

表 10.21　Calendar 类提供的常用方法

方法	功能描述
void add(int field, int amount)	根据日历的规则，为给定的日历字段添加或减去指定的时间量
boolean after(Object when)	判断此 Calendar 表示的时间是否在指定 Object 表示的时间之后，返回判断结果
boolean before(Object when)	判断此 Calendar 表示的时间是否在指定 Object 表示的时间之前，返回判断结果
int get(int field)	返回给定日历字段的值
static Calendar getInstance()	使用默认时区和语言环境获得一个日历
Date getTime()	返回一个表示此 Calendar 时间值的 Date 对象
long getTimeInMillis()	返回此 Calendar 的时间值，以毫秒为单位

续表

方法	功能描述
abstract void roll(int field, boolean up)	在给定的时间字段上添加或减去（上 / 下）单个时间单元，不更改更大的字段
void set(int field, int value)	将给定的日历字段设置为给定值
void set(int year, int month, int date)	设置日历字段 YEAR、MONTH 和 DAY_OF_MONTH 的值
void set(int year, int month, int date, int hourOfDay, int minute)	设置日历字段 YEAR、MONTH、DAY_OF_MONTH、HOUR_OF_DAY 和 MINUTE 的值
void set(int year, int month, int date, int hourOfDay, int minute, int second)	设置字段 YEAR、MONTH、DAY_OF_MONTH、HOUR、MINUTE 和 SECOND 的值
void setTime(Date date)	使用给定的 Date 设置此 Calendar 的时间值
void setTimeInMillis(long millis)	使用给定的 long 值设置此 Calendar 的当前时间值

说明

从上面的表格中可以看到，add() 方法和 roll() 方法都用来为给定的日历字段添加或减去指定的时间量，它们的主要区别在于：使用 add() 方法时会影响大的字段，类似数学里加法的进位或错位；而使用 roll() 方法设置的日期字段只是进行增加或减少，不会更改更大的字段。

实例10-12 Calendar 类最善于做日期和时间的计算，通过 Calendar 类提供的 add()、set() 和 get() 方法可以灵活地输出当前月份的日历，具体代码如下。（实例位置：资源包 \MR\ 源码 \10\12。）

```
import java.util.Calendar;
public class MyCalendar {
    public static void main(String[] args) {
        StringBuilder str = new StringBuilder();        // 用于记录输出内容
        Calendar c = Calendar.getInstance();            // 获取当期日历对象
        int year = c.get(Calendar.YEAR);                // 当前年
        int month = c.get(Calendar.MONTH) + 1;          // 当前月
        c.add(Calendar.MONTH, 1);                   // 向后加一个月
        c.set(Calendar.DAY_OF_MONTH, 0);            // 日期变为上个月最后一天
        int dayCount = c.get(Calendar.DAY_OF_MONTH);// 获取月份总天数
        c.set(Calendar.DAY_OF_MONTH, 1);            // 将日期设为月份第一天
        int week = c.get(Calendar.DAY_OF_WEEK);  // 获取第一天的星期数
        int day = 1;                                    // 从第一天开始
        str.append("\t\t" + year + "-" + month + "\n");    // 显示年月
        str.append(" 日 \t 一 \t 二 \t 三 \t 四 \t 五 \t 六 \n");   // 星期列
        for (int i = 1; i <= 7; i++) {   // 先输出空白日期
            if (i < week) {                         // 如果当前星期小于第一天的星期
                str.append("\t");                   // 不记录日期
```

```
            } else {
                str.append(day + "\t");                          // 记录日期
                day++;// 日期递增
            }
        }
        str.append("\n");                    // 换行
        int i = 1;                           // 7 天换一行功能用到的临时变量
        while (day <= dayCount) {            // 如果当前天数小于或等于最大天数
            str.append(day + "\t");// 记录日期
            if (i % 7 == 0) {// 如果输出到第七天
                str.append("\n");// 换行
            }
            i++;// 临时变量递增
            day++;// 天数递增
        }
        System.out.println(str);// 输出日历
    }
}
```

运行结果如图 10.3 所示。

```
Console
<terminated> MyCalendar (7) [Java Application] C:\Program Files\Java\jdk\bin\javaw.exe (2018年10月26日 上午11:21:20)
		2018-10
日	一	二	三	四	五	六
	1	2	3	4	5	6
7	8	9	10	11	12	13
14	15	16	17	18	19	20
21	22	23	24	25	26	27
28	29	30	31
```

图 10.3　输出的当前月份日历表

最后做以下几点总结。

（1）“c.set(Calendar.DAY_OF_MONTH, 0);”获取的是上个月的最后一天，所以调用前需要将月份往后加一个月。

（2）Calendar.MONTH 的第一个月是使用 0 记录的，所以在获取月份数字后要 +1。年和日是从 1 开始记录的，不需要 +1。

（3）Calendar.DAY_OF_WEEK 的第一天是周日，周一是第二天，周六是最后一天。

10.5　动手练一练

（1）解析条形码。使用 Integer 类的常用方法指出条形码“6936983800013”中的“商品的国家代码”“商品的生产厂商代码”“商品的厂内商品代码”和“校验码”，运行结果如图 10.4 所示。（提示：条形码若前 3 位大于 690 且小于 697 则表示产地为中国。）

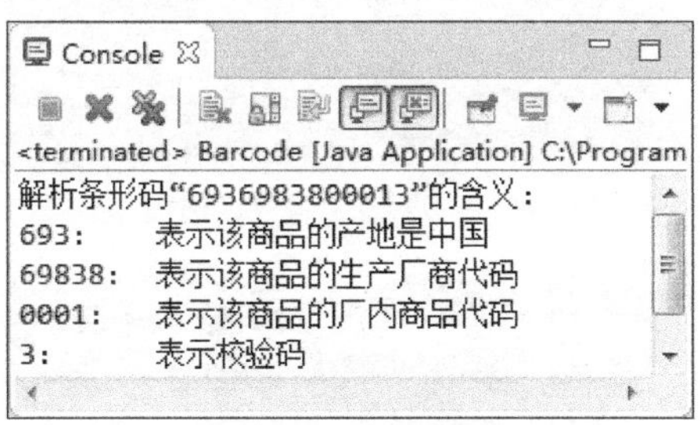

图 10.4　解析条形码

（2）加密算法。拆解一个字符串，将数字的 Unicode 码加 50、大写英文字母的 Unicode 码加 20、小写字母的 Unicode 码减 10、空白内容变成“.”字符。将字符串“Java SE Development Kit 11”进行加密，加密后的结果为“^\q\.gY.X`q`gjkh`io._do.cc”。

（3）倒计时。假设 2164 年 10 月 16 日是一个特殊的日期，请编写一个计时器计算当前日期距离 2164 年 10 月 16 日还剩多少天。

（4）寻找距离 A 地最近的地点。把 A 地设为坐标原点，B 地的坐标为（3.8，4.2），C 地的坐标为（3.2，4.5），在不计算出结果的前提下，使用 Math.min() 方法输出 B、C 哪一个地点距 A 地更近。

（5）取款。银行存、取款的原则是整存整取，当前银行的定期利率为 2.65%，当用户输入存款金额和存款年限后，待达到存款年限时，输出该用户能取回多少钱。

泛型类与集合类

视频教学：96 分钟

JDK 1.5 版本提出了泛型的概念。泛型允许在定义类、接口、方法时声明类型形参，通过类型形参在创建对象、调用方法时指定参数的数据类型。以集合为例，在没有泛型之前，集合中的元素被当作 Object 类型处理，当程序从集合中取出元素时，如果对元素进行强制类型转换，那么程序就容易出现 ClassCastExeception 异常；而使用泛型的集合可以限制集合中元素的数据类型，如果试图向集合中添加与指定数据类型不相符的元素，编译器就会报错，进而使得程序更加健壮。

集合类包括 Set 集合、List 队列和 Map 键值对。集合可以看作一个没有内存空间限制、想装多少元素就装多少元素的容器。Java 提供了许多操作集合中元素的方法，例如使用迭代器遍历集合、向集合中添加元素、删除集合中的元素和查询集合中的元素等。

11.1 泛型类

Java 语言中的参数化类型被称为泛型。以集合为例，集合可以使用泛型限制被添加元素的数据类型，如果把不符合指定数据类型的元素添加到集合内，编译器就会报错。例如，Set<String> 表示 Set 集合只能存储字符串类型的元素，如果把非字符串类型的元素添加到 Set 集合内，编译器就会报错。编译器报错的示意图如图 11.1 所示。

```
        Set<String> set = new HashSet<>();
        set.add("123");
        set.add("456");
        /*
         * 因为789的数据类型为int型，
         * 而Set<String>表明Set集合只能保存字符串类型的对象，
         * 所以编辑器会报错
         */
        set.add(789);
```

图 11.1 编译器报错的示意图

除了集合，泛型还用于定义类、接口、方法等。

11.1.1 定义泛型类

扫码看视频

定义泛型类的语法如下。

```
class 类名 <T> {
}
```

其中，T 表示泛型，是某种数据类型的替代符，在创建类对象时需要指明 T 的具体类型，否则会默认 T 为 Object 类型。

例如，定义一个带泛型的 Car 类，泛型名称为 T，为 Car 类添加 hull 属性，hull 的类型采用泛型，代码如下。

```
public class Car<T> {
    private T hull;
}
```

说明

通常泛型都是用单个大写英文字母命名的。在定义泛型类时，一般类型名称使用 T 来表示，而容器的元素使用 E 来表示。

11.1.2 泛型类的用法

扫码看视频

1. 定义泛型类时声明多个类型

定义泛型类时，可以声明多个传入参数的类型，语法如下。

```
class MutiOverClass<T1,T2> {
}
```

其中，MutiOverClass 为泛型类的类名，T1 和 T2 代表传入参数的类型，代码如下。

```
MutiOverClass<Boolean, Float> = new MutiOverClass<Boolean, Float>(true, 2.89f);
```

2. 定义泛型类时声明数组类型

定义泛型类时也可以声明数组类型。

例如，创建 Book<T> 类，在类中创建 T 类型的数组属性，在构造方法中为这个属性赋值，代码如下。

```
public class Book<T> {                // 定义带泛型的 Book<T> 类
    private T[] bookInfo;             // 数组类型形参：书籍信息
    public Book(T[] bookInfo) {       // 参数为书籍信息字符串数组
        this.bookInfo = bookInfo;
```

```
    }
}
```

在程序中给 Book 类设定泛型并传入值的方法如下。

```
String[] info = { "《Java 开发详解》", " 明日科技 ", "119.00"};
Book<String> book = new Book<String>(info);
```

3. 集合类声明元素的类型

在集合中应用泛型可以保证集合中元素的数据类型的唯一性，从而提高代码的安全性和可维护性。

例如，Set<E> 集合的泛型限定了集合中可以存放的元素类型，创建 Set 集合对象时指定类型的语法如下。

```
Set<Integer> number = new HashSet<Integer>();    // 集合中只能存放整数
```

从 JDK7 版本开始，第二个泛型可以不写，Java 虚拟机会自动判断，因此上面的代码可写为如下形式。

```
Set<Integer> number = new HashSet<>();
```

除了 Integer 类型以外，可以给 Set 设置任何类型，代码如下。

```
Set<Double> set1 = new HashSet<>();        // 集合中只能存放浮点数
Set<String> set2 = new HashSet<>();        // 集合中只能存放字符串
Set<Set> set3 = new HashSet<>();           // 集合中只能存放其他集合
Set set4 = new HashSet();  // 不使用泛型，泛型默认为 Object，集合中可以存放任何值
```

说明

基本数据类型无法作为泛型，需要使用对应的包装类类型。

List 和 Map 同样可以设置泛型，设置方法与 Set 相同。List<E> 的泛型限定了队列中可以存放的元素。Map<K,V> 有两个泛型，K 限定了键的类型，V 限定了值的类型。

11.2 集合类概述

扫码看视频

java.util 包中的集合类就像一个装有多个对象的容器，提到容器就不难想到数组，数组与集合的不同之处在于：数组的长度是固定的，而集合的长度是可变的；数组既可以存放基本类型的数据，又可以存放对象，而集合只能存放对象。集合类中最常用的是 List 队列和 Set 集合。Map 键值对虽不是集合，

但经常和集合一起使用，其中 List 队列中的 List 接口和 Set 集合中的 Set 接口都继承了 Collection 接口。List 队列和 Set 集合除提供了 List 接口和 Set 接口外，还提供了不同的实现类。List 队列、Set 集合和 Map 键值对的继承关系如图 11.2 所示。

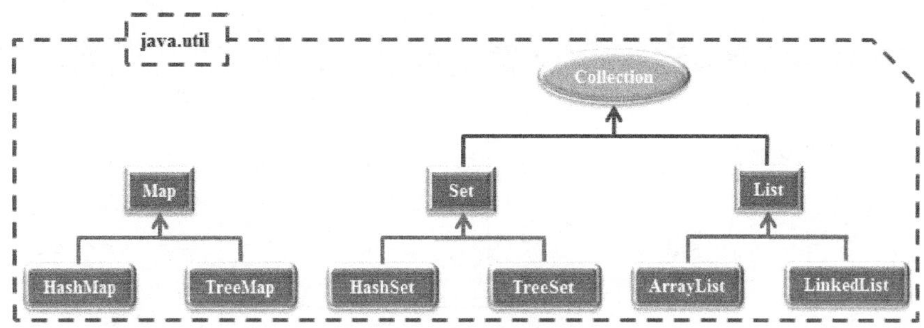

图 11.2　List 队列、Set 集合和 Map 键值对的继承关系

说明

Collection 接口虽然不能直接被使用，但提供了操作集合以及集合中元素的方法，而且 List 接口和 Set 接口都可以调用 Collection 接口中的方法。Collection 接口的常用方法如表 11.1 所示。

表 11.1　Collection 接口的常用方法

方法	功能描述
add(Object e)	将指定的对象添加到当前集合内
remove(Object o)	将指定的对象从当前集合内移除
isEmpty()	用于判断当前集合是否为空，返回 boolean 类型数值
iterator()	返回用于遍历集合内元素的迭代器对象
size()	获取当前集合中元素的个数，返回 int 型数值

11.3　Set 集合

扫码看视频

Set 集合中的元素不按特定的方式排序，只是简单地存储在 Set 集合中，但 Set 集合中的元素不能重复。

11.3.1　Set 接口

Set 接口继承了 Collection 接口。因为 Set 集合中的元素不能重复，所以在向 Set 集合中添加元素时，需要先判断新增元素是否已经存在于集合中，然后再确定是否执行添加操作。向 Set 集合中添加元素的流程图如图 11.3 所示。

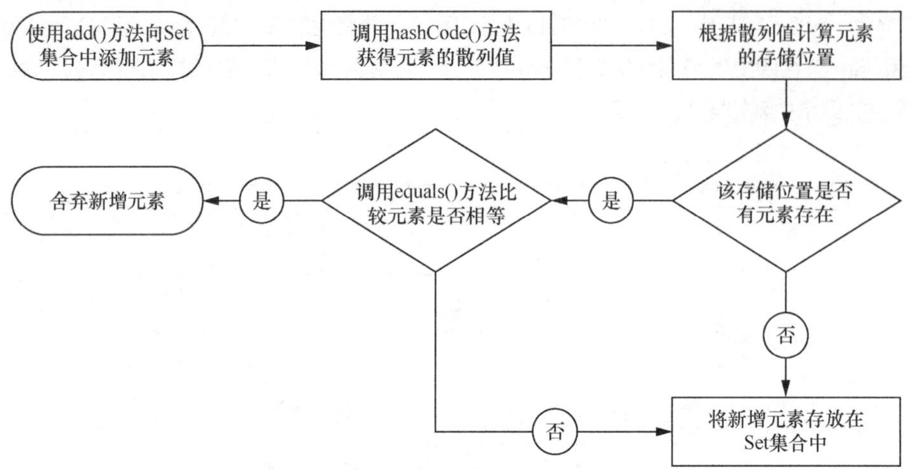

图 11.3　向 Set 集合中添加元素的流程图

11.3.2　Set 接口的实现类

Set 接口有很多实现类，最常用的是 HashSet 类和 TreeSet 类。HashSet 叫作散列集合，也叫作哈希集合，HashSet 利用散列码（也叫哈希码）排列元素的实现类可以储存 null 对象。TreeSet 叫树集合，TreeSet 不仅实现了 Set 接口，还实现了 java.util.SortedSet 接口，因此 TreeSet 通过 Comparable 比较接口自定义元素排序规则，例如升序排列、降序排列。注意，TreeSet 不可以储存 null 对象。

TreeSet 类除了可以使用 Collection 接口中的方法外，还提供了额外的操作集合中元素的方法，如表 11.2 所示。

表 11.2　TreeSet 类增加的方法

方法	功能描述
first()	返回当前 Set 集合中的第一个（最低）元素
last()	返回当前 Set 集合中的最后一个（最高）元素
comparator()	返回对当前 Set 集合中的元素进行排序的比较器。如果使用的是自然顺序，则返回 null
headSet(E toElement)	返回一个新的 Set 集合，新集合包含截止元素之前的所有元素
subSet(E fromElement, E toElement)	返回一个新的 Set 集合，新集合包含起始元素（包含）与截止元素（不包含）之间的所有元素
tailSet(E fromElement)	返回一个新的 Set 集合，新集合包含起始元素（包含）之后的所有元素

虽然 HashSet 类和 TreeSet 类都是 Set 接口的实现类，它们不允许有重复元素，但 HashSet 类在遍历集合中的元素时不关心元素之间的顺序，而 TreeSet 类则会按自然顺序（升序）遍历集合中的元素。

实例11-1 向 HashSet 集合中添加元素，并输出集合对象，查看集合中的元素值和排列顺序，代码如下。（实例位置：资源包 \MR\ 源码 \11\01。）

```
import java.util.*;
public class Demo {
```

```
    public static void main(String args[]) {
        HashSet<String> hashset = new HashSet<>(); // 散列集合
        hashset.add("零基础学 Java"); // 向集合中添加数据
        hashset.add("Java 从入门到精通 ");
        hashset.add("Java 从入门到项目实践 ");
        hashset.add("Python 从入门到项目实践 ");
        hashset.add("Android 从入门到精通 ");
        System.out.println(hashset);
    }
}
```

上述代码的运行结果如下。

```
[Java 从入门到精通 , Android 从入门到精通 , Python 从入门到项目实践 , Java 从入门到项目实践 , 零基础学 Java]
```

从这个结果中看不出元素排列的规则，因为集合使用散列算法计算出的散列码对元素进行排列。

实例11-2 把上一段代码中的 HashSet 改为 TreeSet，比较一下两者排列顺序的不同，代码如下。（实例位置：资源包 \MR\ 源码 \11\02。）

```
import java.util.*;
public class Demo {
    public static void main(String args[]) {
        TreeSet<String> treeset = new TreeSet<>(); // 树集合
        treeset.add("零基础学 Java"); // 向集合添加数据
        treeset.add("Java 从入门到精通 ");
        treeset.add("Java 从入门到项目实践 ");
        treeset.add("Python 从入门到项目实践 ");
        treeset.add("Android 从入门到精通 ");
        System.out.println(treeset);
    }
}
```

上述代码的运行结果如下。

```
[Android 从入门到精通 , Java 从入门到精通 , Java 从入门到项目实践 , Python 从入门到项目实践 , 零基础学 Java]
```

从这个结果可以看出 TreeSet 排列元素的顺序是按照字符串首字母进行的。

11.3.3 Iterator 迭代器

扫码看视频

如果想要把 Set 集合中的元素依次输出，需要用到迭代器。java.util 包中的 Iterator 接口是一个专门用于遍历集合中元素的迭代器，其常用方法如表 11.3 所示。

表 11.3　Iterator 迭代器的常用方法

方法	功能描述
hasNext()	如果仍有元素可以迭代，则返回 true
next()	返回迭代的下一个元素
remove()	从迭代器指向的 Collection 中移除迭代器返回的最后一个元素（可选操作）

注意

Iterator 迭代器中的 next() 方法的返回值类型是 Object。

使用 Iterator 迭代器时，须使用 Collection 接口中的 iterator() 方法创建一个 Iterator 对象。

实例11-3 创建 IteratorTest 类，首先在 main() 方法中创建数据类型为 String 的 List 队列对象，然后使用 add() 方法向集合中添加元素，最后使用 Iterator 迭代器遍历并输出集合中的元素，代码如下。（实例位置：资源包 \MR\ 源码 \11\03。）

```
import java.util.*; // 导入java.util包，其他实例都要添加该语句
public class IteratorTest {
    public static void main(String args[]) {
        Collection<String> co = new HashSet<>(); // 实例化集合类对象
        co.add("零基础学 Java"); // 向集合中添加数据
        co.add("Java 从入门到精通 ");
        co.add("Java 从入门到项目实践 ");
        Iterator<String> it = co.iterator(); // 获取集合的迭代器
        while (it.hasNext()) { // 判断是否有下一个元素
            String str = (String) it.next(); // 获取迭代出的元素
            System.out.println(str);
        }
    }
}
```

上述代码的运行结果如下。

```
Java 从入门到精通
Java 从入门到项目实践
零基础学 Java
```

除 Iterator 迭代器外，foreach 循环也可以自动迭代集合中的元素。虽然使用 foreach 循环的代码量要比使用 Iterator 迭代器少很多，但 foreach 循环的灵活性不如 Iterator 迭代器。

实例11-4 Iterator 迭代器示例代码可以简化为以下形式。（实例位置：资源包 \MR\ 源码 \11\04。）

```
Collection<String> co = new HashSet<>();    // 实例化集合类对象
```

```
co.add("零基础学 Java");                    // 向集合中添加数据
co.add("Java 从入门到精通 ");
co.add("Java 从入门到项目实践 ");
for(String s:co){    // foreach 循环自动迭代，循环变量类型为集合的泛型类型
    System.out.println(s);
}
```

上述代码的运行结果（与原示例的运行结果一致）如下。

```
Java 从入门到精通
Java 从入门到项目实践
零基础学 Java
```

为了实现快速向 Set 集合中添加元素，JDK9 版本为常用的集合接口新增了 of() 方法，这个方法解决了集合每添加一个元素就要调用一次 add() 方法的问题，使用方式如下。

```
Set<String> s1 = Set.of("零基础学 Java", "Java 从入门到精通 ", "Java 从入门到项目实践 ");
Set<Integer> s2 = Set.of(12, 65, 782, 999, 100, -8);
```

说明

List 接口和 Map 接口同样提供了 of() 方法。

11.4 List 队列

扫码看视频

List 队列包括 List 接口和 List 接口的所有实现类。List 队列中的元素允许重复，且集合中元素的顺序就是元素被添加时的顺序，用户可通过索引值（元素在集合中的位置）访问集合中的元素。

11.4.1 List 接口

因为 List 接口继承了 Collection 接口，所以 List 接口可以使用 Collection 接口中的所有方法。除 Collection 接口中的所有方法外，List 接口还提供了两个非常重要的方法，如表 11.4 所示。

表 11.4 List 接口提供的两个重要方法

方法	功能描述
get(int index)	获得指定索引位置上的元素
set(int index , Object obj)	将集合中指定索引位置上的对象修改为指定的对象

11.4.2 List 接口的实现类

因为 List 接口不能被实例化，所以 Java 语言为其提供了实现类，其中常用的实现类是 ArrayList 类与 LinkedList 类。

ArrayList 以数组的形式保存集合中的元素，能够根据索引位置随机且快速地访问集合中的元素。

LinkedList 以链表结构（一种数据结构）保存集合中的元素，随机访问集合中元素的性能较差，但向集合中插入元素和删除集合中的元素的性能出色。

分别使用 ArrayList 类和 LinkedList 类实例化 List 接口的语法如下。

```
List<E> list = new ArrayList<>();
List<E> list2 = new LinkedList<>();
```

其中，E 代表元素的数据类型。如果集合中的元素均为字符串类型，那么 E 为 String。

虽然 ArrayList 类和 LinkedList 类采用的数据结构不一样，但使用的方式基本一致。

实例11-5 以 ArrayList 为例，向队列中添加元素并依次输出，代码如下。（实例位置：资源包\MR\源码\11\05。）

```
import java.util.*;
public class ListTest {
    public static void main(String[] args) {
        List<String> list = new ArrayList<>();      // 创建数组队列
        list.add("零基础学 Java");                    // 向集合中添加元素
        list.add("Java 从入门到精通");
        list.add("Java 从入门到项目实践");
        list.add("Python 从入门到项目实践");
        list.add("Android 从入门到精通");

        for (int j = 0; j < list.size(); j++) {    // 循环遍历集合
            System.out.println(list.get(j));       // 获取指定索引位置的值
        }
    }
}
```

上述代码的运行结果如下。

```
零基础学 Java
Java 从入门到精通
Java 从入门到项目实践
Python 从入门到项目实践
Android 从入门到精通
```

如果想删除某个元素，将该元素的索引值作为 remove() 方法的参数即可，例如删除队列中索引值为 2 的元素，代码如下。

```
list.remove(2);
```

注意

（1）队列与数组相同，索引值也是从 0 开始。

（2）当队列删除一个元素之后，队列的长度会 -1，因此在某些情况下，使用 for 循环删除队列中的元素会出现“失准”现象，如下面这个实例。

实例11-6 下面这段代码中，程序想要先删除索引值为2的元素，再删除索引值为3的元素，错误写法如下。（实例位置：资源包 \MR\ 源码 \11\06。）

```
import java.util.*;
public class Demo {
    public static void main(String args[]) {
        List<Integer> list = new ArrayList<>();
        list.add(0);
        list.add(1);
        list.add(2);
        list.add(3);
        list.add(4);

        list.remove(2);
        list.remove(3);

        System.out.println(list);
    }
}
```

开发者想要删除的是“2”和“3”这两个数字，但程序执行的结果如下。

```
[0, 1, 3]
```

结果中删除的却是“2”和“4”这两个数字。出现“误删”的原因是第一次删除索引值为 2 的元素后，后面的元素全部向前移动一位，导致这些元素的索引值全都改变了，效果如图 11.4 所示，所以在索引值为 3 位置上的数字实际上是“4”。

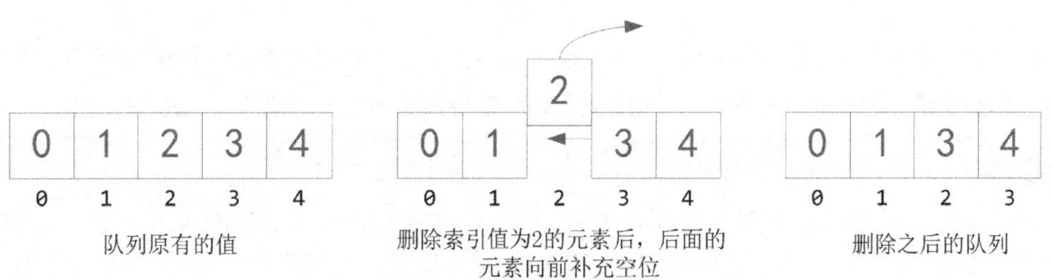

图 11.4　队里删除元素“2”之后，后面的元素会向前补位

以下两种方案可以解决这种问题。

（1）for 循环中执行 remove() 方法后，让循环变量 i 的值不变。

（2）优先删除索引值大的元素。

11.5 Map 键值对

扫码看视频

如果想使用 Java 语言存储具有映射关系的数据，那么就需要使用 Map 键值对。Map 键值对由 Map 接口和 Map 接口的实现类组成。

11.5.1 Map 接口

Map 接口虽然没有继承 Collection 接口，但提供了 key 到 value 的映射关系。Map 接口中不能包含相同的 key，并且每个 key 只能映射一个 value。Map 接口的常用方法如表 11.5 所示。

表 11.5 Map 接口的常用方法

方法	功能描述
put(Object key, Object value)	向 Map 键值对中添加 key 和 value
containsKey(Object key)	如果 Map 键值对中包含指定的 key，则返回 true
containsValue(Object value)	如果 Map 键值对中包含指定的 value，则返回 true
get(Object key)	如果 Map 键值对中包含指定的 key，则返回与 key 映射的 value，否则返回 null
keySet()	返回一个新的 Set 集合，用来存储 Map 键值对中所有的 key
values()	返回一个新的 Collection 集合，用来存储 Map 键值对中的 value

11.5.2 Map 接口的实现类

Map 接口常用的实现类有 HashMap 类和 TreeMap 类。

HashMap 类虽然能够通过散列表快速查找其内部的映射关系，但不能保证映射的顺序。在 key-value 对（键值对）中，因为 key 不能重复，所以最多只有一个 key 为 null，但可以有无数多个 value 为 null。

TreeMap 类不仅实现了 Map 接口，还实现了 java.util.SortedMap 接口。由于使用 TreeMap 类实现的 Map 键值对存储 key-value 对（键值对）时，需要根据 key 进行排序，因此 key 不能为 null。

！多学两招

建议使用 HashMap 类实现 Map 键值对，因为用 HashMap 类实现的 Map 键值对添加和删除映射关系的效率更高。但是，如果希望 Map 键值对中的元素存在一定的顺序，应该使用 TreeMap 类实现 Map 键值对。

根据不同需求可灵活选用 HashMap 类和 TreeMap 类。以效率最高的 HashMap 类为例，在 Map 中写一个简历，内容包括姓名、年龄、学历、职业和工作经验，代码如下。

```
Map<String, String> map = new HashMap<>();
map.put("姓名", "孙悟空");
map.put("年龄", "500岁");
map.put("学历", "菩提祖师培训班");
map.put("职业", "神仙");
map.put("工作经验", "种过桃，养过马，砸过凌霄殿，取过大乘经");
```

想要读取简历中的值需要调用 Map 的 get() 方法，方法参数是 Map 中的键，代码如下。

```
String value1 = map.get("姓名");      //value1 获得的值是"孙悟空"
String value2 = map.get("职业");      //value2 获得的值是"神仙"
String value3 = map.get("父母");      //value3 获得的值是 null
```

keySet() 方法可以获取 Map 中全部的 key 值，并封装成一个集合，使用方式如下。

```
Set<String> set = map.keySet();          // 构建 Map 键值对中所有 key 的 Set 集合
Iterator<String> it = set.iterator(); // 创建 Iterator 迭代器
System.out.println("key 值: ");
while (it.hasNext()) {                   // 遍历并输出 Map 键值对中的 key 值
    System.out.print(it.next() + "  ");
}
```

上述代码的运行结果如下。

```
key 值:
姓名  职业  学历  年龄  工作经验
```

values() 方法可以获取 Map 中全部的 value 值，并封装到一个 Collection 集合接口对象中，值的存放顺序与 keySet() 方法中 key 值的存放顺序一一对应，使用方式如下。

```
Collection<String> coll = map.values(); // 构建 Map 键值对中所有 value 值的集合
it = coll.iterator();
System.out.println("\nvalue 值: ");
while (it.hasNext()) { // 遍历并输出 Map 键值对中的 value 值
    System.out.print(it.next() + "  ");
}
```

上述代码的运行结果如下。

```
value 值:
孙悟空  神仙  菩提祖师培训班  500岁  种过桃，养过马，砸过凌霄殿，取过大乘经
```

11.6 动手练一练

（1）输出存款小票。赵四刚刚（通过 Date 类获取当前时间）在银行向账号为“6666 7777 8888 9996 789”的银行卡上存入“8,888.00RMB”，存入后卡上余额还有“18,888.88RMB”。现要将“银行名称”“存款时间”“户名”“卡号”“币种”“存款金额”“账户余额”等信息通过泛型类 BankList<T> 在控制台上输出。

（2）计算选手的最后得分。编写泛型类 Score<T>，在该泛型类中创建 List 集合并定义 4 个方法，分别是用来添加分数的 insertScore() 方法、用来获得最高分的 getMaxValue() 方法、用来获得最低分的 getMinValue() 方法和用来获得分数的 getScore() 方法。现有 5 位裁判为选手打分（9.2、8.8、8.5、9.0 和 8.8），去掉一个最高分和最低分后，计算该选手的最后得分。

（3）模拟账户存取款。使用 ArrayList 类模拟账户存取款，运行结果如图 11.5 所示。

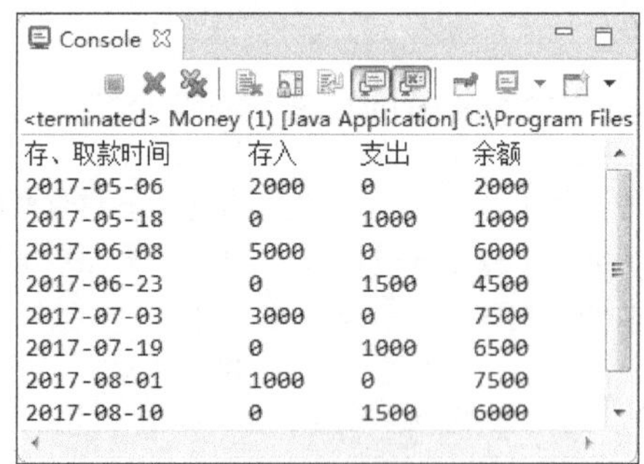

图 11.5 模拟账户存取款

（4）定制排序。使用 TreeSet 实现定制排序（降序），例如对 -5、-7、3、6、10 进行排序。

高级篇

Swing 程序设计

视频教学：184 分钟

Swing 比 AWT 更为强大、性能更加优良。Swing 中的大多数组件均为轻量级组件，使用 Swing 开发出的窗体风格会与当前操作系统（例如 Windows、Linux 等）的窗体风格保持一致。本章主要讲解 Swing 中的基本要素，包括窗体的布局、容器、常用组件、如何创建表格等内容。

12.1 Swing 概述

扫码看视频

Swing 主要用来开发 GUI 程序。GUI（Graphical User Interface）是应用程序提供给用户操作的图形界面，包括窗体、菜单、按钮等图形界面元素，例如经常使用的 QQ、360 安全卫士等均为 GUI 程序。Java 语言为 Swing 程序的开发提供了丰富的类库，这些类分别被存储在 java.awt 和 javax.swing 包中。Swing 提供了丰富的组件，在开发 Swing 程序时，这些组件被广泛地应用。

Swing 组件是完全由 Java 语言编写的组件。因为 Java 语言不依赖于本地平台（即“操作系统”），所以 Swing 组件可以应用于任何平台。基于“跨平台”这一特性，Swing 组件被称作“轻量级组件”；反之，依赖于本地平台的组件被称作“重量级组件”。

在 Swing 包的层次结构和继承关系中，比较重要的类是 Component 类（组件类）、Container 类（容器类）和 JComponent 类（Swing 组件父类）。Swing 包的层次结构和继承关系如图 12.1 所示。

图 12.1 包含了一些 Swing 组件，常用的 Swing 组件及其定义如表 12.1 所示。

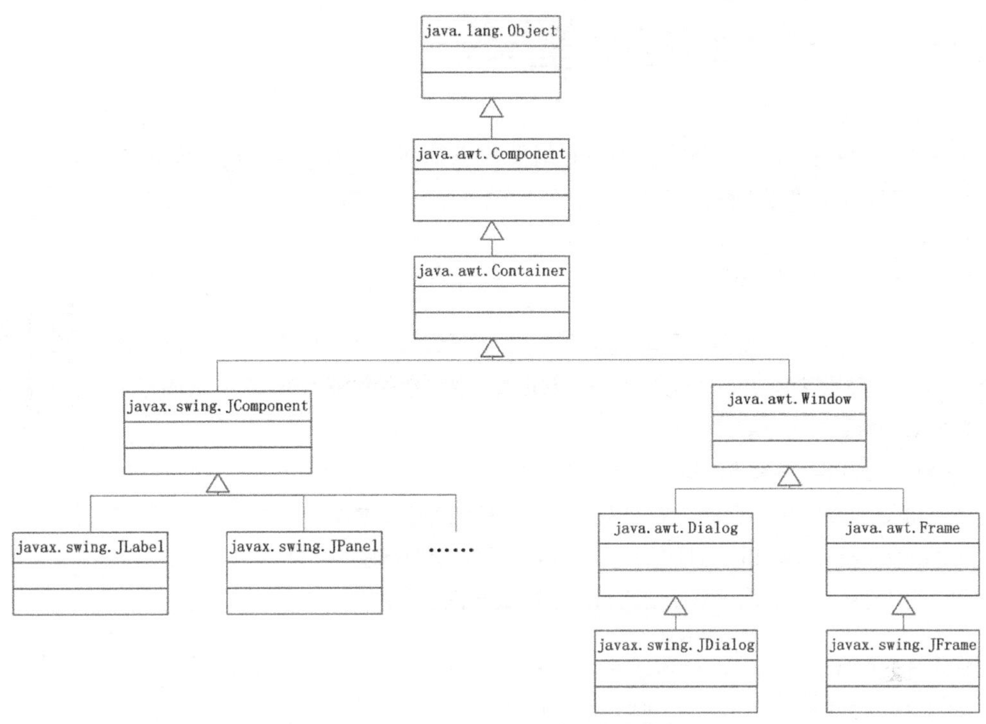

图 12.1 Swing 包的层次结构和继承关系

表 12.1 常用的 Swing 组件及其定义

组件名称	定义
JButton	代表按钮
JCheckBox	代表复选框
JComBox	代表下拉列表框
JFrame	代表窗体
JDialog	代表对话框
JLabel	代表标签
JRadioButton	代表单选按钮
JList	代表列表框
JTextField	代表文本框
JPasswordField	代表密码框
JTextArea	代表文本域
JOptionPane	代表选项面板

12.2 Swing 常用窗体

在开发 Swing 程序时，窗体是 Swing 组件的承载体。Swing 中常用的窗体包括 JFrame 和 JDialog，本节将分别予以讲解。

12.2.1 JFrame 窗体

扫码看视频

开发 Swing 程序的流程可以简单地概括为：首先通过继承 javax.swing.JFrame 类创建一个窗体，然后向这个窗体中添加组件，最后为添加的组件设置监听事件。下面将详细讲解 JFrame 窗体的使用方法。

JFrame 类的常用构造方法包括以下两种形式。

- public JFrame()：创建一个初始不可见、没有标题的窗体。
- public JFrame(String title)：创建一个不可见、具有标题的窗体。

例如，创建一个不可见、具有标题的窗体的关键代码如下。

```
JFrame jf = new JFrame(" 登录系统 ");
Container container = jf.getContentPane();
```

在创建窗体后，先调用 getContentPane() 方法将窗体转换为容器，再调用 add() 方法或者 remove() 方法向容器中添加组件或者删除容器中的组件。

向容器中添加按钮的关键代码如下。

```
JButton okBtn = new JButton(" 确定 ")
container.add(okBtn);
```

删除容器中的按钮的关键代码如下。

```
container.remove(okBtn);
```

创建窗体后，要对窗体进行设置，例如设置窗体的位置、大小、是否可见等。JFrame 类提供了相应方法实现上述设置操作，具体如下。

- setBounds(int x, int y, int width, int leight)：设置窗体左上角在屏幕中的坐标为（x, y），窗体的宽度为 width，窗体的高度为 height。
- setLocation(int x, int y)：设置窗体左上角在屏幕中的坐标为（x, y）。
- setSize(int width, int height)：设置窗体的宽度为 width，高度为 height。
- setVisible(boolean b)：设置窗体是否可见，b 为 true 时，表示可见；b 为 false 时，表示不可见。
- setDefaultCloseOperation(int operation)：设置窗体的关闭方式，默认值为 DISPOSE_ON_CLOSE。

Java 语言提供了多种窗体的关闭方式，常用的有 4 种，如表 12.2 所示。

表 12.2　JFrame 窗体关闭的几种方式

窗体关闭方式	实现功能
DO_NOTHING_ON_CLOSE	表示单击“关闭”按钮时，窗体无任何操作
DISPOSE_ON_CLOSE	表示单击“关闭”按钮时，隐藏并释放窗体
HIDE_ON_CLOSE	表示单击“关闭”按钮时，隐藏窗体
EXIT_ON_CLOSE	表示单击“关闭”按钮时，退出窗体并关闭程序

实例12-1 创建 JFrameTest 类，使之继承 JFrame 类，在 JFrameTest 类中创建一个内容为“这是一个 JFrame 窗体”的标签后，把这个标签添加到窗体中，代码如下。（实例位置：资源包 \MR\ 源码 \12\01。）

```
import java.awt.*;                                  // 导入 AWT 包
import javax.swing.*;                               // 导入 Swing 包
public class JFreamTest extends JFrame {            // 继承 JFrame 类
    public void CreateJFrame(String title) {
        JFrame jf = new JFrame(title);
        Container container = jf.getContentPane();// 获取主容器
        JLabel jl = new JLabel("这是一个 JFrame 窗体");
        jl.setHorizontalAlignment(SwingConstants.CENTER);
                                                    // 使标签上的文字居中
        container.add(jl);                          // 将标签添加到容器中
        container.setBackground(Color.white);       // 设置容器的背景颜色
        jf.setVisible(true);                        // 使窗体可见
        jf.setSize(300, 150);                       // 设置窗体大小
        jf.setDefaultCloseOperation(WindowConstants.EXIT_ON_CLOSE);
                                                    // 关闭窗体则停止程序
    }
    public static void main(String args[]) {        // 主方法
        new JFreamTest().CreateJFrame("创建一个 JFrame 窗体");
    }
}
```

说明

上面代码中使用 import 关键字导入了 java.awt.* 和 javax.swing.* 这两个包，在开发 Swing 程序时，通常都需要使用这两个包。

运行结果如图 12.2 所示。

QQ 的聊天框中有一个“向好友发送窗口抖动”的功能。所谓窗口抖动，可以理解为抖动窗体。抖动窗体实际上是一个动画效果，在一定时间内让窗体坐标有规律地变化，在视觉上看到的就是抖动效果。实现动画效果需要用到线程方面的知识，例如 Thread.sleep() 方法可以让程序休眠指定的毫秒时间。窗体每抖动一次都要休眠几十毫秒，如果不休眠，抖动频率会过快，肉眼觉察不到动画效果。

图 12.2 向窗体中添加标签

实例12-2 下面这段代码就是让一个小窗体抖动起来。（实例位置：资源包 \MR\ 源码 \12\02。）

```
import javax.swing.JFrame;
public class ShakeFrame extends JFrame {
    public ShakeFrame() {
        setBounds(200, 200, 150, 150);
        setDefaultCloseOperation(EXIT_ON_CLOSE);
        setVisible(true);
        shaking();        // 调用抖动方法，让窗体显示之后立即抖动
    }
    private void shaking() {                // 抖动方法
        int count = 10;                             // 抖动次数
        int range = 5;                              // 抖动幅度
        int vector = 1;                             // 抖动方向
        int x = getX();                             // 获取窗体横坐标
        int y = getY();                             // 获取窗体纵坐标
        for (int i = 0; i < count; i++) {           // 循环 10 次
            x += range * vector;                    // 横坐标变化
            y += range * vector;                    // 纵坐标变化
            vector *= -1;                           // 方向变化
            setLocation(x, y);                      // 重新设置窗体位置
            try {
                Thread.sleep(50);                   // 休眠 50 毫秒
            } catch (InterruptedException e) {
                e.printStackTrace();
            }
        }
    }
    public static void main(String[] args) {
        new ShakeFrame();
    }
}
```

运行之后可以立即看到窗体抖动效果。如果想再次触发抖动效果，调用该类的 shaking() 方法即可。

12.2.2 JDialog 对话框

扫码看视频

JDialog 对话框继承了 java.awt.Dialog 类，其功能是从一个窗体中弹出另一个窗体，例如使用 IE 浏览器时弹出的确定对话框。JDialog 对话框与 JFrame 窗体类似，使用时也需要先调用 getContentPane() 方法把 JDialog 对话框转换为容器，再对 JDialog 对话框进行设置。

JDialog 类常用的构造方法如下。

- public JDialog()：创建一个没有标题和父窗体的对话框。
- public JDialog(Frame f)：创建一个没有标题、但指定父窗体的对话框。
- public JDialog(Frame f, boolean model)：创建一个没有标题、但指定父窗体和模式的对话框。如果 model 为 true，那么弹出对话框之后，用户无法操作父窗体。
- public JDialog(Frame f, String title)：创建一个指定标题和父窗体的对话框。
- public JDialog(Frame f, String title, boolean model)：创建一个指定标题、父窗体和模式的对话框。

实例12-3 创建 MyJDialog 类，使之继承 JDialog 窗体，在父窗体中添加按钮，当用户单击按钮时弹出对话框，代码如下。（实例位置：资源包 \MR\ 源码 \12\03。）

```
import java.awt.*;
import java.awt.event.*;
import javax.swing.*;
class MyJDialog extends JDialog {                        // 继承 JDialog 类
    public MyJDialog(MyFrame frame) {
        // 实例化一个 JDialog 类对象，指定对话框的父窗体、窗体标题和类型
        super(frame, "第一个 JDialog 窗体", true);
        Container container = getContentPane();          // 获取主容器
        container.add(new JLabel("这是一个对话框"));      // 在容器中添加标签
        setBounds(120, 120, 100, 100); // 设置对话框窗体在桌面显示的坐标和大小
    }
}
public class MyFrame extends JFrame {    // 创建父窗体类
    public MyFrame() {
        Container container = getContentPane();          // 获取窗体主容器
        container.setLayout(null);                       // 容器使用 null 布局
        JButton bl = new JButton("弹出对话框");           // 定义一个按钮
        bl.setBounds(10, 10, 100, 21);        // 定义按钮在容器中的坐标和大小
        bl.addActionListener(new ActionListener() {      // 为按钮添加单击事件
            public void actionPerformed(ActionEvent e) {
                MyJDialog dialog = new MyJDialog(MyFrame.this);
                                                         // 创建 MyJDialog 对话框
                dialog.setVisible(true);                 // 使对话框可见
            }
        });
```

```
        container.add(bl);                              // 将按钮添加到容器中
        container.setBackground(Color.WHITE);           // 容器背景色为白色
        setSize(200, 200);                              // 窗体大小
        setDefaultCloseOperation(WindowConstants.EXIT_ON_CLOSE);
                                                        // 关闭窗体则停止程序
        setVisible(true);                               // 使窗体可见
    }
    public static void main(String args[]) {
        new MyFrame();
    }
}
```

运行结果如图 12.3 所示。

图 12.3　从父窗体中弹出对话框

在本实例中，为了使对话框从父窗体弹出，首先创建一个 JFrame 窗体，然后向父窗体中添加一个按钮，接着为按钮添加一个鼠标单击监听事件，最后通过用户单击按钮实现弹出对话框的功能。

12.3　常用布局管理器

开发 Swing 程序时，在容器中使用布局管理器能够设置窗体的布局，进而控制 Swing 组件的位置和大小。Swing 常用的布局管理器有绝对布局管理器、流布局管理器、边界布局管理器和网格布局管理器。本节将分别予以讲解。

12.3.1　绝对布局

扫码看视频

绝对布局指的是硬性指定组件在容器中的位置和大小，其中组件的位置通过绝对坐标的方式来指定。使用绝对布局的步骤如下。

（1）使用 Container.setLayout(null) 取消容器的布局管理器。

（2）使用 Component.setBounds(int x, int y, int width, int height) 设置每个组件在容器中的位置和大小。

实例12-4 创建继承 JFrame 窗体的 AbsolutePosition 类，设置布局管理器为绝对布局，在窗体中创建两个按钮组件，将按钮分别定位在不同的位置上，代码如下。（实例位置：资源包 \MR\ 源码 \12\04。）

```
import java.awt.*;
import javax.swing.*;
public class AbsolutePosition extends JFrame {
    public AbsolutePosition() {
        setTitle("本窗体使用绝对布局");          // 窗体标题
        setLayout(null);                        // 使用 null 布局
        setBounds(0, 0, 250, 150);              // 设置窗体的坐标与宽高
        Container c = getContentPane();         // 获取主容器
        JButton b1 = new JButton("按钮1"); 创建按钮
        JButton b2 = new JButton("按钮2");
        b1.setBounds(10, 30, 80, 30);           // 设置按钮的位置与大小
        b2.setBounds(60, 70, 100, 20);
        c.add(b1); // 将按钮添加到容器中
        c.add(b2);
        setVisible(true);                       // 使窗体可见

        setDefaultCloseOperation(WindowConstants.EXIT_ON_CLOSE);
                                                // 关闭窗体则停止程序
    }
    public static void main(String[] args) {
        new AbsolutePosition();
    }
}
```

运行结果如图 12.4 所示。

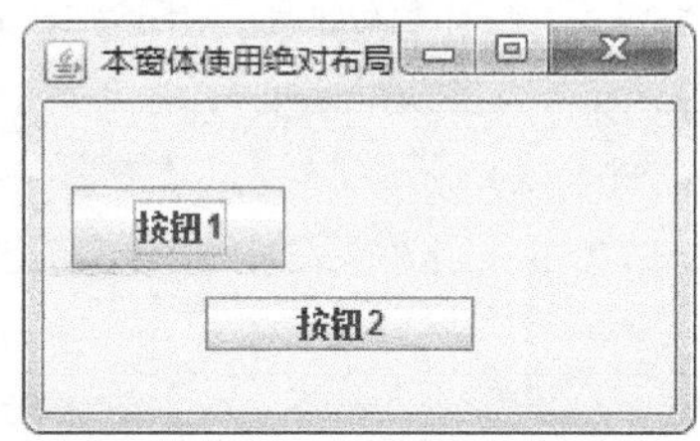

图 12.4　使用绝对布局设置两个按钮在窗体中的位置

12.3.2　流布局管理器

扫码看视频

流布局（FlowLayout）管理器是 Swing 中最基本的布局管理器。使用流布局管理器摆放组件时，组件从左到右地摆放；当组件占据了当前行的所有空间时，溢出的组件会移动到当前行的下一行。默认情况下，每一行组件的排列方式被指定为居中对齐，但是通过

设置可以更改其排列方式。

FlowLayout 类具有以下常用的构造方法。

- public FlowLayout()。
- public FlowLayout(int alignment)。
- public FlowLayout(int alignment,int horizGap,int vertGap)。

构造方法中的 alignment 参数表示使用流布局管理器时每一行组件的排列方式，该参数可以被赋予 FlowLayout.LEFT、FlowLayout.CENTER 或 FlowLayout.RIGHT，这 3 个值的详细说明如表 12.3 所示。

表 12.3　alignment 参数值及其说明

参数值	说明
FlowLayout.LEFT	每一行组件的排列方式被指定为左对齐
FlowLayout.CENTER	每一行组件的排列方式被指定为居中对齐
FlowLayout.RIGHT	每一行组件的排列方式被指定为右对齐

在 public FlowLayout(int alignment, int horizGap, int vertGap) 构造方法中，还存在 horizGap 与 vertGap 两个参数，这两个参数分别以像素为单位指定组件与组件之间的水平间隔与垂直间隔。

实例12-5 创建 FlowLayoutPosition 类，并继承 JFrame 类。设置当前窗体的布局管理器为流布局管理器，运行程序后调整窗体大小，查看流布局管理器对组件的影响，代码如下。（实例位置：资源包\MR\源码\12\05。）

```
import java.awt.*;
import javax.swing.*;
public class FlowLayoutPosition extends JFrame {
    public FlowLayoutPosition() {
        setTitle("本窗体使用流布局管理器");          // 设置窗体标题
        Container c = getContentPane();
        // 窗体使用流布局，组件右对齐，组件之间的水平间隔为 10 像素，垂直间隔为 10 像素
        setLayout(new FlowLayout(FlowLayout.RIGHT, 10, 10));
        for (int i = 0; i < 10; i++) {      // 在容器中循环添加 10 个按钮
            c.add(new JButton("button" + i));
        }
        setSize(300, 200);                  // 设置窗体大小

        setDefaultCloseOperation(WindowConstants.DISPOSE_ON_CLOSE);
                                            // 关闭窗体则停止程序
        setVisible(true);                   // 设置窗体可见
    }
    public static void main(String[] args) {
        new FlowLayoutPosition();
```

```
    }
}
```

运行结果如图 12.5 所示。使用鼠标改变窗体大小，组件的摆放位置也会相应地发生变化。

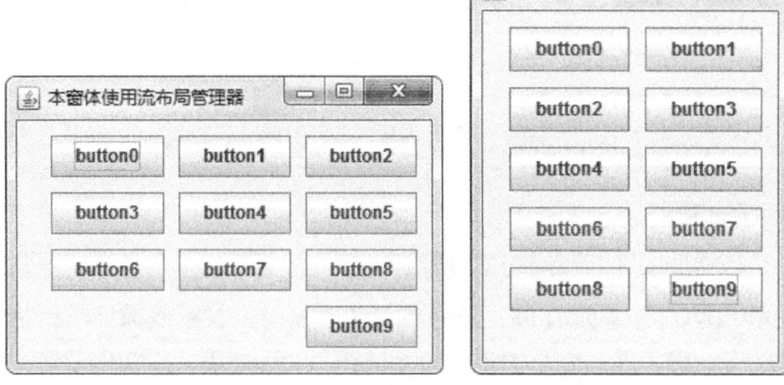

图 12.5　使用流布局管理器摆放按钮

12.3.3　边界布局管理器

使用 Swing 创建窗体后，容器默认的布局管理器是边界布局（BorderLayout）管理器。边界布局管理器把容器划分为东（EAST）、南（SOUTH）、西（WEST）、北（NORTH）、中（CENTER）5 个区域，如图 12.6 所示。

扫码看视频

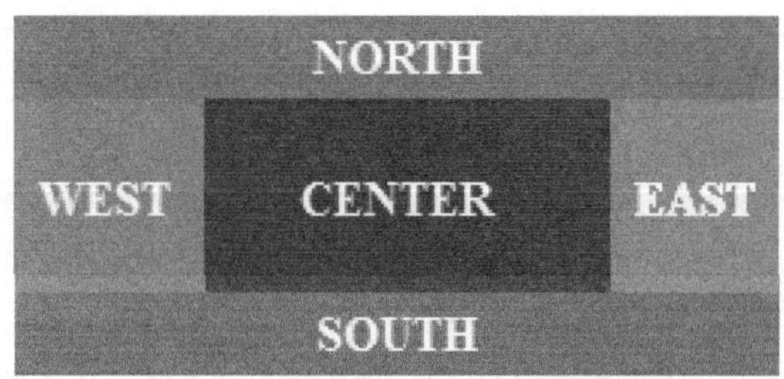

图 12.6　边界布局管理器的区域划分

当组件被添加到被设置为边界布局管理器的容器中时，需要使用 BorderLayout 类中的成员变量指定被添加的组件在边界布局管理器的区域。BorderLayout 类中的成员变量及其说明如表 12.4 所示。

表 12.4　BorderLayout 类中的成员变量及其说明

成员变量	说明
BorderLayout.NORTH	在容器中添加组件时，组件被置于北部
BorderLayout.SOUTH	在容器中添加组件时，组件被置于南部
BorderLayout.EAST	在容器中添加组件时，组件被置于东部
BorderLayout.WEST	在容器中添加组件时，组件被置于西部
BorderLayout.CENTER	在容器中添加组件时，组件被置于中部

说明

如果使用了边界布局管理器，在向容器中添加组件时，如果不指定要把组件添加到哪个区域，那么当前组件会被默认添加到 CENTER 区域；如果向同一个区域中添加多个组件，那么后放入的组件会覆盖先放入的组件。

add() 方法用于实现向容器中添加组件的功能，并设置组件的摆放位置。add() 方法常用的语法格式如下。

```
public void add(Component comp, Object constraints)
```

- comp：被添加的组件。
- constraints：被添加组件的布局约束对象。

实例12-6 创建 BorderLayoutPosition 类，并继承 JFrame 类，设置该窗体的布局管理器为边界布局管理器，分别在窗体的东、南、西、北、中添加 5 个按钮，代码如下。（实例位置：资源包 \MR\ 源码 \12\06。）

```
import java.awt.*;
import javax.swing.*;
public class BorderLayoutPosition extends JFrame {
    public BorderLayoutPosition() {
        setTitle(" 这个窗体使用边界布局管理器 ");
        Container c = getContentPane();              // 获取主容器
        setLayout(new BorderLayout());               // 设置容器使用边界布局
        JButton centerBtn = new JButton(" 中” );
        JButton northBtn = new JButton(" 北 ");
        JButton southBtn = new JButton(" 南 ");
        JButton westBtn = new JButton(" 西 ");
        JButton eastBtn = new JButton(" 东 ");
        c.add(centerBtn, BorderLayout.CENTER);       // 在中部添加按钮
        c.add(northBtn, BorderLayout.NORTH);         // 在北部添加按钮
        c.add(southBtn, BorderLayout.SOUTH);         // 在南部添加按钮
        c.add(westBtn, BorderLayout.WEST);           // 在西部添加按钮
        c.add(eastBtn, BorderLayout.EAST);           // 在东部添加按钮
        setSize(350, 200);                           // 设置窗体大小
        setVisible(true);                            // 设置窗体可见
        // 关闭窗体则停止程序
        setDefaultCloseOperation(WindowConstants.DISPOSE_ON_CLOSE);
    }
    public static void main(String[] args) {
        new BorderLayoutPosition();
    }
}
```

运行结果如图 12.7 所示。

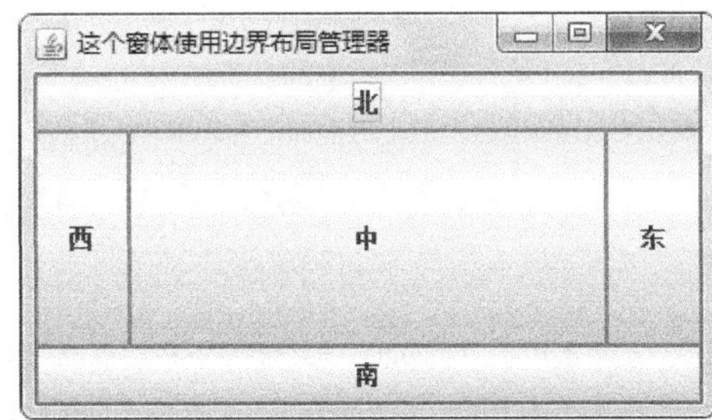

图 12.7 使用边界布局管理器摆放按钮

12.3.4 网格布局管理器

扫码看视频

网格布局（GridLayout）管理器能够把容器划分为网格，组件可以按行、列进行排列。在网格布局管理器中，网格的个数由行数和列数决定，且每个网格的大小都相同，例如一个两行两列的网格布局管理器能够产生 4 个大小相等的网格。组件从网格的左上角开始，按照从左到右、从上到下的顺序被添加到网格中，且每个组件都会填满整个网格。改变窗体大小时，组件的大小也会随之改变。

网格布局管理器主要有以下两个常用的构造方法。

- public GridLayout(int rows, int columns)。
- public GridLayout(int rows, int columns, int horizGap, int vertGap)。

其中，参数 rows 和 columns 分别代表网格的行数和列数，这两个参数只允许有一个参数为 0，用于表示一行或一列可以排列任意多个组件；参数 horizGap 和 vertGap 分别代表网格之间的水平间距和垂直间距。

实例12-7 创建 GridLayoutPosition 类，并继承 JFrame 类，设置该窗体使用网格布局管理器，实现一个 7 行 3 列的网格后，向每个网格中添加按钮组件，代码如下。（实例位置：资源包 \MR\ 源码 \12\07。）

```
import java.awt.*;
import javax.swing.*;
public class GridLayoutPosition extends JFrame {
    public GridLayoutPosition() {
        Container c = getContentPane();
    // 设置容器使用网格布局管理器，设置 7 行 3 列的网格。组件间水平间距为 5 像素，垂直间距为 5 像素
        setLayout(new GridLayout(7, 3, 5, 5));
        for (int i = 0; i < 20; i++) {
            c.add(new JButton("button" + i));    // 循环添加按钮
        }
        setSize(300, 300);
        setTitle(" 这是一个使用网格布局管理器的窗体 ");
        setVisible(true);
```

```
        setDefaultCloseOperation(WindowConstants.EXIT_ON_CLOSE);
    }
    public static void main(String[] args) {
        new GridLayoutPosition();
    }
}
```

运行结果如图 12.8 所示。当改变窗体的大小时，组件的大小也会随之改变。

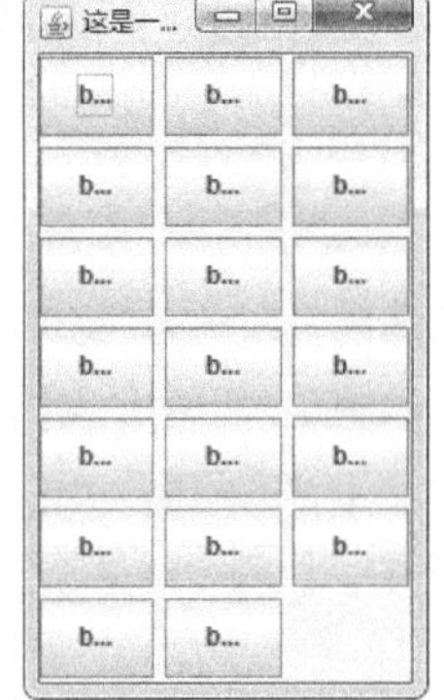

图 12.8　使用网格布局的窗体即使变形也不会改变组件排列顺序

12.4　常用面板

在 Swing 程序设计中，面板是一个容器，用于容纳其他组件，但面板也必须被添加到其他容器中。Swing 中常用的面板包括 JPanel 面板和 JScrollPane 面板。下面将分别予以讲解。

12.4.1　JPanel 面板

JPanel 面板继承 java.awt.Container 类。使用 JPanel 面板时，须依赖于 JFrame 窗体。

扫码看视频

实例12-8 创建 JPanelTest 类，并继承 JFrame 类。首先设置窗体的布局管理器为两行两列的网格布局管理器，然后创建 4 个面板，并为这 4 个面板设置不同的布局管理器，最后向每个面板中添加按钮，代码如下。（实例位置：资源包 \MR\ 源码 \12\08。）

```
import java.awt.*;
import javax.swing.*;
public class JPanelTest extends JFrame {
    public JPanelTest() {
        Container c = getContentPane();
// 将整个容器设置为 2 行 2 列的网格布局，组件水平间隔 10 像素，垂直间隔 10 像素
```

```
        c.setLayout(new GridLayout(2, 2, 10, 10));
        // 初始化一个面板，此面板使用 1 行 4 列的网格布局，组件水平间隔 10 像素，垂直间隔 10 像素
        JPanel p1 = new JPanel(new GridLayout(1, 4, 10, 10));
        // 初始化一个面板，此面板使用边界布局
        JPanel p2 = new JPanel(new BorderLayout());
        // 初始化一个面板，此面板使用 1 行 2 列的网格布局，组件水平间隔 10 像素，垂直间隔 10 像素
        JPanel p3 = new JPanel(new GridLayout(1, 2, 10, 10));
        // 初始化一个面板，此面板使用 2 行 1 列的网格布局，组件水平间隔 10 像素，垂直间隔 10 像素
        JPanel p4 = new JPanel(new GridLayout(2, 1, 10, 10));
        // 给每个面板都添加边框和标题，使用 BorderFactory 工厂类生成带标题的边框对象
        p1.setBorder(BorderFactory.createTitledBorder("面板 1"));
        p2.setBorder(BorderFactory.createTitledBorder("面板 2"));
        p3.setBorder(BorderFactory.createTitledBorder("面板 3"));
        p4.setBorder(BorderFactory.createTitledBorder("面板 4"));
        // 向面板 1 中添加按钮
        p1.add(new JButton("b1"));
        p1.add(new JButton("b1"));
        p1.add(new JButton("b1"));
        p1.add(new JButton("b1"));
        // 向面板 2 中添加按钮
        p2.add(new JButton("b2"), BorderLayout.WEST);
        p2.add(new JButton("b2"), BorderLayout.EAST);
        p2.add(new JButton("b2"), BorderLayout.NORTH);
        p2.add(new JButton("b2"), BorderLayout.SOUTH);
        p2.add(new JButton("b2"), BorderLayout.CENTER);
        // 向面板 3 中添加按钮
        p3.add(new JButton("b3"));
        p3.add(new JButton("b3"));
        // 向面板 4 中添加按钮
        p4.add(new JButton("b4"));
        p4.add(new JButton("b4"));
        // 向容器中添加面板
        c.add(p1);
        c.add(p2);
        c.add(p3);
        c.add(p4);
        setTitle("在这个窗体中使用了面板");
        setSize(500, 300);
        setVisible(true);
        setDefaultCloseOperation(WindowConstants.DISPOSE_ON_CLOSE); // 关闭动作
    }
    public static void main(String[] args) {
        new JPanelTest();
    }
}
```

运行结果如图 12.9 所示。

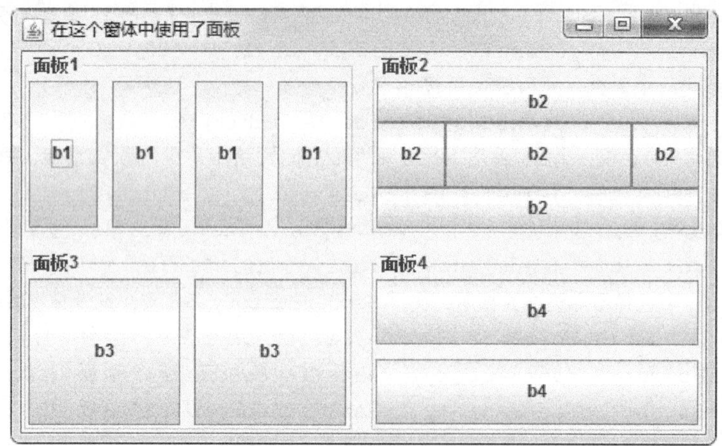

图 12.9　JPanel 面板的应用

12.4.2　JScrollPane 滚动面板

扫码看视频

JScrollPane 面板是带滚动条的面板，用于在较小的窗体中显示较大篇幅的内容。需要注意的是，JScrollPane 滚动面板不能使用布局管理器，且只能容纳一个组件。如果需要向 JScrollPane 面板中添加多个组件，那么需要先将多个组件添加到 JPanel 面板，再将 JPanel 面板添加到 JScrollPane 滚动面板。

实例12-9 创建 JScrollPaneTest 类，并继承 JFrame 类。首先初始化文本域组件，并指定文本域组件的大小；然后创建一个 JScrollPane 面板，并把文本域组件添加到 JScrollPane 面板；最后把 JScrollPane 面板添加到窗体中。代码如下。（实例位置：资源包 \MR\ 源码 \12\09。）

```
import java.awt.*;
import javax.swing.*;
public class JScrollPaneTest extends JFrame {
    public JScrollPaneTest() {
        Container c = getContentPane();                    // 获取主容器
        // 创建文本区域组件，文本域默认大小为 20 行、50 列
        JTextArea ta = new JTextArea(20, 50);
        // 创建 JScrollPane 滚动面板，并将文本域放到滚动面板中
        JScrollPane sp = new JScrollPane(ta);
        c.add(sp);                          // 将该面板添加到主容器中
        setTitle(" 带滚动条的文字编译器 ");
        setSize(200, 200);
        setVisible(true);
        setDefaultCloseOperation(WindowConstants.DISPOSE_ON_CLOSE);
    }
```

```
    public static void main(String[] args) {
        new JScrollPaneTest();
    }
}
```

运行结果如图 12.10 所示。

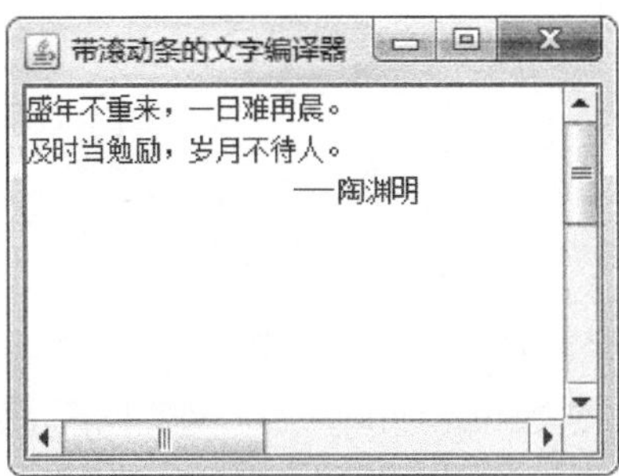

图 12.10　JScrollPane 滚动面板的应用

12.5　标签组件与图标

在 Swing 程序设计中，标签（JLabel）用于显示文本、图标等内容。在 Swing 应用程序的用户界面中，用户能够通过标签上的文本、图标等内容获得相应的提示信息。本节将对 Swing 标签的用法、如何创建标签和如何在标签上显示文本、图标等内容予以讲解。

12.5.1　JLabel 标签组件

扫码看视频

标签（JLabel）的父类是 JComponent 类。虽然标签中不能添加监听器，但是标签显示的文本、图标等内容可以指定对齐方式。

使用 JLabel 类的构造方法可以创建多种标签，例如显示只有文本的标签、只有图标的标签或包含文本和图标的标签等。JLabel 类常用的构造方法如下。

- public JLabel()：创建一个不带图标或文本的标签。
- public JLabel(Icon icon)：创建一个带图标的标签。
- public JLabel(Icon icon, int alignment)：创建一个带图标的标签，并设置图标的水平对齐方式。
- public JLabel(String text, int alignment)：创建一个带文本的标签，并设置文本的水平对齐方式。
- public JLabel(String text, Icon icon, int alignment)：创建一个带文本和图标的 JLabel 对象，并设置文本和图标的水平对齐方式。

实例12-10 向 JPanel 面板中添加一个 JLabel 标签组件，关键代码如下。（实例位置：资源包 \MR\ 源码 \12\10。）

```
JLabel labelContacts = new JLabel("联系人"); // 设置标签的文本内容
labelContacts.setForeground(new Color(0, 102, 153)); // 设置标签的字体颜色
labelContacts.setFont(new Font("宋体", Font.BOLD, 13)); // 设置标签的字体、样式、大小
labelContacts.setBounds(0, 0, 194, 28);          // 设置标签的位置及大小
panelTitle.add(labelContacts);                   // 把标签放到面板中
```

12.5.2 图标的使用

扫码看视频

在 Swing 程序设计中，图标经常被添加到标签、按钮等组件中。使用 javax.swing.ImageIcon 类可以依据现有的图片创建图标。ImageIcon 类实现了 Icon 接口，它有多个构造方法，常用的构造方法如下。

- public ImageIcon()：创建一个 ImageIcon 对象，然后使用 ImageIcon 对象调用 setImage (Image image) 方法设置图片。
- public ImageIcon(Image image)：依据现有的图片创建图标。
- public ImageIcon(URL url)：依据现有图片的路径创建图标。

实例12-11 创建 MyImageIcon 类，并继承 JFrame 类，在类中创建 ImageIcon 对象。首先使用 ImageIcon 对象依据现有的图片创建图标，然后使用 public JLabel(String text, int alignment) 构造方法创建一个 JLabel 对象，最后使用 JLabel 对象调用 setIcon() 方法为标签设置图标，代码如下。（实例位置：资源包 \MR\ 源码 \12\11。）

```
import java.awt.*;
import java.net.URL;
import javax.swing.*;
public class MyImageIcon extends JFrame {
    public MyImageIcon() {
        Container container = getContentPane();
        JLabel jl = new JLabel("这是一个 JFrame 窗体");  // 创建标签
        URL url = MyImageIcon.class.getResource("pic.png"); // 获取图片所在的 URL
        Icon icon = new ImageIcon(url);  // 获取图片的 Icon 对象
        jl.setIcon(icon);                // 为标签设置图片
        jl.setHorizontalAlignment(SwingConstants.CENTER); // 设置文字放置在标签中间
        jl.setOpaque(true);                         // 设置标签为不透明状态
        container.add(jl);                          // 将标签添加到容器中
        setSize(300, 200);                          // 设置窗体大小
```

```
        setVisible(true);                              // 使窗体可见
        setDefaultCloseOperation(WindowConstants.EXIT_ON_CLOSE); // 关闭窗体则停止程序
    }
    public static void main(String args[]) {
        new MyImageIcon();
    }
}
```

运行结果如图 12.11 所示。

图 12.11 依据现有的图片创建图标

> **注意**
>
> java.lang.Class 类中的 getResource() 方法可以获取资源文件的路径。

12.6 按钮组件

在 Swing 程序设计中，按钮是较为常见的组件，用于触发特定的动作。Swing 提供了多种按钮组件：按钮、单选按钮、复选框等。本节将分别进行讲解。

12.6.1 按钮组件

扫码看视频

Swing 按钮由 JButton 对象表示，JButton 常用的构造方法如下所示。

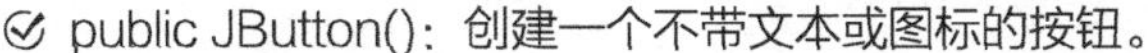

- public JButton()：创建一个不带文本或图标的按钮。
- public JButton(String text)：创建一个带文本的按钮。
- public JButton(Icon icon)：创建一个带图标的按钮。
- public JButton(String text, Icon icon)：创建一个带文本和图标的按钮。

创建 JButton 对象后，如果要对 JButton 对象进行设置，那么可以使用 JButton 类提供的方法实现。JButton 类的常用方法及其说明如表 12.5 所示。

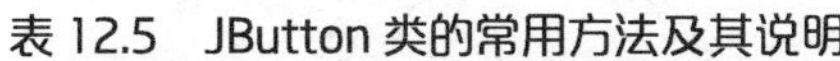

表 12.5 JButton 类的常用方法及其说明

方法	说明
setIcon(Icon defaultIcon)	设置按钮的图标
setToolTipText(String text)	为按钮设置提示文字
setBorderPainted(boolean b)	如果 b 的值为 true 且按钮有边框，那么绘制边框；borderPainted 属性的默认值为 true

续表

方法	说明
setEnabled(boolean b)	设置按钮是否可用；b 的值为 true 时，表示按钮可用；b 的值为 false 时，表示按钮不可用

实例12-12 创建 JButtonTest 类，并继承 JFrame 类，在窗体中创建按钮组件，设置按钮的图标，为按钮添加动作监听器，代码如下。（实例位置：资源包 \MR\ 源码 \12\12。）

```
import java.awt.*;
import java.awt.event.*;
import javax.swing.*;
public class JButtonTest extends JFrame {
    public JButtonTest() {
        Icon icon = new ImageIcon("src/imageButtoo.jpg");// 获取图片文件
        setLayout(new GridLayout(3, 2, 5, 5));            // 设置网格布局管理器
        Container c = getContentPane();                   // 获取主容器
        JButton btn[] = new JButton[6];                   // 创建按钮数组
        for (int i = 0; i < btn.length; i++) {
            btn[i] = new JButton();                       // 实例化数组中的对象
            c.add(btn[i]);                                // 将按钮添加到容器中
        }
        btn[0].setText(" 不可用 ");
        btn[0].setEnabled(false);                         // 设置按钮不可用
        btn[1].setText(" 有背景色 ");
        btn[1].setBackground(Color.YELLOW);
        btn[2].setText(" 无边框 ");
        btn[2].setBorderPainted(false);                   // 设置按钮边框不显示
        btn[3].setText(" 有边框 ");
        // 添加红色线型边框
        btn[3].setBorder(BorderFactory.createLineBorder(Color.RED));
        btn[4].setIcon(icon);                             // 为按钮设置图标
        btn[4].setToolTipText(" 图片按钮 ");        // 设置鼠标悬停时提示的文字
        btn[5].setText(" 可点击 ");
        btn[5].addActionListener(new ActionListener() { // 为按钮添加监听事件
            public void actionPerformed(ActionEvent e) {
                // 弹出确认对话框
          JOptionPane.showMessageDialog(JButtonTest.this, " 单击按钮 ");
            }
        });
```

```
        setDefaultCloseOperation(EXIT_ON_CLOSE);
        setVisible(true);
        setTitle("创建不同样式的按钮");
        setBounds(100, 100, 400, 200);
    }
    public static void main(String[] args) {
        new JButtonTest();
    }
}
```

运行结果如图 12.12 所示。

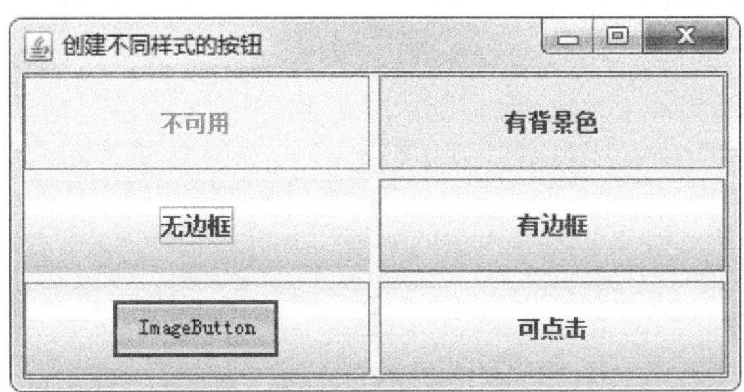

图 12.12　按钮组件的应用

12.6.2　单选按钮组件

Swing 单选按钮由 JRadioButton 对象表示。在 Swing 程序设计中，需要把多个单选按钮添加到按钮组中，当用户选中某个单选按钮时，按钮组中的其他单选按钮将不能被同时选中。

扫码看视频

1. 单选按钮

创建 JRadioButton 对象需要使用 JRadioButton 类的构造方法。JRadioButton 类常用的构造方法如下。

- public JRadioButton()：创建一个未被选中、文本未设定的单选按钮。
- public JRadioButton(Icon icon)：创建一个未被选中、文本未设定，但具有指定图标的单选按钮。
- public JRadioButton(Icon icon, boolean selected)：创建一个具有指定图标、选择状态，但文本未设定的单选按钮。
- public JRadioButton(String text)：创建一个具有指定文本，但未被选中的单选按钮。
- public JRadioButton(String text, Icon icon)：创建一个具有指定文本、指定图标，但未被选中的单选按钮。
- public JRadioButton(String text, Icon icon, boolean selected)：创建一个具有指定文本、指定图标和选择状态的单选按钮。

根据上述构造方法的相关介绍不难发现，单选按钮的图标、文本和选择状态等属性能够被同时设定。例如，使用 JRadioButton 类的构造方法创建一个文本为“选项 A”的单选按钮，关键代码如下。

```
JRadioButton rbtn = new JRadioButton( “选项 A” );
```

2. 按钮组

Swing 按钮组由 ButtonGroup 对象表示，多个单选按钮被添加到按钮组后，能够实现“选项有多个，但只能选中一个”的效果。ButtonGroup 对象被创建后，可以使用 add() 方法把多个单选按钮添加到 ButtonGroup 对象中。

例如，在应用程序窗体中定义一个单选按钮组，代码如下。

```
JRadioButton jr1 = new JRadioButton();
JRadioButton jr2 = new JRadioButton();
JRadioButton jr3 = new JRadioButton();
ButtonGroup group = new ButtonGroup();          // 按钮组
group.add(jr1);
group.add(jr2);
group.add(jr3);
```

实例12-13 创建 RadioButtonTest 类，并继承 JFrame 类。窗体中有男女两个性别可以选择，且只能选择其一，具体代码如下。（实例位置：资源包 \MR\ 源码 \12\13。）

```
import javax.swing.*;
public class RadioButtonTest extends JFrame {
    public RadioButtonTest() {
        setDefaultCloseOperation(JFrame.EXIT_ON_CLOSE);
        setTitle( “单选按钮的使用” );
        setBounds(100, 100, 240, 120);
        getContentPane().setLayout(null);                    // 设置绝对布局
        JLabel lblNewLabel = new JLabel(" 请选择性别: ");
        lblNewLabel.setBounds(5, 5, 120, 15);
        getContentPane().add(lblNewLabel);
        JRadioButton rbtnNormal = new JRadioButton(" 男 ");
        rbtnNormal.setSelected(true);
        rbtnNormal.setBounds(40, 30, 75, 22);
        getContentPane().add(rbtnNormal);
        JRadioButton rbtnPwd = new JRadioButton(" 女 ");
        rbtnPwd.setBounds(120, 30, 75, 22);
        getContentPane().add(rbtnPwd);
        /**
         * 创建按钮组，把交互面板中的单选按钮添加到按钮组中
```

```
        */
        ButtonGroup group = new ButtonGroup();
        group.add(rbtnNormal);
        group.add(rbtnPwd);
    }
    public static void main(String[] args) {
        RadioButtonTest frame = new RadioButtonTest(); // 创建窗体对象
        frame.setVisible(true);                       // 使窗体可见
    }
}
```

运行结果如图 12.13 所示。当选中某一个单选按钮时，另一个单选按钮会取消选中状态。

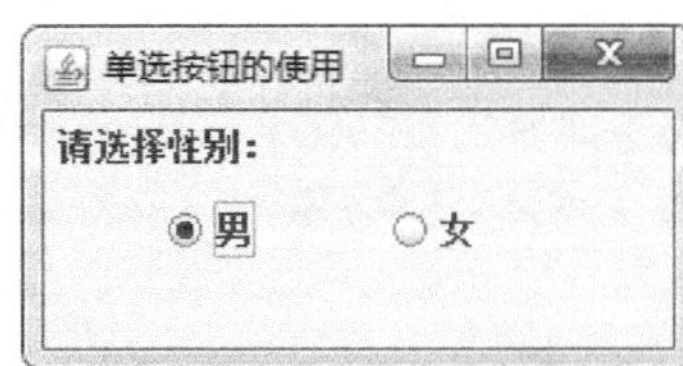

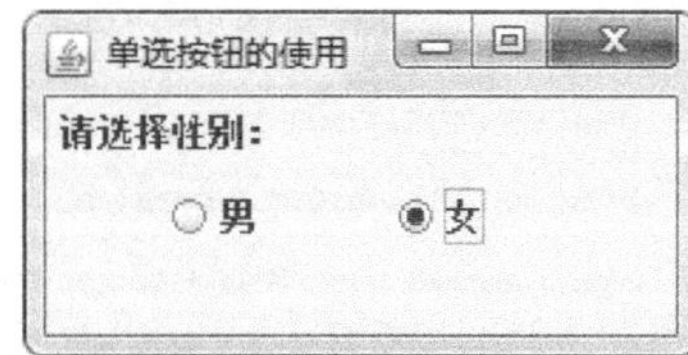

图 12.13　单选按钮组件的应用

12.6.3　复选框组件

扫码看视频

复选框组件由 JCheckBox 对象表示。与单选按钮不同的是，窗体中的复选框可以被选中多个，这是因为每一个复选框都提供“被选中”和“不被选中”两种状态。

JCheckBox 的常用构造方法如下。

- public JCheckBox()：创建一个文本、图标未被设定且默认未被选中的复选框。
- public JCheckBox(Icon icon, Boolean checked)：创建一个具有指定图标、指定初始时是否被选中，但文本未设定的复选框。
- public JCheckBox(String text, Boolean checked)：创建一个具有指定文本、指定初始时是否被选中，但图标未被设定的复选框。

实例12-14 创建 CheckBoxTest 类，并继承 JFrame 类。窗体中有 3 个复选框和一个普通按钮，当单击普通按钮时，在控制台上分别输出 3 个复选框的选中状态，代码如下。（实例位置：资源包 \MR\ 源码 \12\14。）

```
import java.awt.*;
import java.awt.event.*;
import javax.swing.*;
public class CheckBoxTest extends JFrame {
    public CheckBoxTest() {
        setVisible(true);
        setBounds(100, 100, 170, 110);                // 窗体坐标和大小
```

```
        setDefaultCloseOperation(EXIT_ON_CLOSE);
        Container c = getContentPane();                 // 获取主容器
        c.setLayout(new FlowLayout());                  // 容器使用流布局
        JCheckBox c1 = new JCheckBox("1");              // 创建复选框
        JCheckBox c2 = new JCheckBox("2");
        JCheckBox c3 = new JCheckBox("3");
        c.add(c1);                                      // 向容器添加复选框
        c.add(c2);
        c.add(c3);
        JButton btn = new JButton("打印");               // 创建打印按钮
        btn.addActionListener(new ActionListener() {  // 打印按钮动作事件
            public void actionPerformed(ActionEvent e) {
                // 在控制台分别输出 3 个复选框的选中状态
                System.out.println(c1.getText() + "按钮选中状态: " + c1.isSelected());
                System.out.println(c2.getText() + "按钮选中状态: " + c2.isSelected());
                System.out.println(c3.getText() + "按钮选中状态: " + c3.isSelected());
            }
        });
        c.add(btn);                                   // 向容器添加打印按钮
    }
    public static void main(String[] args) {
        new CheckBoxTest();
    }
}
```

运行结果如图 12.14 所示。

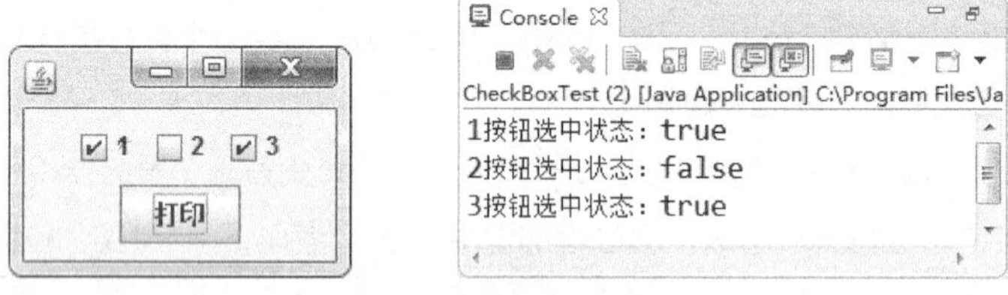

图 12.14　复选框组件的应用

12.7　列表框组件

Swing 中提供两种列表框组件，分别为下拉列表框（JComboBox）与列表框（JList）。下拉列表框与列表框都是带有一系列列表项的组件，用户可以从中选择需要的列表项。列表框较下拉列表框更直观，它将所有的列表项罗列在列表框中；但下拉列表框较列表框更为便捷、美观，它将所有的列表项隐藏起来，当用户选用其中的列表项时才会显现出来。本节将详细讲解列表框与下拉列表框的应用。

12.7.1　JComboBox 下拉列表框组件

扫码看视频

初次使用 Swing 中的下拉列表框时，会感觉到 Swing 中的下拉列表框与 Windows 操作系统中的下拉列表框有一些相似。实质上两者并不完全相同，因为 Swing 中的下拉列表框不仅可以供用户从中选择列表项，也提供编辑列表项的功能。

下拉列表框是一个条状的显示区，具有下拉功能。在下拉列表框的右侧存在一个倒三角形的按钮，当用户单击该按钮时，下拉列表框中的项目将会以列表形式显示出来。

下拉列表框组件由 JComboBox 对象表示，JComboBox 类是 javax.swing.JComponent 类的子类。JComboBox 类的常用构造方法如下。

- public JComboBox(ComboBoxModel dataModel)：创建一个 JComboBox 对象，下拉列表框中的列表项使用 ComboBoxModel 中的列表项，ComboBoxModel 是一个用于组合框的数据模型。
- public JComboBox(Object[] arrayData)：创建一个包含指定数组中的元素的 JComboBox 对象。
- public JComboBox(Vector vector)：创建一个包含指定 Vector 对象中的元素的 JComboBox 对象；Vector 对象中的元素可以通过整数索引进行访问，而且 Vector 对象中的元素可以根据需求被添加或者移除。

JComboBox 类的常用方法及其说明如表 12.6 所示。

表 12.6　JComboBox 类的常用方法及其说明

方法	说明
addItem(Object anObject)	添加列表项
getItemCount()	返回列表中的项数
getSelectedItem()	返回当前所选项
getSelectedIndex()	返回列表中与给定项匹配的第一个选项
removeItem(Object anObject)	移除列表项
setEditable(boolean aFlag)	确定 JComboBox 中的字段是否可编辑，参数设置为 true 表示可以编辑，否则不能编辑

实例12-15 创建 JComboBoxTest 类，并继承 JFrame 类，窗体中有一个包含多个列表项的下拉列表框。当单击“确定”按钮时，把被选择的列表项显示在标签上，代码如下。（实例位置：资源包 \MR\ 源码 \12\15。）

```
import java.awt.event.*;
import javax.swing.*;
```

```
public class JComboBoxTest extends JFrame {
    public JComboBoxTest() {
        setDefaultCloseOperation(JFrame.EXIT_ON_CLOSE);
        setTitle("下拉列表框的使用");
        setBounds(100, 100, 317, 147);
        getContentPane().setLayout(null);           // 设置绝对布局
        JLabel lblNewLabel = new JLabel("请选择证件：");
        lblNewLabel.setBounds(28, 14, 80, 15);
        getContentPane().add(lblNewLabel);
        JComboBox<String> comboBox = new JComboBox<String>(); // 创建一个下拉列表框
        comboBox.setBounds(110, 11, 80, 21);     // 设置坐标
        comboBox.addItem("身份证");               // 为下拉列表框添加项
        comboBox.addItem("军人证");
        comboBox.addItem("学生证");
        comboBox.addItem("工作证");
        comboBox.setEditable(true);
        getContentPane().add(comboBox);       // 将下拉列表框添加到容器中
        JLabel lblResult = new JLabel("");
        lblResult.setBounds(0, 57, 146, 15);
        getContentPane().add(lblResult);
        JButton btnNewButton = new JButton("确定");
        btnNewButton.setBounds(200, 10, 67, 23);
        getContentPane().add(btnNewButton);
        btnNewButton.addActionListener(new ActionListener() { // 为按钮添加监听事件
            @Override
            public void actionPerformed(ActionEvent arg0) {
                // 获取下拉列表框中的选择项
                lblResult.setText("您选择的是：" + comboBox.getSelectedItem());
            }
        });
    }
    public static void main(String[] args) {
        JComboBoxTest frame = new JComboBoxTest();    // 创建窗体对象
        frame.setVisible(true);                      // 使窗体可见
    }
}
```

运行结果如图 12.15 所示。

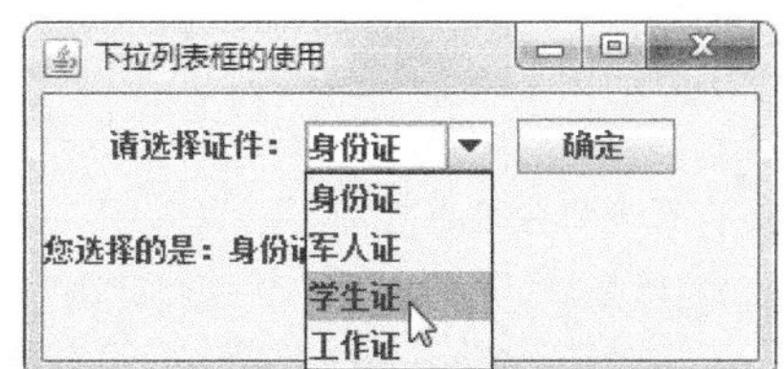

图 12.15　下拉列表框组件的应用

12.7.2　JList 列表框组件

扫码看视频

列表框组件被添加到窗体中后，就会被指定长和宽。如果列表框的大小不足以容纳列表项的个数，那么需要设置列表框的滚动效果，即把列表框添加到滚动面板。用户在选择列表框中的列表项时，既可以通过单击列表项的方式选择列表项；也可以通过“按住 Shift 键 + 单击列表项”的方式连续选择列表项；还可以通过“按住 Ctrl 键 + 单击列表项”的方式跳跃式选择列表项，并能够在非选择状态和选择状态之间反复切换。

列表框组件由 JList 对象表示，JList 类的常用构造方法如下。

- public void JList()：创建一个空的 JList 对象。
- public void JList(Object[] listData)：创建一个显示指定数组中的元素的 JList 对象。
- public void JList(Vector listData)：创建一个显示指定 Vector 中的元素的 JList 对象。
- public void JList(ListModel dataModel)：创建一个显示指定的非 null 模型的元素的 JList 对象。

例如，使用数组类型的数据作为创建 JList 对象的参数，关键代码如下。

```
String[] contents = {"列表1","列表2","列表3","列表4"};
JList jl = new JList(contents);
```

又如，使用 Vector 类型的数据作为创建 JList 对象的参数，关键代码如下。

```
Vector contents = new Vector();
JList jl = new JList(contents);
contents.add("列表1");
contents.add("列表2");
contents.add("列表3");
contents.add("列表4");
```

实例12-16 创建 JListTest 类，并继承 JFrame 类，在窗体中创建列表框对象。当单击“确认”按钮时，把被选择的列表项显示在文本域上，代码如下。（实例位置：资源包 \MR\ 源码 \12\16。）

```
import java.awt.Container;
import java.awt.event.*;
import javax.swing.*;
public class JListTest extends JFrame {
    public JListTest() {
```

```
        Container cp = getContentPane();            // 获取窗体主容器
        cp.setLayout(null);                         // 容器使用绝对布局
        // 创建字符串数组，保存列表框中的数据
        String[] contents = {"列表1", "列表2", "列表3", "列表4", "列表5", "列表6"};
        JList<String> jl = new JList<>(contents); // 创建列表，并将数据作为构造参数
        JScrollPane js = new JScrollPane(jl);          // 将列表放入滚动面板
        js.setBounds(10, 10, 100, 109);             // 设定滚动面板的坐标和大小
        cp.add(js);
        JTextArea area = new JTextArea();           // 创建文本域
        JScrollPane scrollPane = new JScrollPane(area); // 将文本域放入滚动面板
        scrollPane.setBounds(118, 10, 73, 80);// 设定滚动面板的坐标和大小
        cp.add(scrollPane);
        JButton btnNewButton = new JButton("确认");// 创建“确认”按钮
        btnNewButton.setBounds(120, 96, 71, 23);  // 设定按钮的坐标和大小
        cp.add(btnNewButton);
        btnNewButton.addActionListener(new ActionListener() { // 添加按钮事件
            public void actionPerformed(ActionEvent e) {
                // 获取列表中选中的元素，返回java.util.List类型
                java.util.List<String> values = jl.getSelectedValuesList();
                area.setText("");                   // 清空文本域
                for (String value : values) {
                    area.append(value + "\n"); // 在文本域循环追加List中的元素值
                }
            }
        });
        setTitle("在这个窗体中使用了列表框");
        setSize(217, 167);
        setVisible(true);
        setDefaultCloseOperation(EXIT_ON_CLOSE);
    }
    public static void main(String args[]) {
        new JListTest();
    }
}
```

运行结果如图 12.16 所示。

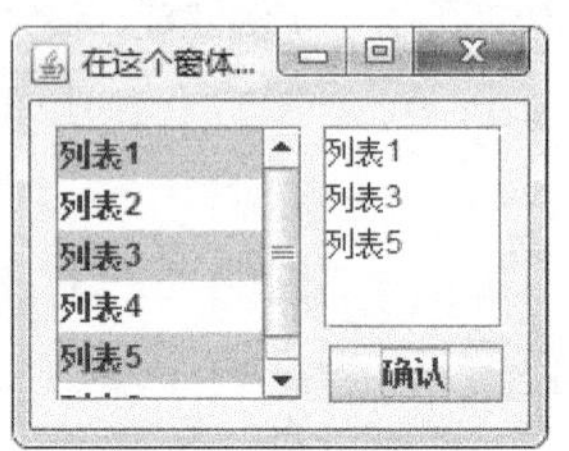

图 12.16 列表框的使用

12.8 文本组件

文本组件在开发 Swing 程序过程中经常被用到，尤其是文本框组件和密码框组件。使用文本组件可以很轻松地操作单行文字、多行文字、口令字段等文本内容。

12.8.1 JTextField 文本框组件

扫码看视频

文本框组件由 JTextField 对象表示。JTextField 类的常用构造方法如下。

- public JTextField()：创建一个文本未被指定的文本框。
- public JTextField(String text)：创建一个指定文本的文本框。
- public JTextField(int fieldwidth)：创建一个指定列宽的文本框。

- public JTextField(String text, int fieldwidth)：创建一个指定文本和列宽的文本框。

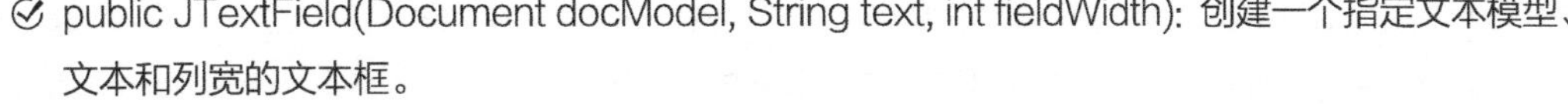

- public JTextField(Document docModel, String text, int fieldWidth)：创建一个指定文本模型、文本和列宽的文本框。

如果要为一个文本未被指定的文本框设置文本内容，那么需要使用 setText() 方法。setText() 方法的语法如下。

```
public void setText(String t)
```

参数 t 表示文本框要显示的文本内容。

实例12-17 创建 JTextFieldTest 类，并继承 JFrame 类，在窗体中创建一个指定文本的文本框。当单击“清除”按钮时，文本框中的文本内容将被清除，代码如下。（实例位置：资源包 \MR\ 源码 \12\17。）

```
import java.awt.*;
import java.awt.event.*;
import javax.swing.*;
public class JTextFieldTest extends JFrame {
    public JTextFieldTest() {
        Container c = getContentPane();          // 获取窗体主容器
        c.setLayout(new FlowLayout());
        JTextField jt = new JTextField("请点击清除按钮");
                                                  // 设定文本框初始值
        jt.setColumns(20);                      // 设置文本框长度
        jt.setFont(new Font("宋体", Font.PLAIN, 20));  // 设置字体
        JButton jb = new JButton("清除");
        jt.addActionListener(new ActionListener() { // 为文本框添加回车事件
            public void actionPerformed(ActionEvent arg0) {
                jt.setText("触发事件");      // 设置文本框中的值
            }
```

```
        });
        jb.addActionListener(new ActionListener() {  // 为按钮添加事件
            public void actionPerformed(ActionEvent arg0) {
                System.out.println(jt.getText());  // 输出当前文本框的值
                jt.setText("");                     // 将文本框置空
                jt.requestFocus();                  // 焦点回到文本框
            }
        });
        c.add(jt);                                  // 在窗体容器中添加文本框
        c.add(jb);                                  // 在窗体容器中添加按钮
        setBounds(100, 100, 250, 110);
        setVisible(true);
        setDefaultCloseOperation(EXIT_ON_CLOSE);
    }
    public static void main(String[] args) {
        new JTextFieldTest();
    }
}
```

运行结果如图 12.17 所示。

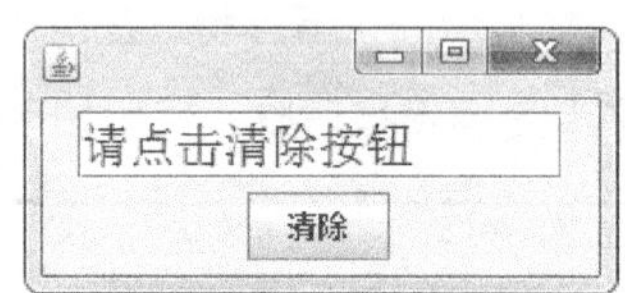

图 12.17　清除文本框中的文本内容

12.8.2　JPasswordField 密码框组件

扫码看视频

密码框组件由 JPasswordField 对象表示，其作用是把用户输入的字符串以某种符号进行加密。JPasswordField 类的常用构造方法如下。

- public JPasswordField()：创建一个文本未被指定的密码框。
- public JPasswordFiled(String text)：创建一个指定文本的密码框。
- public JPasswordField(int fieldwidth)：创建一个指定列宽的密码框。
- public JPasswordField(String text, int fieldwidth)：创建一个指定文本和列宽的密码框。
- public JPasswordField(Document docModel, String text, int fieldWidth)：创建一个指定文本模型、文本和列宽的密码框。

JPasswordField 类提供了 setEchoChar() 方法，这个方法用于改变密码框的回显字符。setEchoChar() 方法的语法如下。

```
public void setEchoChar(char c)
```

参数 c 表示密码框要显示的回显字符。

例如，创建 JPasswordField 对象，并设置密码框的回显字符为“#”，关键代码如下。

```
JPasswordField jp = new JPasswordField();
jp.setEchoChar('#');                                   // 设置回显字符
```

那么，如何获取 JPasswordField 对象中的字符呢？关键代码如下。

```
JPasswordField passwordField = new JPasswordField();  // 密码框对象
char ch[] = passwordField.getPassword();           // 获取密码字符串数组
String pwd = new String(ch);                   // 将字符串数组转换为字符串
```

12.8.3 JTextArea 文本域组件

扫码看视频

文本域组件由 JTextArea 对象表示，其作用是接受用户的多行文本输入。JTextArea 类的常用构造方法如下。

- public JTextArea()：创建一个文本未被指定的文本域。
- public JTextArea(String text)：创建一个指定文本的文本域。
- public JTextArea(int rows,int columns)：创建一个指定行高和列宽，但文本未被指定的文本域。
- public JTextArea(Document doc)：创建一个指定文本模型的文本域。
- public JTextArea(Document doc,String Text,int rows,int columns)：创建一个指定文本模型、文本内容以及行高和列宽的文本域。

JTextArea 类提供了一个 setLineWrap(boolean wrap) 方法，这个方法用于设置文本域中的文本内容是否可以自动换行。如果参数 wrap 的值为 true，那么文本域中的文本内容会自动换行；否则不会自动换行。

此外，JTextArea 类还提供了一个 append(String str) 方法，这个方法用于向文本域中添加文本内容。

实例12-18 创建 JTextAreaTest 类，并继承 JFrame 类，在窗体中创建文本域对象，设置文本域自动换行，向文本域中添加文本内容，代码如下。（实例位置：资源包 \MR\ 源码 \12\18。）

```
import java.awt.*;
import javax.swing.*;
public class JTextAreaTest extends JFrame {
    public JTextAreaTest() {
        setSize(200, 100);
        setTitle(" 定义自动换行的文本域 ");
        setDefaultCloseOperation(WindowConstants.DISPOSE_ON_CLOSE);
        Container cp = getContentPane();              // 获取窗体主容器
        // 创建一个文本内容为“文本域”、行高和列宽均为 6 的文本域
        JTextArea jt = new JTextArea(" 文本域 ", 6, 6);
        jt.setLineWrap(true);                        // 可以自动换行
        cp.add(jt);
```

```
        setVisible(true);
    }
    public static void main(String[] args) {
        new JTextAreaTest();
    }
}
```

运行结果如图 12.18 所示。

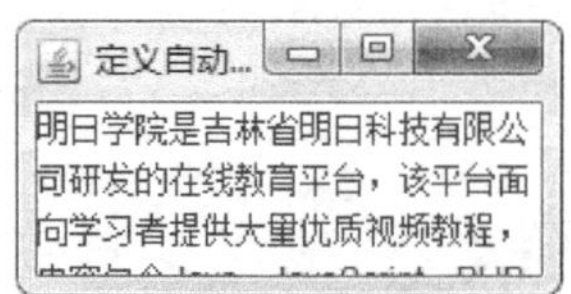

图 12.18　向文本域中添加文本内容

12.9　事件监听器

前文中一直在讲解组件，这些组件本身并不带有任何功能。例如，在窗体中定义一个按钮，当用户单击该按钮时，虽然按钮可以凹凸显示，但在窗体中并没有实现任何功能。这时需要为按钮添加特定的事件监听器，该监听器负责处理用户单击按钮后实现的功能。本节将着重讲解 Swing 中常用的两个事件监听器，即动作事件监听器与焦点事件监听器。

12.9.1　行为事件

动作事件（ActionEvent）监听器是 Swing 中比较常用的事件监听器，很多组件的动作都会使用它监听，如按钮被单击。表 12.7 所示描述了动作事件监听器的接口与事件源。

扫码看视频

表 12.7　动作事件监听器

事件名称	事件源	监听接口	添加或删除相应类型监听器的方法
ActionEvent	JButton、JList、JTextField 等	ActionListener	addActionListener()、removeActionListener()

下面以单击按钮事件为例来讲解动作事件监听器，当用户单击按钮时，将触发动作事件。

实例12-19 创建 SimpleEvent 类，使该类继承 JFrame 类，在类中创建按钮组件，为按钮组件添加动作监听器，然后将按钮组件添加到窗体中，具体代码如下。（实例位置：资源包 \MR\ 源码 \12\19。）

```
public class SimpleEvent extends JFrame{
    private JButton jb=new JButton(" 我是按钮，单击我 ");
    public SimpleEvent(){
```

```
        setLayout(null);
        ... // 省略非关键代码
        cp.add(jb);
        jb.setBounds(10, 10,100,30);
        // 为按钮添加一个实现 ActionListener 接口的对象
        jb.addActionListener(new jbAction());
    }
    // 定义内部类实现 ActionListener 接口
    class jbAction implements ActionListener{
        // 重写 actionPerformed() 方法
        public void actionPerformed(ActionEvent arg0) {
            jb.setText(" 我被单击了 ");
        }
    }
    ...// 省略主方法
}
```

运行本实例，结果如图 12.19 所示。

图 12.19 为按钮添加动作事件后的单击效果

在本实例中为按钮设置了动作监听器。由于获取事件监听时需要获取实现 ActionListener 接口的对象，因此定义了一个内部类 jbAction 实现 ActionListener 接口，同时在该内部类中实现了 actionPerformed() 方法，也就是在 actionPerformed() 方法中定义了当用户单击该按钮后实现怎样的功能。

12.9.2 键盘事件

扫码看视频

当向文本框中输入内容时，将发生键盘事件。KeyEvent 类负责捕获键盘事件，可以为组件添加实现了 KeyListener 接口的监听器类来处理相应的键盘事件。

KeyListener 接口共有 3 个抽象方法，分别在发生击键事件（按下并释放键）、按键被按下（手指按下键但不松开）和按键被释放（手指从按下的键上松开）时触发。KeyListener 接口的具体定义如下。

```
public interface KeyListener extends EventListener {
    public void keyTyped(KeyEvent e);          // 发生击键事件时触发
    public void keyPressed(KeyEvent e);        // 按键被按下时触发
    public void keyReleased(KeyEvent e);       // 按键被释放时触发
}
```

在每个抽象方法中均传入了 KeyEvent 类的对象，KeyEvent 类的常用方法如表 12.8 所示。

表 12.8 KeyEvent 类的常用方法

方法	功能简介
getSource()	用来获得触发此次事件的组件对象，返回值为 Object 类型
getKeyChar()	用来获得与此事件中的键相关联的字符
getKeyCode()	用来获得与此事件中的键相关联的整数 keyCode
getKeyText(int keyCode)	用来获得描述 keyCode 的标签，如 A、F1 和 HOME 等
isActionKey()	用来查看此事件中的键是否为“动作”键
isControlDown()	用来查看 Ctrl 键在此次事件中是否被按下，当返回 true 时表示被按下
isAltDown()	用来查看 Alt 键在此次事件中是否被按下，当返回 true 时表示被按下
isShiftDown()	用来查看 Shift 键在此次事件中是否被按下，当返回 true 时表示被按下

! 多学两招

在 KeyEvent 类中以“VK_”开头的静态常量代表各个按键的 keyCode，可以通过这些静态常量判断事件中的按键是否被按下，并获得按键的标签。

实例12-20 通过键盘事件模拟一个虚拟键盘。首先自定义一个 addButtons() 方法，用来将所有的按键添加到一个 ArrayList 集合中；然后添加一个 JTextField 组件，并为该组件添加 addKeyListener 事件监听，在该事件监听中重写 keyPressed() 和 keyReleased() 方法，分别用来在按下和释放键时执行相应的操作。关键代码如下。（实例位置：资源包 \MR\ 源码 \12\20。）

```
Color green = Color.GREEN;      // 定义 Color 对象，用来表示按下键的颜色
Color white = Color.WHITE;      // 定义 Color 对象，用来表示释放键的颜色
// 定义一个集合，用来存储所有的按键 ID
ArrayList<JButton> btns = new ArrayList<JButton>();
// 自定义一个方法，用来将容器中的所有 JButton 组件添加到集合中
private void addButtons() {
    for (Component cmp : contentPane.getComponents()) {  // 遍历面板中的所有组件
        if (cmp instanceof JButton) {        // 判断组件的类型是否为 JButton 类型
            btns.add((JButton) cmp);         // 将 JButton 组件添加到集合中
        }
    }
}
public KeyBoard() {                          //KeyBoard 的构造方法
    ...// 省略部分代码
    textField = new JTextField();
```

```
    textField.addKeyListener(new KeyAdapter() { // 向文本框添加键盘事件的监听
        char word;                                 // 用于记录按下的字符
        public void keyPressed(KeyEvent e) {       // 按键被按下时触发
            word = e.getKeyChar();                 // 获取按下键表示的字符
            for (int i = 0; i < btns.size(); i++) { // 遍历存储按键 ID 的 ArrayList 集合
                // 判断按键是否与遍历到的按键的文本相同
                 if (String.valueOf(word).equalsIgnoreCase(btns.get(i).
getText())) {
                    btns.get(i).setBackground(green); // 将指定按键颜色设置为绿色
                }
            }
        }
        public void keyReleased(KeyEvent e) {  // 按键被释放时触发
            word = e.getKeyChar();                     // 获取释放键表示的字符
            for (int i = 0; i < btns.size(); i++) { // 遍历存储按键 ID 的 ArrayList 集合
                // 判断按键是否与遍历到的按键的文本相同
                if (String.valueOf(word).equalsIgnoreCase(btns.get(i).getText())) {
                    btns.get(i).setBackground(white); // 将指定按键颜色设置为白色
                }
            }
        }
    });
    panel.add(textField, BorderLayout.CENTER);
    textField.setColumns(10);
}
```

运行本实例，将鼠标指针定位到文本框组件中，然后按下键盘上的按键，窗体中的相应按钮会变为灰色；释放按键，相应按钮变为白色，效果如图 12.20 所示。

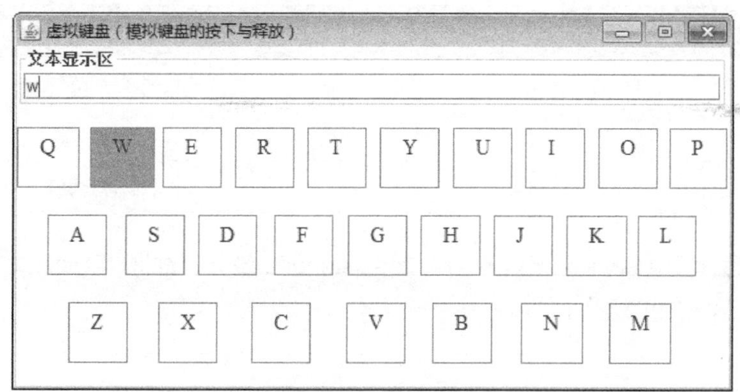

图 12.20　键盘事件

12.9.3 鼠标事件

扫码看视频

所有组件都能发生鼠标事件。MouseEvent 类负责捕获鼠标事件，可以为组件添加实现 MouseListener 接口的监听器类来处理相应的鼠标事件。

MouseListener 接口共有 5 个抽象方法，分别在鼠标指针移入或移出组件、鼠标按键被按下或释放和发生单击事件时触发。所谓单击事件，就是按键被按下并释放。需要注意的是，如果按键是在鼠标指针移出组件之后才被释放，则不会触发单击事件。MouseListener 接口的具体定义如下。

```
public interface MouseListener extends EventListener {
    public void mouseEntered(MouseEvent e);        // 鼠标指针移入组件时触发
    public void mousePressed(MouseEvent e);        // 鼠标按键被按下时触发
    public void mouseReleased(MouseEvent e);       // 鼠标按键被释放时触发
    public void mouseClicked(MouseEvent e);        // 发生单击事件时触发
    public void mouseExited(MouseEvent e);         // 鼠标指针移出组件时触发
}
```

在每个抽象方法中均传入了 MouseEvent 类的对象，MouseEvent 类的常用方法如表 12.9 所示。

表 12.9　MouseEvent 类的常用方法

方法	功能简介
getSource()	用来获得触发此次事件的组件对象，返回值为 Object 类型
getButton()	用来获得代表此次按下、释放或单击的按键的 int 型值
getClickCount()	用来获得单击按键的次数

当需要判断触发此次事件的按键时，可以通过表 12.10 所示的静态常量判断由 getButton() 方法返回的 int 型值代表的键。

表 12.10　MouseEvent 类中代表鼠标按键的静态常量

静态常量	常量值	代表的键
BUTTON1	1	代表鼠标左键
BUTTON2	2	代表鼠标滚轮
BUTTON3	3	代表鼠标右键

实例12-21 本实例演示鼠标事件监听器接口 MouseListener 中各个方法的使用场景，关键代码如下。（实例位置：资源包 \MR\ 源码 \12\21。）

```
/**
    * 判断按下的鼠标键，并输出相应提示
```

```
    * @param e 鼠标事件
    */
private void mouseOper(MouseEvent e){
    int i = e.getButton();                          // 通过该值可以判断按下的是哪个键
    if (i == MouseEvent.BUTTON1)
        System.out.println("按下的是鼠标左键");
    else if (i == MouseEvent.BUTTON2)
        System.out.println("按下的是鼠标滚轮");
    else if (i == MouseEvent.BUTTON3)
        System.out.println("按下的是鼠标右键");
}
public MouseEvent_Example() {
    ...                                                       // 省略部分代码
    final JLabel label = new JLabel();
    label.addMouseListener(new MouseListener() {
        public void mouseEntered(MouseEvent e) {          // 鼠标指针移入组件时触发
            System.out.println("鼠标指针移入组件");
        }
        public void mousePressed(MouseEvent e) {          // 鼠标按键被按下时触发
            System.out.print("鼠标按键被按下，");
            mouseOper(e);
        }
        public void mouseReleased(MouseEvent e) {  // 鼠标按键被释放时触发
            System.out.print("鼠标按键被释放，");
            mouseOper(e);
        }
        public void mouseClicked(MouseEvent e) {          // 发生单击事件时触发
            System.out.print("单击了鼠标按键，");
            mouseOper(e);
            int clickCount = e.getClickCount();  // 获取鼠标单击次数
            System.out.println("单击次数为" + clickCount + "下");
        }
        public void mouseExited(MouseEvent e) {   // 鼠标指针移出组件时触发
            System.out.println("鼠标指针移出组件");
        }
    });
     ...                                            // 省略部分代码
```

运行本实例，首先将鼠标指针移入窗体，然后单击鼠标左键，接着双击鼠标左键，最后将鼠标指针移出窗体，在控制台将得到图 12.21 所示的信息。

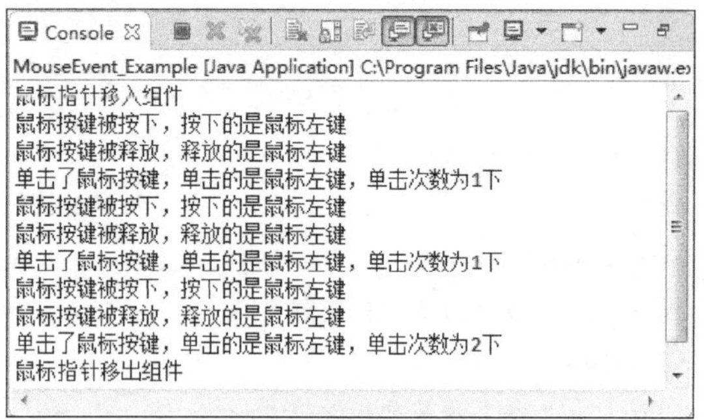

图 12.21　鼠标事件

注意

从图 12.21 中可以发现，当双击鼠标时，第一次按下鼠标按键将触发一次单击事件。

12.10　动手练一练

（1）为文本域设置背景图片，运行结果如图 12.22 所示。

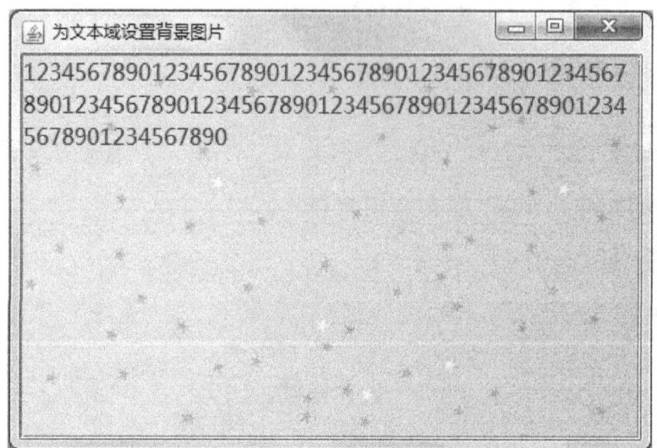

图 12.22　为文本域设置背景图片

（2）省、市联动。使用下拉列表框模拟东三省的省、市联动，运行结果如图 12.23 所示。

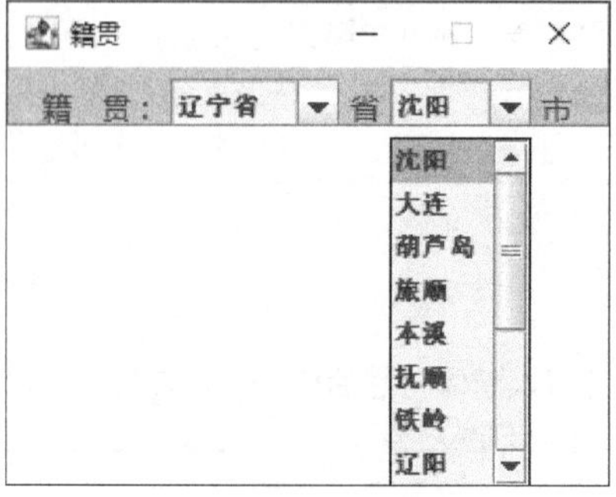

图 12.23　省、市联动

（3）永远拆不了的红包。使用鼠标指针的移入，实现永远拆不了的红包：当鼠标指针移入红包图片时，红包图片就会移至另一个位置，运行结果如图 12.24 所示。

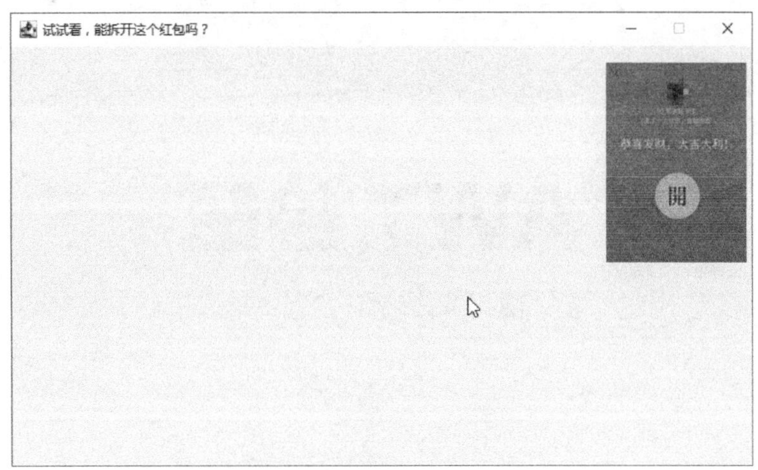

图 12.24 永远拆不了的红包

（4）红灯停、绿灯行。窗体被激活时失去焦点，信号灯为红灯，此时行人原地不动；单击窗体使得窗体获得焦点后，信号灯转为绿灯，此时按“→”键控制行人向前移动。运行结果如图 12.25 所示。

图 12.25 红灯停、绿灯行

AWT 绘图

视频教学：78 分钟

要开发高级的应用程序就应该适当掌握与图像处理相关的技术，它可以为程序提供数据统计、图表分析等功能，从而提高程序的交互能力。本章将介绍 Java 中的绘图技术。

13.1 Java 绘图基础

绘图是高级程序设计中非常重要的技术，例如，应用程序需要绘制闪屏图像、背景图像、组件外观，Web 程序需要绘制统计图、数据库存储的图像资源等。正所谓“一图胜千言”，使用图像能够更好地表达程序运行结果、进行细致的数据分析与保存等。本节将介绍 Java 语言程序设计的绘图类 Graphics 与 Graphics2D 及画布类 Canvas。

13.1.1 Graphics 绘图类

Graphics 类是所有图形上下文的抽象基类，它允许应用程序在组件以及闭屏图像上进行绘制。Graphics 类封装了 Java 支持的基本绘图操作所需的状态信息，主要包括颜色、字体、画笔、文本、图像等。

Graphics 类提供了绘图常用的方法，利用这些方法可以实现直线、矩形、多边形、椭圆、圆弧等形状和文本、图像的绘制操作。另外，在执行这些操作之前，还可以使用相应的方法设置绘图的颜色和字体等状态属性。

13.1.2 Graphics2D 绘图类

使用 Graphics 类可以完成简单的图形绘制任务，但是它所实现的功能非常有限，如无法改变线条的粗细、不能对图像使用旋转和模糊等过滤效果。

Graphics2D 继承 Graphics 类，实现了功能更加强大的绘图操作的集合。由于 Graphics2D 类是 Graphics 类的扩展，也是推荐使用的 Java 绘图类，因此本章主要介绍如何使用 Graphics2D 类实现

Java 绘图。

> **说明**
>
> Graphics2D 是推荐使用的绘图类，但是程序设计中提供的绘图对象大多是 Graphics 类的实例对象，这时应该使用强制类型转换将其转换为 Graphics2D 类型，代码如下。

```
public void paint(Graphics g) {
    Graphics2D g2 = (Graphics2D) g;// 使用强制类型转换将其转换为 Graphics2D 类型
}
```

13.1.3 Canvas 画布类

Canvas 类是一个画布组件，表示屏幕上的一个空白矩形区域，应用程序可以在该区域内绘图，或者可以从该区域捕获用户的输入事件。使用 Java 在窗体中绘图时，必须创建继承 Canvas 类的子类，以获得有用的功能（如创建自定义组件），然后必须重写其 paint() 方法，以便在 Canvas 上绘制自定义图形。paint() 方法的语法如下。

```
public void paint(Graphics g)
```

参数 g 用来表示指定的 Graphics 上下文。

另外，如果需要重绘图形，则需要调用 repaint() 方法，该方法是从 Component 继承的一个方法，用来重绘此组件，其语法如下。

```
public void repaint()
```

例如，创建一个画布，并重写其 paint() 方法，代码如下。

```
class CanvasTest extends Canvas {                    // 创建画布
    public void paint(Graphics g) {                  // 重写 paint() 方法
        Graphics2D g2 = (Graphics2D) g;              // 创建 Graphics2D 对象，用于画图
        ...// 绘制图形的代码
    }
}
```

13.2 绘制几何图形

扫码看视频

Java 可以分别使用 Graphics 和 Graphics2D 绘制图形。Graphics 类使用不同的方法实现不同图形的绘制，例如，drawLine() 方法用于绘制直线、drawRect() 方法用于绘制矩形、drawOval() 方法用于绘制椭圆形等。

Graphics 类常用的图形绘制方法如表 13.1 所示。

表 13.1　Graphics 类常用的图形绘制方法

方法	说明	举例	绘图效果
drawArc(int x, int y, int width, int height, int startAngle, int arcAngle)	弧形	drawArc(100,100,100,50,270,200);	
drawLine(int x1, int y1, int x2, int y2)	直线	drawLine(10,10,50,10); drawLine(30,10,30,40);	
drawOval(int x, int y, int width, int height)	椭圆	drawOval(10,10,50,30);	
drawPolygon(int[] xPoints, int[] yPoints, int nPoints)	多边形	int[] xs={10,50,10,50}; int[] ys={10,10,50,50}; drawPolygon(xs, ys, 4);	
drawPolyline(int[] xPoints, int[] yPoints, int nPoints)	多边线	int[] xs={10,50,10,50}; int[] ys={10,10,50,50}; drawPolyline(xs, ys, 4);	
drawRect(int x, int y, int width, int height)	矩形	drawRect(10, 10, 100, 50);	
drawRoundRect(int x, int y, int width, int height, int arcWidth, int arcHeight)	圆角矩形	drawRoundRect(10, 10, 50, 30,10,10);	
fillArc(int x, int y, int width, int height, int startAngle, int arcAngle)	实心弧形	fillArc(100,100,50,30,270,200);	
fillOval(int x, int y, int width, int height)	实心椭圆	fillOval(10,10,50,30);	
fillPolygon(int[] xPoints, int[] yPoints, int nPoints)	实心多边形	int[] xs={10,50,10,50}; int[] ys={10,10,50,50}; fillPolygon(xs, ys, 4);	
fillRect(int x, int y, int width, int height)	实心矩形	fillRect(10, 10, 50, 30);	
fillRoundRect(int x, int y, int width, int height, int arcWidth, int arcHeight)	实心圆角矩形	g.fillRoundRect(10, 10, 50, 30,10,10);	

Graphics2D 类继承 Graphics 类，它包含了 Graphics 类的绘图方法并添加了更强的功能，在创建绘图类时推荐使用该类。Graphics2D 可以分别使用不同的类来表示不同的形状，如 Line2D、Rectangle2D 等。

要绘制指定形状的图形，首先需要创建并初始化该图形类的对象，这些图形类必须是 Shape 接口的实现类，然后使用 Graphics2D 类的 draw() 方法绘制该图形对象或者使用 fill() 方法填充该图形对象，这两个方法的语法如下。

```
draw(Shape form)
fill(Shape form)
```

其中，form 是指实现 Shape 接口的对象。java.awt.geom 包中提供了如下一些常用的图形类，这些图形类都实现了 Shape 接口。

- Arc2D：所有存储 2D 弧度的对象的抽象超类，其中 2D 弧度由窗体矩形、起始角度、角跨越（弧的长度）和闭合类型（OPEN、CHORD 或 PIE）定义。
- CubicCurve2D：定义（*x*, *y*）坐标空间内的三次参数曲线段。
- Ellipse2D：描述窗体矩形定义的椭圆。
- Line2D：（*x*, *y*）坐标空间中的线段。
- Path2D：提供一个表示任意几何形状路径的简单而又灵活的形状。
- QuadCurve2D：定义（*x*, *y*）坐标空间内的二次参数曲线段。
- Rectangle2D：描述通过位置（*x*, *y*）和尺寸（*w*, *x*, *h*）定义的矩形。
- RoundRectangle2D：定义一个矩形，该矩形具有由位置（*x*, *y*）、尺寸（*w*, *x*, *h*）以及圆角弧的宽度和高度定义的圆角。

另外，还有一个实现 Cloneable 接口的 Point2D 类，该类定义了表示（*x*, *y*）坐标空间中位置的点。

注意

各图形类都是抽象类型的，在不同图形类中有 Double 和 Float 两个实现类，这两个实现类以不同精度构建图形对象。为方便计算，在程序设计中经常使用 Double 类的实例对象进行图形绘制，但是如果程序中要使用成千上万个图形，则建议使用 Float 类的实例对象进行绘制，这样会节省内存空间。

在 Java 程序中绘制图形的基本步骤如下：

（1）创建 JFrame 窗体对象；

（2）创建 Canvas 画布，并重写其 paint() 方法；

（3）创建 Graphics2D 或者 Graphics 对象，推荐使用 Graphics2D；

（4）设置颜色及画笔（可选）；

（5）调用 Graphics2D 对象的相应方法绘制图形。

下面通过一个实例演示按照上述步骤在 Swing 窗体中绘制图形。

实例13-1 创建 DrawTest 类，在类中创建图形类的对象，然后使用 Graphics2D 类的对象调用从 Graphics 类继承的 drawOval() 方法绘制一个圆形，调用从 Graphics 类继承的 fillRect() 方法填充一个矩形；最后再分别使用 Graphics2D 类的 draw() 方法和 fill() 方法绘制一个矩形和填充一个圆形，代码如下。（实例位置：资源包 \MR\ 源码 \13\01。）

```
import java.awt.*;
import java.awt.geom.*;
public class DrawTest extends JFrame {
    public DrawTest() {
```

```
        super();
        initializc();                                    // 调用初始化方法
    }
    private void initialize() {                          // 初始化方法
        this.setSize(300, 200);                          // 设置窗体大小
        setDefaultCloseOperation(JFrame.EXIT_ON_CLOSE); // 设置窗体关闭模式
        add(new CanvasTest());                           // 设置窗体面板为绘图面板对象
        this.setTitle("绘制几何图形");                   // 设置窗体标题
    }
    public static void main(String[] args) {             // 主方法
        new DrawTest().setVisible(true);                 // 创建本类对象，让窗体可见
    }
    class CanvasTest extends Canvas {                    // 创建画布
        public void paint(Graphics g) {
            super.paint(g);
            Graphics2D g2 = (Graphics2D) g;              // 创建Graphics2D对象，用于画图
            // 调用从Graphics类继承的drawOval()方法绘制圆形
            g2.drawOval(5, 5, 100, 100);
            // 调用从Graphics类继承的fillRect()方法填充矩形
            g2.fillRect(15, 15, 80, 80);
            Shape[] shapes = new Shape[2]; // 声明图形数组
            shapes[0] = new Rectangle2D.Double(110, 5, 100, 100);
                                             // 创建矩形对象
            shapes[1] = new Ellipse2D.Double(120, 15, 80, 80);
                                             // 创建圆形对象
            for (Shape shape : shapes) {    // 遍历图形数组
                Rectangle2D bounds = shape.getBounds2D();
                if (bounds.getWidth() == 80)
                    g2.fill(shape);          // 填充图形
                else
                    g2.draw(shape);          // 绘制图形
            }
        }
    }
}
```

程序运行结果如图 13.1 所示。

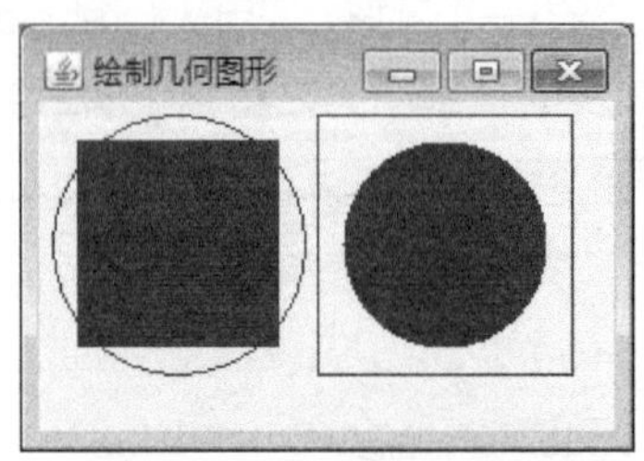

图 13.1　绘制并填充几何图形

13.3 设置颜色与画笔

Java 语言使用 java.awt.Color 类封装颜色的各种属性，并对颜色进行管理。另外，在绘制图形时还可以指定线条的粗细和虚实等画笔属性，这些属性通过 Stroke 接口指定。本节对设置颜色与画笔进行详细讲解。

13.3.1 设置颜色

扫码看视频

使用 Color 类可以创建任何颜色的对象，不用担心不同平台是否支持该颜色，因为 Java 以跨平台和与硬件无关的方式支持颜色管理。

第一种创建 Color 对象的构造方法如下。

```
Color col = new Color(int r, int g, int b)
```

第二种创建 Color 对象的构造方法如下。

```
Color col = new Color(int rgb)
```

- rgb：颜色值，该值是红、绿、蓝三原色的总和。
- r：该参数是三原色中红色的取值。
- g：该参数是三原色中绿色的取值。
- b：该参数是三原色中蓝色的取值。

Color 类定义了常用色彩的常量值，如表 13.2 所示。这些常量都是静态的 Color 对象，可以直接使用这些常量值定义的颜色对象。

表 13.2 常用的 Color 常量

常量名	颜色值
Color BLACK	黑色
Color BLUE	蓝色
Color CYAN	青色
Color DARK_GRAY	深灰色
Color GRAY	灰色
Color GREEN	绿色
Color LIGHT_GRAY	浅灰色
Color MAGENTA	洋红色
Color ORANGE	橙色
Color PINK	粉红色

续表

常量名	颜色值
Color RED	红色
Color WHITE	白色
Color YELLOW	黄色

说明

Color 类提供了大写和小写两种常量书写形式，它们表示的颜色是一样的，例如 Color.RED 和 Color.red 表示的都是红色。推荐使用大写。

绘图类可以使用 setColor() 方法设置当前颜色。

语法如下。

```
setColor(Color color);
```

其中，参数 color 是 Color 对象，代表一个颜色值，如红色、黄色或默认的黑色。

实例13-2 在窗口中绘制一条红色的横线和一条蓝色的竖线，代码如下。（实例位置：资源包 \MR\ 源码 \13\02。）

```
import java.awt.*;
import javax.swing.JFrame;
public class ColorTest extends JFrame {
    public ColorTest() {
        setSize(200, 120);                                   // 设置窗体大小
        setDefaultCloseOperation(JFrame.EXIT_ON_CLOSE); // 设置窗体关闭模式
        add(new CanvasTest());                           // 设置窗体面板为绘图面板对象
        setTitle("设置颜色");                              // 设置窗体标题
        setVisible(true);
    }
    public static void main(String[] args) {
        new ColorTest();
    }
}
class CanvasTest extends Canvas {                        // 创建自定义画布
    public void paint(Graphics g) {                     // 重写 paint() 方法
        Graphics2D g2 = (Graphics2D) g; // 强制转换为 Graphics2D 对象，用于画图
        g2.setColor(Color.RED);                          // 设置颜色为红色
        g2.drawLine(5, 30, 100, 30);                     // 绘制横线
        g2.setColor(Color.BLUE);                         // 设置颜色为蓝色
        g2.drawLine(30, 5, 30, 60);                      // 绘制竖线
```

```
    }
}
```

运行结果如图 13.2 所示。

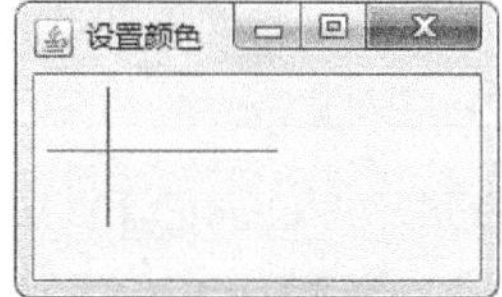

图 13.2 设置颜色

说明

设置绘图颜色以后，绘图或者绘制文本时都会采用该颜色作为前景色；如果想再绘制其他颜色的图形或文本，则需要再次调用 setColor() 方法设置其他颜色。

13.3.2 设置画笔

默认情况下，Graphics 绘图类使用的画笔属性是粗细为 1 个像素的正方形，而 Graphics2D 类可以调用 setStroke() 方法设置画笔的属性，如改变线条的粗细、虚实和定义线段端点的形状、风格等。

语法如下。

```
setStroke(Stroke stroke)
```

其中，参数 stroke 是 Stroke 接口的实现类。

setStroke() 方法必须接受一个 Stroke 接口的实现类作为参数，java.awt 包中提供了 BasicStroke 类，它实现了 Stroke 接口，并且通过不同的构造方法创建画笔属性不同的对象。这些构造方法如下。

```
BasicStroke()
BasicStroke(float width)
BasicStroke(float width, int cap, int join)
BasicStroke(float width, int cap, int join, float miterlimit)
BasicStroke(float width, int cap, int join, float miterlimit, float[] dash,
float dash_phase)
```

这些构造方法中的参数说明如表 13.3 所示。

表 13.3 参数说明

参数	说明
width	画笔宽度，此宽度必须大于或等于 0.0f。如果将宽度设置为 0.0f，则画笔为当前设备的默认宽度
cap	线端点的装饰
join	应用在路径线段交汇处的装饰

续表

参数	说明
miterlimit	斜接处的剪裁限制。该参数值必须大于或等于 1.0f
dash	表示虚线模式的数组
dash_phase	开始虚线模式的偏移量

cap 参数可以使用 CAP_BUTT、CAP_ROUND 和 CAP_SQUARE 常量，这 3 个常量属于 BasicStroke 类，它们对线端点的装饰效果如图 13.3 所示。

join 参数用于修饰线段交汇效果，可以使用 JOIN_BEVEL、JOIN_MITER 和 JOIN_ROUND 常量，这 3 个常量属于 BasicStroke 类，它们修饰线段交汇的效果如图 13.4 所示。

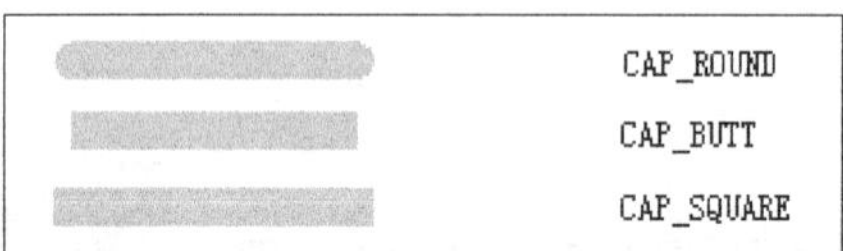

图 13.3　cap 参数对线端点的装饰效果

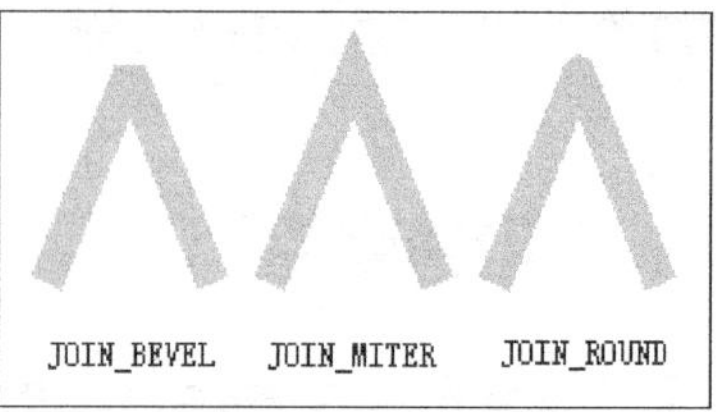

图 13.4　join 参数修饰线段交汇的效果

下面通过一个实例演示使用不同属性的画笔绘制线条的效果。

实例13-3 创建 StrokeTest 类，在类中创建图形类的对象。分别使用 BasicStroke 类的两种构造方法创建两个不同的画笔，然后分别使用这两个画笔绘制直线，代码如下。（实例位置：资源包 \MR\ 源码 \13\03。）

```
import java.awt.*;
import javax.swing.JFrame;
public class StrokeTest extends JFrame {
    public StrokeTest() {
        setSize(200, 120);                                    // 设置窗体大小
        setDefaultCloseOperation(JFrame.EXIT_ON_CLOSE); // 设置窗体关闭模式
        add(new CanvasTest());                           // 设置窗体面板为绘图面板对象
        setTitle("设置画笔");                            // 调用初始化方法
        setVisible(true);
    }
    public static void main(String[] args) {
        new StrokeTest();
    }
}
class CanvasTest extends Canvas {                        // 创建自定义画布
    public void paint(Graphics g) {                      // 重写 paint() 方法
        Graphics2D g2 = (Graphics2D) g;                  // 创建 Graphics2D 对象，用于画图
```

```
        Stroke stroke = new BasicStroke(8);          // 创建画笔，宽度为 8
        g2.setStroke(stroke);                        // 设置画笔
        g2.drawLine(20, 30, 120, 30); // 调用从 Graphics 类继承的 drawLine() 方法绘制直线
        // 创建画笔，宽度为 12，线端点的装饰为 CAP_ROUND，应用在路径线段交汇处的装饰为 JOIN_BEVEL
        Stroke roundStroke = new BasicStroke(12, BasicStroke.CAP_ROUND,
                BasicStroke.JOIN_BEVEL);
        g2.setStroke(roundStroke);
        g2.drawLine(20, 50, 120, 50); // 调用从 Graphics 类继承的 drawLine() 方法绘制直线
    }
}
```

程序运行结果如图 13.5 所示。

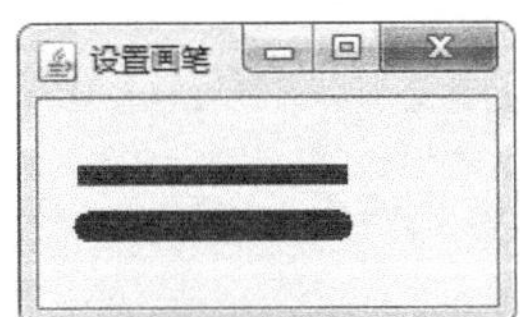

图 13.5 设置画笔

13.4 图像处理

开发高级的桌面应用程序，必须掌握一些图像处理与动画制作的技术，例如在程序中显示统计图、销售趋势图、动态按钮等。本节将对如何使用 Java 处理图像进行详细讲解。

13.4.1 绘制图像

扫码看视频

绘图类不仅可以绘制几何图形和文本，还可以绘制图像。绘制图像时需要使用 drawImage() 方法，该方法用来将图像资源显示到绘图上下文中，其语法如下。

```
drawImage(Image img, int x, int y, ImageObserver observer)
```

该方法将 img 图像显示在 *x*、*y* 指定的位置上，方法中涉及的参数说明如表 13.4 所示。

表 13.4 参数说明

参数	说明
img	要显示的图像对象
x	图像左上角的 *x* 坐标
y	图像左上角的 *y* 坐标
observer	当图像重新绘制时要通知的对象

> **说明**
>
> Java 中默认支持的图像格式主要有 JPG（JPEG）、GIF 和 PNG 这 3 种。

下面通过一个实例演示如何在画布中绘制图片文件中的图像。

实例13-4 创建 DrawImage 类，使用 drawImage() 方法在窗体中绘制图像，并使图像的大小保持不变。图片文件 img.png 放到项目中 src 源码文件夹下的默认包中，其位置如图 13.6 所示。

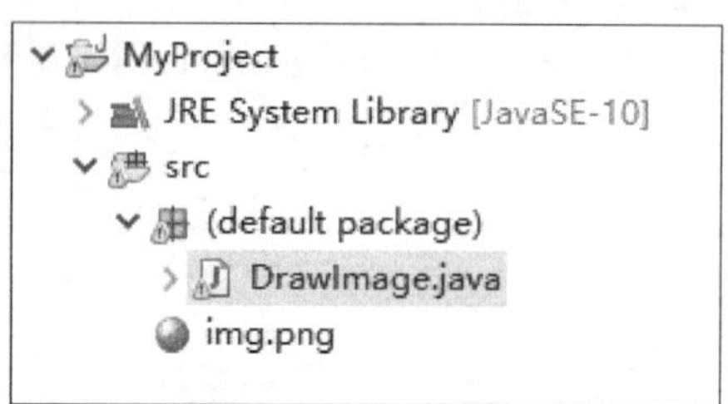

图 13.6　图片文件和 Java 文件在项目中的位置

DrawImage 类的具体代码如下。（实例位置：资源包 \MR\ 源码 \13\04。）

```
import java.awt.*;
import java.net.*;
import javax.swing.*;

public class DrawImage extends JFrame {
    Image img; // 显示的图片

    public DrawImage() {
        URL imgUrl = DrawImage.class.getResource("img.png"); // 获取图片资源的路径
        img = Toolkit.getDefaultToolkit().getImage(imgUrl); // 获取图片资源
        this.setSize(500, 250); // 设置窗体大小
        setDefaultCloseOperation(JFrame.EXIT_ON_CLOSE); // 设置窗体关闭模式
        add(new CanvasPanel()); // 设置窗体面板为绘图面板对象
        this.setTitle(" 绘制图片 "); // 设置窗体标题
    }

    public static void main(String[] args) {
        new DrawImage().setVisible(true);
    }

    class CanvasPanel extends Canvas {
        public void paint(Graphics g) {
            Graphics2D g2 = (Graphics2D) g;
```

```
            g2.drawImage(img, 0, 0, this); // 显示图片
        }
    }
}
```

程序运行结果如图 13.7 所示。

图 13.7　在窗体中绘制图像

13.4.2　图像缩放

在 13.4.1 小节讲解绘制图像时，使用了 drawImage() 方法将图像以原始大小显示在窗体中，要想实现图像的放大与缩小，则需要使用它的重载方法。

扫码看视频

语法如下。

```
drawImage(Image img, int x, int y, int width, int height, ImageObserver observer)
```

该方法将 img 图像显示在 *x*、*y* 指定的位置上，并指定图像的宽度和高度属性。方法中涉及的参数说明如表 13.5 所示。

表 13.5　参数说明

参数	说明
img	要显示的图像对象
x	图像左上角的 *x* 坐标
y	图像左上角的 *y* 坐标
width	图像的宽度
height	图像的高度
observer	当图像重新绘制时要通知的对象

下面通过一个实例演示使用 drawImage() 方法放大和缩小图片。

实例13-5 创建 ZoomImage 类，在窗体中显示原始大小的图像，然后通过两个按钮的单击事件，分别显示该图像放大与缩小后的效果，代码如下。（实例位置：资源包 \MR\ 源码 \13\05。）

```
import java.awt.*;
import javax.swing.*;
public class ZoomImage extends JFrame {
    private int imgWidth, imgHeight;                    // 定义图像的宽和高
    private double num;                                 // 图片变化增量
    private JPanel jPanImg = null;                      // 显示图像的面板
    private JPanel jPanBtn = null;                      // 显示控制按钮的面板
    private JButton jBtnBig = null;                     // 放大按钮
    private JButton jBtnSmall = null;                   // 缩小按钮
    private CanvasTest canvas = null;                   // 绘图面板
    public ZoomImage() {
        initialize();                                   // 调用初始化方法
    }
    private void initialize() {                         // 界面初始化方法
        this.setBounds(100, 100, 500, 420);             // 设置窗体大小和位置
        setDefaultCloseOperation(JFrame.EXIT_ON_CLOSE); // 设置窗体关闭模式
        this.setTitle("图像缩放");                       // 设置窗体标题
        jPanImg = new JPanel();                         // 主容器面板
        canvas = new CanvasTest();                      // 获取画布
        jPanImg.setLayout(new BorderLayout());          // 主容器面板
        jPanImg.add(canvas, BorderLayout.CENTER);       // 将画布放到面板中央
        setContentPane(jPanImg); // 将主容器面板作为窗体容器
        jBtnBig = new JButton("放大 (+)");              // 放大按钮
        jBtnBig.addActionListener(new java.awt.event.ActionListener() {
            public void actionPerformed(java.awt.event.ActionEvent e) {
                num += 20;                 // 设置正整数增量，每次单击图片宽高加 20
                canvas.repaint();          // 重绘放大的图像
            }
        });
        jBtnSmall = new JButton("缩小 (-)");            // 缩小按钮
        jBtnSmall.addActionListener(new java.awt.event.ActionListener() {
            public void actionPerformed(java.awt.event.ActionEvent e) {
                num -= 20;          // 设置负整数增量，每次单击图片宽高减 20
                canvas.repaint();                       // 重绘缩小的图像
            }
        });
        jPanBtn = new JPanel();                         // 按钮面板
        jPanBtn.setLayout(new FlowLayout());            // 采用流布局
```

```
        jPanBtn.add(jBtnBig);                          // 添加按钮
        jPanBtn.add(jBtnSmall);                        // 添加按钮
        jPanImg.add(jPanBtn, BorderLayout.SOUTH);      // 放到容器底部
    }
    public static void main(String[] args) {           // 主方法
        new ZoomImage().setVisible(true);              // 创建主类对象并显示窗体
    }
    class CanvasTest extends Canvas {                  // 创建画布
        public void paint(Graphics g) {    // 重写 paint() 方法，用来重绘图像
         // 使用 ImageIcon 类获取图片资源，图片文件在项目的 src 源码文件夹的默认包中
            Image img = new ImageIcon( "src/img.png" ).getImage();
            imgWidth = img.getWidth(this);             // 获取图像宽度
            imgHeight = img.getHeight(this);           // 获取图像高度
            int newW = (int) (imgWidth + num);         // 计算图像放大后的宽度
            int newH = (int) (imgHeight + num);        // 计算图像放大后的高度
            g.drawImage(img, 0, 0, newW, newH, this); // 绘制指定大小的图像
        }
    }
}
```

说明

repaint() 方法将调用 paint() 方法，实现组件或画布的重画功能，类似于刷新界面。

运行程序，效果如图 13.8 所示。单击“放大 (+)”按钮，效果如图 13.9 所示。单击“缩小 (-)”按钮，效果如图 13.10 所示。

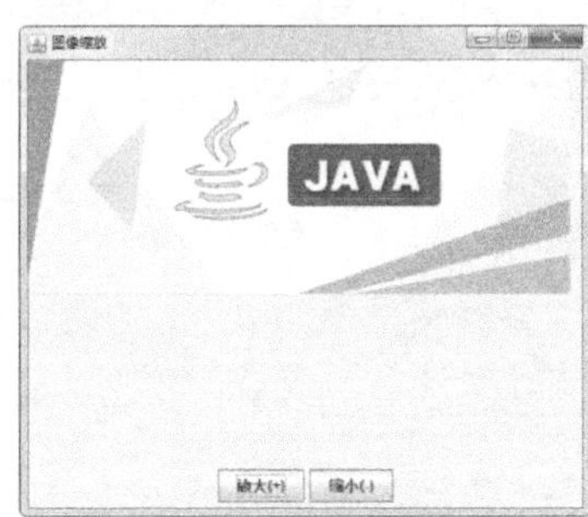

图 13.8　原始效果

图 13.9　图像放大效果

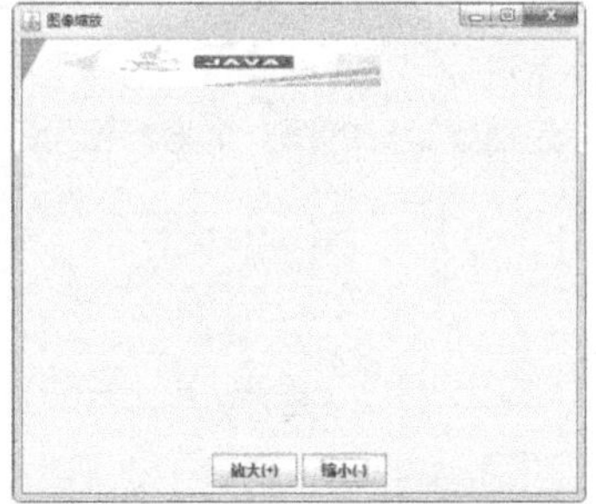

图 13.10　图像缩小效果

13.4.3　图像翻转

扫码看视频

图像的翻转需要使用 drawImage() 方法的另一个重载方法。

语法如下。

```
drawImage(Image img, int dx1, int dy1, int dx2, int dy2, int sx1, int sy1,
int sx2, int sy2, ImageObserver observer)
```

此方法总是用非缩放的图像来呈现缩放的矩形，并动态地执行所需的缩放。此操作不使用缓存的缩放图像。执行图像从源到目标的缩放，将源矩形的第一个坐标映射到目标矩形的第一个坐标，源矩形的第二个坐标映射到目标矩形的第二个坐标，按需要缩放和翻转子图像以保持这些映射关系。方法中涉及的参数说明如表 13.6 所示。

表 13.6 参数说明

参数	说明
img	要绘制的指定图像
dx1	目标矩形第一个坐标的 x 位置
dy1	目标矩形第一个坐标的 y 位置
dx2	目标矩形第二个坐标的 x 位置
dy2	目标矩形第二个坐标的 y 位置
sx1	源矩形第一个坐标的 x 位置
sy1	源矩形第一个坐标的 y 位置
sx2	源矩形第二个坐标的 x 位置
sy2	源矩形第二个坐标的 y 位置
observer	要通知的图像观察者

源矩形的第一个坐标和第二个坐标指的就是图片未翻转之前左上角的坐标和右下角的坐标，如图 13.11 所示的（a, b）和（c, d）。当图片水平翻转之后，原左上角的点会移动到右上角位置，右下角的点会移动到左下角位置，如图 13.12 所示。此时的（a, b）和（c, d）的值会发生改变，改变之后的坐标就是目标矩形的第一个坐标和第二个坐标。

图 13.11 源矩形　　图 13.12 水平翻转后 4 个角的位置

同样，让源矩形做垂直翻转，坐标变化如图 13.13 所示。让源矩形做 360° 翻转，坐标变化如图 13.14 所示。

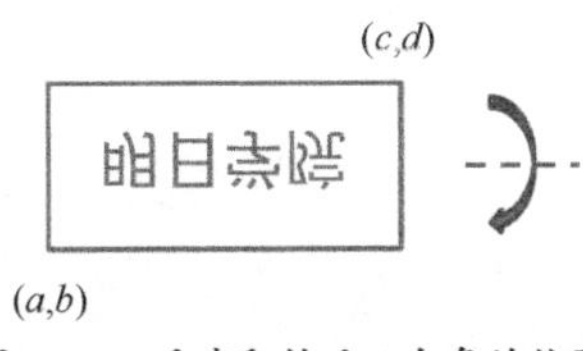

图 13.13　垂直翻转后 4 个角的位置

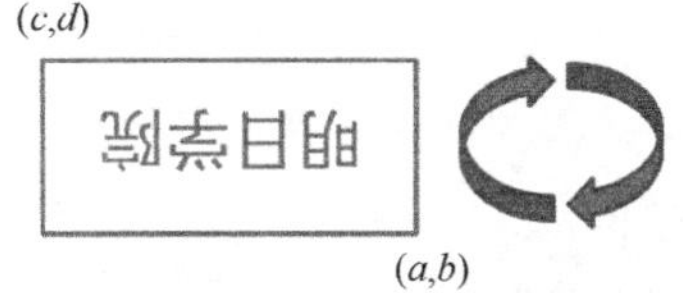

图 13.14　360° 旋转，即垂直翻转 + 水平翻转

下面通过一个实例来演示如何用代码翻转图片。

实例13-6 创建一个窗体，并展示一张图片。图片下方有两个按钮：水平翻转、垂直翻转。单击按钮之后，窗体中的图片会做出相应的翻转。具体代码如下。（实例位置：资源包 \MR\ 源码 \13\06。）

```
import java.awt.*;
import java.net.URL;
import javax.swing.*;
public class PartImage extends JFrame {
    private Image img;
    private int dx1, dy1, dx2, dy2;
    private int sx1, sy1, sx2, sy2;
    private JPanel jPanel = null;
    private JPanel jPanel1 = null;
    private JButton jButton = null;
    private JButton jButton1 = null;
    private MyCanvas canvasPanel = null;
    private int imageWidth = 473;                    // 图片宽
    private int imageHeight = 200;                   // 图片高

    public PartImage() {
        initialize();                                // 调用初始化方法
        dx2 = sx2 = imageWidth;                      // 初始化图像大小
        dy2 = sy2 = imageHeight;
    }

    // 界面初始化方法
    private void initialize() {
        URL imgUrl = PartImage.class.getResource("img.png"); // 获取图片资源的路径
        img = Toolkit.getDefaultToolkit().getImage(imgUrl);   // 获取图片资源
        this.setBounds(100, 100, 500, 250);              // 设置窗体大小和位置
        this.setContentPane(getJPanel());
        setDefaultCloseOperation(JFrame.EXIT_ON_CLOSE);  // 设置窗体关闭模式
        this.setTitle("图片翻转");                        // 设置窗体标题
    }
```

```
// 获取内容面板的方法
private JPanel getJPanel() {
    if (jPanel == null) {
        jPanel = new JPanel();
        jPanel.setLayout(new BorderLayout());
        jPanel.add(getControlPanel(), BorderLayout.SOUTH);
        jPanel.add(getMyCanvas1(), BorderLayout.CENTER);
    }
    return jPanel;
}

// 获取按钮控制面板的方法
private JPanel getControlPanel() {
    if (jPanel1 == null) {
        GridBagConstraints gridBagConstraints = new GridBagConstraints();
        gridBagConstraints.gridx = 1;
        gridBagConstraints.gridy = 0;
        jPanel1 = new JPanel();
        jPanel1.setLayout(new GridBagLayout());
        jPanel1.add(getJButton(), new GridBagConstraints());
        jPanel1.add(getJButton1(), gridBagConstraints);
    }
    return jPanel1;
}

// 获取水平翻转按钮
private JButton getJButton() {
    if (jButton == null) {
        jButton = new JButton();
        jButton.setText(" 水平翻转 ");
        jButton.addActionListener(new java.awt.event.ActionListener() {
            public void actionPerformed(java.awt.event.ActionEvent e) {
                sx1 = Math.abs(sx1 - imageWidth);    // 原点横坐标水平互换
                sx2 = Math.abs(sx2 - imageWidth);
                canvasPanel.repaint();
            }
        });
    }


    return jButton;
}
```

```
    // 获取垂直翻转按钮
    private JButton getJButton1() {
        if (jButton1 == null) {
            jButton1 = new JButton();
            jButton1.setText(" 垂直翻转 ");
            jButton1.addActionListener(new java.awt.event.ActionListener() {
                public void actionPerformed(java.awt.event.ActionEvent e) {
                    sy1 = Math.abs(sy1 - imageHeight);   // 原点纵坐标垂直互换
                    sy2 = Math.abs(sy2 - imageHeight);
                    canvasPanel.repaint();
                }
            });
        }
        return jButton1;
    }

    // 获取画板面板
    private MyCanvas getMyCanvas1() {
        if (canvasPanel == null) {
            canvasPanel = new MyCanvas();
        }
        return canvasPanel;
    }

    // 画板
    class MyCanvas extends JPanel {
        public void paint(Graphics g) {
            // 绘制指定大小的图片
            g.drawImage(img, dx1, dy1, dx2, dy2, sx1, sy1, sx2, sy2, this);
        }
    }

    // 主方法
    public static void main(String[] args) {
        new PartImage().setVisible(true);
    }
}
```

运行结果如图 13.15、图 13.16 和图 13.17 所示。

图 13.15　原图效果

图 13.16　垂直翻转效果

图 13.17　水平翻转效果

13.4.4　图像旋转

扫码看视频

图像的旋转需要调用Graphics2D类的rotate()方法，该方法将根据指定的弧度旋转图像。语法如下。

```
rotate(double theta)
```

其中，theta 是指旋转的弧度。

> **说明**
>
> 该方法只接受旋转的弧度作为参数，可以使用 Math 类的 toRadians() 方法将角度转换为弧度。toRadians() 方法接受角度值作为参数，返回值是转换完毕的弧度值。

下面通过一个实例演示图像旋转效果。

实例13-7 在窗体中绘制 3 个旋转后的图像，每个图像的旋转角度值为 5，具体代码如下。（实例位置：资源包 \MR\ 源码 \13\07。）

```
import java.awt.*;
import java.net.URL;
import javax.swing.*;
public class RotateImage extends JFrame {
    private Image img;
    private MyCanvas canvasPanel = null;

    public RotateImage() {
        initialize();                                      // 调用初始化方法
    }

    private void initialize() {                            // 界面初始化方法
        // 获取图片资源的路径
        URL imgUrl = RotateImage.class.getResource("img.png");
        img = Toolkit.getDefaultToolkit().getImage(imgUrl); // 获取图片资源
        canvasPanel = new MyCanvas();
        setBounds(100, 100, 400, 370);                     // 设置窗体大小和位置
        add(canvasPanel);
        setDefaultCloseOperation(JFrame.EXIT_ON_CLOSE); // 设置窗体关闭模式
        setTitle(" 图片旋转 ");                             // 设置窗体标题
    }

    class MyCanvas extends JPanel {                        // 画板
        public void paint(Graphics g) {
            Graphics2D g2 = (Graphics2D) g;
            g2.rotate(Math.toRadians(5));                  // 旋转角度
            g2.drawImage(img, 70, 10, 300, 200, this);   // 绘制图片
            g2.rotate(Math.toRadians(5));
            g2.drawImage(img, 70, 10, 300, 200, this);
            g2.rotate(Math.toRadians(5));
            g2.drawImage(img, 70, 10, 300, 200, this);
            g2.rotate(Math.toRadians(5));
            g2.drawImage(img, 70, 10, 300, 200, this);
        }
    }

    // 主方法
    public static void main(String[] args) {
        new RotateImage().setVisible(true);
    }
}
```

运行结果如图 13.18 所示。

图 13.18　图像旋转效果

13.4.5　图像倾斜

扫码看视频

可以使用 Graphics2D 类提供的 shear() 方法设置绘图的倾斜方向，从而使图像实现倾斜的效果。

语法如下。

```
shear(double shx, double shy)
```

- shx：水平方向的倾斜量。
- shy：垂直方向的倾斜量。

下面通过一个实例演示图像的倾斜效果。

实例13-8 在窗体中绘制图像，使图像在水平方向实现倾斜效果，具体代码如下。（实例位置：资源包\MR\源码\13\08。）

```
import java.awt.*;
import java.net.URL;
import javax.swing.*;
public class TiltImage extends JFrame {
    private Image img;
    private MyCanvas canvasPanel = null;
    public TiltImage() {
        initialize();                                    // 调用初始化方法
    }
    // 界面初始化方法
    private void initialize() {
        // 获取图片资源的路径
        URL imgUrl = TiltImage.class.getResource("img.png");
        img = Toolkit.getDefaultToolkit().getImage(imgUrl); // 获取图片资源
```

```
        canvasPanel = new MyCanvas();
        this.setBounds(100, 100, 400, 250);              // 设置窗体大小和位置
        add(canvasPanel);
        setDefaultCloseOperation(JFrame.EXIT_ON_CLOSE); // 设置窗体关闭模式
        this.setTitle(" 图片倾斜 ");                    // 设置窗体标题
    }
    // 画板
    class MyCanvas extends JPanel {
        public void paint(Graphics g) {
            Graphics2D g2 = (Graphics2D) g;
            g2.shear(0.3, 0);
            g2.drawImage(img, 0, 0, 300, 200, this);// 绘制指定大小的图片
        }
    }
    // 主方法
    public static void main(String[] args) {
        new TiltImage().setVisible(true);
    }
}
```

运行结果如图 13.19 所示。

图 13.19 水平倾斜的图片效果

13.5 动手练一练

(1) 绘制多边形。在窗体上绘制多边形，运行效果如图 13.20 所示。

(2) 绘制扇形。绘制 4 个指定角度的填充扇形，并设置填充扇形的颜色分别为黄色、红色、青色和黑色，运行效果如图 13.21 所示。

(3) 绘制线条不同粗细的椭圆。设置笔画的粗细，绘制 4 个线条不同粗细的椭圆，运行效果如图 13.22 所示。

图 13.20　绘制多边形

图 13.21　设置填充扇形的颜色

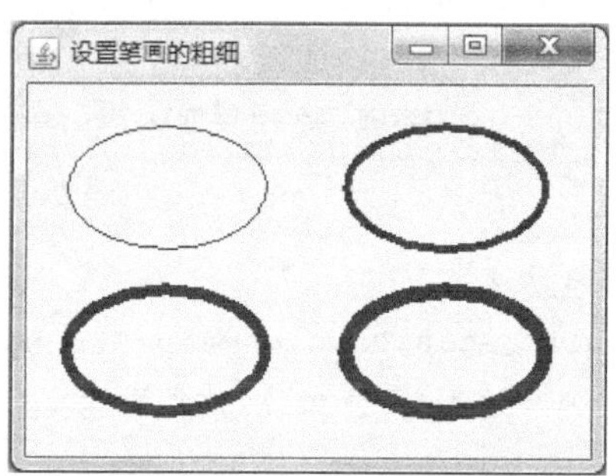

图 13.22　绘制 4 个线条不同粗细的椭圆

（4）绘制并垂直翻转图片。绘制图片后，单击窗体上的“垂直翻转”按钮，将对图像进行垂直翻转，运行效果如图 13.23 和图 13.24 所示。

图 13.23　在窗体中绘制图像

图 13.24　将绘制的图像垂直翻转

（5）缩放图像。通过调整窗体上的滑块，对窗体上显示的图片进行缩放，运行效果如图 13.25 所示。

图 13.25　调整窗体上的滑块缩放图像

输入 / 输出流

◀ 视频教学：90 分钟

把数据存储在变量、对象或数组中都是暂时的，也就是说，程序运行后，被存储在变量、对象或数组中的数据就会丢失。为了长时间地存储程序运行过程中的数据，Java 语言提供了输入 / 输出（I/O）技术。该技术能够把程序运行过程中的数据存储在文件（如文本文件、二进制文件等）中，以达到长时间存储数据的目的。掌握输入 / 输出处理技术能够提高用户对数据的处理能力。

14.1 流概述

扫码看视频

在程序设计过程中，输入与输出设备之间的数据传递被抽象为流，例如键盘可以输入数据，显示器可以显示键盘输入的数据等。按照不同的分类方式，可以将流分为不同的类型：根据操作流的数据单元，可以将流分为字节流（操作的数据单元是一个字节）和字符流（操作的数据单元是两个字节或一个字符，因为一个字符占两个字节）；根据流的流向，可以将流分为输入流和输出流。

从内存的角度出发，输入是指数据从数据源（如文件、压缩包或者视频等）流入内存的过程，输入示意图如图 14.1 所示；输出流是指数据从内存流出到数据源的过程，输出示意图如图 14.2 所示。

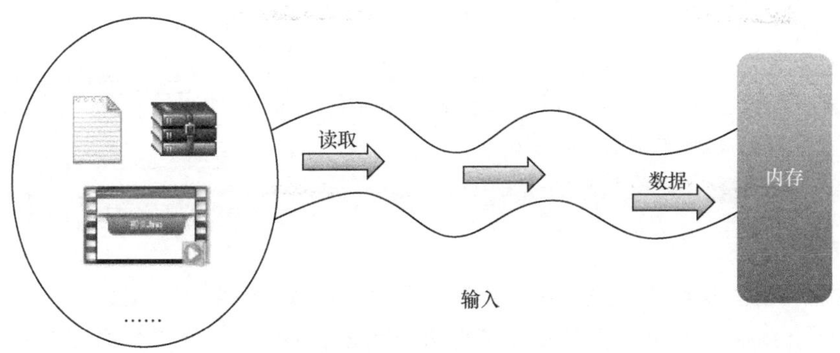

图 14.1　输入示意图

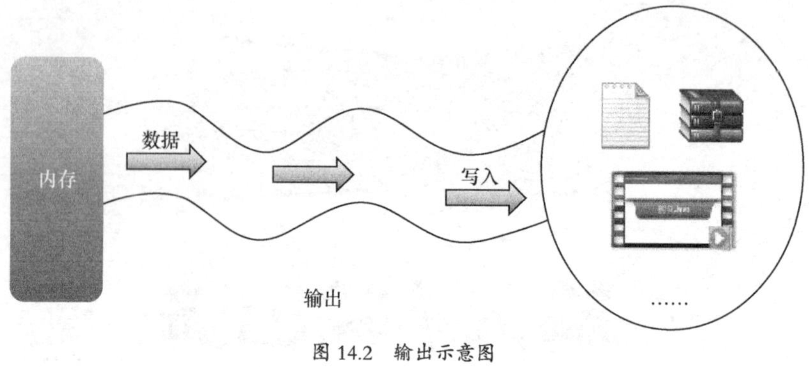

图 14.2　输出示意图

说明

输入流用来读取数据，输出流用来写入数据。

14.2　与输入 / 输出流有关的类

Java 语言把与输入 / 输出流有关的类都放在了 java.io 包中。其中，所有与输入流有关的类都是抽象类 InputStream（字节输入流）或抽象类 Reader（字符输入流）的子类；而所有与输出流有关的类都是抽象类 OutputStream（字节输出流）或抽象类 Writer（字符输出流）的子类。

14.2.1　输入流

输入流抽象类有两种，分别是 InputStream 字节输入流和 Reader 字符输入流。

扫码看视频

1. InputStream 类

InputStream 类是字节输入流的抽象类，是所有字节输入流的父类。InputStream 类的具体层次结构如图 14.3 所示。

InputStream 类中所有方法遇到错误时都会引发 IOException 异常。该类的常用方法及说明如表 14.1 所示。

说明

并不是所有的 InputStream 类的子类都支持 InputStream 中定义的所有方法，如 skip()、mark()、reset() 等方法只对某些子类有用。

2. Reader 类

Java 中的字符是 Unicode 编码，是双字节的，而 InputStream 类是用来处理字节的，并不适合处理字符。为此，Java 提供了专门用来处理字符的 Reader 类，Reader 类是字符输入流的抽象类，也是所有字符输入流的父类。Reader 类的具体层次结构如图 14.4 所示。

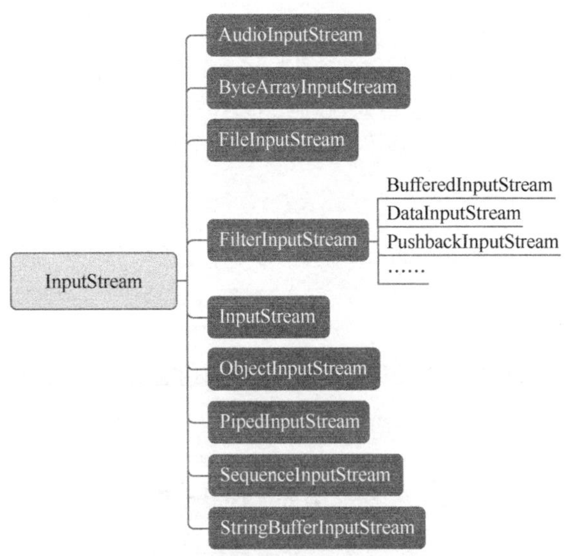

图 14.3 InputStream 类的具体层次结构

表 14.1 InputStream 类的常用方法及说明

方法	返回值	说明
read()	int	从输入流中读取数据的下一个字节。返回 0~255 范围内的 int 字节值。如果因为已经到达流末尾而没有可用的字节，则返回值 -1
read(byte[ ] b)	int	从输入流中读入一定长度的字节，并以整数的形式返回字节数
mark(int readlimit)	void	在输入流的当前位置放置一个标记，readlimit 参数告知此输入流在标记位置失效之前允许读取的字节数
reset()	void	将输入指针返回到当前所做的标记处
skip(long n)	long	跳过输入流上的 n 个字节并返回实际跳过的字节数
markSupported()	boolean	如果当前流支持 mark()/reset() 操作就返回 True
close()	void	关闭此输入流并释放与该流关联的所有系统资源

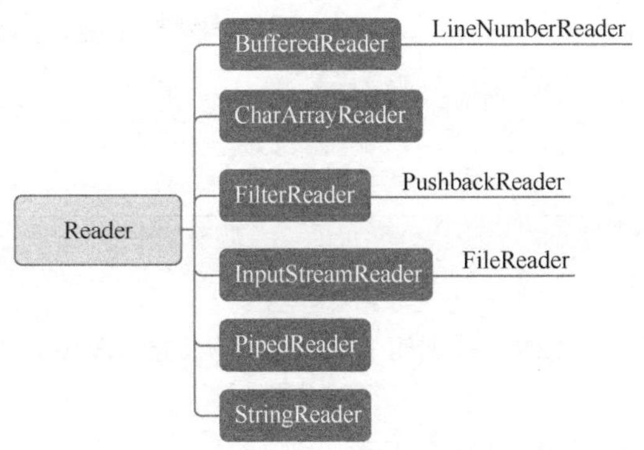

图 14.4 Reader 类的具体层次结构

Reader 类中的方法与 InputStream 类中的方法类似，但需要注意的一点是，Reader 类中的 read() 方法的参数为 char 类型的数组；另外，除了表 14.1 中的方法外，它还提供了一个 ready() 方法，该方法用来判断是否准备读取流，其返回值为 boolean 类型。

14.2.2 输出流

扫码看视频

输出流抽象类也有两种，分别是 OutputStream 字节输出流和 Writer 字符输出流。

1. OutputStream 类

OutputStream 类是字节输出流的抽象类，是所有字节输出流的父类。OutputStream 类的具体层次结构如图 14.5 所示。

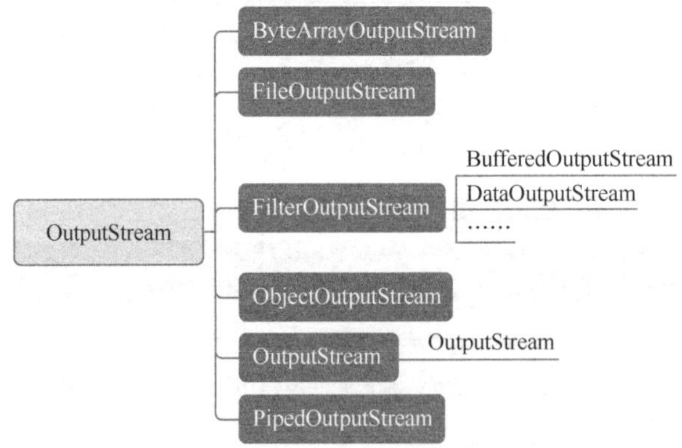

图 14.5　OutputStream 类的具体层次结构

OutputStream 类中的所有方法均没有返回值，在遇到错误时会引发 IOException 异常。该类的常用方法及其说明如表 14.2 所示。

表 14.2　OutputStream 类的常用方法及其说明

方法	说明
write(int b)	将指定的字节写入此输出流
write(byte[ ] b)	将 b 个字节从指定的 byte 数组写入此输出流
write(byte[ ] b, int off, int len)	将指定 byte 数组中从偏移量 off 开始的 len 个字节写入此输出流
flush()	彻底完成输出并清空缓冲区
close()	关闭输出流

2. Writer 类

Writer 类是字符输出流的抽象类，是所有字符输出流的父类。Writer 类的具体层次结构如图 14.6 所示。

Writer 类的常用方法及其说明如表 14.3 所示。

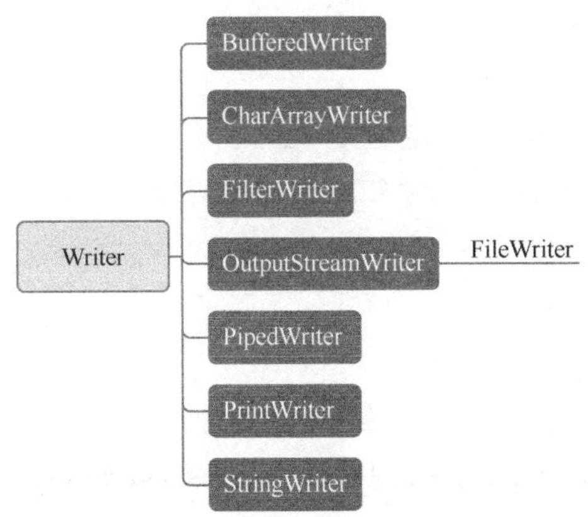

图 14.6 Writer 类的具体层次结构

表 14.3 Writer 类的常用方法及其说明

方法	说明
append(char c)	将指定字符添加到此 writer
append(CharSequence csq)	将指定字符序列添加到此 writer
append(CharSequence csq, int start, int end)	将指定字符序列的子序列添加到此 writer.Appendable
close()	关闭此流，但要先刷新它
flush()	刷新该流的缓冲
write(char[ ] cbuf)	写入字符数组
write(char[ ] cbuf, int off, int len)	写入字符数组的某一部分
write(int c)	写入单个字符
write(String str)	写入字符串
write(String str, int off, int len)	写入字符串的某一部分

14.3 File 类

File 类是 java.io 包中用来操作文件的类，调用 File 类中的方法，可实现创建、删除、重命名文件等功能。使用 File 类的对象可以获取文件的基本信息，如文件所在的目录、文件名、文件大小、文件的修改时间等。

14.3.1 创建文件对象

使用 File 类的构造方法能够创建文件对象，常用的 File 类的构造方法有如下 3 种。

扫码看视频

（1）File(String pathname)。

根据传入的路径名称创建文件对象。

✓ pathname：被传入的路径名称（包含文件名）。

例如，在 D 盘的根目录下创建文本文件 1.txt，关键代码如下。

```
File file = new File("D:/1.txt");
```

（2）File(String parent, String child)。

根据传入的父路径（磁盘根目录或磁盘中的某一文件夹）和子路径（文件名）创建文件对象。

✓ parent：父路径（磁盘根目录或磁盘中的某一文件夹），例如 D:/ 或 D:/doc/。

✓ child：子路径（文件名），例如 letter.txt。

例如，在 D 盘的 doc 文件夹中创建文本文件 1.txt，关键代码如下。

```
File file = new File("D:/doc/", "1.txt");
```

（3）File(File f, String child)。

根据传入的父文件对象（磁盘中的某一文件夹）和子路径（文件名）创建文件对象。

✓ parent：父文件对象（磁盘中的某一文件夹），例如 D:/doc/。

✓ child：子路径（文件名），例如 letter.txt。

例如，先在 D 盘中创建 doc 文件夹，再在 doc 文件夹中创建文本文件 1.txt，关键代码如下。

```
File folder = new File("D:/doc/");
File file = new File(folder, "1.txt");
```

说明

对于 Microsoft Windows 平台，包含盘符的路径名前缀由驱动器号和一个“:”组成，文件夹分隔符可以是“/”，也可以是“\\”（即“\”的转义字符）。

14.3.2 文件操作

扫码看视频

File 类提供了操作文件的相应方法，常见的文件操作主要包括判断文件是否存在、创建文件、重命名文件、删除文件以及获取文件基本信息等。File 类中操作文件的常用方法及其说明如表 14.4 所示。

表 14.4　File 类中操作文件的常用方法及其说明

方法	返回值	说明
canRead()	boolean	判断文件是否是可读的
canWrite()	boolean	判断文件是否可被写入
createNewFile()	boolean	当且仅当不存在具有指定名称的文件时，创建一个新的空文件
createTempFile(String prefix, String suffix)	File	在默认临时文件夹中创建一个空文件，使用给定前缀和后缀生成其名称

续表

方法	返回值	说明
createTempFile(String prefix, String suffix, File directory)	File	在指定文件夹中创建一个新的空文件，使用给定的前缀和后缀字符串生成其名称
delete()	boolean	删除指定的文件或文件夹
exists()	boolean	测试指定的文件或文件夹是否存在
getAbsoluteFile()	File	返回抽象路径名的绝对路径名形式
getAbsolutePath()	String	获取文件的绝对路径
getName()	String	获取文件或文件夹的名称
getParent()	String	获取文件的父路径
getPath()	String	获取路径名字符串
getFreeSpace()	long	返回此抽象路径名指定的分区中未分配的字节数
getTotalSpace()	long	返回此抽象路径名指定的分区大小
length()	long	获取文件的长度（以字节为单位）
isFile()	boolean	判断是不是文件
isHidden()	boolean	判断文件是否是隐藏文件
lastModified()	long	获取文件最后修改时间
renameTo(File dest)	boolean	重新命名文件
setLastModified(long time)	boolean	设置文件或文件夹的最后一次修改时间
setReadOnly()	boolean	将文件或文件夹设置为只读
toURI()	URI	构造一个表示此抽象路径名的 URI

说明

表 14.4 中的 delete() 方法、exists() 方法、getName() 方法、getAbsoluteFile() 方法、getAbsolutePath() 方法、getParent() 方法、getPath() 方法、setLastModified(long time) 方法和 setReadOnly() 方法同样适用于文件夹操作。

下面通过一个实例演示利用 Java 代码创建文件、删除文件和读取文件。

实例14-1 创建类 FileTest，在主方法中判断“程序日志 .log”文件是否存在，如果不存在，则创建该文件；如果存在，则获取文件的相关信息，文件的相关信息包括文件是否可读、文件的名称、绝对路径、是否隐藏、字节数、最后修改时间，获取这些信息之后，将文件删除。具体代码如下。（实例位置：资源包 \MR\ 源码 \14\01。）

```
import java.io.File;
import java.io.IOException;
```

```
import java.text.SimpleDateFormat;
import java.util.Date;
public class FileTest {
    public static void main(String[] args) {
        File file = new File("程序日志 .log"); // 创建文件对象
        if (!file.exists()) { // 如果文件不存在（程序第一次运行时执行的语句块）
            System.out.println("未在指定目录下找到文件名为 '" + file.getName() +
"' 的文本文件！正在创建……");
            try {
                file.createNewFile(); // 创建该文件
            } catch (IOException e) {
                e.printStackTrace();
            }
            System.out.println("文件创建成功！");
        } else { // 文件存在（程序第二次运行时执行的语句块）
            System.out.println("找到文件名为 '" + file.getName() + "' 的文件！");
            if (file.isFile() && file.canRead()) { // 该文件是一个标准文件且可读
                System.out.println("文件可读！正在读取文件信息 ...");
                System.out.println("文件名：" + file.getName()); // 输出文件名
                // 输出文件的绝对路径
                System.out.println("文件的绝对路径：" + file.getAbsolutePath());
                // 输出文件是否被隐藏
                System.out.println("文件是否是隐藏文件：" + file.isHidden());
                // 输出该文件中的字节数
                System.out.println("文件中的字节数：" + file.length());
                long tempTime = file.lastModified(); // 获取该文件最后的修改时间
                // 日期格式化对象
                SimpleDateFormat sdf = new SimpleDateFormat(
                        "yyyy/MM/dd HH:mm:ss");
                Date date = new Date(tempTime); // 使用“文件最后修改时间”创建 Date 对象
                String time = sdf.format(date); // 格式化“文件最后的修改时间”
                System.out.println("文件最后的修改时间：" + time);// 输出该文件最后的修改时间
                file.delete(); // 查完该文件信息后，删除文件
                System.out.println("文件是否被删除了：" + !file.exists());
            } else { // 文件不可读
                System.out.println("文件不可读！");
            }
        }
    }
}
```

第一次运行程序时，因为当前文件夹中不存在“程序日志 .log”文件，所以需要先创建“程序日志 .log”

文件，运行结果如图 14.7 所示。

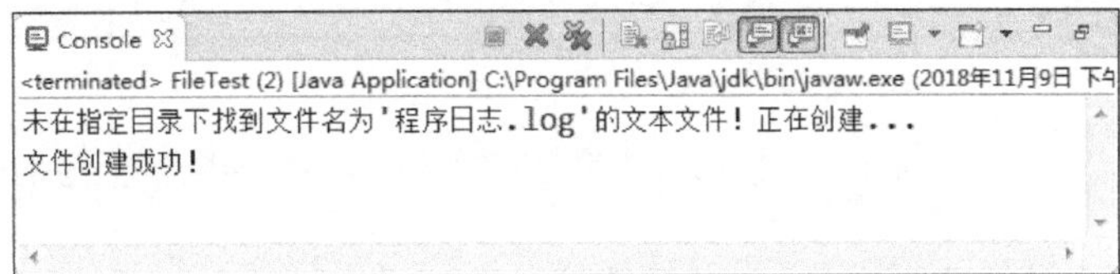

图 14.7　创建“程序日志 .log”文件

第二次运行程序时，获取“程序日志 .log”文件的相关信息后，删除“程序日志 .log”文件，运行结果如图 14.8 所示。

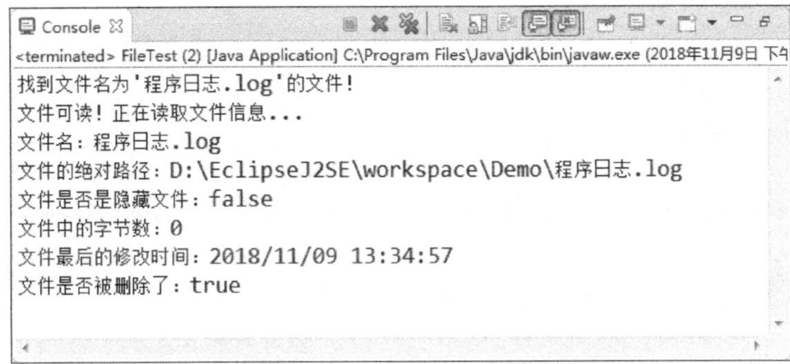

图 14.8　获取“程序日志 .log”文件信息后删除“程序日志 .log”文件

14.3.3　文件夹操作

扫码看视频

File 类不仅提供了操作文件的相应方法，还提供了操作文件夹的相应方法。常见的文件夹操作主要包括判断文件夹是否存在、创建文件夹、删除文件夹、获取文件夹中的子文件夹及文件等。File 类中操作文件夹的常用方法及其说明如表 14.5 所示。

表 14.5　File 类中操作文件夹的常用方法及其说明

方法	返回值	说明
isDirectory()	boolean	判断是不是文件夹
list()	String[ ]	返回字符串数组，这些字符串指定此抽象路径名表示的目录中的文件和目录
list(FilenameFilter filter)	String[ ]	返回字符串数组，这些字符串指定此抽象路径名表示的目录中满足指定过滤器的文件和目录
listFiles()	File[ ]	返回抽象路径名数组，这些路径名表示此抽象路径目录中的文件
listFiles(FileFilter filter)	File[ ]	返回抽象路径名数组，这些路径名表示此抽象路径目录中满足指定过滤器的文件和目录
listFiles(FilenameFilter filter)	File[ ]	返回抽象路径名数组，这些路径名表示此抽象路径目录中满足指定过滤器的文件和目录

续表

方法	返回值	说明
mkdir()	boolean	创建此抽象路径名指定的目录
mkdirs()	boolean	创建此抽象路径名指定的目录，包括所有必需但不存在的父目录

下面通过一个实例演示如何使用 File 类的相关方法操作文件夹。

实例14-2 创建类 FolderTest，首先在主方法中判断 C 盘下是否存在“测试文件夹”文件夹，如果不存在，则创建“测试文件夹”文件夹，并在“测试文件夹”文件夹下创建 10 个子文件夹；然后获取并输出 C 盘根目录下的所有文件及文件夹（包括隐藏的文件夹）。具体代码如下。（实例位置：资源包 \MR\ 源码 \14\02。）

```
import java.io.File;
public class FolderTest {
    public static void main(String[] args) {
        String path = "C:\\ 测试文件夹 ";    // 声明文件夹 Test 所在的目录
        for (int i = 1; i <= 10; i++) {   // 循环获取 i 值，并用 i 命名新的文件夹
            File folder = new File(path + "\\" + i);
                                          // 根据新的目录创建 File 对象
            if (!folder.exists()) {       // 文件夹不存在
                folder.mkdirs();          // 创建新的文件夹（包括不存在的父文件夹）
            }
        }
        System.out.println("文件夹创建成功，请打开C盘查看！ \n\nC盘文件及文件夹列表如下：");
        File file = new File("C:\\");              // 根据路径名创建 File 对象
        File[] files = file.listFiles();           // 获取 C 盘的所有文件和文件夹
        for (File folder : files) {                // 遍历 files 数组
            if (folder.isFile())                   // 判断是否为文件
                System.out.println(folder.getName() + " 文件 "); // 输出C盘下所有文件的名称
            else if (folder.isDirectory())         // 判断是否为文件夹
                // 输出 C 盘下所有文件夹的名称
                System.out.println(folder.getName() + " 文件夹 ");
        }
    }
}
```

上述程序的运行结果如图 14.9 所示，创建的文件夹效果如图 14.10 所示。

使用计算机办公时，经常会遇到要给文件重新命名的情况，如果是一两个文件手动改一下就可以了，但如果需要重新命名几十个甚至上百个文件，就应该交给计算机自动完成。File 类提供的 renameTo(File f) 方法就可以实现更改文件名称的功能。

```
Console
<terminated> FolderTest [Java Application] C:\Program Files\Java\jdk\bin\j
Program Files 文件夹
Program Files (x86) 文件夹
ProgramData 文件夹
Recovery 文件夹
RECYCLER 文件夹
swapfile.sys 文件
System Volume Information 文件夹
Users 文件夹
Windows 文件夹
测试文件夹 文件夹
```

图 14.9　使用 File 类对文件夹进行操作

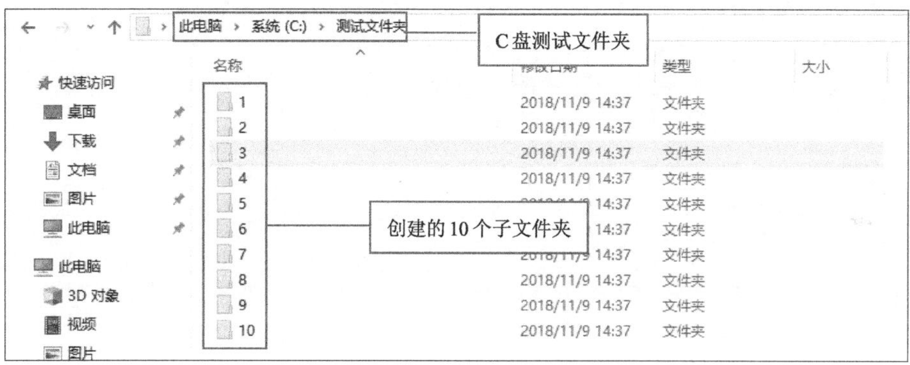

图 14.10　创建的文件夹效果

实例14-3 本实例遍历了一个文件夹中所有的文件，把每个文件的文件名里的“mrkj”字样都改成了“明日科技”，具体代码如下。（实例位置：资源包 \MR\ 源码 \14\03。）

```
import java.io.File;
public class RenameFiles {
    public static void main(String[] args) {
        File dir = new File("D:\\ 视频文件 \\");
        File fs[] = dir.listFiles();
        for (File f : fs) {
            String filename = f.getName();
            filename = filename.replace("mrkj", " 明日科技 ");
            f.renameTo(new File(f.getParentFile(), filename));    // 重命名
        }
    }
}
```

程序运行之前，D:\ 视频文件目录下的文件列表如图 14.11 所示；程序运行之后，该目录下所有文件名字中的“mrkj”字样都被替换为“明日科技”字样，效果如图 14.12 所示。

批量删除文件与批量重命名的逻辑类似，File 类提供的 delete() 方法可以删除文件。

mrkj-1-什么是Java.mp4
mrkj-2-Java的版本.mp4
mrkj-3-Java API文档.mp4
mrkj-4-JDK的下载.mp4
mrkj-5-JDK的安装.mp4
mrkj-5-配置JDK.mp4

图 14.11　程序运行前的文件列表

明日科技-1-什么是Java.mp4
明日科技-2-Java的版本.mp4
明日科技-3-Java API文档.mp4
明日科技-4-JDK的下载.mp4
明日科技-5-JDK的安装.mp4
明日科技-5-配置JDK.mp4

图 14.12　程序运行之后的文件列表

实例14-4 本实例遍历了一个文件夹中所有的文件，把所有扩展名为“.jpg”或“.png”的文件全部删除，具体代码如下。（实例位置：资源包 \MR\ 源码 \14\04。）

```
import java.io.File;
public class DeleteFiles {
    public static void main(String[] args) {
        File dir = new File("D:/ 临时文件夹 /");
        File fs[] = dir.listFiles();
        for (File f : fs) {
            String filename = f.getName();
            // 如果文件以 .jpg 或 .png 为扩展名
            if (filename.endsWith(".jpg") || filename.endsWith(".png")) {
                f.delete();    // 删除
            }
        }
    }
}
```

14.4　文件输入 / 输出流

程序运行期间，大部分数据都被存储在内存中；当程序结束或被关闭时，存储在内存中的数据将会消失。如果需要永久保存数据，那么最好的办法就是把数据保存到磁盘的文件中。为此，Java 提供了文件输入 / 输出流，即 FileInputStream 类与 FileOutputStream 类。

14.4.1　FileInputStream 类与 FileOutputStream 类

扫码看视频

Java 提供了操作磁盘文件的 FileInputStream 类与 FileOutputStream 类。其中，读取文件内容使用的是 FileInputStream 类；向文件中写入内容使用的是 FileOutputStream 类。

FileInputStream 类常用的构造方法如下。

- FileInputStream(String name)：使用给定的文件名 name 创建一个 FileInputStream 对象。
- FileInputStream(File file)：使用 File 对象创建 FileInputStream 对象，该方法允许在把文件连

接输入流之前对文件做进一步分析。

FileOutputStream 类常用的构造方法如下。

- FileOutputStream(File file)：创建一个向指定 File 对象表示的文件中写入数据的文件输出流。
- FileOutputStream(File file, boolean append)：创建一个向指定 File 对象表示的文件中写入数据的文件输出流；如果第 2 个参数为 true，则将字节写入文件末尾处，而不是写入文件开始处。
- FileOutputStream(String name)：创建一个向具有指定名称的文件中写入数据的输出文件流。
- FileOutputStream(String name, boolean append)：创建一个向具有指定名称的文件中写入数据的输出文件流；如果第二个参数为 true，则将字节写入文件末尾处，而不是写入文件开始处。

说明

FileInputStream 类是 InputStream 类的子类，InputStream 类的常用方法请参见表 14.1；FileOutputStream 类是 OutputStream 类的子类，OutputStream 类的常用方法请参见表 14.2。

FileInputStream 类与 FileOutputStream 类操作的数据单元是一个字节，如果文件中有中文字符（占两个字节），使用 FileInputStream 类与 FileOutputStream 类读 / 写文件的过程中会产生乱码。如何能够避免乱码的出现呢？下面将通过一个实例来解决乱码问题。

实例14-5 创建 FileStreamTest 类，在主方法中先使用 FileOutputStream 类向文件 word.txt 写入“盛年不重来，一日再难晨。\n 及时当勉励，岁月不待人。”，再使用 FileInputStream 类将 word.txt 中的数据读取到控制台上，具体代码如下。（实例位置：资源包 \MR\ 源码 \14\05。）

```
import java.io.*;
public class FileStreamTest {
    public static void main(String[] args) {
        File file = new File("word.txt"); // 创建文件对象
        try { // 捕捉异常
            // 创建 FileOutputStream 对象，用来向文件中写入数据
            FileOutputStream out = new FileOutputStream(file);
            // 定义字符串，用来存储要写入文件的内容
            String content = "盛年不重来，一日再难晨。\n 及时当勉励，岁月不待人。";
            // 创建 byte 型数组，将要写入文件的内容转换为字节数组
            byte buy[] = content.getBytes();
            out.write(buy); // 将数组中的信息写入文件中
            out.close(); // 将流关闭
        } catch (IOException e) { // 用 catch 语句处理异常信息
            e.printStackTrace(); // 输出异常信息
        }
        try {
            // 创建 FileInputStream 对象，用来读取文件内容
            FileInputStream in = new FileInputStream(file);
            byte byt[] = new byte[1024]; // 创建 byte 数组，用来存储读取到的内容
```

```
            int len = in.read(byt); // 从文件中读取信息，并存入字节数组中
            // 将文件中的信息输出
            System.out.println(" 文件中的信息是：");
            System.out.println(new String(byt, 0, len));
            in.close(); // 关闭流
        } catch (Exception e) {
            e.printStackTrace();
        }
    }
}
```

运行结果如下。

```
文件中的信息是:
盛年不重来，一日再难晨。
及时当勉励，岁月不待人。
```

注意

虽然 Java 在程序结束时会自动关闭所有打开的流，但是当使用完流后，显式地关闭所有打开的流仍是一个好习惯。

14.4.2 FileReader 类与 FileWriter 类

扫码看视频

FileReader 类和 FileWriter 类对应了 FileInputStream 类和 FileOutputStream 类。其中，读取文件内容使用的是 FileReader 类；向文件中写入内容使用的是 FileWriter 类。FileReader 类与 FileWriter 类操作的数据单元是一个字符，如果文件中有中文字符，使用 FileReader 类与 FileWriter 类读 / 写文件不会产生乱码。

说明

FileReader 类是 Reader 类的子类，其常用方法与 Reader 类中的方法类似，而 Reader 类中的方法又与 InputStream 类中的方法类似，所以 Reader 类的方法请参见表 14.1；FileWriter 类是 Writer 类的子类，该类的常用方法请参见表 14.3。

下面通过一个实例介绍 FileReader 与 FileWriter 类的用法。

实例14-6 创建 ReaderAndWriter 类，在主方法中先使用 FileWriter 类向文件 word.txt 中写入控制台输入的内容，再使用 FileReader 类将 word.txt 中的数据读取到控制台上，具体代码如下。（实例位置：资源包 \MR\ 源码 \14\06。）

```
import java.io.*;
import java.util.*;
```

```
public class ReaderAndWriter {
   public static void main(String[] args) {
      while (true) {                    // 设置无限循环，实现控制台的多次输入
         try {
            // 在当前目录下创建名为“word.txt”的文本文件
            File file = new File("word.txt");
            if (!file.exists()) {     // 如果文件不存在，创建新的文件
               file.createNewFile();
            }
            System.out.println("请输入要执行的操作序号：(1.写入文件；2.读取文件)");
            Scanner sc = new Scanner(System.in);     // 创建控制台输入检测
            int choice = sc.nextInt();               // 获取“要执行的操作序号”
            switch (choice) {            // 以“操作序号”为关键字的多分支语句
            case 1:                      // 在控制台输入 1
               System.out.println("请输入要写入文件的内容：");
               String tempStr = sc.next();  // 获取控制台上要写入文件的内容
               FileWriter fw = null;   // 声明字符输出流
               try {
                  // 创建可扩展的字符输出流，向文件中写入新数据时不覆盖已存在的数据
                  fw = new FileWriter(file, true);
                  // 把控制台上的文本内容写入“word.txt”中
                  fw.write(tempStr + "\r\n");
               } catch (IOException e) {
                  e.printStackTrace();
               } finally {
                  fw.close();                    // 关闭字符输出流
               }
               System.out.println("上述内容已写入文本文件中！");
               break;
            case 2:                              // 在控制台输入 2
               FileReader fr = null;               // 声明字符输入流
               // “word.txt”中的字符数为0时,在控制台输出“文本中的字符数为0！！！”
               if (file.length() == 0) {
                  System.out.println(“文本中的字符数为 0！！！”);
               } else {                       //  “word.txt”中的字符数不为 0 时
                  try {
                     // 创建用来读取“word.txt”中的字符输入流
                     fr = new FileReader(file);
                     // 创建可容纳 1024 个字符的数组，用来储存读取的字符数的缓冲区
                     char[] cbuf = new char[1024];
                     int hasread = -1;             // 初始化已读取的字符数
                     // 循环读取“word.txt”中的数据
                     while ((hasread = fr.read(cbuf)) != -1) {
```

```
                    // 把 char 数组中的内容转换为 String 类型输出
                    System.out.println(" 文件 “word.txt” 中的内容: \n"
                        + new String(cbuf, 0, hasread));
                }
            } catch (IOException e) {
                e.printStackTrace();
            } finally {
                fr.close();                  // 关闭字符输入流
            }
        }
        break;
    default:
        System.out.println(" 请输入符合要求的有效数字! ");
        break;
    }
} catch (InputMismatchException imexc) {
    System.out.println(" 输入的文本格式不正确! 请重新输入……");
} catch (IOException e) {
    e.printStackTrace();
}
}
}
}
```

运行程序，按照提示输入 1，可以向 word.txt 中写入控制台输入的内容；输入 2，可以读取 word.txt 中的数据。上述程序的运行结果如图 14.13 所示。

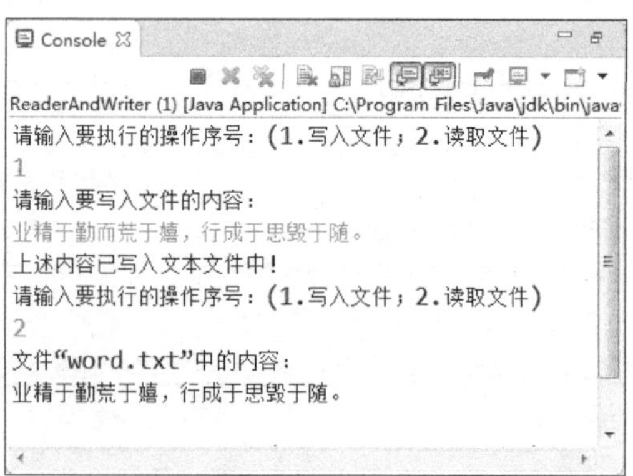

图 14.13　向文件中写入、读取控制台输入的内容

14.5　带缓冲的输入 / 输出流

缓冲是 I/O 的一种性能优化。缓冲流为 I/O 流增加了内存缓冲区。有了缓冲区，在 I/O 流上执行

skip()、mark() 和 reset() 方法都成为可能。

14.5.1 BufferedInputStream 类与 BufferedOutputStream 类

扫码看视频

BufferedInputStream 类可以对所有 InputStream 的子类进行带缓冲区的包装，以实现性能的优化。BufferedInputStream 类有以下两个构造方法。

- BufferedInputStream(InputStream in)：创建一个带有 32 个字节的缓冲输入流。
- BufferedInputStream(InputStream in, int size)：按指定的大小来创建缓冲输入流。

说明

一个最优的缓冲区的大小，取决于它所在的操作系统、可用的内存空间以及机器配置。

BufferedOutputStream 类中的 flush() 方法用来把缓冲区中的字节写入文件中，并清空缓存。BufferedOutputStream 类有以下两个构造方法。

- BufferedOutputStream(OutputStream in)：创建一个有 32 个字节的缓冲输出流。
- BufferedOutputStream(OutputStream in, int size)：以指定的大小来创建缓冲输出流。

注意

即使在缓冲区没有满的情况下，使用 flush() 方法也会将缓冲区的字节强制写入文件中，习惯上称这个过程为刷新。

下面通过一个实例演示缓冲流在提升效率方面的效果。

实例14-7 创建 BufferedStreamTest 类，在类中创建一个超长的字符串 value，首先使用 FileOutputStream 文件字节输出流将该字符串写入文件中，然后使用 BufferedOutputStream 缓冲字节输出流类封装文件字节输出流，并将字符串写入文件中。记录两次写入的前后时间，并在控制台中输出。具体代码如下。（实例位置：资源包 \MR\ 源码 \14\07。）

```
import java.io.*;
public class BufferedStreamTest {
    static String value = "";                            // 准备写入文件的字符串
    static void initString() {                           // 为字符串赋值
        StringBuilder sb = new StringBuilder();
        for (int i = 0; i < 1000000; i++) {              // 循环 100 万次
            sb.append(i);                                // 字符串后拼接数字
        }
        value = sb.toString();
    }

    static void noBuffer(){                         // 只用文件流写数据，不用缓冲流
        long start = System.currentTimeMillis();         // 记录运行前时间
        try (FileOutputStream fos = new FileOutputStream("不使用缓冲 .txt");) {
```

```
            byte b[] = value.getBytes();          // 字符串的字节数组
            fos.write(b);                         // 用文件输出流写入字节
            fos.flush();                          // 刷新
        } catch (FileNotFoundException e) {
            e.printStackTrace();
        } catch (IOException e) {
            e.printStackTrace();
        }
        long end = System.currentTimeMillis();// 记录运行完毕时间
        System.out.println("无缓冲运行毫秒数: " + (end - start));
    }

    static void useBuffer() {// 使用缓冲流写数据
        long start = System.currentTimeMillis();// 记录运行前时间
        try (FileOutputStream fos = new FileOutputStream("不使用缓冲 .txt");
                BufferedOutputStream bos = new BufferedOutputStream(fos)) {
            byte b[] = value.getBytes();
            bos.write(b);// 用缓冲输出流写入字节
            bos.flush();// 刷新
        } catch (FileNotFoundException e) {
            e.printStackTrace();
        } catch (IOException e) {
            e.printStackTrace();
        }
        long end = System.currentTimeMillis();// 记录运行完毕时间
        System.out.println("有缓冲运行毫秒数: " + (end - start));
    }

    public static void main(String args[]) {
        initString();                    // 拼接出一个超长的字符串
        noBuffer();                      // 先用普通文件流的方式写入文件
        useBuffer();             // 再用缓冲流的方式写入文件
    }
}
```

运行结果如图 14.14 所示。

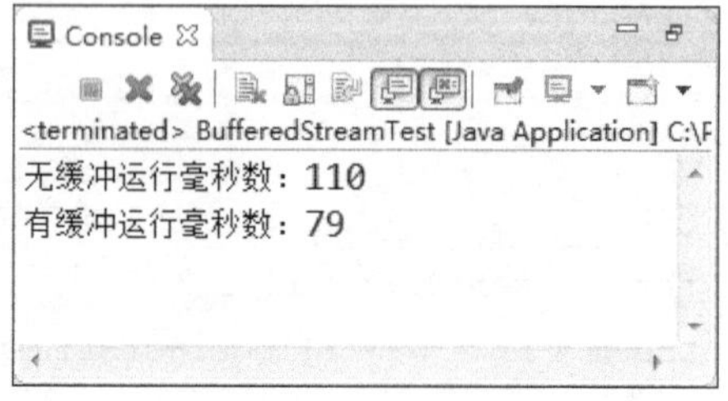

图 14.14　使用缓冲流和不使缓冲流的运行效率对比

从这个结果可以看出，使用缓冲流可以提高写入速度。写入的数据量越大，缓冲流的优势就越明显。

14.5.2 BufferedReader 类与 BufferedWriter 类

BufferedReader 类与 BufferedWriter 类分别继承 Reader 类与 Writer 类，这两个类同样具有内部缓冲机制，并以行为单位进行输入 / 输出。

BufferedReader 类的常用方法及其说明如表 14.6 所示。

表 14.6　BufferedReader 类的常用方法及其说明

方法	返回值	说明
read()	int	读取单个字符
readLine()	String	读取一个文本行，并将其返回为字符串。若无数据可读，则返回 null

BufferedWriter 类的常用方法及其说明如表 14.7 所示。

表 14.7　BufferedWriter 类的常用方法及其说明

方法	返回值	说明
write(String s, int off, int len)	void	写入字符串的某一部分
flush()	void	刷新该流的缓冲
newLine()	void	写入一个行分隔符

下面通过一个实例演示 BufferedReader 和 BufferedWriter 最常用的方法。

实例14-8 创建 BufferedTest 类，在主方法中先使用 BufferedWriter 类将字符串数组中的元素写入 word.txt 中，再使用 BufferedReader 类读取 word.txt 中的数据并将 word.txt 中的数据输出到控制台上，具体代码如下。（实例位置：资源包 \MR\ 源码 \14\08。）

```
import java.io.*;
public class BufferedTest {
    public static void main(String args[]) {
        // 定义字符串数组
        String content[] = {"种豆南山下", "草盛豆苗稀", "晨兴理荒秽", "带月荷锄归", "道狭草木长", "夕露沾我衣", "衣沾不足惜", "但使愿无违"};
        File file = new File(“word.txt”); // 创建文件对象
        try (FileWriter fw = new FileWriter(file);
                BufferedWriter bufw = new BufferedWriter(fw);) {
            // 遍历字符串数组
            for (int k = 0, length = content.length; k < length; k++) {
                bufw.write(content[k]);  // 将字符串数组中的元素写入磁盘文件中
                bufw.newLine();          // 换行
```

```
            }
        } catch (IOException e) {
            e.printStackTrace();
        }

        try (FileReader fr = new FileReader(file);
                BufferedReader bufr = new BufferedReader(fr);) {
            String tmp = null;                          // 保存数据的临时字符串
            int i = 1;                                  // 输出的行数
            // 一次读出一行内容，如果读出的是有效字符串，则进入循环
            while ((tmp = bufr.readLine()) != null) {
                System.out.println("第" + (i++) + "行：" + tmp); // 输出文件数据
            }
        } catch (IOException e) {
            e.printStackTrace();
        }
    }
}
```

运行结果如下。

```
第 1 行：种豆南山下
第 2 行：草盛豆苗稀
第 3 行：晨兴理荒秽
第 4 行：带月荷锄归
第 5 行：道狭草木长
第 6 行：夕露沾我衣
第 7 行：衣沾不足惜
第 8 行：但使愿无违
```

字节流的相关类名称都是以“Stream”结尾的，字符流的相关类名称都是以“Reader”或“Writer”结尾的。字节流的使用场景多，字符流使用起来方便，是否可以把字节流按照字符流的方式进行读写呢？Java 提供的字节流转字符流工具类可以实现这个功能。

InputStreamReader 是把字节输入流转为字符输入流的工具类，该类的常用构造方法如下。

- InputStreamReader(InputStream in)：将字节输入流作为构造参数，将其转为字符输入流。
- InputStreamReader(InputStream in, String charsetName)：将字节输入流作为构造参数，将其转为字符输入流；字节转为字符时，按照 charsetName 指定的字符编码转换。

OutputStreamWriter 是把字节输出流转为字符输出流的工具类，该类的常用构造方法如下。

- OutputStreamWriter(OutputStream out)：将字节输出流作为构造参数，将其转为字符输出流。
- OutputStreamWriter(OutputStream out, String charsetName)：将字节输出流作为构造参数，将其转为字符输出流；字节转为字符时，按照 charsetName 指定的字符编码转换。

例如，文件字节输入流转为缓冲字符输入流的代码如下。

```
FileInputStream fis =new FileInputStream("D:/ 学习笔记 ");
InputStreamReader isr=new InputStreamReader(fis);
BufferedReader br=new BufferedReader(isr);
```

文件字节输出流转为缓冲字符输出流的代码如下。

```
FileOutputStream fos = new FileOutputStream("D:/ 学习笔记 ");
OutputStreamWriter osw = new OutputStreamWriter(fos);
BufferedWriter bw = new BufferedWriter(osw);
```

14.6 动手练一练

（1）在当前项目文件夹下，根据当前时间（精确至毫秒）生成并命名文件。

（2）按照模板创建文件夹。使用 JfileChooser 实现在指定文件夹下批量添加根据“数字型”样式或“非数字型”样式命名的文件夹，运行结果如图 14.15 所示。

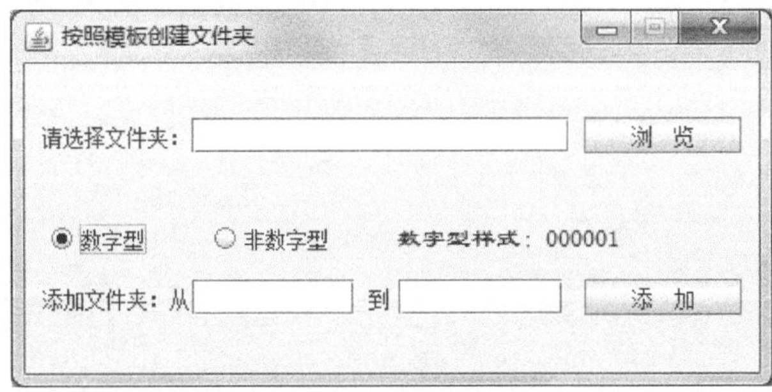

图 14.15 创建的文件夹效果

（3）复制文件。使用窗体实现将源文件夹下的所有文件复制到新的文件夹下。

（4）电子通讯录。单击“录入个人信息”按钮，将文本框中的姓名、Email 和电话保存到“contacts.txt”中；然后再单击“查看个人信息”按钮，将“contacts.txt”中的文本内容输出到控制台上，运行结果如图 14.16 所示。

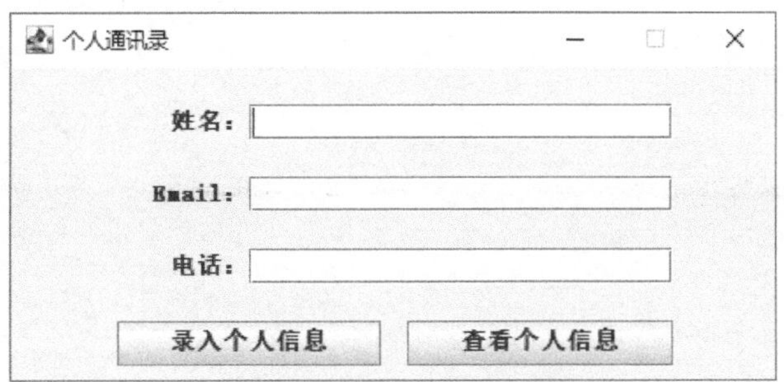

图 14.16 创建的文件夹效果

（5）按行查找内容。使用窗体在已经选择好的文本文件中查找，并在文本域中输出含有指定关键字的整行内容，运行结果如图 14.17 所示。

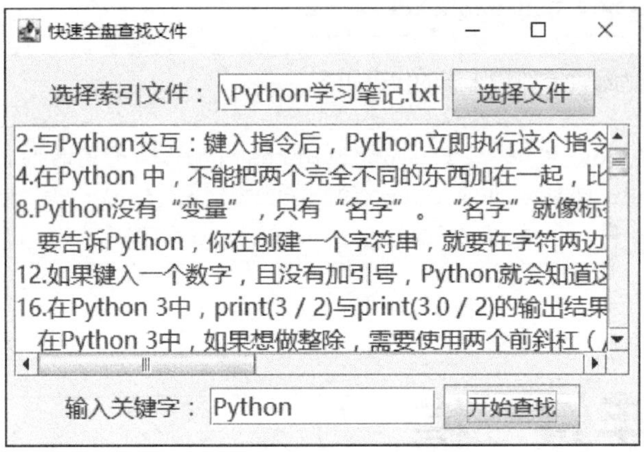

图 14.17　按行查找内容的运行结果

线程

视频教学：37 分钟

Java 语言为了实现在同一时间运行多个任务，引入了多线程的概念。Java 语言通过 start() 方法启动多线程。多线程常用于并发机制的程序中，例如网络程序等。本章将结合实例由浅入深地向读者朋友介绍在程序设计过程中如何创建并使用多线程。

15.1　线程简介

扫码看视频

世间万物都可以同时做很多事情，例如，人可以同时进行呼吸、血液循环、思考问题等活动，用户可以使用计算机听着歌曲聊天……这种机制在 Java 中称为并发机制。并发机制可以实现多个线程并发执行，这样多线程就应运而生了。

以多线程在 Windows 操作系统中的运行模式为例，Windows 操作系统是多任务操作系统，它以进程为单位。每个独立执行的程序都被称为进程，例如正在运行的 QQ 是一个进程、正在运行的 IE 浏览器也是一个进程，每个进程都可以包含多个线程。系统可以分配给每个进程一段有限的使用 CPU 的时间（也可以称为 CPU 时间片），CPU 在这段时间中执行某个进程（同理，同一进程中的每个线程也可以得到一小段执行时间，这样一个进程就可以具有多个并发执行的线程），然后下一个 CPU 时间片又执行另一个进程。由于 CPU 转换较快，因此每个进程好像是被同时执行一样。

图 15.1 所示为多线程在 Windows 操作系统中的运行模式。

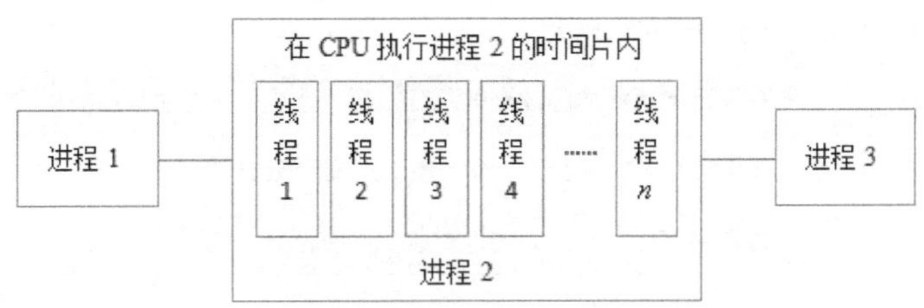

图 15.1　多线程在 Windows 操作系统中的运行模式

15.2 实现线程的两种方式

Java 提供了两种方式实现线程，分别为继承 java.lang.Thread 类与实现 java.lang.Runnable 接口。本节将着重讲解这两种实现线程的方式。

15.2.1 继承 Thread 类

扫码看视频

Thread 类是 java.lang 包中的一个类，Thread 类的对象用来代表线程，通过继承 Thread 类创建、启动并执行一个线程的步骤如下：

（1）创建一个继承 Thread 类的子类；

（2）重写 Thread 类的 run() 方法；

（3）创建线程类的一个对象；

（4）通过线程类的对象调用 start() 方法启动线程（启动之后会自动调用重写的 run() 方法执行线程）。

下面分别对以上 4 个步骤的实现进行介绍。

启动一个新线程需要创建 Thread 实例。Thread 类常用的两个构造方法如下。

- public Thread()：创建一个新的线程对象。
- public Thread(String threadName)：创建一个名称为 threadName 的线程对象。

继承 Thread 类创建一个新的线程的语法如下。

```
public class ThreadTest extends Thread{
}
```

创建一个新线程后，如果要操作创建好的新线程，那么需要使用 Thread 类提供的方法。Thread 类的常用方法及其说明如表 15.1 所示。

表 15.1　Thread 类的常用方法及其说明

方法	说明
interrupt()	中断线程
join()	等待该线程终止
join(long millis)	等待该线程终止的时间最长为 millis 毫秒
run()	如果该线程是使用独立的 Runnable 运行对象构造的，则调用该 Runnable 对象的 run() 方法；否则，该方法不执行任何操作并返回
setPriority(int newPriority)	更改线程的优先级
sleep(long millis)	在指定的毫秒数内让当前正在执行的线程休眠（暂停执行）
start()	使该线程开始执行；Java 虚拟机调用该线程的 run() 方法
yield()	暂停当前正在执行的线程对象，并执行其他线程

当一个类继承 Thread 类后，就在线程类中重写 run() 方法，并将实现线程功能的代码写入 run()

方法中；然后调用 Thread 类的 start() 方法启动线程，线程启动之后会自动调用重写的 run() 方法执行线程。

Thread 类对象需要一个任务来执行。任务是指线程在启动之后执行的工作，任务的代码被写在 run() 方法中。run() 方法必须使用以下语法格式。

```
public void run(){
}
```

注意

如果 start() 方法调用一个已经启动的线程，系统将抛出 IllegalThreadStateException 异常。

Java 虚拟机调用 Java 程序的 main() 方法时，就启动了主线程。如果程序员想启动其他线程，那么需要通过线程类对象调用 start() 方法来实现，代码如下。

```
public static void main(String[] args) {
        ThreadTest  test = new ThreadTest();
        test.start();
    }
```

实例15-1 创建一个自定义的线程类，继承 Thread 类，重写父类的 run() 方法，在 run() 方法中循环输出数字 0 ~ 9，最后在 main() 方法中启动这个线程，看输出的结果如何，具体代码如下。（实例位置：资源包 \MR\ 源码 \15\01。）

```
public class ThreadTest extends Thread { // 继承 Thread 类
    public void run() {                  // 重写 run() 方法
        for (int i = 0; i < 10; i++) {
            System.out.print(i + " ");
        }
    }

    public static void main(String[] args) {
        ThreadTest test = new ThreadTest(); // 创建线程对象
        test.start(); // 启动线程
    }
}
```

运行结果如下所示。

```
0 1 2 3 4 5 6 7 8 9
```

main() 方法中没有调用 run() 方法，但是却执行了 run() 方法中的代码，这是因为 start() 方法向计算机申请到线程资源之后，会自动执行 run() 方法。

注意

启动线程应调用 start() 而不是 run() 方法。如果直接调用线程的 run() 方法，则不会向计算机申请线程资源，也就不会出现异步运行的效果。

15.2.2 实现 Runnable 接口

扫码看视频

如果当前类不仅要继承其他类（非 Thread 类），还要实现多线程，那么该如何处理呢？继承 Thread 类肯定不行，因为 Java 不支持多继承。在这种情况下，只能通过当前类实现 Runnable 接口来创建 Thread 类对象了。

Object 类的子类实现 Runnable 接口的语法如下。

```
public class ThreadTest extends Object implements Runnable
```

说明

从 Java API 中可以发现，Thread 类已经实现了 Runnable 接口，Thread 类的 run() 方法正是 Runnable 接口中的 run() 方法的具体实现。

实现 Runnable 接口的程序会创建一个 Thread 对象，并将 Runnable 对象与 Thread 对象相关联。Thread 类中有以下两个构造方法。

- public Thread(Runnable target)：分配新的 Thread 对象，以便将 target 作为其运行对象。
- public Thread(Runnable target,String name)：分配新的 Thread 对象，以便将 target 作为其运行对象，将指定的 name 作为其名称。

使用 Runnable 接口启动新的线程的步骤如下：

（1）创建 Runnable 对象；

（2）使用参数为 Runnable 对象的构造方法创建 Thread 对象；

（3）调用 start() 方法启动线程。

通过 Runnable 接口创建线程时，首先需要创建一个实现 Runnable 接口的类，然后创建该类的对象，再使用 Thread 类中相应的构造方法创建 Thread 对象，最后使用 Thread 对象调用 Thread 类中的 start() 方法启动线程。图 15.2 所示为实现 Runnable 接口创建线程的流程。

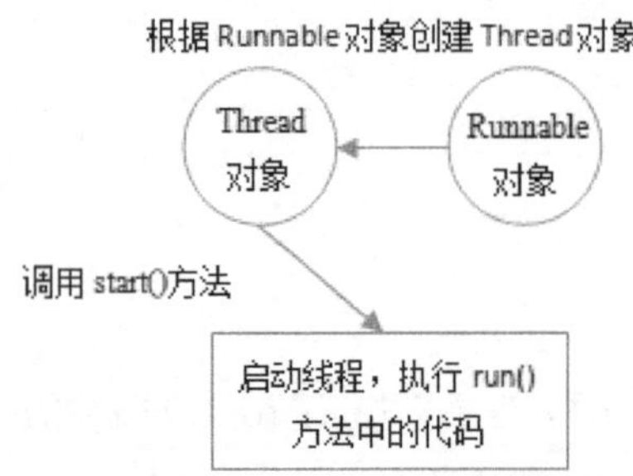

图 15.2 实现 Runnable 接口创建线程的流程

实例15-2 将循环输出数字 0~9 的实例改用 Runnable 接口实现，代码如下。（实例位置：资源包\MR\源码\15\02。）

```
public class RunnableDemo implements Runnable {              // 实现接口
       public void run() {                                   // 实现 run() 方法
           for (int i = 0; i < 10; i++) {
              System.out.print(i + " ");
           }
       }

       public static void main(String[] args) {
           RunnableDemo demo = new RunnableDemo();      // 创建接口对象
           Thread t = new Thread(demo);           // 把接口对象作为参数创建线程
           t.start();                             // 启动线程
       }
   }
```

运行结果如下。

```
0 1 2 3 4 5 6 7 8 9
```

Runnable 接口与 Thread 类可以实现相同的功能。

15.3 线程的生命周期

扫码看视频

线程具有生命周期，其中包含 5 种状态，分别为出生状态、就绪状态、运行状态、暂停状态（包括休眠、等待和阻塞等）和死亡状态。出生状态就是线程被创建时的状态；当线程对象调用 start() 方法后，线程处于就绪状态（又被称为可执行状态）；当线程得到系统资源后就进入了运行状态。

一旦线程进入运行状态，它会在就绪与运行状态下转换，同时也有可能进入暂停或死亡状态。当处于运行状态下的线程调用 sleep() 方法、wait() 方法或者发生阻塞时，会进入暂停状态；当在休眠结束、调用 notify() 方法或 notifyAll() 方法或者阻塞解除时，线程会重新进入就绪状态；当线程的 run() 方法执行完毕，或者线程发生错误、异常时，线程进入死亡状态。

图 15.3 所示为线程生命周期中的各种状态。

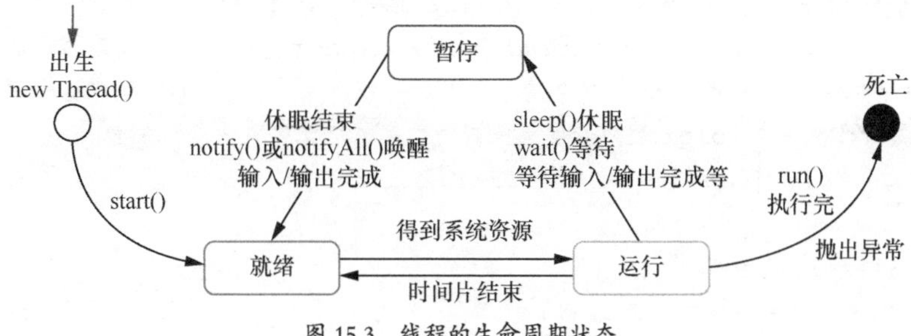

图 15.3 线程的生命周期状态

15.4 操作线程的方法

操作线程有很多方法，这些方法可以使线程从某一种状态过渡到另一种状态。本节将对如何对线程执行休眠、加入和中断操作进行讲解。

15.4.1 线程的休眠

扫码看视频

控制线程行为的方法之一是调用sleep()方法，sleep()方法需要指定线程休眠的时间，线程休眠的时间以毫秒为单位。

sleep() 方法的使用方法如下。

```
try {
    Thread.sleep(2000);
} catch (InterruptedException e) {
    e.printStackTrace();
}
```

上述代码会使线程在 2 秒内不会进入就绪状态。由于 sleep() 方法的执行有可能抛出 Interrupted Exception 异常，因此将 sleep() 方法放在 try/catch 块中。虽然使用了 sleep() 方法的线程在一段时间内会醒来，但是并不能保证它醒来后就会进入运行状态，只能保证它进入就绪状态。

下面通过一个窗体实例，直观地演示休眠对程序的影响。

实例15-3 创建 SleepMethodTest 类，该类继承了 JFrame 类，实现每 0.1 秒就在窗体中的随机位置绘制随机颜色的线段，具体代码如下。（实例位置：资源包 \MR\ 源码 \15\03。）

```
import java.awt.*;
import java.util.Random;
import javax.swing.JFrame;
public class SleepMethodTest extends JFrame {
    private static final long serialVersionUID = 1L;
    private Thread t;
    // 定义颜色数组
    private static Color[] color = { Color.BLACK, Color.BLUE, Color.CYAN,
            Color.GREEN, Color.ORANGE, Color.YELLOW,
            Color.RED, Color.PINK, Color.LIGHT_GRAY };
    private static final Random rand = new Random();    // 创建随机对象
    private static Color getC() {                        // 获取随机颜色值的方法
        // 随机产生一个 color 数组长度范围内的数字，以此为索引获取颜色
        return color[rand.nextInt(color.length)];
    }
    public SleepMethodTest() {
        t = new Thread(new Draw());                      // 创建匿名线程对象
```

```
        t.start();                                         // 启动线程
    }
    class Draw implements Runnable {             //定义内部类，用来在窗体中绘制线条
        int x = 30;                                        // 定义初始坐标
        int y = 50;
        public void run() {                                // 重写线程接口方法
            while (true) {                                 // 无限循环
                try {
                    Thread.sleep(100);                     // 线程休眠 0.1 秒
                } catch (InterruptedException e) {
                    e.printStackTrace();
                }
                Graphics graphics = getGraphics(); // 获取组件绘图对象，该方法由父类提供
                graphics.setColor(getC());                 // 设置绘图颜色
                graphics.drawLine(x, y, 100, y++);         // 绘制直线并递增垂直坐标
                if (y >= 80) {
                    y = 50;
                }
            }
        }
    }
    public static void main(String[] args) {
        init(new SleepMethodTest(), 100, 100);
    }
    // 初始化程序界面的方法
    public static void init(JFrame frame, int width, int height) {
        frame.setVisible(true);
        frame.setDefaultCloseOperation(JFrame.EXIT_ON_CLOSE);
        frame.setSize(width, height);
    }
}
```

运行本实例，结果如图 15.4 所示。

在本实例中定义了 getC() 方法，该方法用于随机产生 Color 类型的对象，并且在产生线程的内部类中调用 getGraphics() 方法获取 Graphics 对象，使用获取到的 Graphics 对象调用 setColor() 方法为图形设置颜色；调用 drawLine() 方法绘制一条线段，线段的位置会根据纵坐标的变化自动调整。

图 15.4　在窗体中自动画彩色线段

使用线程的休眠还可以模拟电子时钟。电子时钟经常出现在各类软件中，操作系统、浏览器、办公软件、游戏中都能看到电子时钟。电子时钟的值可以不断变化，时刻提醒用户当前的时间。现在的电子时钟相关程序已经带有非常丰富的功能，例如备忘录、生日提醒、闹钟、秒表等，这里要介绍的是其最基本的功能——计时。

想要让自己开发的程序能够时时刻刻展示当前的时间，最简单的办法就是使用线程的休眠。

实例15-4 创建一个窗体，在窗体中有一个标签用于展示时间。创建一个线程，这个线程会获取本地时间并写到标签中，然后休眠1秒，1秒醒来后再将本地时间写到标签中……如此循环，就做出了一个最简单的电子时钟。创建窗体的具体代码如下。（实例位置：资源包\MR\源码\15\04。）

```
import java.text.SimpleDateFormat;
import java.util.Date;
import javax.swing.*;
public class ThreadClock extends Thread {
    JLabel time = new JLabel();                    // 创建展示时间的文本框
    public ThreadClock() {
        JFrame frame = new JFrame();
        time.setHorizontalAlignment(SwingConstants.CENTER);  // 居中
        frame.add(time);
        frame.setDefaultCloseOperation(JFrame.EXIT_ON_CLOSE);
        frame.setSize(150, 100);
        frame.setVisible(true);
    }
    public void run() {
        SimpleDateFormat sdf = new SimpleDateFormat("HH:mm:ss");
                                                           // 日期格式化对象
        while (true) {
            String timeStr = sdf.format(new Date());       // 格式化当前日期
            time.setText(timeStr);                         // 将时间展示在文本框中
            try {
                Thread.sleep(1000);                        // 休眠 1 秒
            } catch (InterruptedException e) {
                e.printStackTrace();
            }
        }
    }
    public static void main(String[] args) {
        ThreadClock clock = new ThreadClo ck();
        clock.start();
    }
}
```

运行结果如图 15.5 所示，窗体中的文本是计算机时间，每秒都会发生变化。

图 15.5　电子时钟窗体

15.4.2 线程的加入

扫码看视频

假如当前程序为多线程程序且存在一个线程 A，现在需要插入线程 B，并要求线程 B 执行完毕后再继续执行线程 A，可以使用 Thread 类中的 join() 方法来实现。这就好比 A 正在看电视，突然 B 上门收水费，A 必须付完水费后才能继续看电视。

当某个线程使用 join() 方法加入另外一个线程时，另一个线程会等待该线程执行完毕后再继续执行。

下面来看一个使用 join() 方法的实例。

实例15-5 创建 JoinTest 类，该类继承了 JFrame 类。窗口中有两个进度条，进度条的进度由线程来控制。使用 join() 方法使第一个进度条达到 20% 进度时进入等待状态，直到第二个进度条达到 100% 进度后才继续，具体代码如下。（实例位置：资源包 \MR\ 源码 \15\05。）

```
import java.awt.BorderLayout;
import javax.swing.*;
public class JoinTest extends JFrame {
    private static final long serialVersionUID = 1L;
    private Thread threadA; // 定义两个线程
    private Thread threadB;
    final JProgressBar progressBarA = new JProgressBar(); // 定义两个进度条组件
    final JProgressBar progressBarB = new JProgressBar();
    public JoinTest() {
        // 将进度条设置在窗体最北面
        getContentPane().add(progressBarA, BorderLayout.NORTH);
        // 将进度条设置在窗体最南面
        getContentPane().add(progressBarB, BorderLayout.SOUTH);
        progressBarA.setStringPainted(true); // 设置进度条显示数字字符
        progressBarB.setStringPainted(true);
        // 使用匿名内部类形式初始化 Thread 实例
        threadA = new Thread(new Runnable() {
            public void run() {
                for (int i = 0; i <= 100; i++) {
                    progressBarA.setValue(i); // 设置进度条的当前值
                    try {
                        Thread.sleep(100); // 使线程 A 休眠 100 毫秒
                        if (i == 20) {
                            threadB.join(); // 使线程 B 调用 join() 方法
                        }
                    } catch (InterruptedException e) {
                        e.printStackTrace();
                    }
```

```
                }
            }
        });
        threadA.start(); // 启动线程 A
        threadB = new Thread(new Runnable() {
            public void run() {
                for (int i = 0; i <= 100; i++) {
                    progressBarB.setValue(i); // 设置进度条的当前值
                    try {
                        Thread.sleep(100); // 使线程 B 休眠 100 毫秒
                    } catch (InterruptedException e) {
                        e.printStackTrace();
                    }
                }
            }
        });
        threadB.start(); // 启动线程 B
        setDefaultCloseOperation(JFrame.EXIT_ON_CLOSE); // 关闭窗体后停止程序
        setSize(100, 100); // 设定窗体宽高
        setVisible(true); // 使窗体可见
    }
    public static void main(String[] args) {
        new JoinTest();
    }
}
```

运行本实例，结果如图 15.6 所示。

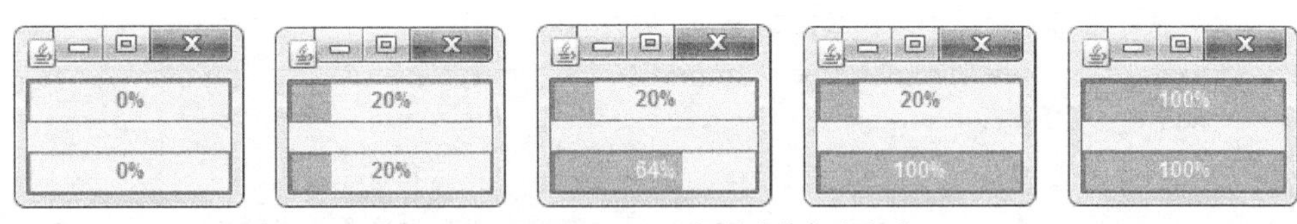

图 15.6　使用 join() 方法控制进度条的滚动

在本实例中同时创建了两个线程，这两个线程分别负责进度条的滚动。在线程 A 的 run() 方法中使线程 B 的对象调用 join() 方法，而 join() 方法使线程 A 暂停运行，直到线程 B 执行完毕后再继续执行线程 A，也就是下面的进度条滚动完毕后，上面的进度条再滚动。

15.4.3　线程的中断

以往会使用 stop() 方法停止线程，但 JDK 早已废除了 stop() 方法，不建议使用 stop() 方法来停止线程。现在提倡在 run() 方法中使用无限循环的形式，然后使用一个布尔型标记控制循环的停止。

扫码看视频

例如，创建一个 InterruptedTest 类，该类实现了 Runnable 接口，并设置线程正确的停止方式，代码如下。

```
public class InterruptedTest implements Runnable {
    private boolean isContinue = false;  // 设置一个标记变量，默认值为 false
    public void run() {                  // 重写 run() 方法
        while (true) {
            ...
            if (isContinue)              // 当 isContinue 变量为 true 时，停止线程
              break;
        }
    }
    public void setContinue() {          // 定义设置 isContinue 变量为 true 的方法
        this.isContinue = true;
    }
}
```

如果线程是因为使用了 sleep() 或 wait() 方法进入了就绪状态，可以使用 Thread 类中 interrupt() 方法使线程离开 run() 方法，同时结束线程，但程序会抛出 InterruptedException 异常，用户可以在处理该异常时完成线程的中断业务，如终止 while 循环。

下面通过一个实例演示如何使用“异常法”中断线程。

实例15-6 创建 InterruptedSwing 类，该类实现了 Runnable 接口。创建一个进度条，在 run() 方法中不断增加进度条的值，当达到 50% 进度时，调用线程的 interrupted() 方法。在 run() 方法中所有的代码都要套在 try-catch 语句中，当 interrupted() 方法被调用时，线程就会处于中断状态，无法继续执行循环而进入 catch 语句中。具体代码如下。（实例位置：资源包 \MR\ 源码 \15\06。）

```
import java.awt.BorderLayout;
import javax.swing.*;
public class InterruptedSwing extends JFrame {
    Thread thread;
    public static void main(String[] args) {
        new InterruptedSwing();
    }
    public InterruptedSwing() {
        JProgressBar progressBar = new JProgressBar(); // 创建进度条
        // 将进度条放置在窗体中的合适位置
        getContentPane().add(progressBar, BorderLayout.NORTH);
        progressBar.setStringPainted(true); // 设置进度条上显示数字
        thread = new Thread() { // 使用匿名内部类方式创建线程对象
```

```
            public void run() {
                try {
                    for (int i = 0; i <= 100; i++) {
                        progressBar.setValue(i); // 设置进度条的当前值
                        if (i == 50) {
                            interrupt(); // 执行线程中断
                        }
                        Thread.sleep(100); // 使线程休眠 100 毫秒
                    }
                } catch (InterruptedException e) { // 捕捉 InterruptedException 异常
                    System.out.println("当前线程被中断");
                }
            }
        };
        thread.start(); // 启动线程
        setDefaultCloseOperation(JFrame.EXIT_ON_CLOSE); // 关闭窗体后停止程序
        setSize(100, 100); // 设定窗体宽高
        setVisible(true);
    }
}
```

运行本实例，结果如图 15.7 所示。

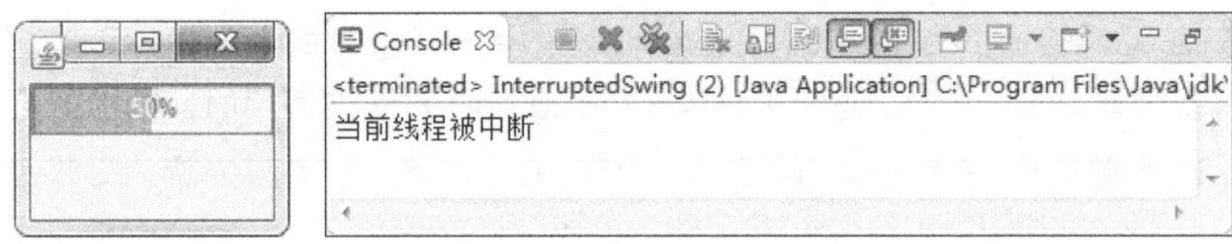

图 15.7　到达 50% 进度时，线程被中断，进度不再发生变化

15.5　线程的同步

扫码看视频

在单线程程序中，每次只能做一件事情，后面的事情需要等待前面的事情完成后才可以进行。如果使用多线程程序，就会出现两个线程抢占资源的问题，就像两个人以相反方向同时过同一个独木桥。为此，Java 提供了线程同步机制来解决多线程编程中抢占资源的问题。

15.5.1　线程安全

实际开发中，使用多线程程序的情况很多，如银行排号系统、火车站售票系统等。这种多线程的程序通常会发生问题。以火车站售票系统为例，在代码中判断当前票数是否大于 0，如果大于 0 则执行把火车票出售给乘客的操作，但当两个线程同时访问这段代码时（假如这时只剩下一张票），第一个线程

将票售出，与此同时第二个线程也已经执行并完成判断是否有票的操作，并得出票数大于 0 的结论，于是它也执行将票售出的操作，这样票数就会产生负数。所以在编写多线程程序时，应该考虑到线程安全问题。实质上线程安全问题来源于两个线程同时存取单一对象的数据。

实例15-7 在项目中创建 ThreadSafeTest 类，该类实现了 Runnable 接口。在未考虑到线程安全问题的基础上，模拟火车站售票系统的功能，关键代码如下。（实例位置：资源包 \MR\ 源码 \15\07。）

```
public class ThreadSafeTest implements Runnable { // 实现 Runnable 接口
    int count = 10; // 设置当前库存数
    public void run() {
        while (count > 0) { // 当还有剩余库存时发货
            try {
                Thread.sleep(100); // 使当前线程休眠 100 毫秒
            } catch (InterruptedException e) {
                e.printStackTrace();
            }
            --count;// 库存量减 1
            System.out.println(Thread.currentThread().getName()
                    + "---- 卖出一件，剩余库存: " + count);
        }
    }

    public static void main(String[] args) {
        ThreadSafeTest t = new ThreadSafeTest();
        Thread tA = new Thread(t, " 线程一 "); // 以本类对象分别实例化 4 个线程
        Thread tB = new Thread(t, " 线程二 ");
        Thread tC = new Thread(t, " 线程三 ");
        Thread tD = new Thread(t, " 线程四 ");
        tA.start(); // 分别启动线程
        tB.start();
        tC.start();
        tD.start();
    }
}
```

运行本实例，结果如图 15.8 所示。

从图 15.8 中可以看出，最后输出售剩下的票为负值，这样就出现了问题。这是由于同时创建了 4 个线程。这 4 个线程执行 run() 方法，在 count 变量为 1 时，线程一、线程二、线程三、线程四都对 count 变量有存储功能；当线程一执行 run() 方法时，还没有来得及做递减操作，就指定它调用 sleep() 方法进入暂停状态；这时线程二、线程三和线程四也都进入了 run() 方法，发现 count 变量依然大于 0，但此时线程一休眠时间已到，将 count 变量值递减，同时线程二、线程三、线程四也都对 count 变量执行递减操作，从而产生了负值。

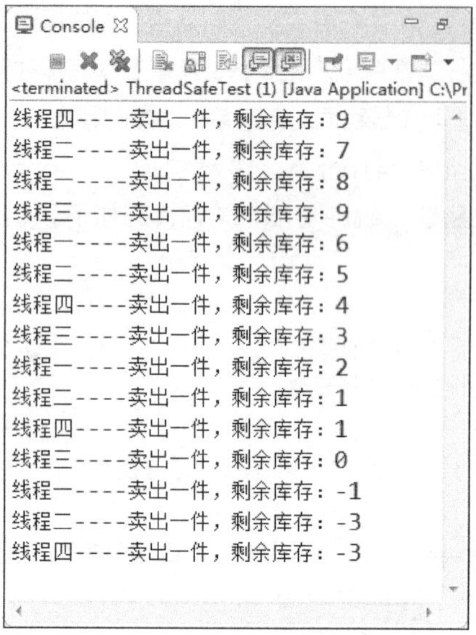

```
Console
<terminated> ThreadSafeTest (1) [Java Application] C:\Pr
线程四----卖出一件，剩余库存：9
线程二----卖出一件，剩余库存：7
线程一----卖出一件，剩余库存：8
线程三----卖出一件，剩余库存：9
线程一----卖出一件，剩余库存：6
线程二----卖出一件，剩余库存：5
线程四----卖出一件，剩余库存：4
线程三----卖出一件，剩余库存：3
线程一----卖出一件，剩余库存：2
线程二----卖出一件，剩余库存：1
线程四----卖出一件，剩余库存：1
线程三----卖出一件，剩余库存：0
线程一----卖出一件，剩余库存：-1
线程二----卖出一件，剩余库存：-3
线程四----卖出一件，剩余库存：-3
```

图 15.8　输出售剩下的票为负值

15.5.2　线程同步机制

那么该如何解决资源共享的问题呢？基本上所有解决多线程资源冲突问题的方法都是设置给定时间内只允许一个线程访问共享资源，这时就需要给共享资源上一道锁。这就好比一个人上洗手间时，他进入洗手间后会将门锁上，出来时再将锁打开，然后其他人才可以进入。

1. 同步块

在 Java 中提供了同步机制，可以有效地防止资源冲突。同步机制使用 synchronized 关键字，该关键字包含的代码块称为同步块，也称为临界区，语法如下。

```
synchronized (Object) {
}
```

通常将共享资源的操作放置在 synchronized 定义的区域内，这样当其他线程获取到这个锁时，就必须等待锁被释放后才可以进入该区域。Object 为任意一个对象，每个对象都存在一个标志位，并具有两个值，分别为 0 和 1。一个线程运行到同步块时首先检查该对象的标志位，如果为 0，表明此同步块内存在其他线程，这时当前线程处于就绪状态，直到处于同步块中的线程执行完代码后，该对象的标志位变为 1，当前线程才能开始执行同步块中的代码，并将 Object 对象的标志位设置为 0，以防止其他线程执行同步块中的代码。

实例15-8 创建 SynchronizedTest 类，修改实例 15-7 中的代码，把对 count 操作的代码设置在同步块中。修改之后的具体代码如下。（实例位置：资源包 \MR\ 源码 \15\08。）

```
public class ThreadSafeTest implements Runnable { // 实现 Runnable 接口
    int count = 10; // 设置当前库存数
    public void run() {
```

```
        while (true) {// 无限循环
            synchronized (this) {// 同步代码块，对当前对象加锁
                if (count > 0) {// 当还有剩余库存时发货
                    try {
                        Thread.sleep(100); // 使当前线程休眠 100 毫秒
                    } catch (InterruptedException e) {
                        e.printStackTrace();
                    }
                    --count;// 库存量减 1
                    System.out.println(Thread.currentThread().getName()
                            + "---- 卖出一件，剩余库存：" + count);
                } else {
                    break;
                }
            }
        }
    }

    public static void main(String[] args) {
        ThreadSafeTest t = new ThreadSafeTest();
        Thread tA = new Thread(t, "线程一"); // 以本类对象分别实例化 4 个线程
        Thread tB = new Thread(t, "线程二");
        Thread tC = new Thread(t, "线程三");
        Thread tD = new Thread(t, "线程四");
        tA.start(); // 分别启动线程
        tB.start();
        tC.start();
        tD.start();
    }
}
```

运行本实例，结果如图 15.9 所示。从这个结果可以看出，输出到最后库存数量没有出现负数，这是因为检查库存数量的操作在同步块内，所有线程获取的库存数量是同步的。

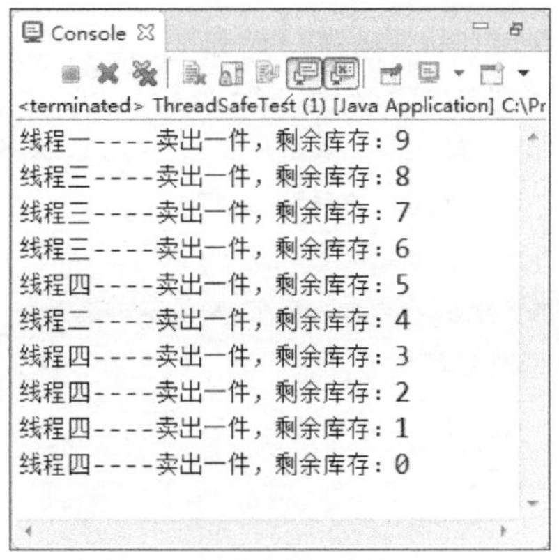

图 15.9　设置同步块模拟售票系统

2. 同步方法

同步方法就是在方法前面使用 synchronized 关键字修饰的方法，其语法如下。

```
synchronized void method(){
    ...
}
```

同步方法在同一时间仅会被一个对象调用，也就是不同的线程会排队调用某一个同步方法。

实例15-9 将同步块实例代码修改为采用同步方法的方式，将共享资源操作放置在一个同步方法中，代码如下。（实例位置：资源包 \MR\ 源码 \15\09。）

```
public class ThreadSafeTest implements Runnable { // 实现 Runnable 接口
    int count = 10; // 设置当前库存数
    public void run() {
        while (doit()) {// 直接将方法作为循环条件
        }
    }
    public synchronized boolean doit() { // 定义同步方法
        if (count > 0) {// 当还有剩余库存时发货
            try {
                Thread.sleep(100); // 使当前线程休眠 100 毫秒
            } catch (InterruptedException e) {
                e.printStackTrace();
            }
            --count;// 库存量减 1
            System.out.println(Thread.currentThread().getName()
                    + "---- 卖出一件，剩余库存：" + count);
            return true;// 让循环继续执行
        } else {// 当库存为 0 时
            return false;// 让循环停止执行
        }
    }
    public static void main(String[] args) {
        ThreadSafeTest t = new ThreadSafeTest();
        Thread tA = new Thread(t, "线程一"); // 以本类对象分别实例化 4 个线程
        Thread tB = new Thread(t, "线程二");
        Thread tC = new Thread(t, "线程三");
        Thread tD = new Thread(t, "线程四");
        tA.start(); // 分别启动线程
        tB.start();
        tC.start();
        tD.start();
```

```
    }
}
```

运行结果如图 15.10 所示。将共享资源的操作放置在同步方法中，运行结果与使用同步块的结果一致。

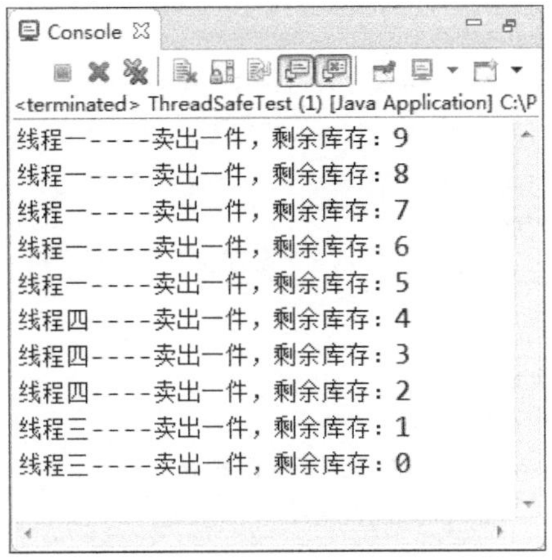

图 15.10　使用同步方法的效果

3. 线程暂停与恢复

Thread 类提供的 suspend() 暂停方法和 resume() 恢复方法已经被 JDK 标记为过时，因为这两个方法容易导致线程死锁。想要使一个线程在不被终止的条件下暂停和恢复运行，比较常用的办法是利用 Object 类提供的 wait() 等待方法和 notify() 唤醒方法。例如下面这个实例就是利用这两个方法实现了暂停与恢复。

实例15-10 创建 SuspendDemo 类继承 Thread 线程类，声明 suspend 属性用作暂停的标志，创建 suspendNew() 方法作为暂停线程方法，创建 resumeNew() 方法作为恢复运行方法。在 SuspendDemo 类的构造方法中创建一个小窗体，窗体中不断滚动 0~10 的数字，当用户单击按钮时，数字停止滚动，再次单击按钮数字机则继续滚动。整个程序中仅使用一个线程（JVM 主线程除外）。具体代码如下。（实例位置：资源包 \MR\ 源码 \15\10。）

```
import java.awt.*;
import java.awt.event.*;
import javax.swing.*;
public class SuspendDemo extends Thread {
    boolean suspend = false;// 暂停标志
    JLabel num = new JLabel();// 创建滚动数字的标签
    JButton btn = new JButton(" 停止 ");
    public SuspendDemo() {
        JFrame frame = new JFrame();
        JPanel panel = new JPanel(new BorderLayout());
        num.setHorizontalAlignment(SwingConstants.CENTER);// 居中
```

```
        num.setFont(new Font("黑体", Font.PLAIN, 55));// 字体
        panel.add(num, BorderLayout.CENTER);
        panel.add(btn, BorderLayout.SOUTH);
        frame.setContentPane(panel);// 设置主容器
        frame.setDefaultCloseOperation(JFrame.EXIT_ON_CLOSE);
        frame.setSize(100, 150);
        frame.setVisible(true);
        btn.addActionListener(new ActionListener() {
            public void actionPerformed(ActionEvent e) {
                switch (btn.getText()) {
                    case "继续" :
                        resumeNew();// 继续线程
                        btn.setText("停止");
                        break;
                    case "停止" :
                        suspendNew();// 暂停线程
                        btn.setText("继续");
                        break;
                }
            }
        });
    }
    public synchronized void suspendNew() {// 暂停线程
        suspend = true;
    }
    public synchronized void resumeNew() {// 继续线程
        suspend = false;
        notify();// Object 类提供的唤醒方法
    }
    public void run() {
        int i = 0;
        while (true) {
            num.setText(String.valueOf(i++));
            if (i > 10) {
                i = 0;
            }
            try {
                Thread.sleep(100);
                synchronized (this) {
                    while (suspend) {// 如果暂停标志为 true
                        wait();// Object 类提供的等待方法
                    }
                }
```

```
            } catch (InterruptedException e) {
                e.printStackTrace();
            }
        }
    }
    public static void main(String[] args) {
        SuspendDemo demo = new SuspendDemo();
        demo.start();
    }
}
```

运行结果如图 15.11 所示，当用户单击“停止”按钮时，数字会停止滚动，按钮名称也会变为“继续”；单击“继续”按钮，数字会继续滚动。

图 15.11　数字滚动时的截图

在程序中让文字滚动和停止，除了使用“暂停 / 恢复”策略外，还可以使用“新建 / 销毁”策略。

例如开发一个抽奖系统，抽奖名单不停在屏幕上滚动，单击停止按钮后就会出现一个中奖名单。开发者可以在用户单击开始按钮时创建一个线程用于滚动抽奖名单，在用户单击停止按钮时销毁这个线程。每一次抽奖都创建一个新线程。下面这个实例就是用这种方式实现抽奖的。

实例15-11 创建 LotterySystem 类继承 JFrame，用一个 List 对象作为奖池，每次抽中一名中奖者，奖池会将该中奖者的名字去掉，奖池内的名单数量会随着抽奖次数增多而减少。LotterySystem 类有一个 ThreadLocal 对象属性，这个对象用于保存让名单滚动的线程，相当于一个线程池。抽奖开始时会从这个线程池中获取一个线程，如果线程池中没有线程就创建一个新线程；抽奖结束之后会把线程交还给线程池，线程池会将线程销毁。抽奖系统的具体代码如下所示。（实例位置：资源包 \MR\ 源码 \15\11。）

```
import java.util.List;
import java.util.*;
import javax.swing.*;
import java.awt.*;
import java.awt.event.*;
public class LotterySystem extends JFrame {
    // 待抽奖的名单列表
    String values[] = {"186****1234", "132****4567", "159****9873",
"177****1234", "135****6543"};
    // 线程池，保存当前滚动抽奖所用的线程
    private final ThreadLocal<Thread> THREAD_LOCAL = new ThreadLocal <Thread>();
    private final String START = "开始", STOP = "停止";// 两个按钮的文本
    private List<String> list;// 奖池
    private Random random = new Random();// 随机数
    private JLabel screen;// 滚动和显示中奖的文本的标签
```

```
public LotterySystem() {
    list = new ArrayList<>(Arrays.asList(values)); // 将名单列表放入奖池
    JPanel c = new JPanel();
    c.setLayout(new BorderLayout());
    screen = new JLabel(" 请单击开始 ");
    screen.setHorizontalAlignment(SwingConstants.CENTER);
    screen.setFont(new Font(" 宋体 ", Font.PLAIN, 61));
    c.add(screen, BorderLayout.CENTER);
    JButton btn = new JButton(START);
    JPanel southPanel = new JPanel();
    southPanel.add(btn);
    c.add(southPanel, BorderLayout.SOUTH);
    setContentPane(c);

    btn.addActionListener(new ActionListener() {
        public void actionPerformed(ActionEvent e) {
            String btnText = btn.getText();           // 获取按钮文本
            if (START.equals(btnText)) {              // 如果单击了开始按钮
                if (list.size() == 0) {               // 如果奖池里没有名单了
                    screen.setText(" 谢谢参与 ");
                    btn.setVisible(false);            // 隐藏按钮
                    // 弹出对话框
                    JOptionPane.showMessageDialog(LotterySystem.this,
                            " 所有手机号都抽完了 ");
                } else {
                    btn.setText(" 停止 ");
                    startDraw();                      // 开始抽奖
                }
            } else if (STOP.equals(btnText)) {        // 如果单击了停止按钮
                stopDraw();                           // 停止抽奖
                btn.setText(" 开始 ");
            }
        }
    });

    setTitle(" 抽奖 ");
    setDefaultCloseOperation(JFrame.EXIT_ON_CLOSE);
    setBounds(100, 100, 400, 230);
}
private void startDraw() {                            // 开始抽奖
    Thread t = THREAD_LOCAL.get();                    // 从线程池中获取线程
    if (t == null) {                                  // 如果线程是空的
```

```
        t = new Thread() {                               // 创建新线程
            public void run() {
                System.out.println("开始滚动");
                try {
                    while (true) {
                        if (interrupted()) {             // 如果线程是中断状态
                            throw new InterruptedException();  // 抛出中断异常
                        }
                        for (String tmp : values) {      // 滚动显示名单列表
                            screen.setText(tmp);
                        }
                    }
                } catch (InterruptedException e) {
                    // 随机获取中奖者索引
                    int winningIndex = random.nextInt(list.size());
                    // 删除中奖者，并输出在屏幕中
                    screen.setText(list.remove(winningIndex));
                    System.out.println("停止滚动");
                }
            }
        };
        THREAD_LOCAL.set(t);
    }
    t.start();
}
private void stopDraw() {                                // 停止抽奖
    Thread t = THREAD_LOCAL.get();
    if (t != null) {
        if (!Thread.interrupted()) {
            t.interrupt();
        }
        THREAD_LOCAL.set(null);
    }
}
public static void main(String[] args) {
    LotterySystem frame = new LotterySystem();
    frame.setVisible(true);
}
}
```

程序运行后的效果如图15.12所示。当用户单击“开始”按钮后，窗体中会快速滚动抽奖名单，如图15.13所示。当所有名单都中奖之后，奖池就空了，这时再单击“开始”按钮会弹出不能再抽奖的提示，效果如图15.14所示。最后抽奖结束的界面如图15.15所示。

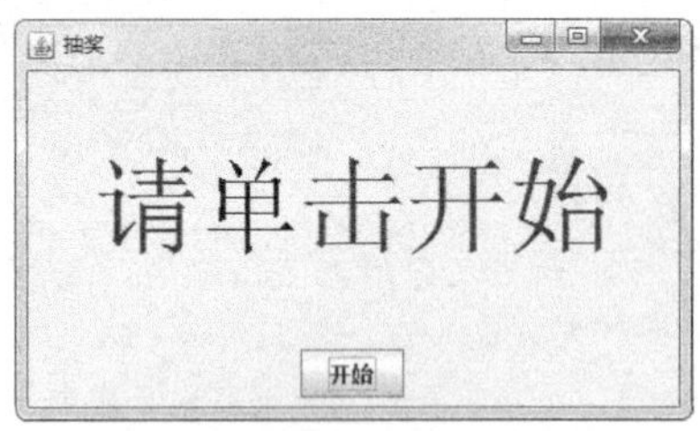

图 15.12　等待开始

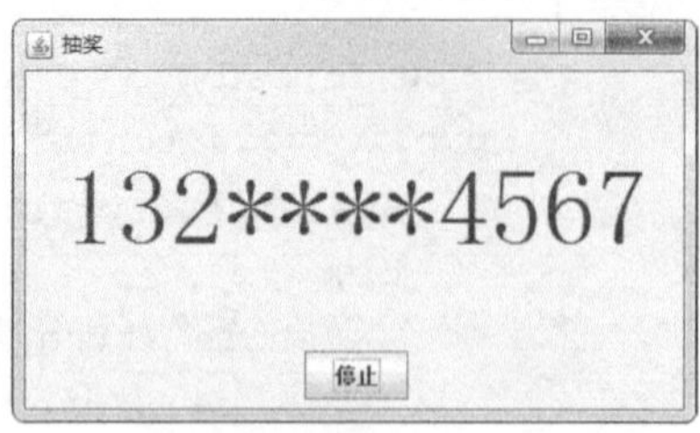

图 15.13　抽奖名单滚动中

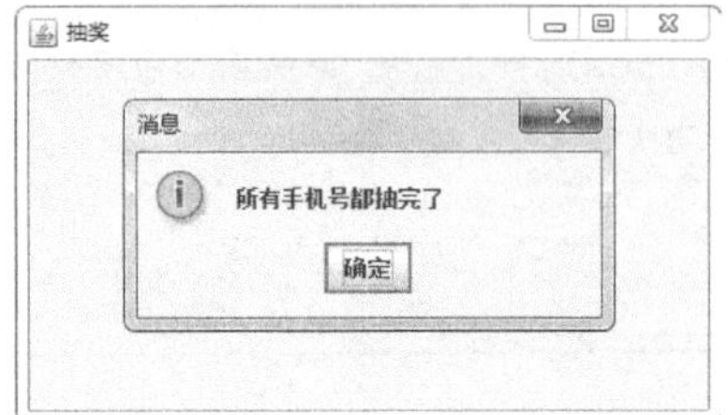

图 15.14　所有名单都抽完的提示

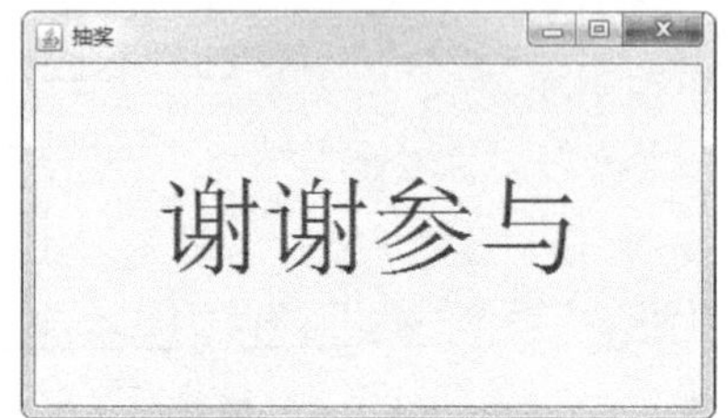

图 15.15　抽奖结束

15.6　动手练一练

（1）单线程与多线程的区别。使用 Thread 类和窗体的相关知识编写一个程序，根据输出的结果的不同说明单线程与多线程的区别，运行结果如图 15.16 所示。（说明：如果源码中的输出结果相同，请读者多单击几次“多线程程序”按钮。）

图 15.16　单线程与多线程的区别

（2）下载进度条。通过实现 Runnable 接口模拟下载进度条：单击“开始下载”按钮后，“开始下载”按钮失效且进度条从 0% 开始每次增加 5%，直至加至 100%；进度条达到 100% 后，失效的“开始下载”按钮变为被启用的“下载完成”按钮，单击“下载完成”按钮后，销毁当前窗体。运行结果如图 15.17 所示。

图 15.17　模拟下载进度条

（3）红绿灯变化场景。模拟红绿灯变化场景：红灯亮 8 秒，黄灯亮 2 秒，绿灯亮 5 秒，运行结果如图 15.18 所示。

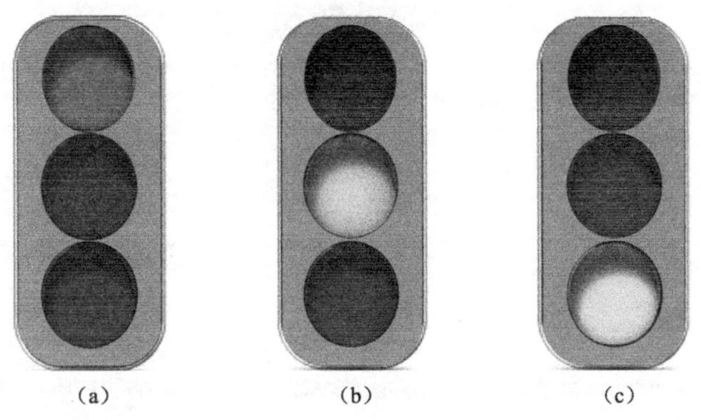

图 15.18　模拟红绿灯变化场景（a 为红灯亮时，b 为黄灯亮时，c 为绿灯亮时）

（4）龟兔赛跑。使用线程模拟龟兔赛跑：兔子跑到 60 米的时候，开始睡觉；乌龟爬至终点时，兔子醒了跑至终点。运行结果如图 15.19 所示。

（5）不规则运动的物体。使用 Swing 和线程实现“●”和“★”在窗体中做不规则运动，运行结果如图 15.20 所示。

图 15.19　龟兔赛跑

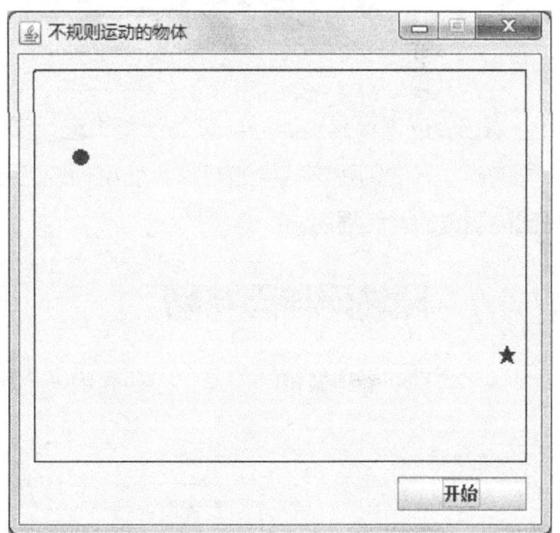

图 15.20　不规则运动的物体

网络通信

◀ 视频教学：86 分钟

网络提供了大量、多样的信息，很少有人能在接触过网络后拒绝它的诱惑。计算机网络是实现了多个计算机互联的系统，互联的计算机之间彼此能够进行数据交流。网络应用程序就是在已连接到网络的不同计算机上运行的程序，这些程序相互之间可以交换数据。而编写网络应用程序，首先必须明确网络应用程序所要使用的网络协议。TCP/IP 是网络应用程序的首选协议。本章将从介绍网络协议开始，向读者介绍 TCP 网络程序和 UDP 网络程序。

扫码看视频

16.1　网络程序设计基础

网络程序设计是指编写与其他计算机进行通信的程序。Java 已经将网络程序所需要的东西封装成不同的类。只要创建这些类的对象，使用相应的方法，即使设计人员不具备有关的网络知识，也可以编写出高质量的网络程序。

16.1.1　局域网与因特网

为了实现两台计算机的通信，必须要用一个网络线路连接两台计算机，如图 16.1 所示。

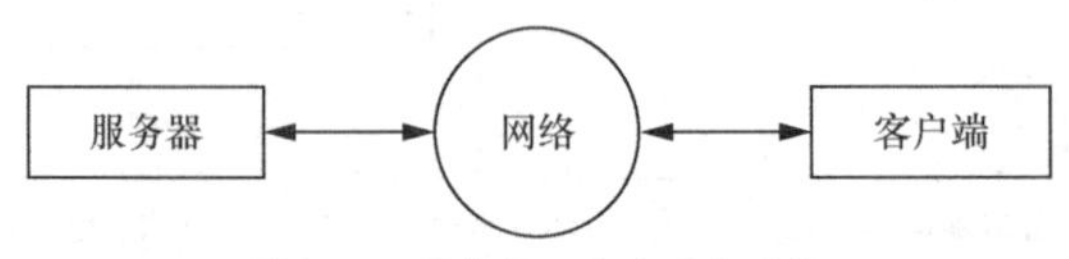

图 16.1　服务器、客户端和网络

服务器是指提供信息的计算机或程序，客户端是指请求信息的计算机或程序，而网络用于连接服务器与客户端，实现两者相互通信。局域网（Local Area Network，LAN）就是多个计算机互联组成的封闭式计算机组，可以由两台计算机组成，也可以由同一区域内的上千台计算机组成。由 LAN 延伸到更大的范围的网络称为广域网（Wide Area Network，WAN），它主要将分布在不同地区的局域网或计算机系统互联起来，达到资源共享的目的。人们日常使用的因特网（Internet）就是世界范围内最大的广域网。

16.1.2 网络协议

网络协议规定了计算机之间连接的物理、机械（网线与网卡的连接规定）、电气（有效的电平范围）等特征以及计算机之间的相互寻址规则、数据发送冲突的解决方案、长的数据如何分段传送与接收等。就像不同的国家有不同的法律一样，目前网络协议也有多种，下面简单地介绍几个常用的网络协议。

1. IP

IP 的全称是 Internet Protocol，它是一种网络协议。Internet 采用的协议是 TCP/IP，其全称是 Transmission Control Protocol/Internet Protocol。Internet 依靠 TCP/IP，在全球范围内实现不同硬件结构、不同操作系统、不同网络系统的互联。在 Internet 上存在数以亿计的主机，每一台主机在网络上用为其分配的 Internet 地址代表自己，这个地址就是 IP 地址。目前 IP 地址用 4 个字节，也就是 32 位的二进制数来表示，称为 IPv4。为了便于使用，通常取用每个字节的十进制数，并且每个字节之间用圆点隔开来表示 IP 地址，如 192.168.1.1。现在人们正在试验使用 16 个字节来表示 IP 地址，这就是 IPv6，但 IPv6 还没有投入使用。

TCP/IP 模式是一种层次结构，共分为 4 层，从上到下依次为应用层、传输层、网络层和网络接口层。各层实现特定的功能，提供特定的服务和访问接口，并具有相对的独立性，如图 16.2 所示。

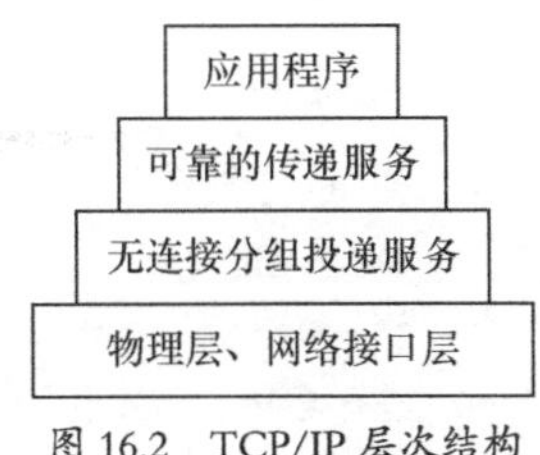

图 16.2　TCP/IP 层次结构

2. TCP 与 UDP

在 TCP/IP 协议栈中，有两个高级协议是网络应用程序编写者应该了解的，即传输控制协议（Transmission Control Protocol，TCP）与用户数据报协议（User Datagram Protocol，UDP）。

TCP 是一种以固接连线为基础的协议，它提供两台计算机间可靠的数据传送。TCP 可以保证数据从一端送至连接的另一端时能够可靠地送达，而且抵达的数据的排列顺序和送出时的顺序相同，因此，TCP 适合于可靠性要求比较高的场合。它就像拨打电话，必须先拨号给对方，等两端确定连接后，相互才能听到对方说话，也知道对方回应的是什么。

HTTP、FTP 和 Telnet 等都需要使用可靠的通信频道。例如，HTTP 从某个 URL 读取数据时，如果收到的数据顺序与发送时不相同，可能就会出现一个混乱的 HTML 文件或是一些无效的信息。

UDP 是无连接通信协议，不保证可靠数据的传输，但能够向若干个目标发送数据，接收发自若干个源的数据。UDP 是以独立发送数据包的方式进行传输的。这种方式就像寄信人寄信给收信人，可以寄出很多信给同一个人，而每一封信都是相对独立的，各封信送达的顺序并不重要，收信人接收信件的顺序也不能保证与寄出信件的顺序相同。

UDP 适合于一些对数据准确性要求不高的场合，如网络聊天室、在线影片等。这是由于 TCP 在认证上存在额外耗费，可能使传输速度减慢，而 UDP 可能会更适合这些对传输速度和时效要求非常高的网站，即使有一小部分数据包遗失或传送顺序有所不同，也不会严重危害该项通信。

注意

一些防火墙和路由器会设置成不允许 UDP 数据包传输，因此，若遇到 UDP 连接方面的问题，应先确定所在网络是否允许 UDP 数据包传输。

16.1.3 端口和套接字

“端口”是英文 port 的意译，可以认为是设备与外界通信交流的出口，所有的数据都通过该出口与其他计算机或者设备相连。网络程序设计中的端口并非真实的物理装置，而是一个假想的连接装置。端口被规定为一个 0~65535 以内的整数。HTTP 服务一般使用 80 端口，FTP 服务使用 21 端口。假如一台计算机提供了 HTTP、FTP 等多种服务，那么客户端会通过不同的端口来确定连接到服务器的哪项服务上，如图 16.3 所示。

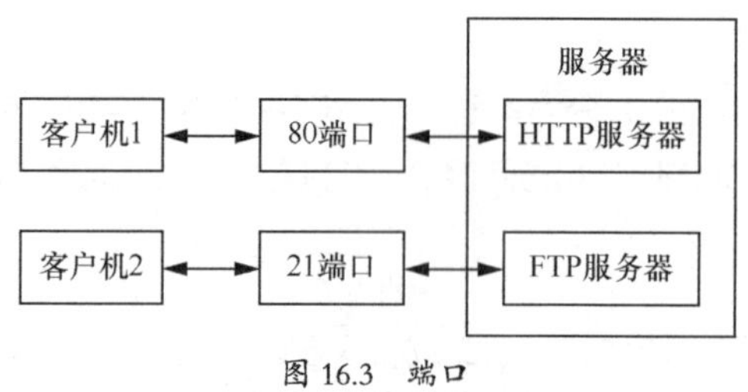

图 16.3　端口

说明

通常，0 ~ 1023 以内的端口数用于一些知名的网络服务和应用，用户的普通网络应用程序应该使用 1024 以上的端口数，以避免端口号与另一个应用或系统服务端口冲突。

网络程序中的套接字（Socket）用于将应用程序与端口连接起来。套接字是一个假想的连接装置，就像插插头的设备“插座”用于连接电器与电线一样，如图 16.4 所示。Java 将套接字抽象化为类，程序设计者只需创建 Socket 类对象，即可使用套接字。

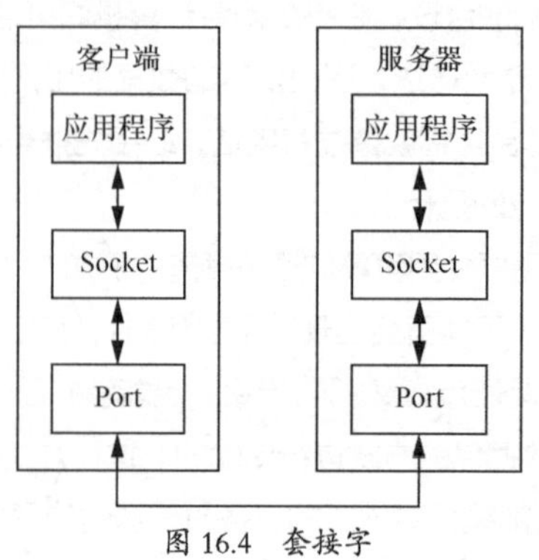

图 16.4　套接字

16.2 IP 地址封装

扫码看视频

IP 地址是每个计算机在网络中的唯一标识，它是 32 位或 128 位的无符号数字，使用 4 组数字表示一个固定的编号，如“192.168.128.255”就是局域网中的编号。

IP 是一种低级协议，UDP 和 TCP 都是在它的基础上构建的。

Java 提供了 IP 地址的封装类 InetAddress，它位于 java.net 包中，主要用于封装 IP 地址，并提供相关的常用方法，如获取 IP 地址、主机地址等。InetAddress 类的常用方法及其说明如表 16.1 所示。

表 16.1　InetAddress 类的常用方法及其说明

方法	返回值	说明
getByName(String host)	InetAddress	获取与 Host 相对应的 InetAddress 对象
getHostAddress()	String	获取 InetAddress 对象所含的 IP 地址
getHostName()	String	获取此 IP 地址的主机名
getLocalHost()	InetAddress	返回本地主机的 InetAddress 对象
isReachable(int timeout)	boolean	在 timeout 指定的毫秒时间内，测试是否可以到达该地址

实例16-1 使用 InetAddress 类的相关方法获取本地主机的主机名和 IP 地址，然后访问同一局域网中的 IP“192.168.1.70”至“192.168.1.500”范围内所有可访问的主机（如果对方没有安装防火墙，并且网络连接正常的话，都可以访问），具体代码如下。（实例位置：资源包 \MR\ 源码 \16\01。）

```
import java.io.IOException;
import java.net.InetAddress;
import java.net.UnknownHostException;
public class IpToName {
    public static void main(String args[]) {
        String IP = null;
        InetAddress host;// 创建 InetAddress 对象
        try {
            // 实例化 InetAddress 对象，用来获取本节的 IP 地址相关信息
            host = InetAddress.getLocalHost();
            String localname = host.getHostName(); // 获取主机名
            String localip = host.getHostAddress(); // 获取本机 IP 地址
            // 将主机名和 IP 地址输出
            System.out.println(" 主机名: " + localname + "  本机 IP 地址: " + localip);
        } catch (UnknownHostException e) {// 捕获未知主机异常
            e.printStackTrace();
```

```
        }
        for (int i = 50; i <= 70; i++) {
            IP = "192.168.1." + i; // 生成 IP 字符串
            try {
                host = InetAddress.getByName(IP); // 获取 IP 封装对象
                if (host.isReachable(2000)) { // 用 2 秒的时间测试 IP 是否可达
                    String hostName = host.getHostName();// 获取指定 IP 地址的主机名
                    System.out.println("IP 地址 " + IP + " 的主机名称是: " + hostName);
                }
            } catch (UnknownHostException e) { // 捕获未知主机异常
                e.printStackTrace();
            } catch (IOException e) { // 捕获输入 / 输出异常
                e.printStackTrace();
            }
        }
        System.out.println(" 搜索完毕。");
    }
}
```

运行结果如图 16.5 所示。

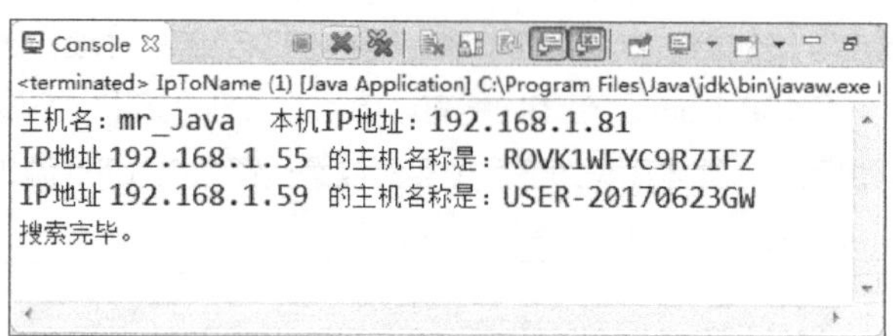

图 16.5　获取本机 IP、主机名及指定 IP 地址段内的所有主机名称

注意

InetAddress 类的方法会抛出 UnknownHostException 异常，所以必须进行异常处理。这个异常在主机不存在或网络连接错误时发生。

说明

如果想在没有联网的情况下访问本地主机，可以使用本地回送地址“127.0.0.1”。

16.3　TCP 程序设计

扫码看视频

TCP 是一种面向连接的、可靠的、基于字节流的传输层通信协议。在 Java 中，TCP 程序设计是

指利用 ServerSocket 类和 Socket 类编写的网络通信程序。利用 TCP 进行通信的两个应用程序是有主次之分的，一个称为服务器端程序，另一个称为客户端程序，两者的功能和编写方法大不一样。服务器端与客户端的交互过程如图 16.6 所示。

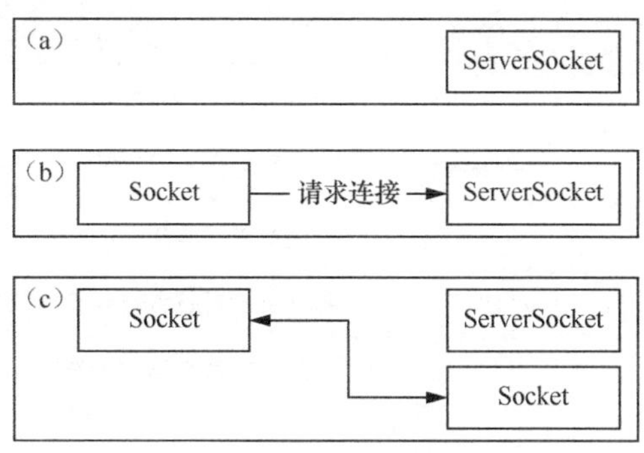

图 16.6 服务器端与客户端的交互过程

说明

（1）服务器端程序创建一个 ServerSocket（服务器套接字），调用 accept() 方法等待客户端来连接。

（2）客户端程序创建一个 Socket，请求与服务器建立连接。

（3）服务器接收客户端的连接请求，同时创建一个新的 Socket 与客户端建立连接。服务器继续等待新的请求。

16.3.1 ServerSocket 服务器端

java.net 包中的 ServerSocket 类用于表示服务器套接字，其主要功能是等待来自网络上的"请求"，它可通过指定的端口来等待连接的套接字。服务器套接字一次可以与一个套接字连接。如果多个客户端同时提出连接请求，服务器套接字会将请求连接的客户端存入列队中，然后从中取出一个套接字，与服务器新建的套接字连接起来。若请求连接数大于最大容纳数，则多出的连接请求将被拒绝。队列的默认容量是 50。

ServerSocket 类的构造方法都抛出 IOException 异常，分别有以下几种形式。

- ServerSocket()：创建非绑定服务器套接字。
- ServerSocket(int port)：创建绑定到特定端口的服务器套接字。
- ServerSocket(int port, int backlog)：利用指定的 backlog 创建服务器套接字，并将其绑定到指定的本地端口号。
- ServerSocket(int port, int backlog, InetAddress bindAddress)：使用指定的端口、侦听 backlog 和要绑定到的本地 IP 地址创建服务器。这种情况适用于计算机上有多块网卡和多个 IP 地址时，可以明确规定 ServerSocket 在哪块网卡或 IP 地址上等待客户端的连接请求。

ServerSocket 类的常用方法及其说明如表 16.2 所示。

表 16.2　ServerSocket 类的常用方法及其说明

方法	返回值	说明
accept()	Socket	等待客户端的连接。若连接，则创建一个套接字
isBound()	boolean	判断 ServerSocket 的绑定状态
getInetAddress()	InetAddress	返回此服务器套接字的本地地址
isClosed()	boolean	返回服务器套接字的关闭状态
close()	void	关闭服务器套接字
bind(SocketAddress endpoint)	void	将 ServerSocket 绑定到特定地址（IP 地址和端口号）
getLocalPort()	int	返回服务器套接字等待的端口号

注意

使用 ServerSocket 对象的 accept() 方法时，会阻塞线程执行，直到接收到客户端的呼叫。例如，下面的代码中，如果没有客户端呼叫服务器，那么 System.out.println(" 连接中 ") 语句将不会执行。实际操作过程中，如果没有客户端请求，accept() 方法也没有发生阻塞，那么肯定是程序出现了问题，通常是使用了一个还在被其他程序占用的端口号，ServerSocket 绑定没有成功。

```
Socket client = server.accept();
System.out.println(" 连接中 ");
```

16.3.2　Socket 客户端

调用 ServerSocket 类的 accept() 方法会返回一个和客户端 Socket 对象相连接的 Socket 对象。java.net 包中的 Socket 类用于表示客户端套接字，它采用 TCP 建立计算机之间的连接，并包含了 Java 语言所有对 TCP 有关的操作方法，如建立连接、传输数据、断开连接等。

Socket 类定义了多个构造方法，它们可以根据 InetAddress 对象或者字符串指定的 IP 地址和端口号创建实例，其常用的构造方法如下。

- Socket()：通过系统默认类型的 SocketImpl 创建未连接套接字。
- Socket(InetAddress address, int port)：创建一个套接字并将其连接到指定 IP 地址的指定端口。
- Socket(InetAddress address, int port, InetAddress localAddr, int localPort)：创建一个套接字并将其连接到指定远程地址上的指定远程端口。
- Socket(String host, int port)：创建一个套接字并将其连接到指定主机上的指定端口。
- Socket(String host, int port, InetAddress localAddr, int localPort)：创建一个套接字并将其连接到指定远程主机上的指定远程端口。

Socket 类的常用方法及其说明如表 16.3 所示。

表 16.3 Socket 类的常用方法及其说明

方法	返回值	说明
bind(SocketAddress bindpoint)	void	将套接字绑定到本地地址
close()	void	关闭此套接字
connect(SocketAddress endpoint)	void	将此套接字连接到服务器
connect(SocketAddress endpoint, int timeout)	void	将此套接字连接到服务器，并指定一个超时值
getInetAddress()	InetAddress	返回套接字连接的地址
getInputStream()	InputStream	返回此套接字的输入流
getLocalAddress()	InetAddress	获取套接字绑定的本地地址
getLocalPort()	int	返回此套接字绑定到的本地端口
getOutputStream()	OutputStream	返回此套接字的输出流
getPort()	int	返回此套接字连接到的远程端口
isBound()	boolean	返回套接字的绑定状态
isClosed()	boolean	返回套接字的关闭状态
isConnected()	boolean	返回套接字的连接状态

开发 TCP 网络程序时，使用服务器端套接字的 accept() 方法生成的 Socket 对象使用 getOutputStream() 方法获得的输出流将指向客户端 Socket 对象使用 getInputStream() 方法获得的对应输入流；同样，使用服务器端套接字的 accept() 方法生成的 Socket 对象使用 getInputStream() 方法获得的输入流将指向客户端 Socket 对象使用 getOutputStream() 方法获得的对应输出流。也就是说，当服务器向输出流写入信息时，客户端通过相应的输入流就可以读取，反之亦然。

16.3.3 TCP 网络程序实例

本节介绍一个简单的 TCP 网络程序，主要通过 TCP 实现服务器端和客户端通信的功能。本小节分为服务器端和客户端两部分，下面分别介绍。

实例16-2 创建服务器端类 Server，首先创建服务器端套接字对象；然后监听客户端接入，并读取接入的客户端 IP 地址和传入的消息；最后向接入的客户端发送一条信息。具体代码如下。（实例位置：资源包 \MR\ 源码 \16\02。）

```
import java.io.*;
import java.net.*;
public class Server {
    public static void main(String[ ] args) throws IOException {
```

```
        // 创建服务器端对象，监听 1100
        ServerSocket server = new ServerSocket(1100);
        System.out.println("服务器启动成功，等待用户接入……");
        // 等待用户接入，直到有用户接入为止，Socket 对象表示客户端
        Socket client = server.accept();
        // 得到接入客户端的 IP 地址
        System.out.println("有客户端接入，客户 IP: " + client.getInetAddress());
        // 从客户端生成网络输入流，用于接收来自网络的数据
        InputStream in = client.getInputStream();
        // 从客户端生成网络输出流，用来把数据发送到网络上
        OutputStream out = client.getOutputStream();
        byte[ ] bt = new byte[1024];// 定义一个字节数组，用来存储网络数据
        int len = in.read(bt);// 将网络数据写入字节数组
        String data = new String(bt, 0, len);// 将网络数据转换为字符串数据
        System.out.println("来自客户端的消息: " + data);
        // 服务器端数据发送(以字节数组形式)
        out.write("我是服务器，欢迎光临".getBytes());
        client.close();// 关闭套接字
    }
}
```

运行程序将输出提示信息，等待客户呼叫。结果如图 16.7 所示。

图 16.7　TCP 服务器端程序

实例16-3 创建客户端类 Client。该程序中首先创建客户端套接字，连接指定的服务器；然后向服务器端发送数据和接收服务器端传输的数据。具体代码如下。（实例位置：资源包 \MR\ 源码 \16\03。）

```
import java.io.*;
import java.net.*;
public class Client {
    public static void main(String[ ] args) throws UnknownHostException, IOException {
        // 创建客户端套接字，通过指定端口连接服务器，连接本地服务器可以使用本地回送 IP
        Socket client = new Socket("127.0.0.1", 1100);
        System.out.println("连接服务器成功");
        // 从客户端生成网络输入流，用于接收来自网络的数据
        InputStream in = client.getInputStream();
```

```
        // 从客户端生成网络输出流，用来把数据发送到网络上
        OutputStream out = client.getOutputStream();
        // 客户端数据发送（以字节数组形式）
        out.write("我是客户端，欢迎光临".getBytes());
        byte[ ] bt = new byte[1024];// 定义一个字节数组，用来存储网络数据
        int len = in.read(bt);// 将网络数据写入字节数组
        String data = new String(bt, 0, len);// 将网络数据转换为字符串数据
        System.out.println("来自服务器的消息：" + data);
        client.close();// 关闭套接字
    }
}
```

首先运行服务器端，然后运行这个客户端，运行结果如图 16.8 所示。这时再次查看服务器端，可以看到有客户端接入的提示，并接收到了客户端的信息，如图 16.9 所示。

图 16.8　TCP 客户端

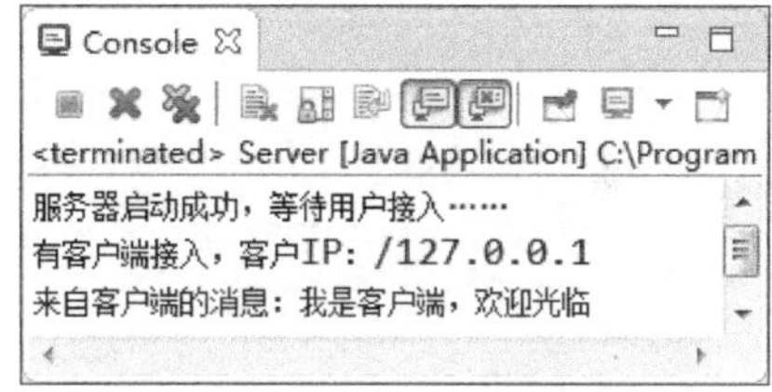

图 16.9　客户端运行后的服务器端效果

1. 使用 Socket 传输对象

I/O 流中有一种对象流可以将对象封装成字节流。ObjectInputStream 是对象输入流，ObjectOutputStream 是对象输出流。被封装成流的对象必须实现 Serializable 序列化接口，否则无法被序列化或反序列化，对象流无法传输对象。Serializable 接口中没有任何抽象方法。

实例16-4 演示如何在 Socket 中传输一个对象。

首先创建被传输的类。在 com.mr.pojo 包中创建 People 类，并实现 Serializable 接口，创建 serialVersionUID 序列化编号。People 类只写姓名和年龄两个属性。重写 toString() 方法，方便输出对象的所有信息。People 类的具体代码如下。（实例位置：资源包 \MR\ 源码 \16\04。）

```
package com.mr.pojo;
import java.io.Serializable;
public class People implements Serializable {          // 实现序列化接口
    private static final long serialVersionUID = 1L;   // 序列化编号
    private String name;                                // 姓名
    private int age;                                    // 年龄
    public People(String name, int age) {
        this.name = name;
        this.age = age;
```

```
    }
    public String toString() {
        return "People [name=" + name + ", age=" + age + "]";
    }
}
```

然后创建 MyServer 类作为服务器，在 main() 方法中设置服务器套接字，并创建 People 对象，使用 ObjectOutputStream 将 People 对象写入 Socket 流中。MyServer 类具体代码如下。（实例位置：资源包 \MR\ 源码 \16\05。）

```
import java.io.*;
import java.net.*;
import com.mr.pojo.People;
public class MyServer {
    public static void main(String[] args) {
        try {
            ServerSocket server = new ServerSocket(8742);
            Socket s = server.accept();
            OutputStream os = s.getOutputStream();
            ObjectOutputStream oos = new ObjectOutputStream(os);  // 转为对象流
            People tom = new People("tom", 25);
            oos.writeObject(tom);                                 // 发送 People 对象
            oos.flush();
            s.shutdownOutput();                                   // 通知客户端发送完毕
        } catch (IOException e) {
            e.printStackTrace();
        }
    }
}
```

最后创建 MyClient 类作为客户端，在客户端中通过 ObjectInputStream 将读出的字节数据强制封装成 People 对象。具体代码如下。（实例位置：资源包 \MR\ 源码 \16\06。）

```
import java.io.*;
import java.net.*;
import com.mr.pojo.People;
public class MyClient {
    public static void main(String[] args) {
        try {
            Socket s = new Socket("127.0.0.1", 8742);
            InputStream is = s.getInputStream();
            ObjectInputStream ois = new ObjectInputStream(is);    // 转为对象流
            People p = (People) ois.readObject();// 读取一个对象，并转为 People 对象
```

```
            System.out.println("客户端收到的数据：");
            System.out.println(p);                    // 直接输出这个对象
        } catch (UnknownHostException e) {
            e.printStackTrace();
        } catch (ClassNotFoundException e) {
            e.printStackTrace();
        } catch (IOException e) {
            e.printStackTrace();
        }
    }
}
```

首先运行服务器，然后再运行客户端，可以在控制台中看到如下结果。

```
客户端收到的数据：
People [name=tom, age=25]
```

注意

如果服务器和客户端不在同一个项目下，服务器和客户端则不能通过建立同名类实现传输对象功能。想要正确封装一个对象，需要将该对象的类打包成 JAR 包，然后服务器和客户端都要导入该 JAR 包。

2. 使用 Socket 传输文件

传输文件是网络通信中非常重要的一个功能，虽然通过数据流可以满足大部分信息的传递需求，但一些特殊的内容还是以文件的形式传输，例如图片、音乐、视频等。

通过 Socket 传输文件的原理是文件传输方将文件转为文件字节流，然后将字节流中的数据不断写入 Socket 字节流中。文件接收方不断从 Socket 字节流中读取字节数据，然后将数据交给文件字节流写到本地硬盘上，这样就实现了传输文件的功能。

下面通过一个简单实例来演示传输文件功能。

实例16-5 在本实例中，服务器类和客户端类在同一个项目中，服务器端将 src 文件夹下的一个文件发送给客户端，客户端接收之后将该文件数据写到项目根目录下，并重新命名。

服务器端代码如下。（实例位置：资源包 \MR\ 源码 \16\07。）

```
import java.io.*;
import java.net.*;
public class FileServer {
    ServerSocket server;// 服务器套接字
    Socket socket;// 套接字
    public FileServer() {
```

```
        FileInputStream fis = null;
        try {
            server = new ServerSocket(8965);
            socket = server.accept();
            OutputStream out = socket.getOutputStream();
            fis = new FileInputStream("src/ 学习笔记 .txt");// 读取要发送的文件
            byte buf[] = new byte[1024];// 缓冲区
            int len = 0;// 字节长度
            while ((len = fis.read(buf)) != -1) {// 循环向缓冲区读入数据
                out.write(buf, 0, len);// 将缓冲区数据通过套接字发送
                out.flush();// 刷新
            }
            socket.shutdownOutput(); // 通知客户端发送完毕
        } catch (IOException e) {
            e.printStackTrace();
        } finally {
            if (fis != null) {
                try {
                    fis.close();
                } catch (IOException e) {
                    e.printStackTrace();
                }
            }
        }
    }
    public static void main(String[] args) {
        new FileServer();
    }
}
```

客户端代码如下。（实例位置：资源包 \MR\ 源码 \16\08。）

```
import java.io.*;
import java.net.*;
public class FileClinet {
    Socket s;
    public FileClinet() {
        FileOutputStream fos = null;
        try {
            s = new Socket("127.0.0.1", 8965);
            InputStream is = s.getInputStream();
            fos = new FileOutputStream("20181110.file");// 将文件放在项目根目录下
            byte buf[] = new byte[1024];// 缓冲区
```

```
            int len = 0;// 字节长度
            while ((len = is.read(buf)) != -1) {// 循环向缓冲区读入数据
                fos.write(buf, 0, len);// 将缓冲区数据写到硬盘
                fos.flush();// 刷新
            }
        } catch (UnknownHostException e) {
            e.printStackTrace();
        } catch (IOException e) {
            e.printStackTrace();
        } finally {
            if (fos == null) {// 关闭输出流
                try {
                    fos.close();
                } catch (IOException e) {
                    e.printStackTrace();
                }
            }
        }
    }
    public static void main(String[] args) {
        new FileClinet();
    }
}
```

先运行服务器，再运行客户端，按顺序运行完之后刷新项目结构，可以看到图 16.10 所示的结果。项目根目录下存放的 20181110.file 文件就是客户端接收后生成的文件，文件中保存的数据与 src 下的“学习笔记 .txt”数据一致。将 20181110.file 文件的扩展名修改为 .txt，就可以看到源文件中的文本内容。

图 16.10　当服务器类和客户端类在同一个项目里时，程序运行后的项目结构图

16.4　UDP 程序设计

扫码看视频

UDP 是 User Datagram Protocol 的缩写，中文名是用户数据报协议，它是网络信息传输的另一种形式。UDP 通信和 TCP 通信不同，基于 UDP 的信息传递速度更快，但不提供可靠的保证。使用 UDP 传递数据时，用户无法知道数据能否正确地到达主机，也不能确定到达目的地的顺序是否和发送的顺序相同。虽然 UDP 是一种不可靠的协议，但如果需要较快地传输信息，并能容忍小的错误，可以考

虑使用 UDP。

基于 UDP 通信的基本模式如下。

- 将数据打包（称为“数据包”），然后将数据包发往目的地。
- 接收别人发来的数据包，然后查看数据包。

下面是使用 Java 进行 UDP 程序设计的步骤。

1. 发送数据包

（1）使用 DatagramSocket() 创建一个数据包套接字。

（2）使用 DatagramPacket(byte[ ] buf , int offset , int length , InetAddress address , int port) 创建要发送的数据包。

（3）使用 DatagramSocket 类的 send() 方法发送数据包。

2. 接收数据包

（1）使用 DatagramSocket(int port) 创建数据包套接字，绑定到指定的端口。

（2）使用 DatagramPacket(byte[ ] buf , int length) 创建字节数组来接收数据包。

（3）使用 DatagramPacket 类的 receive() 方法接收数据包。

注意

DatagramSocket 类的 receive() 方法接收数据时，如果还没有可以接收的数据，在正常情况下 receive() 方法将阻塞，直到网络上有数据传来，receive() 接收该数据并返回。如果网络上没有数据发送过来，receive() 方法也没有阻塞，肯定是程序有问题，大多数是使用了一个被其他程序占用的端口号。

16.4.1 DatagramPacket 类

java.net 包的 DatagramPacket 类用来表示数据包，该类的构造函数如下。

- DatagramPacket(byte[ ] buf , int length)：创建 DatagramPacket 对象，指定了数据包的内存空间和大小。
- DatagramPacket(byte[ ] buf , int length , InetAddress address , int port)：创建 DatagramPacket 对象，不仅指定了数据包的内存空间和大小，还指定了数据包的目标地址和端口。

说明

在发送数据时，必须指定接收方的 Socket 地址和端口号，因此使用第二种构造函数可以创建发送数据的 DatagramPacket 对象。

DatagramPacket 类的常用方法及其说明如表 16.4 所示。

表 16.4　DatagramPacket 类的常用方法及其说明

方法	返回值	说明
getAddress()	InetAddress	返回某台机器的 IP 地址，此数据报将要发往该机器或者是从该机器接收到的
getData()	byte[ ]	返回数据缓冲区
getLength()	int	返回将要发送或接收到的数据的长度
getOffset()	int	返回将要发送或接收到的数据的偏移量
getPort()	int	返回某台远程主机的端口号，此数据报将要发往该主机或者是从该主机接收到的
getSocketAddress()	SocketAddress	获取要将此数据报发送到的或发出此数据报的远程主机的 SocketAddress
setAddress(InetAddress iaddr)	void	设置要将此数据报发往的那台机器的 IP 地址
setData(byte[ ] buf) 或 setData(byte[ ] buf, int offset, int length)	void	为此包设置数据缓冲区
setLength(int length)	void	为此包设置长度
setPort(int iport)	void	设置要将此数据报发往的远程主机上的端口号
setSocketAddress(SocketAddress address)	void	设置要将此数据报发往的远程主机的 SocketAddress（通常为 IP 地址 + 端口号）

16.4.2　DatagramSocket 类

java.net 包中的 DatagramSocket 类用于表示发送和接收数据包的套接字，该类的构造函数有以下几种。

- DatagramSocket()：创建 DatagramSocket 对象，构造数据报套接字并将其绑定到本地主机上任何可用的端口。
- DatagramSocket(int port)：创建 DatagramSocket 对象，创建数据报套接字并将其绑定到本地主机上的指定端口。
- DatagramSocket(int port , InetAddress addr)：创建 DatagramSocket 对象，创建数据报套接字，并将其绑定到指定的本地地址，该构造函数适用于有多块网卡和多个 IP 地址的情况。

在接收程序时，必须指定一个端口号，不要让系统随机产生，此时可以使用第二种构造函数。就像有个朋友要你给他写信，可他的地址不确定是不行的。在发送程序时，通常使用第一种构造函数，不指定端口号，这样系统就会为要发送的程序分配一个端口号，就像寄信不需要到指定的邮局去寄一样。

DatagramSocket 类的常用方法及其说明如表 16.5 所示。

表 16.5 DatagramSocket 类的常用方法及其说明

方法	返回值	说明
bind(SocketAddress addr)	void	将此 DatagramSocket 绑定到特定的地址和端口
close()	void	关闭此数据报套接字
connect(InetAddress address, int port)	void	将套接字连接到此套接字的远程地址
connect(SocketAddress addr)	void	将此套接字连接到远程套接字地址（IP 地址 + 端口号）
disconnect()	void	断开套接字的连接
getInetAddress()	InetAddress	返回此套接字连接的地址
getLocalAddress()	InetAddress	获取套接字绑定的本地地址
getLocalPort()	int	返回此套接字绑定的本地主机上的端口号
getLocalSocketAddress()	SocketAddress	返回此套接字绑定的端点的地址，如果尚未绑定则返回 null
getPort()	int	返回此套接字的端口
isBound()	boolean	返回套接字的绑定状态
isClosed()	boolean	返回是否关闭了套接字
isConnected()	boolean	返回套接字的连接状态
receive(DatagramPacket p)	void	从此套接字接收数据报包
send(DatagramPacket p)	void	从此套接字发送数据报包

使用 DatagramSocket 类创建的套接字是单个的数据报套接字。UDP 是一种多播数据传输协议，那么可以创建多播的数据报套接字吗？答案是肯定的，DatagramSocket 类提供了一个子类 MulticastSocket，它表示多播数据报套接字，该类用于发送和接收 IP 多播包。MulticastSocket 类是一种（UDP）DatagramSocket，它具有加入 Internet 上其他多播主机的“组”的附加功能，多播组的 IP 地址范围为 224.0.0.0 ~ 239.255.255.255（包括两者），但这里需要说明的是：地址 224.0.0.0 虽然被保留，但不应该使用。

由于 MulticastSocket 类是 DatagramSocket 类的子类，因此它包含 DatagramSocket 类中的所有公有方法。除此之外，它还有两个特殊的方法 joinGroup 和 leaveGroup，分别如下。

- joinGroup(InetAddress mcastaddr)：加入多播组，参数 mcastaddr 表示要加入的多播地址。
- leaveGroup(InetAddress mcastaddr)：离开多播组，参数 mcastaddr 表示要离开的多播地址。

16.4.3 UDP 网络程序实例

根据前面所讲的网络编程的基本知识，以及 UDP 网络编程的特点，下面创建一个广播数据报程序。广播数据报是一种较新的技术，类似于电台广播，广播电台需要在指定的波段和频率上广播信息，收听者也要将收音机调到指定的波段、频率才可以收听广播内容。

实例16-6 本实例要求主机不断地重复播出天气预报，这样可以保证加入同一组的主机随时接收到广播信息。接收者将正在接收的信息放在一个文本域中，并将接收的全部信息放在另一个文本域中。

（1）广播主机程序不断地向外播出信息，具体代码如下。（实例位置：资源包\MR\源码\16\09。）

```
import java.io.IOException;
import java.net.*;
import java.text.SimpleDateFormat;
import java.util.Date;
public class BroadCast extends Thread { // 继承线程类
    int port = 9898; // 定义端口，通过该端口进行数据的发送和接收
    InetAddress iaddress = null; // 创建 InetAddress 对象，用来指定主机所在多播组
    MulticastSocket socket = null; // 声明多点广播套接字
    public BroadCast() { // 构造方法
        try {
            // 实例化 InetAddress，指定主机所在的组
            iaddress = InetAddress.getByName("224.255.10.0");
            socket = new MulticastSocket(port); // 实例化多点广播套接字
            socket.setTimeToLive(1); // 指定发送范围是本地网络
            socket.joinGroup(iaddress); // 加入广播组
        } catch (IOException e) {
            e.printStackTrace(); // 输出异常信息
        }
    }
    public void run() { // 线程主方法
        while (true) {
            DatagramPacket packet = null; // 要发送的数据包
            SimpleDateFormat sdf = new SimpleDateFormat("HH:mm:ss");
            String broadcast = "现在时间" + sdf.format(new Date())+
                    ",天气晴,气温10℃,PM2.5指数70,西南风3级,湿度54%,气压1200hPa";
            byte data[] = broadcast.getBytes(); // 声明字节数组，存储要发送的内容
            // 生成要发送的数据包
            packet = new DatagramPacket(data, data.length, iaddress, port);
            System.out.println(new String(data)); // 将广播信息输出
            try {
                socket.send(packet); // 发送数据
                sleep(2000); // 线程休眠
            } catch (IOException e) {
                e.printStackTrace();
            } catch (InterruptedException e) {
                e.printStackTrace();
            }
        }
    }
```

```
    public static void main(String[] args) { // 主方法
        BroadCast bCast = new BroadCast(); // 创建本类对象
        bCast.start(); // 启动线程
    }
}
```

运行结果如图 16.11 所示。

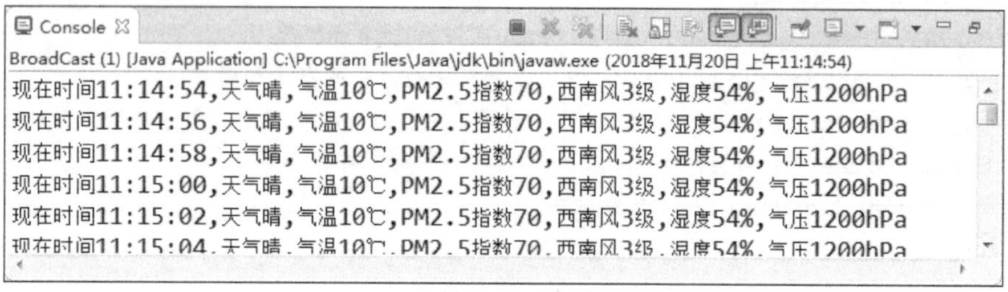

```
Console
BroadCast (1) [Java Application] C:\Program Files\Java\jdk\bin\javaw.exe (2018年11月20日 上午11:14:54)
现在时间11:14:54,天气晴,气温10℃,PM2.5指数70,西南风3级,湿度54%,气压1200hPa
现在时间11:14:56,天气晴,气温10℃,PM2.5指数70,西南风3级,湿度54%,气压1200hPa
现在时间11:14:58,天气晴,气温10℃,PM2.5指数70,西南风3级,湿度54%,气压1200hPa
现在时间11:15:00,天气晴,气温10℃,PM2.5指数70,西南风3级,湿度54%,气压1200hPa
现在时间11:15:02,天气晴,气温10℃,PM2.5指数70,西南风3级,湿度54%,气压1200hPa
现在时间11:15:04,天气晴,气温10℃,PM2.5指数70,西南风3级,湿度54%,气压1200hPa
```

图 16.11 广播主机程序的运行结果

（2）接收广播程序：单击“开始接收”按钮，系统开始接收主机播出的信息；单击“停止接收”按钮，系统会停止接收广播主机播出的信息。具体代码如下。（实例位置：资源包 \MR\ 源码 \16\10。）

```
import java.awt.*;
import java.awt.event.*;
import java.io.IOException;
import java.net.*;
import javax.swing.*;
public class Receive extends JFrame implements Runnable {
    int port = 9898; // 定义 int 型变量，存储端口号
    InetAddress group = null; // 声明 InetAddress 对象
    MulticastSocket socket = null; // 创建多点广播套接字对象
    JToggleButton btn = new JToggleButton(" 开始接收 ");
    JTextArea inced = new JTextArea(10, 10);// 显示接收到的广播
    Thread thread; // 创建 Thread 对象，用来新开线程并执行广播接收操作
    boolean getMessage = true; // 是否接收广播
    public Receive() { // 构造方法
        init();
        addListenser();
        connection();
        setTitle( “广播数据报” ); // 设置窗体标题
        setBounds(100, 50, 460, 200); // 设置布局
        setDefaultCloseOperation(WindowConstants.EXIT_ON_CLOSE);// 设置窗体关闭方式
        thread = new Thread(this);// 实例化线程对象
    }
    private void connection() {// 连接服务器
        try {
```

```
            group = InetAddress.getByName("224.255.10.0"); // 指定接收地址
            socket = new MulticastSocket(port); // 绑定多点广播套接字
            socket.joinGroup(group); // 加入广播组
        } catch (IOException e) {
            e.printStackTrace(); // 输出异常信息
        }
    }
    private void init() {// 组件初始化
        JPanel north = new JPanel(); // 创建 Jpanel 对象
        north.add(btn); // 将按钮添加到面板 north 上
        JPanel center = new JPanel(); // 创建面板对象 center
        center.setLayout(new GridLayout(1, 2)); // 设置面板布局
        JScrollPane scrollPane = new JScrollPane(inced);
        center.add(scrollPane);
        add(north, BorderLayout.NORTH); // 将 north 放置在窗体的上部
        add(center, BorderLayout.CENTER); // 设置面板布局
    }
    public void run() {// 线程主方法
        while (getMessage) {// 循环接收广播报文，直到 getMessage 被改为 false
            byte data[] = new byte[1024]; // 用来存储接收到的数据
            DatagramPacket packet = null; // 创建 DatagramPacket 对象
            // 待接收的数据包
            packet = new DatagramPacket(data, data.length, group, port);
            try {
                socket.receive(packet); // 接收数据包
                // 获取数据包中内容，并转换为字符串
                String message = new String(packet.getData(), 0,
                        packet.getLength());
                inced.append(message + "\n"); // 每条信息为一行
            } catch (IOException e) {
                e.printStackTrace(); // 输出异常信息
            }
        }
    }
    private void addListenser() {// 添加监听
        btn.addActionListener(new ActionListener() {
            public void actionPerformed(ActionEvent e) {
                if (btn.isSelected()) {
                    btn.setText("停止接收");
                    if (!(thread.isAlive())) { // 如线程不处于“新建状态”
                        thread = new Thread(Receive.this); // 实例化 Thread 对象
                        getMessage = true; // 开始接收数据
                    }
```

```
                thread.start(); // 启动线程
            } else {
                btn.setText(" 开始接收 ");
                getMessage = false; // 停止接收数据
            }
        }
    });
}
public static void main(String[] args) { // 主方法
    Receive rec = new Receive(); // 创建本类对象
    rec.setVisible(true); // 将窗体设置为可见状态
}
}
```

运行结果如图 16.12 所示。

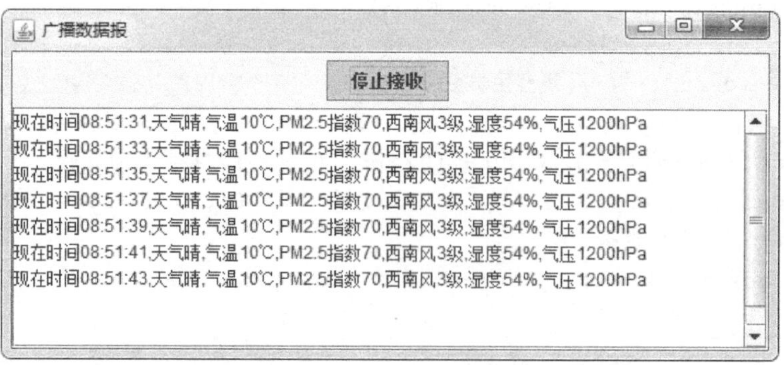

图 16.12　接收广播的运行结果

说明

要广播或接收广播的主机地址必须加入一个组内，地址范围为 224.0.0.0 ~ 239.255.255.255，这类地址并不代表某个特定主机的位置。加入同一个组的主机可以在某个端口上广播信息，也可以在某个端口上接收信息。

16.5　多线程聊天室

扫码看视频

现在，读者可以结合本章所学内容开发网络应用程序。本节将介绍一个多线程聊天室的开发过程。该程序使用了 Swing 设置程序 UI，并结合 Java 语言多线程技术使网络聊天程序更加符合实际需求（可以不间断地收发多条信息）。运行程序时，首先需要启动服务器端（即 ChatRoomServer.java 文件），然后运行客户端（LinkServerFrame.java 文件），弹出“连接服务器”对话框，如图 16.13 所示。在对话框中输入服务器的 IP 地址和聊天室中要显示的用户名。

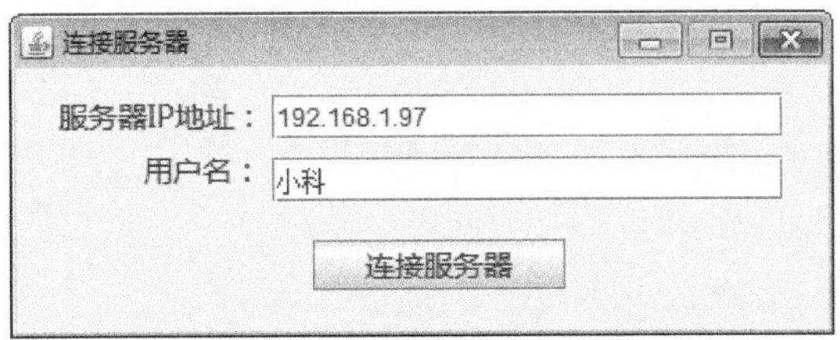

图 16.13 “连接服务器”对话框

单击“连接服务器”按钮，进入“客户端”窗体，以同样的方式再次打开一个或多个“客户端”窗体。然后在该窗体下方的文本框中输入内容，单击“发送”按钮，即可在所有打开的“客户端”窗体中显示聊天记录，如图 16.14 所示。

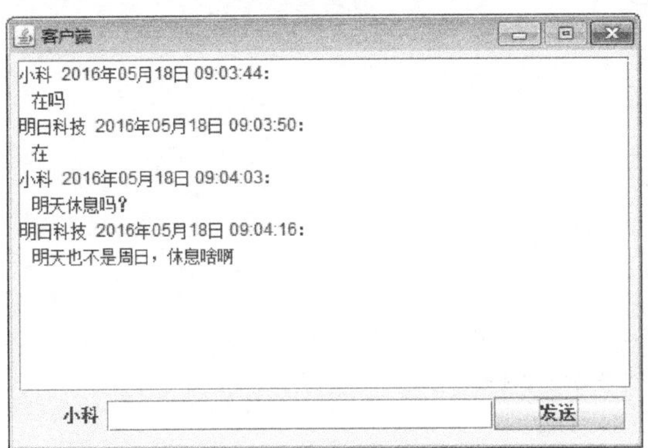

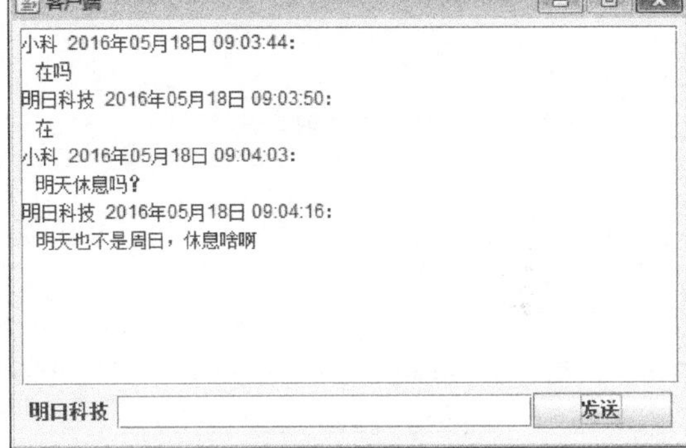

图 16.14 聊天界面

当单击某一个“客户端”窗体的关闭按钮时，弹出“确定”对话框，如图 16.15 所示。在该对话框中单击“是”按钮，即可关闭相应的窗体，同时将该用户已退出聊天室的记录显示在其他“客户端”窗体中，如图 16.16 所示。

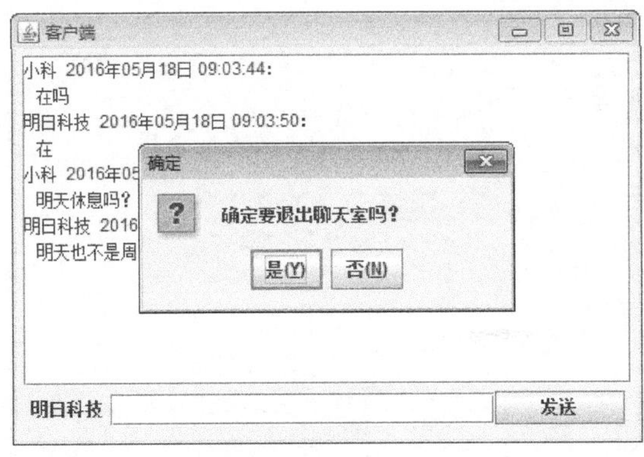

图 16.15 “确定”对话框

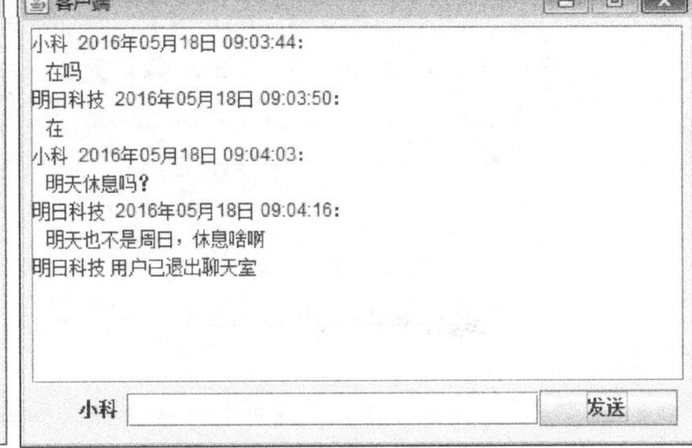

图 16.16 显示有用户退出聊天室的提示

实例16-7 程序设计步骤如下。（实例位置：资源包 \MR\ 源码 \16\11。）

（1）编写 ChatRoomServer 类，用来创建聊天的服务器，代码如下。

```
public class ChatRoomServer {
    private ServerSocket serverSocket;// 服务器套接字
```

```
private HashSet<Socket> allSockets;// 客户端套接字集合
/**
 * 聊天室服务器的构造方法
 */
public ChatRoomServer() {
    try {
        serverSocket = new ServerSocket(4569);// 开启服务器 4569 接口
    } catch (IOException e) {
        e.printStackTrace();
    }
    allSockets = new HashSet<Socket>();// 实例化客户端套接字集合
}
/**
 * 启动聊天室服务器的方法
 */
public void startService() throws IOException {
    while (true) {
        Socket s = serverSocket.accept();// 获得一个客户端的连接
        System.out.println(" 用户已进入聊天室 ");
        allSockets.add(s);// 将客户端连接的套接字放到集合中
        new ServerThread(s).start();// 为此客户端单独创建一个事务处理线程
    }
}
/**
 * 服务器线程内部类
 */
private class ServerThread extends Thread {
    Socket socket; // 客户端套接字
    public ServerThread(Socket socket) {// 通过构造方法获取客户端连接
        this.socket = socket;
    }
    public void run() {
        BufferedReader br = null;
        try {
            // 将客户端套接字输入流转换为字节流读取
            br = new BufferedReader(new InputStreamReader(socket.getInputStream()));
            while (true) {// 无限循环
                String str = br.readLine();// 读取到一行之后，则赋值给字符串
                if (str.contains("%EXIT%")) {// 如果文本内容中包括 "%EXIT%"
                    allSockets.remove(socket);// 集合删除此客户端连接
                    // 服务器向所有客户端接口发送退出通知
                    sendMessageTOAllClient(str.split(":")[1] + " 用户已退出聊天室");
```

```
                    socket.close();// 关闭此客户端连接
                    return;// 结束循环
                }
                sendMessageTOAllClient(str);// 向所有客户端发送此客户端发来的文本信息
            }
        } catch (IOException e) {
            e.printStackTrace();
        }
    }
    /**
     * 发送信息给所有客户端的方法
     *
     * @param message
     *            服务器向所有客户端发送文本内容
     */
    public void sendMessageTOAllClient(String message) throws IOException {
        for (Socket s : allSockets) {// 循环集合中所有的客户端连接
            PrintWriter pw = new PrintWriter(s.getOutputStream());// 创建输出流
            pw.println(message);// 写入文本内容
            pw.flush();// 输出流刷新
        }
    }
  }
  public static void main(String[ ] args) {
    try {
        new ChatRoomServer().startService();
    } catch (IOException e) {
        e.printStackTrace();
    }
  }
}
```

（2）编写 ChatRoomClient 类，主要用来实现客户端连接服务器并接收消息的功能，代码如下。

```
/**
 * 聊天室客户端
 */
public class ChatRoomClient {
    private Socket socket;// 客户端套接字
    private BufferedReader bufferReader;// 用字节流读取套接字输入流
    private PrintWriter pWriter;// 用字节流写入套接字输出流
```

```
    /**
     * 聊天室客户端的构造方法
     *
     * @param host
     *          服务器的 IP 地址
     * @param port
     *          服务器与客户端连接的端口
     */
    public ChatRoomClient(String host, int port)
        throws UnknownHostException, IOException {
        socket = new Socket(host, port);// 连接服务器
        // 用字节流读取套接字输入流
        bufferReader =
            new BufferedReader(new InputStreamReader(socket.getInputStream()));
        pWriter = new PrintWriter(socket.getOutputStream());// 用字节流写入套接字输出流
    }
    /**
     * 聊天室客户端发送消息的方法
     *
     * @param str   客户端发送的消息
     */
    public void sendMessage(String str) {// 发送消息
        pWriter.println(str);
        pWriter.flush();
    }
    /**
     * 聊天室客户端获取消息的方法
     *
     * @return 读取某个客户端发送的消息
     */
    public String reciveMessage() {// 获取消息
        try {
            return bufferReader.readLine();
        } catch (IOException e) {
            e.printStackTrace();
        }
        return null;
    }
    /**
     * 关闭套接字连接的方法
     */
    public void close() {// 关闭套接字连接
```

```
        try {
            socket.close();
        } catch (IOException e) {
            e.printStackTrace();
        }
    }
}
```

（3）编写 LinkServerFrame 类，该类继承自 JFrame，用来作为“连接服务器”窗体。该窗体中主要添加两个 JTextField 组件和一个 JButton 组件，其中 JTextField 组件分别用来输入服务器 IP 地址和要在聊天室中显示的用户名，JButton 组件用来实现连接服务器功能。该窗体的主要功能是连接服务器，其关键代码如下。

```
protected void do_btnLink_actionPerformed(ActionEvent e) {
    // 文本框中的内容不为空时
    if (!tfIP.getText().equals("") && !tfUserName.getText().equals("")) {
         dispose();// 销毁当前窗体
         // 创建客户端窗体对象并传参
         ClientFrame clientFrame =
             new ClientFrame(tfIP.getText().trim(), tfUserName.getText().trim());
        clientFrame.setVisible(true);// 显示客户端窗体
    } else {
        JOptionPane.showMessageDialog(null, "文本框里的内容不能为空！", "警告",
            JOptionPane.WARNING_MESSAGE);
    }
}
```

（4）上面的代码中用到了 ClientFrame 类，该类是用户自己创建的一个类，用来表示客户端窗体，该类继承自 Jframe 并成为窗体类。ClientFrame 类中首先需要定义用到的成员变量，代码如下。

```
private JPanel contentPane; // 下方面板
private JLabel lblUserName;// 显示用户名
private JTextField tfMessage; // 信息发送文本框
private JButton btnSend;// 发送按钮
private JTextArea textArea;// 信息接收文本域
private String userName;// 用户名称
private ChatRoomClient client;// 客户端连接对象
```

（5）在 ClientFrame 类的构造方法中开启窗口监听，在窗口关闭监听事件中实现提示退出聊天室的功能，代码如下。

```
this.userName = userName;
this.addWindowListener(new WindowAdapter() {// 开启窗口监听
```

```
    public void windowClosing(WindowEvent atg0) {// 窗口关闭时
        int op = JOptionPane.showConfirmDialog(ClientFrame.this,
                "确定要退出聊天室吗？", "确定", JOptionPane.YES_NO_OPTION);// 弹出提示框
        if (op == JOptionPane.YES_OPTION) {// 如果选择是
            client.sendMessage("%EXIT%:" + userName);// 发送消息
            try {
                Thread.sleep(200);
            } catch (InterruptedException e) {
                e.printStackTrace();
            }
            client.close();// 关闭客户端连接
            System.exit(0);// 关闭程序
        }
    }
});
```

（6）在 ClientFrame 类的构造方法中为“发送”按钮添加动作监听事件，代码如下。

```
btnSend = new JButton("发送");
btnSend.addActionListener(new ActionListener() {
    public void actionPerformed(ActionEvent e) {
    Date date = new Date();// 创建时间类
    // 设定日期格式
    SimpleDateFormat df = new SimpleDateFormat("yyyy年MM月dd日 HH:mm: ss");
    // 向服务器发送消息
    client.sendMessage(userName + "  "+df.format(date)+": \n   " + tfMessage.getText());
    tfMessage.setText("");// 输入框为空
    }
});
```

（7）在 ClientFrame 类的构造方法中实例化客户端对象，并且启动线程，实时读取并显示接收到的消息，代码如下。

```
try {
    client = new ChatRoomClient(ip, 4569);// 创建客户端对象
} catch (UnknownHostException e1) {
    e1.printStackTrace();
} catch (IOException e1) {
    e1.printStackTrace();
}
// 创建读取客户端消息的线程类对象
```

```
ReadMessageThread messageThread = new ReadMessageThread();
messageThread.start();// 启动读取客户端消息的线程类对象
```

（8）上面的代码中用到了 ReadMessageThread 类。该类是用户自定义的一个类，继承自 Thread 线程类，主要用来接收消息并显示，代码如下。

```
private class ReadMessageThread extends Thread {
    public void run() {// 线程主方法
        while (true) {// 无限循环
            String str = client.reciveMessage();// 客户端收到服务器发来的文本内容
            textArea.append(str + "\n");// 向文本域添加文本内容
        }
    }
}
```

本程序可以在一台计算机上运行，也可以在多台计算机上运行。程序启动后，在“服务器 IP 地址”文本框中输入服务器的 IP 地址并输入用户名后，即可在信息发送文本框中输入将要发送的信息。单击“发送”按钮，如果同一台计算机上再次运行本程序或在另一台计算机上也运行了本程序，就可以接收到发送的信息。

16.6 动手练一练

（1）获取本地主机的域名和主机名。在进行网络编程时，除了使用本地主机的 IP 地址外，还经常需要使用本地主机的域名和主机名。本题将演示如何通过 Java 程序获取本地主机的域名和主机名。运行程序，单击窗体上的“获取域名和主机名”按钮，将在相应的文本框中显示本地主机的域名和主机名，效果如图 16.17 所示。

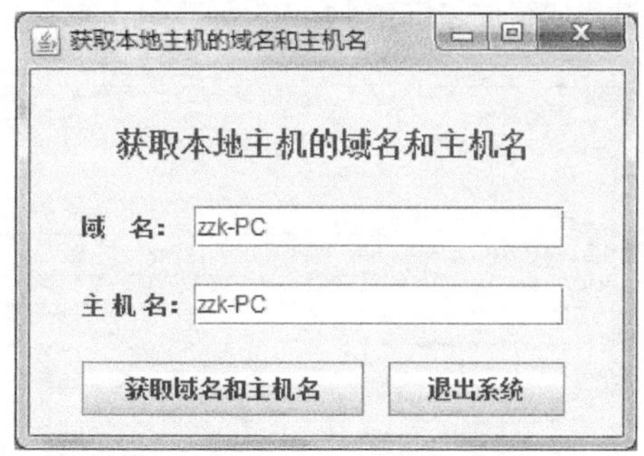

图 16.17　获取本地主机的域名和主机名

（2）通过 IP 地址获取域名和主机名。在进行网络编程时，可以通过指定主机的 IP 地址，获取对应主机的域名和主机名。本题演示如何在 Java 应用程序中通过 IP 地址获取域名和主机名。运行程序，在“输入 IP 地址”文本框中输入 IP 地址 192.168.1.247，然后单击窗体上的“获取域名和主机名”按钮，将在“域名”和“主机名”文本框中显示对应的域名和主机名，效果如图 16.18 所示。

（3）获取网络资源的大小。运行程序，在“输入网址”文本框中输入要访问的网站网址，单击“获得大小”按钮，将获取该网络资源的大小，效果如图 16.19 所示。

（4）解析网页中的内容。运行程序，在“输入网址”文本框中输入网址，单击“解析网页”按钮，将在文本域中显示解析的网页内容，效果如图 16.20 所示。

图 16.18　通过 IP 地址获取域名和主机名

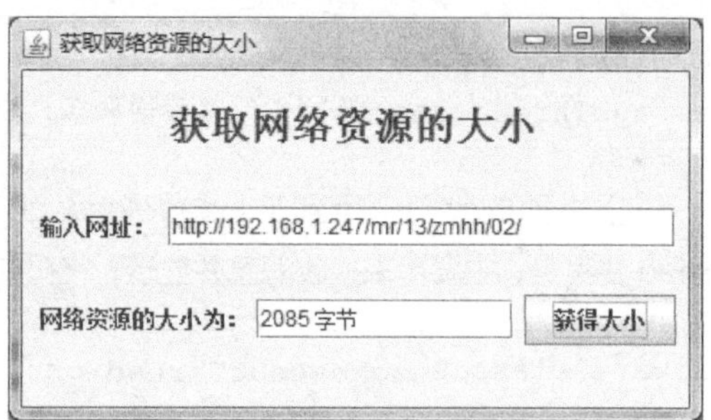

图 16.19　获取网络资源的大小

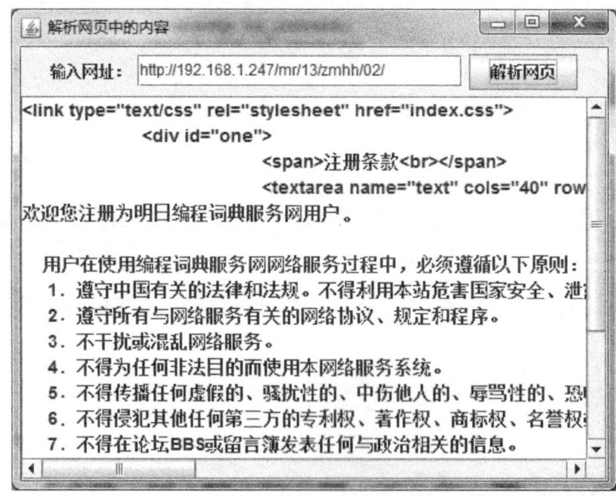

图 16.20　解析网页中的内容

（5）网络资源的多线程下载。主线程启动后，再通过单独的线程完成网络资源的下载。运行程序，输入下载资源的网址，单击窗体上的“下载”按钮，将完成网络资源下载，并在下载完毕后进行提示，效果如图 16.21 和图 16.22 所示。

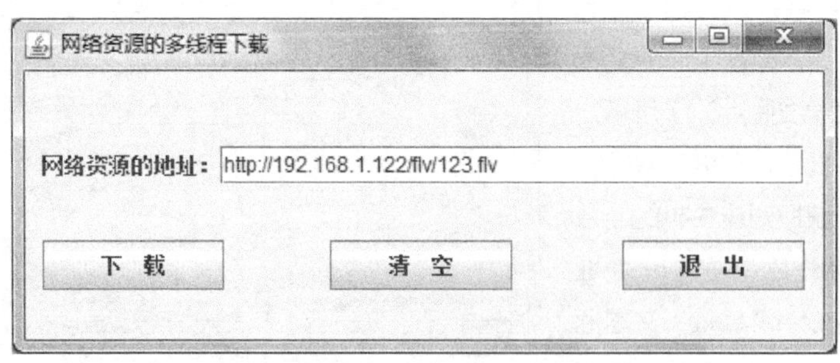

图 16.21　网络资源的多线程下载界面

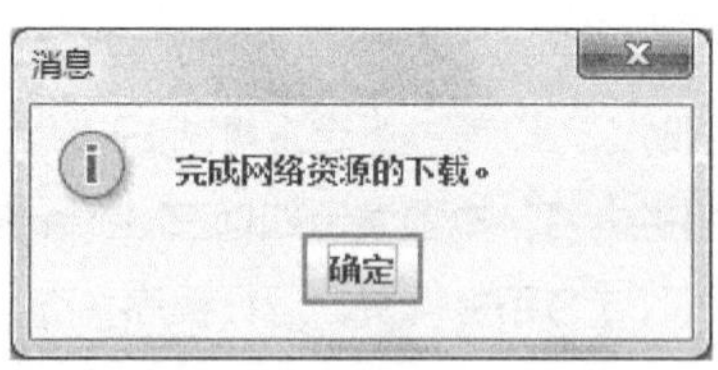

图 16.22　提示完成下载消息框

第 17 章

使用 JDBC 操作数据库

视频教学：48 分钟

学习 Java 语言，必然要学习 JDBC 技术，因为使用 JDBC 技术可以非常方便地操作各种主流数据库。大部分应用程序都是使用数据库存储数据的，采用 JDBC 技术，既可以根据指定条件查询数据库中的数据，又可以对数据库中的数据进行增加、删除、修改等操作。本章将向读者介绍如何使用 JDBC 技术操作 MySQL 数据库。

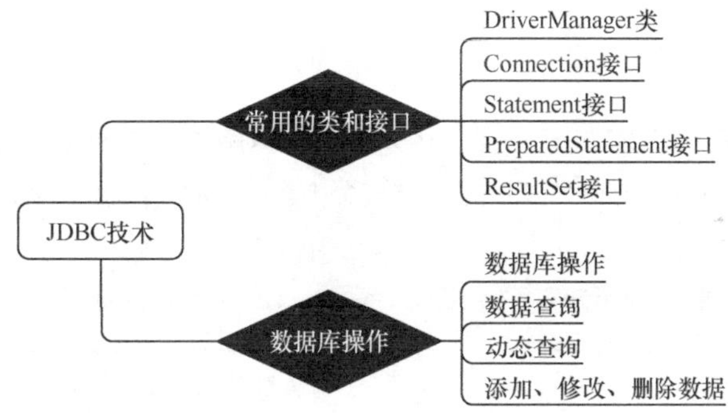

17.1 JDBC 概述

扫码看视频

JDBC 的全称是 Java DataBase Connectivity，它是一种用于执行 SQL 语句的 Java API。使用 JDBC，就可以使用相同的 API 访问不同的数据库。需要注意的是，JDBC 并不能直接访问数据库，必须依赖于数据库厂商提供的 JDBC 驱动程序。使用 JDBC 操作数据库的主要步骤如图 17.1 所示。

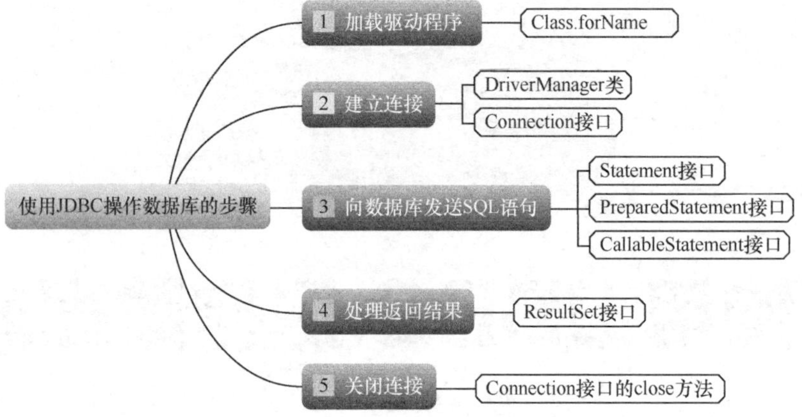

图 17.1 使用 JDBC 操作数据库的主要步骤

17.2 JDBC 中常用的类和接口

Java 提供了丰富的类和接口用于数据库编程，利用这些类和接口可以方便地访问并处理存储在数据库中的数据。本节将介绍一些常用的 JDBC 接口和类，这些接口和类都在 java.sql 包中。

17.2.1 DriverManager 类

扫码看视频

DriverManager 类是 JDBC 的管理层，用来管理数据库中的驱动程序。在使用 Java 操作数据库之前，须使用 Class 类的静态方法 forName(String className) 加载能够连接数据库的驱动程序。

例如，加载 MySQL 数据库驱动程序（包名为 mysql_connector_java_5.1.36_bin.jar）的代码如下。

```
try {                                           // 加载 MySQL 数据库驱动
        Class.forName("com.mysql.jdbc.Driver");
    } catch (ClassNotFoundException e) {
        e.printStackTrace();
    }
```

! 多学两招

Java SQL 框架允许加载多个数据库驱动程序，例如加载以下数据库驱动程序。

（1）加载 Oracle 数据库驱动程序（包名为 ojdbc6.jar）的代码如下。

```
Class.forName("oracle.jdbc.driver.OracleDriver ");
```

（2）加载 SQL Server 2000 数据库驱动程序（包名为 msbase.jar、mssqlserver.jar、msutil.jar）的代码如下。

```
Class.forName("com.microsoft.jdbc.sqlserver.SQLServerDriver");
```

（3）加载 SQL Server 2005 以上版本数据库驱动程序（包名为 sqljdbc4.jar）的代码如下。

```
Class.forName("com.microsoft.sqlserver.jdbc.SQLServerDriver");
```

加载完连接数据库的驱动程序后，Java 会自动将驱动程序的实例注册到 DriverManager 类中，这时即可通过 DriverManager 类的 getConnection() 方法与指定数据库建立连接。DriverManager 类的常用方法如表 17.1 所示。

表 17.1 DriverManager 类的常用方法

方法	功能描述
getConnection(String url, String user, String password)	根据 3 个入口参数（依次是连接数据库的 URL、用户名、密码），与指定数据库建立连接

例如，使用 DriverManager 类的 getConnection() 方法，与本地 MySQL 数据库建立连接的代码如下。

```
DriverManager.getConnection("jdbc:mysql://127.0.0.1:3306/test","root",
"password");
```

说明

127.0.0.1 表示本地 IP 地址，3306 是 MySQL 的默认端口，test 是数据库名称。

使用 DriverManager 类的 getConnection() 方法与本地 SQLServer 2000 数据库建立连接的代码如下。

```
DriverManager.getConnection("jdbc:microsoft:sqlserver://127.0.0.1:1433;
DatabaseName=test","sa","password");
```

使用 DriverManager 类的 getConnection() 方法与本地 SQLServer 2005 以上版本数据库建立连接的代码如下。

```
DriverManager.getConnection("jdbc:sqlserver://127.0.0.1:1433;DatabaseName
=test","sa","password");
```

使用 DriverManager 类的 getConnection() 方法与本地 Oracle 数据库建立连接的代码如下。

```
DriverManager.getConnection("jdbc:oracle:thin:@//127.0.0.1:1521/test",
"system","password");
```

17.2.2 Connection 接口

扫码看视频

Connection 接口代表 Java 端与指定数据库之间的连接。Connection 接口的常用方法如表 17.2 所示。

表 17.2 Connection 接口的常用方法

方法	功能描述
createStatement()	创建 Statement 对象
createStatement(int resultSetType, int resultSetConcurrency)	创建一个 Statement 对象，Statement 对象用来生成一个具有给定类型、并发性和可保存性的 ResultSet 对象
preparedStatement()	创建预处理对象 preparedStatement
prepareCall(String sql)	创建一个 CallableStatement 对象来调用数据库存储过程
isReadOnly()	查看当前 Connection 对象的读取模式是否是只读形式
setReadOnly()	设置当前 Connection 对象的读写模式，默认为非只读模式
commit()	使所有上一次提交 / 回滚后进行的更改成为持久更改，并释放此 Connection 对象当前持有的所有数据库锁
rollback()	取消在当前事务中进行的所有更改，并释放此 Connection 对象当前持有的所有数据库锁
close()	立即释放此 Connection 对象的数据库和 JDBC 资源，而不是等待它们被自动释放

例如，使用 Connection 对象连接 MySQL 数据库，代码如下。

```
Connection con;                          // 声明 Connection 对象
try {                                    // 加载 MySQL 数据库驱动类
    Class.forName("com.mysql.jdbc.Driver");
} catch (ClassNotFoundException e) {
    e.printStackTrace();
}
try {                                    // 通过访问数据库的 URL 获取数据库连接对象
    con=DriverManager.getConnection("jdbc:mysql://127.0.0.1:3306/test",
"root","root");
} catch (SQLException e) {
    e.printStackTrace();
}
```

17.2.3 Statement 接口

扫码看视频

Statement 接口是用来执行静态 SQL 语句的工具接口。Statement 接口的常用方法如表 17.3 所示。

表 17.3 Statement 接口的常用方法

方法	功能描述
execute(String sql)	执行静态的 SELECT 语句，该语句可能返回多个结果集
executeQuery(String sql)	执行给定的 SQL 语句，该语句返回单个 ResultSet 对象
clearBatch()	清空此 Statement 对象的当前 SQL 命令列表
executeBatch()	将一批命令提交给数据库来执行，如果全部命令执行成功，则返回更新计数组成的数组。数组元素的排序与 SQL 语句的添加顺序对应
addBatch(String sql)	将给定的 SQL 命令添加到此 Statement 对象的当前命令列表中。如果驱动程序不支持批量处理，将抛出异常
close()	释放 Statement 实例占用的数据库和 JDBC 资源

例如，使用连接数据库对象 con 的 createStatement() 方法创建 Statement 对象，代码如下。

```
try {
    Statement stmt = con.createStatement();
} catch (SQLException e) {
    e.printStackTrace();
}
```

17.2.4 PreparedStatement 接口

扫码看视频

PreparedStatement 接口是 Statement 接口的子接口，是用来执行动态 SQL 语句的工具接口。PreparedStatement 接口的常用方法如表 17.4 所示。

表 17.4 PreparedStatement 接口的常用方法

方法	功能描述
setInt(int index , int k)	将指定位置的参数设置为 int 值
setFloat(int index , float f)	将指定位置的参数设置为 float 值
setLong(int index,long l)	将指定位置的参数设置为 long 值
setDouble(int index , double d)	将指定位置的参数设置为 double 值
setBoolean(int index ,boolean b)	将指定位置的参数设置为 boolean 值
setDate(int index , date date)	将指定位置的参数设置为对应的 date 值
executeQuery()	在此 PreparedStatement 对象中执行 SQL 查询语句，并返回该查询语句生成的 ResultSet 对象
setString(int index, String s)	将指定位置的参数设置为对应的 String 值

续表

方法	功能描述
setNull(int index , int sqlType)	将指定位置的参数设置为 SQL NULL
executeUpdate()	执行前面包含的参数的动态 INSERT、UPDATE 或 DELETE 语句
clearParameters()	清除当前所有参数的值

例如，使用连接数据库对象 con 的 prepareStatement() 方法创建 PrepareStatement 对象，其中需要设置一个参数，代码如下。

```
PrepareStatement  ps = con.prepareStatement("select * from tb_stu where name = ?");
ps.setInt(1, "阿强");  //将 sql 中第 1 个问号的值设置为“阿强”
```

17.2.5　ResultSet 接口

扫码看视频

ResultSet 接口类似于一个临时表，用来暂时存放对数据库中的数据执行查询操作后的结果。ResultSet 对象具有指向当前数据行的指针，指针开始的位置在第一条记录的前面，通过 next() 方法可向下移动。ResultSet 接口的常用方法如表 17.5 所示。

表 17.5　ResultSet 接口的常用方法

方法	功能描述
getInt()	以 int 形式获取此 ResultSet 对象的当前行的指定列值。如果列值是 NULL，则返回 0
getFloat()	以 float 形式获取此 ResultSet 对象的当前行的指定列值。如果列值是 NULL，则返回 0
getDate()	以 data 形式获取 ResultSet 对象的当前行的指定列值。如果列值是 NULL，则返回 null
getBoolean()	以 boolean 形式获取 ResultSet 对象的当前行的指定列值。如果列值是 NULL，则返回 null
getString()	以 String 形式获取 ResultSet 对象的当前行的指定列值。如果列值是 NULL，则返回 null
getObject()	以 Object 形式获取 ResultSet 对象的当前行的指定列值。如果列值是 NULL，则返回 null
first()	将指针移到当前记录的第一行
last()	将指针移到当前记录的最后一行
next()	将指针向下移一行
beforeFirst()	将指针移到集合的开头（第一行位置）
afterLast()	将指针移到集合的尾部（最后一行位置）
absolute(int index)	将指针移到 ResultSet 给定编号的行
isFrist()	判断指针是否位于当前 ResultSet 集合的第一行。如果是返回 true，否则返回 false
isLast()	判断指针是否位于当前 ResultSet 集合的最后一行。如果是返回 true，否则返回 false
updateInt()	用 int 值更新指定列

续表

方法	功能描述
updateFloat()	用 float 值更新指定列
updateLong()	用指定的 long 值更新指定列
updateString()	用指定的 string 值更新指定列
updateObject()	用 Object 值更新指定列
updateNull()	将指定的列值修改为 NULL
updateDate()	用指定的 date 值更新指定列
updateDouble()	用指定的 double 值更新指定列
getrow()	查看当前行的索引号
insertRow()	将插入行的内容插入数据库
updateRow()	将当前行的内容同步到数据库
deleteRow()	删除当前行，但并不同步到数据库中，而是在执行 close() 方法后同步到数据库

说明

使用 updateXXX() 方法更新数据库中的数据时，并没有将数据库中被操作的数据同步到数据库中，需要执行 updateRow() 方法或 insertRow() 方法才可以更新数据库中的数据。

例如，通过 Statement 对象 sql 调用 executeQuery() 方法，把数据表 tb_stu 中的所有数据存储到 ResultSet 对象中，然后输出 ResultSet 对象中的数据，代码如下。

```
ResultSet res = sql.executeQuery("select * from tb_stu");// 获取查询的数据
while (res.next()) {                          // 如果当前语句不是最后一条，则进入循环
    String id = res.getString("id");      // 获取列名是 id 的字段值
    String name = res.getString("name"); // 获取列名是 name 的字段值
    String sex = res.getString("sex");   // 获取列名是 sex 的字段值
    String birthday = res.getString("birthday"); // 获取列名是 birthday 的字段值
    System.out.print(" 编号: " + id);      // 将列值输出
    System.out.print(" 姓名 :" + name);
    System.out.print(" 性别 :" + sex);
    System.out.println(" 生日: " + birthday);
}
```

17.3 数据库操作

17.2 节中介绍了 JDBC 中常用的类和接口，通过这些类和接口可以实现对数据库中的数据

进行查询、添加、修改、删除等操作。本节以操作 MySQL 数据库为例，介绍几种常见的数据库操作。

17.3.1 数据库基础

扫码看视频

数据库是一种存储结构，它允许使用各种格式输入、处理和检索数据，不必在每次需要数据时重新输入数据。例如，当需要某人的电话号码时，需要按照姓名来查阅电话簿，这个电话簿就是一个数据库。

当前比较流行的数据主要有 MySQL、Oracle、SQL Server 等，它们各有各的特点。本小节主要讲解如何操作 MySQL 数据库。

SQL 语句是操作数据库的基础。使用 SQL 语句可以很方便地操作数据库中的数据。本小节将介绍用于查询、添加、修改和删除数据的 SQL 语句的语法，操作的数据表以 tb_employees 为例。数据表 tb_employees 的部分数据如图 17.2 所示。

employee_id	employee_name	employee_sex	employee_salary
1	张三	男	2600.00
2	李四	男	2300.00
3	王五	男	2900.00
4	小丽	女	3200.00
5	赵六	男	2450.00
6	小红	女	2200.00
7	小明	男	3500.00
8	小刚	男	2000.00
9	小华	女	3000.00

图 17.2　数据表 tb_employees 的部分数据

1. select 语句

select 语句用于查询数据表中的数据。

语法如下。

```
select 所选字段列表 from 数据表名
where 条件表达式 group by 字段名 having 条件表达式（指定分组的条件）
order by 字段名 [ASC|DESC]
```

例如，查询 tb_employees 表中所有女员工的姓名和工资，并按工资升序排列，SQL 语句如下。

```
select employee_name, employee_salary from tb_employees where employee_sex
= '女' order by employee_salary;
```

2. insert 语句

insert 语句用于向数据表中插入新数据。

语法如下。

```
insert into 表名 [(字段名 1, 字段名 2…)]
values(属性值 1, 属性值 2, …)
```

例如，向 tb_employees 表中插入数据，SQL 语句如下。

```
insert into tb_employees values(2, 'lili', '女', 3500);
```

3. update 语句

update 语句用于修改数据表中的数据。

语法如下。

```
update 数据表名 set 字段名 = 新的字段值 where 条件表达式
```

例如，修改 tb_employees 表中编号 2 的员工薪水为 4000，SQL 语句如下。

```
update tb_employees set employee_salary = 4000 where employee_id = 2;
```

4. delete 语句

delete 语句用于删除数据表中的数据。

语法如下。

```
delete from 数据表名 where 条件表达式
```

例如，将 tb_employees 表中编号为 2 的员工删除，SQL 语句如下。

```
delete from tb_employees where employee_id = 2;
```

17.3.2 连接数据库

扫码看视频

要访问数据库，首先要加载数据库的驱动程序（只需要在第一次访问数据库时加载一次），然后每次访问数据时创建一个 Connection 对象，接着执行操作数据库的 SQL 语句，最后在完成数据库操作后销毁前面创建的 Connection 对象，释放与数据库的连接。

实例17-1 创建类 Conn，并创建 getConnection() 方法，获取与 MySQL 数据库的连接，在主方法中调用 getConnection() 方法连接 MySQL 数据库，代码如下。（实例位置：资源包 \MR\ 源码 \17\01。）

```
import java.sql.*;                                    // 导入 java.sql 包
public class Conn {                                   // 创建类 Conn
    Connection con;                                   // 声明 Connection 对象
    public Connection getConnection() {               // 建立返回值为 Connection 的方法
```

```
        try {                                          // 加载数据库驱动类
            Class.forName("com.mysql.jdbc.Driver");
            System.out.println(" 数据库驱动加载成功 ");
        } catch (ClassNotFoundException e) {
            e.printStackTrace();
        }
        try {                                   // 通过访问数据库的 URL 获取数据库连接对象
            con = DriverManager.getConnection("jdbc:mysql:"
                    + "//127.0.0.1:3306/test", "root", "root");
            System.out.println(" 数据库连接成功 ");
        } catch (SQLException e) {
            e.printStackTrace();
        }
        return con;                             // 按方法要求返回一个 Connection 对象
    }
    public static void main(String[] args) {    // 主方法
        Conn c = new Conn();                       // 创建本类对象
        c.getConnection();                         // 调用连接数据库的方法
    }
}
```

运行结果如图 17.3 所示。

图 17.3　连接数据库

说明

（1）本实例中将连接数据库作为单独的一个方法，并以 Connection 对象作为返回值，这样写的好处是在遇到对数据库执行操作的程序时可直接调用 Conn 类的 getConnection() 方法获取连接，增加了代码的重用性。

（2）加载数据库驱动程序之前，需要确定数据库驱动类是否成功加载到程序中，如果没有加载，可以按以下步骤加载，此处以加载 MySQL 数据库的驱动包为例介绍。

① 将 MySQL 数据库的驱动包 mysql_connector_java_5.1.36_bin.jar 复制到当前项目下。

② 选中当前项目，单击鼠标右键，选择 Build Path → Configure Build Path…菜单项，在弹出的对话框（如图 17.4 所示）的左侧选中 Java Build Path。然后在右侧选中 Libraries 选项卡，单击 Add External JARs…按钮，在弹出的对话框中选择要加载的数据库驱动包，即可在中间区域显示选择的 JAR 包，最后单击 Apply 按钮即可。

图 17.4　导入数据库驱动包

17.3.3 数据查询

扫码看视频

数据查询主要通过 Statement 接口和 ResultSet 接口实现，其中 Statement 接口用来执行 SQL 语句，ResultSet 接口用来存储查询结果。下面通过一个实例演示如何查询数据表中的数据。编写代码之前将 Code\SL\14\02\database 目录下的 test.sql 文件通过“source 命令”导入 MySQL 数据库中。

实例17-2 使用 17.2.1 小节中的 getConnection() 方法获取与数据库的连接，在主方法中查询数据表 tb_stu 中的数据，把查询的结果存储在 ResultSet 中，使用 ResultSet 中的方法遍历查询的结果，代码如下。（实例位置：资源包 \MR\ 源码 \17\02。）

```
import java.sql.*;
public class Gradation {                                    // 创建类
    // 连接数据库方法
    public Connection getConnection() throws ClassNotFoundException, SQLException {
        Class.forName("com.mysql.jdbc.Driver");
        Connection con = DriverManager.getConnection
            ("jdbc:mysql://127.0.0.1:3306/test", "root", "123456");
        return con;                                         // 返回 Connection 对象
    }
    public static void main(String[] args) {                // 主方法
        Gradation c = new Gradation();                      // 创建本类对象
        Connection con = null;                              // 声明 Connection 对象
        Statement stmt = null;                              // 声明 Statement 对象
```

```
        ResultSet res = null;          // 声明 ResultSet 对象
        try {
            con = c.getConnection(); // 与数据库建立连接
            stmt = con.createStatement();// 实例化 Statement 对象
            // 执行 SQL 语句，返回结果集
            res = stmt.executeQuery("select * from tb_stu");
            while (res.next()) { // 如果当前语句不是最后一条则进入循环
                String id = res.getString("id");// 获取列名是 id 的字段值
                String name = res.getString("name");// 获取列名是 name 的字段值
                String sex = res.getString("sex");// 获取列名是 sex 的字段值
                // 获取列名是 birthday 的字段值
                String birthday = res.getString("birthday");
                System.out.print(" 编号 :" + id);  // 将列值输出
                System.out.print(" 姓名 :" + name);
                System.out.print(" 性别 :" + sex);
                System.out.println(" 生日: " + birthday);
            }
        } catch (Exception e) {
            e.printStackTrace();
        } finally {                             // 依次关闭数据库连接资源
            if (res != null) {
                try {
                    res.close();
                } catch (SQLException e) {
                    e.printStackTrace();
                }
            }
            if (stmt != null) {
                try {
                    stmt.close();
                } catch (SQLException e) {
                    e.printStackTrace();
                }
            }
            if (con != null) {
                try {
                    con.close();
                } catch (SQLException e) {
                    e.printStackTrace();
                }
            }
        }
    }
}
```

运行结果如图 17.5 所示。

```
Console
<terminated> Gradation [Java Application] C:\Program Files
编号: 1 姓名:小明 性别:男 生日: 2015-11-02
编号: 2 姓名:小红 性别:女 生日: 2015-09-01
编号: 3 姓名:张三 性别:男 生日: 2010-02-12
编号: 4 姓名:李四 性别:女 生日: 2009-09-10
```

图 17.5　查询数据并输出

注意

可以通过列的序号来获取结果集中指定的列值。例如，获取结果集中 id 列的列值，可以写成 getString("id")，由于 id 列是数据表中的第一列，因此也可以写成 getString(1) 来获取。结果集 res 的结构如图 17.6 所示。

```
mysql> select * from tb_stu;
+----+------+-----+------------+
| id | name | sex | birthday   |
+----+------+-----+------------+
|  1 | 小明 | 男  | 2015-11-02 |
|  2 | 小红 | 女  | 2015-09-01 |
|  3 | 张三 | 男  | 2010-02-12 |
|  4 | 李四 | 女  | 2009-09-10 |
+----+------+-----+------------+
4 rows in set
```

图 17.6　结果集 res 的结构

说明

实例 17-2 中查询的是 tb_stu 表中的所有数据，如果想要在该表中执行模糊查询，只需要将 Statement 对象的 executeQuery() 方法中的 SQL 语句替换为模糊查询的 SQL 语句即可。例如，在 tb_stu 表中查询姓张的同学的信息，代码替换如下。

```
res = stmt.executeQuery("select * from tb_stu where name like '张%'");
```

17.3.4 动态查询

扫码看视频

向数据库发送一条 SQL 语句，数据库中的 SQL 解释器负责把 SQL 语句解释成底层的内部命令，然后执行这个命令，进而完成相关的数据操作。

如果不断地向数据库发送 SQL 语句，那么就会增加数据库中的 SQL 解释器的负担，从而降低执行 SQL 语句的速度。为了避免这类情况，可以使用 Connection 对象的 prepared Statement(String sql) 方法对 SQL 语句进行预处理，生成数据库底层的内部命令，并将这个命令封装在 PreparedStatement 对象中，通过调用 PreparedStatement 对象的相应方法执行底层的内部命令，这样就可以减轻数据库中的 SQL 解释器的负担，提高执行 SQL 语句的速度。

对 SQL 进行预处理时可以使用通配符"?"来代替任何的字段值，例如以下代码。

```
PreparedStatement ps = con.prepareStatement("select * from tb_stu where name = ?");
```

在执行预处理语句前，必须用相应方法来设置通配符所表示的值，例如以下代码。

```
ps.setString(1, "小工");
```

上述语句中的“1”表示从左向右的第几个通配符，“小王”表示设置的通配符的值。将通配符的值设置为小王后，功能等同于如下代码。

```
PreparedStatement ps = con.prepareStatement("select * from tb_stu where
name = '小王'");
```

尽管书写两条语句看似麻烦了一些，但使用预处理语句可以使应用程序更容易动态地设定 SQL 语句中的字段值，从而实现动态查询的功能。

注意

通过 setXXX() 方法为 SQL 语句中的通配符赋值时，建议使用与通配符的值数据类型相匹配的方法，也可以利用 setObject() 方法为各种类型的通配符赋值，例如以下代码。

```
sql.setObject(2, "李丽");
```

实例17-3 动态地获取指定编号的同学的信息。这里以查询编号为 4 的同学的信息为例，代码如下。（实例位置：资源包 \MR\ 源码 \17\03。）

```
import java.sql.*;
public class Prep {                                 // 创建类 Perp
    static Connection con;                          // 声明 Connection 对象
    static PreparedStatement ps;                    // 声明预处理对象
    static ResultSet res;                           // 声明结果集对象
    public Connection getConnection() {             // 与数据库连接方法
        try {
            Class.forName("com.mysql.jdbc.Driver");
            con = DriverManager.getConnection("jdbc:mysql:"
                    + "//127.0.0.1:3306/test", "root", "root");
        } catch (Exception e) {
            e.printStackTrace();
        }
        return con;                                 // 返回 Connection 对象
    }
    public static void main(String[] args) {        // 主方法
        Prep c = new Prep();                        // 创建本类对象
        con = c.getConnection();                    // 获取与数据库的连接
        try {
            ps = con.prepareStatement("select * from tb_stu"
                    + " where id = ?");             // 实例化预处理对象
```

```
            ps.setInt(1, 4);                            // 设置参数
            res = ps.executeQuery();                    // 执行预处理语句
            // 如果当前记录不是结果集中的最后一行，则进入循环体
            while (res.next()) {
                String id = res.getString(1);           // 获取结果集中第一列的值
                String name = res.getString("name");        // 获取 name 列的列值
                String sex = res.getString("sex");          // 获取 sex 列的列值
                String birthday = res.getString("birthday");
                                                            // 获取 birthday 列的列值
                System.out.print("编号: " + id);            // 输出信息
                System.out.print(" 姓名: " + name);
                System.out.print(" 性别 :" + sex);
                System.out.println(" 生日: " + birthday);
            }
        } catch (Exception e) {
            e.printStackTrace();
        } finally {                                     // 依次关闭数据库连接资源
            /* 此处省略关闭代码 */
        }
    }
}
```

运行结果如图 17.7 所示。

图 17.7 动态查询

17.3.5 添加、修改、删除数据

扫码看视频

SQL 语句除可以查询数据外，还可以对数据执行添加、修改和删除等操作，Java 中可通过 PreparedStatement 对象动态地对数据表中原有数据执行修改操作，并通过 executeUpdate() 方法执行更新语句的操作。

实例17-4 先通过预处理语句动态地对数据表 tb_stu 中的数据执行添加、修改、删除的操作，再通过遍历结果集，对比操作之前与操作之后的 tb_stu 表中的数据，代码如下。（实例位置：资源包 \MR\ 源码 \17\04。）

```
import java.sql.*;
public class Renewal {                                  // 创建类
```

```
    static Connection con;                          // 声明 Connection 对象
    static PreparedStatement ps;                    // 声明 PreparedStatement 对象
    static ResultSet res;                           // 声明 ResultSet 对象
    public Connection getConnection() {
        try {
            Class.forName("com.mysql.jdbc.Driver");
            con = DriverManager.getConnection
                    ("jdbc:mysql://127.0.0.1:3306/test", "root", "root");
        } catch (Exception e) {
            e.printStackTrace();
        }
        return con;
    }
    public static void main(String[] args) {
        Renewal c = new Renewal();                  // 创建本类对象
        con = c.getConnection();                    // 调用连接数据库方法
        try {
            // 查询数据表 tb_stu 中的数据
            ps = con.prepareStatement("select * from tb_stu");
            res = ps.executeQuery();                // 执行查询语句
            System.out.println("执行增加、修改、删除前数据 :");
            // 遍历查询结果集
            while (res.next()) {
                String id = res.getString(1);           // 获取结果集中第一列的值
                String name = res.getString("name");    // 获取 name 列的列值
                String sex = res.getString("sex");      // 获取 sex 列的列值
                // 获取 birthday 列的列值
                String birthday = res.getString("birthday");
                System.out.print("编号: " + id);        // 输出信息
                System.out.print(" 姓名: " + name);
                System.out.print(" 性别 :" + sex);
                System.out.println(" 生日: " + birthday);
            }
            // 向数据表 tb_stu 中动态添加 name、sex、birthday 这 3 列的列值
            ps = con.prepareStatement
                ("insert into tb_stu(name,sex,birthday) values(?,?,?)");
            //添加数据
            ps.setString(1, "张一");                  // 为 name 列赋值
            ps.setString(2, "女");                    //为 sex 列赋值
            ps.setString(3, "2012-12-1");             //为 birthday 列赋值
            ps.executeUpdate();                       // 执行添加语句
            // 根据指定的 id 动态地更改数据表 tb_stu 中 birthday 列的列值
            ps = con.prepareStatement("update tb_stu set birthday "
                    + "= ? where id = ? ");
            // 更新数据
```

```
        ps.setString(1, "2012-12-02");        // 为 birthday 列赋值
        ps.setInt(2, 1); // 为 id 列赋值
        ps.executeUpdate();// 执行修改语句
        Statement stmt = con.createStatement();// 创建 Statement 对象
        // 删除数据
        stmt.executeUpdate("delete from tb_stu where id = 1");
        // 查询修改数据后的 tb_stu 表中数据
        ps = con.prepareStatement("select * from tb_stu");
        res = ps.executeQuery();        // 执行 SQL 语句
        System.out.println("执行增加、修改、删除后的数据 :");
        // 遍历查询结果集
        while (res.next()) {
            String id = res.getString(1);    // 获取结果集中第一列的值
            String name = res.getString("name");    // 获取 name 列的列值
            String sex = res.getString("sex");      // 获取 sex 列的列值
            String birthday = res.getString("birthday"); // 获取 birthday 列的列值
            System.out.print( "编号: " + id);          // 输出信息
            System.out.print(" 姓名: " + name);
            System.out.print(" 性别 :" + sex);
            System.out.println(" 生日: " + birthday);
        }
    } catch (Exception e) {
        e.printStackTrace();
    } finally {                              // 依次关闭数据库连接资源
        /* 此处省略关闭代码 */
    }
  }
}
```

运行结果如图 17.8 所示。

图 17.8 添加、修改和删除数据

> **说明**
>
> PreparedStatement 类中的 executeQuery() 方法用来执行查询语句；而 PreparedStatement 类中的 executeUpdate() 方法可以用来执行 DML 语句，如 INSERT、UPDATE 或 DELETE 语句；也可以用来执行无返回内容的 DDL 语句。

17.4 动手练一练

（1）连接 MySQL 数据库。使用 final 变量、常量和 JDBC 技术连接 MySQL 数据库。

（2）查询并输出编程词典 6 月的销量。查询 MySQL 数据库 test 中的数据表 tb_book 中编程词典 6 月的销量后将其输出在控制台上。

（3）查询 MySQL 数据库 test 中的数据表 tb_ware 中销量占前 50% 的所有图书信息，并将这部分信息显示在窗体中的表格中。

（4）显示用户 ID 和用户头像的效果图。首先使用没有通配符“？”的查询语句将 MySQL 数据库 test 中的数据表 tb_picture 中的用户 ID 和用户头像这两项数据显示在表格中。然后对表格的每一项设置单击事件，即单击表格的某行数据时，在相应的位置上显示用户 ID 和用户头像（在这个显示过程中，需要使用动态查询）。运行效果如图 17.9 所示。

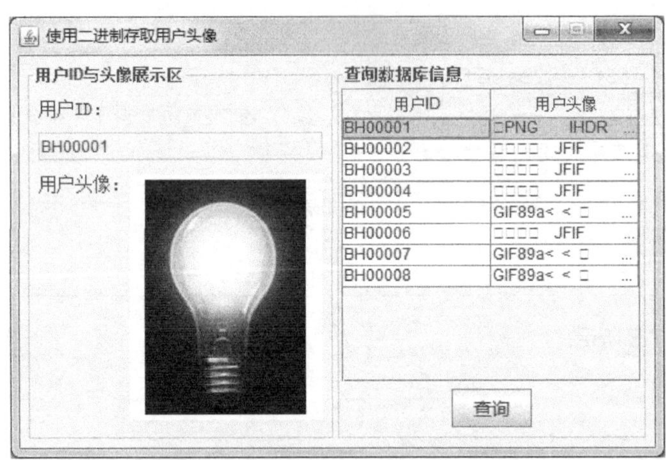

图 17.9 显示用户 ID 和用户头像的效果图

（5）批量删除与指定单据编号对应的商品信息。使用预处理语句和事务根据单据编号批量删除 MySQL 数据库 test 中数据表 tb_listInfo 和 tb_productInfo 中与指定单据编号对应的商品信息。

项 目 篇

第 18 章 开发计划管理系统

视频教学：60 分钟

随着计算机应用的普及，越来越多的企业和个人使用计算机辅助完成日常工作，由此产生了种类繁多的软件，例如财务管理系统、票据打印系统等。本章将以图书开发工作为例，介绍如何使用 Java 技术设计一个开发计划管理系统，其主要功能包括计划的创建、任务分配、进度监控、查询以及管理公司人员等。

18.1 开发背景

扫码看视频

随着公司人员与任务的不断增加，管理层的工作越来越复杂。如果不采取统一的管理方式，日后的工作将更显凌乱。在这样的背景下，设计一个开发计划管理系统就显得非常必要。

18.1.1 系统分析

公司需要设计一个开发计划管理系统，用来管理和统计所有人员的工作计划，理顺工作流程，从而提高工作效率。

根据需求分析的结果，要求系统支持以下功能。

（1）部门信息管理功能。

用于部门信息及人员职务的添加与维护。人员职务需要指定职务级别，数值从 1 到 3。级别将影响界面左侧人员列表的读取范围。

（2）员工信息管理功能。

包括员工信息的增加与维护功能。员工信息分为基础信息、联系方式和详细信息 3 个部分，并且可以分别进行修改。

（3）项目信息的添加与修改功能。

项目信息是指独立的图书开发任务，而不是分配给个人的单元计划。这个功能需要提供项目的增加与维护功能。

（4）管理指定项目的详细计划功能。

项目的详细计划就是单元计划，它针对单个人员进行指派。每个人可以维护自己的单元计划，包括页码、开始 / 结束日期和开发进度，其中修改开发进度功能要能更新总体项目的开发进度。

（5）每个项目完成进度的统计功能。

项目开发需要随时掌握开发进度，并适时进行调整，避免影响项目提交时间。这个功能要为每个项目提供准确的开发进度。

（6）个人所有单元计划列表显示功能。

每个人员登录系统之后有具体的单元维护界面，但是它不便于个人全部任务的统计。这个功能要把个人负责的所有单元计划体现在界面上，方便分析与调整开发速度。

（7）在常用位置体现近期工作计划功能。

登录系统之后首先应该了解目前开发到了哪里，迅速掌握目前需要开发的单元，直接进入开发状态，所以本功能需要在登录的第一界面体现近期工作计划。

（8）各功能的有权限限制。

开发计划管理系统中的各项功能有不同的结构和关联，针对不同的管理级别开放不同的功能，否则普通员工有可能会误删除项目或者部门以及人员信息，影响系统数据的安全性，所以必须对各功能进行权限限制。

18.1.2 系统设计

1. 系统目标

通过对系统进行深入的分析得知，本系统需要实现以下目标。

- 操作简单方便，界面简洁大方。
- 保证系统的安全性。
- 支持对整个开发计划的管理。
- 支持对个人开发进度的管理。
- 支持对公司人员的管理。
- 支持对公司部门的管理。
- 支持用户添加和修改密码操作。

2. 系统功能结构

根据公司对开发计划管理系统提出的需求进行分析，规划并定制了以下功能。

（1）我的工作台。

主要用于查看近期或者指定日期的工作计划，目的为方便计划安排、提醒近期工作内容和完成进度。

（2）个人计划表。

该功能把指定人员定制的所有工作计划呈现在表格中，方便工作人员查看。同时该功能也可以通过文本方式查看计划的详细信息和所属项目的详细信息。

（3）计划管理。

主要用于公司的计划管理。本系统以图书开发计划为题，介绍计划管理功能的策划与开发，其中包括每个项目的详细计划定制、修改与删除等。

（4）人员管理。

用于维护公司人员的基本信息、联系方式和详细信息，以及指定人员职位、所属部门登录账号和密码等。

（5）部门管理。

提供部门的维护功能，其中包括部门信息的添加、修改和删除，指定部门负责人和上级部门等。

各功能的具体结构如图 18.1 所示。

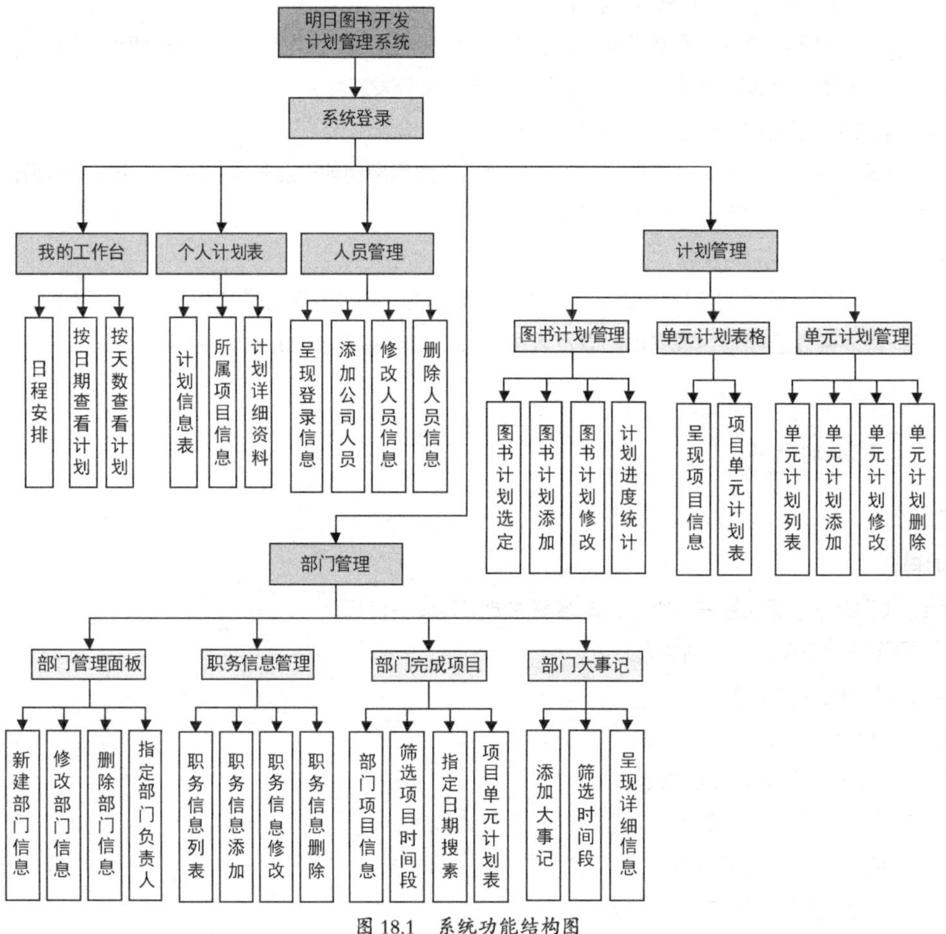

图 18.1　系统功能结构图

3. 系统预览

明日图书开发计划管理系统的程序窗体包括登录窗体和主窗体，而主窗体中又包含大量的功能界面，每个界面的功能和用途不同。在程序设计之前，本小节简单地列举一些常用的程序窗体，其他窗体参见光盘中的源程序。

系统登录窗体的运行效果如图 18.2 所示，主要用于限制非法用户进入系统内部。

系统主窗体的运行效果如图 18.3 所示，主要功能是调用实现本系统的所有功能。

个人计划表窗体的运行效果如图 18.4 所示，主要功能是显示当前个人计划的完成情况。

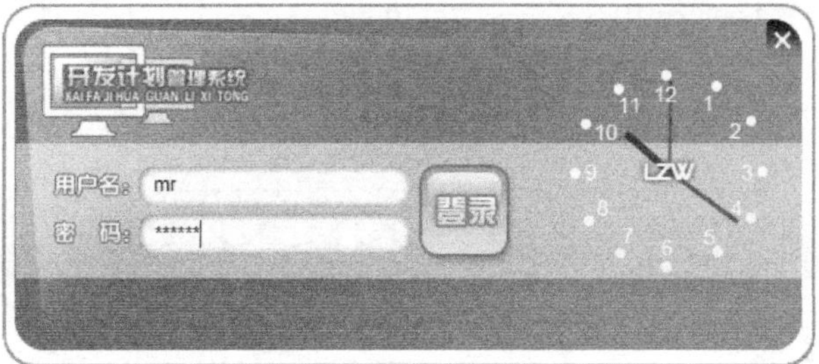

图 18.2 系统登录窗体

图 18.3 系统主窗体

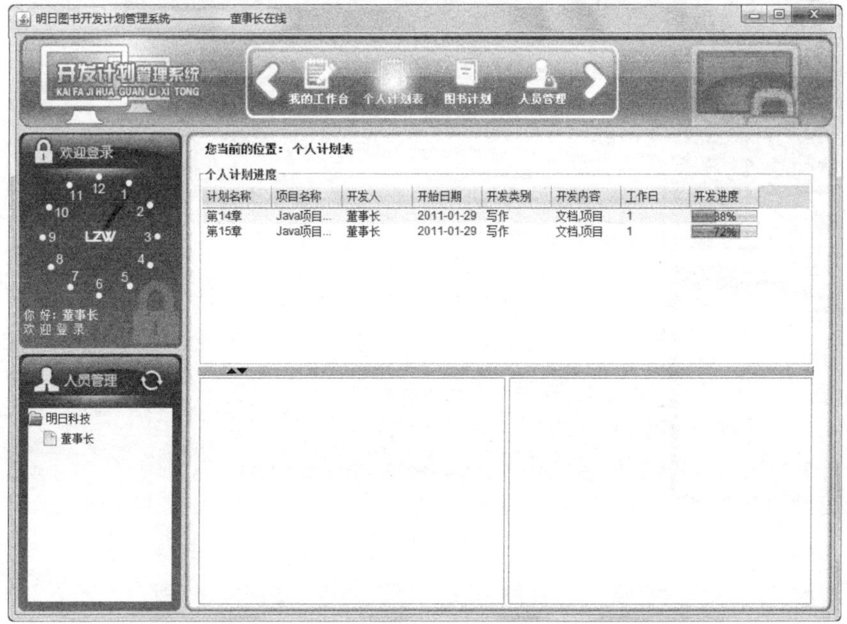

图 18.4 个人计划表窗体

图书计划窗体的运行效果如图 18.5 所示，主要功能是显示当前图书计划的完成情况，并可以定制个人计划。

图 18.5　图书计划窗体

人员管理窗体的运行效果如图 18.6 所示，主要功能是添加和删除公司的员工。在添加员工时，需要输入部门、名称、职务等相关信息。

图 18.6　人员管理窗体

部门管理窗体的运行效果如图 18.7 所示，主要功能是添加和删除公司的部门。在添加部门时，需要输入部门名称、部门职责等信息。

图 18.7　部门管理窗体

4. 文件夹结构设计

每个项目都会有相应的文件夹组织结构。当项目中的窗体过多时，为了便于查找和使用，可以将窗体分类放入不同的文件夹中，这样既便于前期开发，又便于后期维护。本系统文件夹组织结构如图 18.8 所示。

图 18.8　开发计划管理系统文件夹结构

18.2　数据库设计

扫码看视频

在开发应用程序时，对数据库的操作是必不可少的，而一个数据库的设计优秀与否，将直接影响到软件的开发进度和性能，所以对数据库的设计就显得尤为重要。数据库的设计要根据程序的需求及功能进行，如果在开发软件之前不能很好地设计数据库，在开发过程中将反复修改数据库，会严重影响开发进度。

18.2.1 数据库分析

像其他开发计划管理系统一样，首先要设计部门和员工表。为了能将员工信息细化，在员工表的基础之上扩展出人员职务表、员工联系信息表和员工详细信息表。因为本系统主要用于制订图书的编写计划，所以需要设计出版社信息表用于保存出版社信息。

当所有实体对象都有对应数据表之后，开始设计与工作流程相关的数据表。设计图书计划表，用于记录公司的图书编写计划；设计个人图书单元计划表，用于保存公司图书编写计划之下的明细计划。

除此之外，为了更好地展示工作计划进度，创建图书计划与项目参与人视图。

以上就是本系统所需的数据结构。

18.2.2 数据库概念设计

在设计数据库时使用了 PowerDesigner 工具进行建模。主要数据表包括出版社、图书计划、个人图书单元计划、项目参与人员、部门大事记、部门信息、员工信息等。另外，还有一个图书计划与项目参与人视图，数据库名称为 ProjectManagerDB，其建模视图如图 18.9 所示。

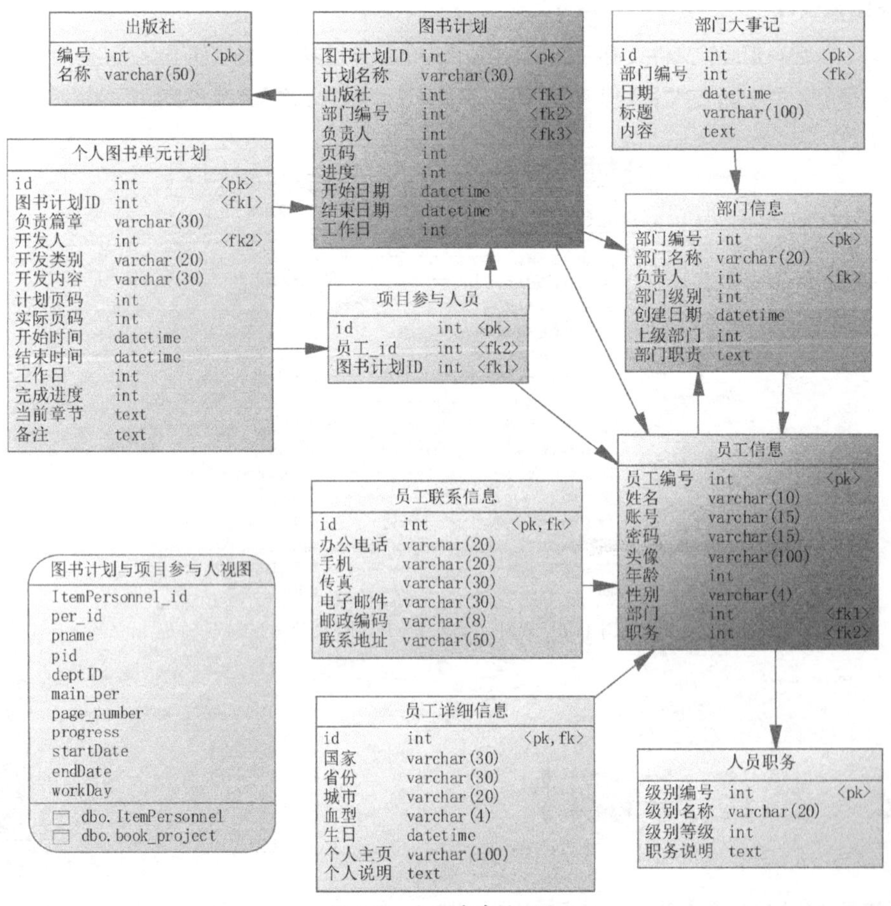

图 18.9 数据库建模视图

18.2.3 数据库逻辑结构设计

本项目的数据库用于记录公司的部门信息、人员信息、计划信息等内容。其中计划信息分为计划主表、计划详细表、出版社信息表和项目参与人员。人员信息分为员工联系信息表、员工详细信息和人员职务等。各表之间的关联已经在数据库建模视图中体现了，本小节将介绍几个主要数据表，为读者学习后面的内容做铺垫。

1. 部门信息

部门信息主要保存部门的编号、名称、负责人、部门级别、创建日期等。其中部门编号是唯一的，其结构如表 18.1 所示。

表 18.1　dept 部门信息

字段名称	数据类型	字段大小	主键 / 外键	说明
deptID	int	4	主键	部门编号
name	varchar	20		部门名称
main_per	int	4	外键	部门负责人
level	Int	4	外键	部门级别
cDate	datetime	8		部门创建日期
uplevel	int	4		上级部门编号
remark	text	16		部门职责说明

2. 员工信息

员工信息用于保存公司内员工的基本信息，包括其登录系统的账号与密码。其中的部门与人员级别（即职务）信息必须填写，其结构如表 18.2 所示。

表 18.2　personnel 员工信息表

字段名称	数据类型	字段大小	主键 / 外键	说明
id	int	4	主键	员工编号
name	varchar	10		姓名
userName	varchar	15		账号
passWord	varchar	15		密码
age	int	4		年龄
sex	varchar	4		性别
deptID	int	4	外键	所属部门
level	int	4	外键	人员级别

3. 人员职务

人员职务用于定义一个部门或者整个公司的人员层次，包括管理层与工作层。这些职务信息需要在创建员工信息之前添加好数据，因为创建员工信息时必须指定员工的职务信息，其结构如表 18.3 所示。

表 18.3　personnel_level 人员职务

字段名称	数据类型	字段大小	主键 / 外键	说明
id	int	4	主键	级别编号
name	varchar	20		级别名称
level	int	4		级别等级
remark	text	16		职务说明

4. 图书计划

图书计划是图书项目的主表，其作用主要是保存公司的图书类项目的计划信息，包括负责人、开发部门、开始与结束日期、工作日核算、当前进度统计等功能，其结构如表 18.4 所示。

表 18.4　book_project 图书计划

字段名称	数据类型	字段大小	主键 / 外键	说明
id	int	4	主键	图书计划编号
pid	int	4	外键	出版社编号
deptID	int	4	外键	部门编号
pname	varchar	30		项目计划名称
main_per	int	4	外键	项目负责人编号
page_number	int	4		计划页码
progress	int	4		项目进程
startDate	datetime	8		开始日期
endDate	datetime	8		结束日期
workDay	int	4		工作日

5. 个人图书单元计划

个人图书单元计划可以说是图书计划的子表，它用于保存每个图书项目计划对应的详细单元计划，即每个图书项目计划分不同单元给不同的项目参与人。大家分别定制自己的单元计划，这些单元计划可以汇总出总体计划的进度，其结构如表 18.5 所示。

表 18.5　book_project_details 个人图书单元计划

字段名称	数据类型	字段大小	主键 / 外键	说明
id	int	4	主键	单元计划编号
book_id	int	4	外键	图书项目编号

续表

字段名称	数据类型	字段大小	主键 / 外键	说明
unit	varchar	30	外键	负责篇章
writer	int	4	外键	作者编号
type	varchar	30		开发类型
content	varchar	50		开发内容
page_number	int	4		计划页码
stat_number	int	4		实际页码
start_date	datetime	8		开始日期
end_date	datetime	8		结束日期
work_day	int	4		工作日
progress	int	4		进度
current_content	text	16		当前开发内容
remark	text	16		备注

18.3 公共模块设计

扫码看视频

公共模块的设计是软件开发的一个重要组成部分，它既起到了代码重用的作用，又起到了规范代码结构的作用。尤其在团队开发的情况下，公共模块是解决重复编码的最好方法，对软件的后期维护也能起到积极的作用。

18.3.1 操作数据库的公共类 BaseDao

在整个项目中，与数据库相关的操作非常重要。本程序使用基本的 JDBC 来完成这类操作。为了简化代码，专业人员开发了公共类 BaseDao，它位于 com.lzw.dao 包中。在这个类中定义了 getConn() 方法，用于获得数据库的连接。由于及时释放资源能够大幅度提高系统运行效率，因此该类中也定义了若干释放资源的方法。BaseDao 类的代码如下。

程序 01 代码位置：资源包 \MR\ 源码 \18\ 开发计划管理系统 \src\com\lzw\dao\BaseDao.java。

```
public abstract class BaseDao implements Remote {
    // 数据库驱动名称
    private static String driver = "com.mysql.jdbc.Driver";
    // 数据库访问路径
    private String dbUrl = "jdbc:mysql://127.0.0.1:3306/ProjectManagerDB";
```

```
    // 访问数据库的账号
    private String dbUser = "root";
    // 访问数据库的密码
    private String dbPass = "123456";
    protected Connection getConn() throws SQLException { // 连接数据库
        Connection connection = null;
        try {
            connection = getConnection(dbUrl, dbUser, dbPass);
        } catch (SQLException e) {
            if (e.getMessage().contains("No suitable driver")) {
                try {
                    Class.forName(driver);
                    connection = getConnection(dbUrl, dbUser, dbPass);
                } catch (ClassNotFoundException e1) {
                    e1.printStackTrace();
                    e.printStackTrace();
                }
            }
        }
        return connection;
    }
    // 关闭 SQL 指令对象与数据库连接对象
    protected void closeStatementAndConnection(Statement ps, Connection conn) {
        try {
            if (ps != null)
                ps.close();
            if (conn != null)
                conn.close();
        } catch (SQLException e) {
            e.printStackTrace();
        }
    }

    protected void closeStatement(Statement ps) { // 关闭 SQL 指令对象
        try {
            if (ps != null)
                ps.close();
        } catch (SQLException e) {
            e.printStackTrace();
        }
    }

    protected void closeConn(Connection conn) { // 关闭数据库连接
```

```
        try {
            if (conn != null)
                conn.close();
        } catch (SQLException e) {
            e.printStackTrace();
        }
    }
}
```

18.3.2 实体类的编写

为了简化开发流程，可以使用实体类来封装后台数据库中的表格。下面以 BookWriteType 类为例，说明如何定义实体类。通常先将类的属性设置成私有的，然后为这些属性提供 get() 和 set() 方法。如果需要，还可以重写在 Object 类中定义的 equals()、hashCode() 和 toString()3 个方法。BookWriteType 类的代码如下。

程序 02 代码位置：资源包 \MR\ 源码 \18\ 开发计划管理系统 \src\com\lzw\dao\model\BookWriteType.java。

```
public class BookWriteType implements Serializable {
    private static final long serialVersionUID = 1L;
    private Integer id;
    private String typeName;
    private Collection<BookProjectDetails> bookProjectDetialsCollection;
    public BookWriteType() {
    }
        public BookWriteType(Integer id) {
        this.id = id;
    }
     public boolean equals(Object object) {
        if (!(object instanceof BookWriteType)) {
            return false;
        }
        BookWriteType other = (BookWriteType) object;
        if ((this.id == null && other.id != null)
                || (this.id != null && !this.id.equals(other.id))) {
            return false;
        }
        return true;
    }

    public Collection<BookProjectDetails> getBookProjectDetialsCollection() {
```

```
        return bookProjectDetialsCollection;
    }

    public Integer getId() {
        return id;
    }

    public String getTypeName() {
        return typeName;
    }

    public int hashCode() {
        int hash = 0;
        hash += (id != null ? id.hashCode() : 0);
        return hash;
    }

    public void setBookProjectDetialsCollection(
            Collection<BookProjectDetails> bookProjectDetialsCollection) {
        this.bookProjectDetialsCollection = bookProjectDetialsCollection;
    }

    public void setId(Integer id) {
        this.id = id;
    }

    public void setTypeName(String typeName) {
        this.typeName = typeName;
    }

    public String toString() {
        return "com.lzw.model.BookWriteType[id=" + id + "]";
    }
}
```

18.4 系统登录模块设计

扫码看视频

18.4.1 系统登录模块概述

登录模块是用户接触本项目的第一个程序界面，用户需要通过该界面以合法的身份和密码来登录系统。作为首界面，功能虽然明确为登录，但是界面设计应该让用户感到新颖，内容丰富，从界面上应该能够明白登录的是什么管理系统，而且界面的配色不能和主窗体有太大的反差。本项目在登录窗体上放置了一个时钟控件，使界面更美观和实用。其界面效果如图 18.10 所示。

图 18.10 登录界面

当用户输入正确的用户名和密码后，就可以登录系统。在登录过程中会有登录提示信息，而登录界面会以模糊效果过滤，这样用户的视觉焦点就会集中在登录信息上，效果如图 18.11 所示。这时用户处于有目的的等待状态，程序也避免了连接数据库耗时而进入假死状态。

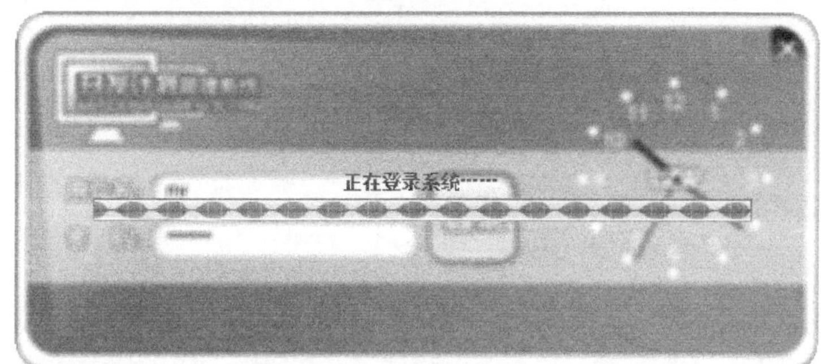

图 18.11 登录中的界面

18.4.2 系统登录模块技术分析

系统登录模块用到的主要技术是为控件绘制背景图片。

在绘制背景图片前，需要获得该图片。使用 ImageIcon 类的 getImage() 方法可以获得 Image 类型的对象，该方法的声明如下。

```
public Image getImage()
```

为了获得 ImageIcon 类型的对象，可以使用该类的构造方法。此时，可以为该构造方法传递一个类型为 URL 的参数，该参数表明图片的具体位置。

在获得了背景图片后，可以重写在 JComponent 类中定义的 paintComponent() 方法来将图片绘制到窗体背景中，该方法的声明如下。

```
protected void paintComponent(Graphics g)
```

- g：表示要保护的 Graphics 对象。

在绘制图片时需要使用 Graphics 类的 drawImage() 方法，该方法的声明如下。

```
public abstract boolean drawImage(Image img,int x,int y,ImageObserver observer)
```

drawImage() 方法的参数如表 18.6 所示。

表 18.6　drawImage() 方法的参数

参数	描述
img	要绘制的 Image 对象
x	绘制位置的 *x* 坐标
y	绘制位置的 *y* 坐标
observer	当更多图像被转换时需要通知的对象

本小节使用自定义的 LoginPanel 类来实现登录窗体背景图片的绘制，该类的代码如下。

程序 03 代码位置：资源包 \MR\ 源码 \18\ 开发计划管理系统 \src\com\lzw\login\LoginPanel.java。

```
public class LoginPanel extends JPanel {
    private static final long serialVersionUID = 1L;
    private ImageIcon bg;                    // 背景图片对象
    public LoginPanel() {
        super();
        // 获取图片路径
        URL url = getClass().getResource("loginBG.png");
        bg = new ImageIcon(url);             // 加载图片对象
        // 设置面板与背景相同大小
        setSize(bg.getIconWidth(), bg.getIconHeight());
    }
    protected void paintComponent(Graphics g) {
        Graphics2D g2 = (Graphics2D) g.create();
        super.paintComponent(g2);
        if (bg != null) {                    // 如果背景图片对象初始化完毕
            // 绘制图片到界面中
            g2.drawImage(bg.getImage(), 0, 0, this);
        }
    }
}
```

18.4.3　系统登录模块实现过程

系统维护使用的主要数据表：personnel。

登录窗体将登录面板、登录进度面板和其他控件组合到一个窗体中。用户可以在用户名和密码文本框中输入登录信息，然后决定是单击“登录”按钮进入系统，还是单击“关闭”按钮离开系统。

下面来介绍登录窗体的程序代码。

（1）首先需要编写构造方法。登录窗体的构造方法中初始化了登录进度面板，这个面板在以后登录过程中会用到。现在先将这个面板设置为窗体的 GlassPane 面板，然后执行 initialize() 方法来初始化程序界面，最后将窗体居中。

说明

由于路径太长，因此省略了部分路径，省略的路径是“TM\03\PersonnalManage\sre\com\mwq\frame”。

构造方法的关键代码如下。

程序 04 代码位置：资源包 \MR\ 源码 \18\ 开发计划管理系统 \src\com\lzw\LoginFrame.java。

```
public LoginFrame() {
    super();
    panel = new ProgressPanel();                    // 创建登录进度面板
    setGlassPane(panel);                            // 把登录进度面板设置为窗体顶层
    initialize();                                   // 调用初始化界面的方法
    setLocationRelativeTo(null);                    // 窗体居中
}
```

（2）构造方法中调用了 initialize() 方法来初始化程序界面，这个方法负责整个窗体界面的设置。它首先取消了窗体修饰，因为这个窗体要自定义程序界面，不需要窗体的边框。然后设置了窗体的内容面板，内容面板包含窗体中几乎所有控件，这里是由 getJContentPane() 方法创建的内容面板。最后设置窗体的大小。

说明

由于路径太长，因此省略了部分路径，省略的路径是“TM\03\PersonnalManage\sre\com\mwq\frame”。

程序关键代码如下。

程序 05 代码位置：资源包 \MR\ 源码 \18\ 开发计划管理系统 \src\com\lzw\LoginFrame.java。

```
private void initialize() {
    setUndecorated(true);                                   // 取消窗体修饰
    AWTUtilities.setWindowShape(this, new RoundRectangle2D.Double(0, 0,
541, 237, 40, 40));
    this.setContentPane(getJContentPane());                 // 设置窗体内容面板
    setSize(new Dimension(547, 243));                       // 设置窗体大小
    this.addWindowListener(new WindowAdapter() {
        @Override
```

```
        public void windowOpened(WindowEvent e) {
            getUserName().requestFocus();
        }
    });
}
```

（3）创建内容面板，在该面板中设置边界布局管理器，并添加登录面板到窗体界面的居中位置。关键代码如下。

程序 06 代码位置：资源包 \MR\ 源码 \18\ 开发计划管理系统 \src\com\lzw\LoginFrame.java。

```
private JPanel getJContentPane() {
    if (jContentPane == null) {
        jContentPane = new JPanel();
        jContentPane.setLayout(new BorderLayout()); // 设置布局管理器
        // 添加登录面板到内容面板
        jContentPane.add(getLoginPanel(), BorderLayout.CENTER);
    }
    return jContentPane;
}
```

（4）创建登录面板。getLoginPanel() 方法中首先创建 LoginPanel 登录面板的对象；然后向面板中分别添加用户名文本框、密码文本框、登录按钮、关闭按钮和时钟控件；最后为面板添加两个鼠标事件监听器，用于实现窗体的拖动效果。

> **说明**
>
> 由于路径太长，因此省略了部分路径，省略的路径是“TM\03\PersonnalManage\sre\com\mwq\frame”。

程序代码如下。

程序 07 代码位置：资源包 \MR\ 源码 \18\ 开发计划管理系统 \src\com\lzw\LoginFrame.java。

```
private LoginPanel getLoginPanel() {
    if (loginPanel == null) {
        loginPanel = new LoginPanel();                      // 创建登录面板对象
        loginPanel.setLayout(null);
        loginPanel.add(getUserName(), null);                // 添加文本框
        loginPanel.add(getPassword(), null);                // 添加密码框
        loginPanel.add(getLoginButton(), null);             // 添加登录按钮
        loginPanel.add(getCloseButton(), null);             // 添加关闭按钮
        loginPanel.add(getClockPanel(), null);              // 添加时钟控件
        loginPanel.addMouseListener(new TitleMouseAdapter()); // 添加鼠标事件监听器
```

```
                                    // 添加鼠标动作监听器
        loginPanel.addMouseMotionListener(new TitleMouseMotionadapter());
    }
    return loginPanel;
}
```

（5）登录面板的“登录”按钮是登录窗体的核心业务控件。它负责处理登录窗体的主要业务，其中包括连接数据库、读取并验证登录信息、加载主窗体、切换登录窗体与主窗体界面的显示等。该按钮由 getLoginButton() 方法创建。

说明

由于路径太长，因此省略了部分路径，省略的路径是“TM\03\PersonnalManage\sre\com\mwq\frame”。

程序代码如下。

程序 08 代码位置：资源包 \MR\ 源码 \18\ 开发计划管理系统 \src\com\lzw\LoginFrame.java。

```
private JButton getLoginButton() {
    if (loginButton == null) {
        loginButton = new JButton();
        // 设置按钮位置与大小
        loginButton.setBounds(new Rectangle(275, 104, 68, 68));
        // 设置按钮图标
        loginButton.setIcon(new ImageIcon(getClass().getResource("/com/
lzw/logBut1.png")));
        loginButton.setContentAreaFilled(false);
        // 设置按钮按下动作的图标
        loginButton.setPressedIcon(new ImageIcon(getClass().getResource("/
com/lzw/logBut2.png")));
        // 设置鼠标指针经过按钮的图标
        loginButton.setRolloverIcon(new ImageIcon(getClass().getResource("/
com/lzw/logBut3.png")));
        // 添加按钮事件监听器
        loginButton.addActionListener(new loginActionListener());
    }
    return loginButton;
}
```

（6）编写“登录”按钮的事件监听器。这个事件监听器才是“登录”按钮的核心，当用户单击“登录”按钮时，“登录”按钮会向该监听器发送事件，监听器会接收该事件并执行与登录相关的业务逻辑。

“登录”按钮在验证登录信息时，如果登录信息不合法，会提示错误信息，其界面效果如图 18.12 所示。

图 18.12　登录失败界面

程序关键代码如下。

程序 09 代码位置：资源包 \MR\ 源码 \18\ 开发计划管理系统 \src\com\lzw\LoginFrame.java。

```
private final class loginActionListener implements ActionListener {
    private ConvolveOp getFilter(int radius) {
        int size = radius * 2 + 1;
        float width = 1.0f / (size * size);
        float data[] = new float[size * size];
        for (int i = 0; i < data.length; i++) {
            data[i] = width;
        }
        Kernel kernel = new Kernel(size, size, data);
        return new ConvolveOp(kernel, ConvolveOp.EDGE_ZERO_FILL, null);
    }
    @Override
    public void actionPerformed(ActionEvent e) {
        createBackImage();
        String userNameStr = getUserName().getText();
        char[] passChars = getPassword().getPassword();
        String passwordStr = new String(passChars);
        try {
            doLogin(userNameStr, passwordStr);          // 执行登录
        } catch (Exception e1) {
            ExceptionTools.showExceptionMessage(e1);
        }
    }
    private void createBackImage() {
        Container pane = getContentPane();                 // 获取窗体容器
        int width = pane.getWidth();                       // 获取容器大小
        int height = pane.getHeight();
        // 创建图片对象
        BufferedImage bimage = new BufferedImage(width, height, BufferedImage.
```

```
TYPE_INT_ARGB);
        // 获取图片对象的绘图上下文
        Graphics2D g2 = bimage.createGraphics();
        pane.paint(g2);                              // 将容器界面绘制到图片对象
        bimage.flush();
        bimage = getFilter(2).filter(bimage, null); // 为图片对象应用模糊滤镜
        panel.setBackImage(bimage);                  // 将模糊后的图片作为背景
    }
    private void doLogin(final String userNameStr, final String passwordStr) {
        new Thread() {                               // 开辟新线程
            @Override
            public void run() {
                getGlassPane().setVisible(true);  // 显示窗体的登录进度面板
                PersonnelDao dao = new PersonnelDao();// 创建人员数据表操作对象
                // 获取指定账户的人员对象
                Personnel user = dao.getPersonnel(userNameStr, passwordStr);
                if (user != null) {                  // 判断是否成功获取人员对象
                    Session.setUser(user);           // 人员对象保存在会话对象中
                    ProjectFrame frame = new ProjectFrame();// 创建主窗体对象
                    frame.setVisible(true);                 // 显示主窗体
                    LoginFrame.this.dispose();       // 销毁登录窗体
                } else {
                    showMessageDialog(null, "提供的用户名和密码无法登录");
                }
                getGlassPane().setVisible(false); // 完成登录后隐藏登录进度面板
            }
        }.start();
    }
}
```

18.5 主窗体模块设计

扫码看视频

18.5.1 主窗体模块概述

本项目的主窗体包括功能按钮组、登录信息面板、人员管理面板、功能区面板 4 部分。窗体设计效果如图 18.13 所示。

各部分说明如下。

（1）功能按钮组。

核心控件是一个滚动的按钮面板，其中存放了所有模块的控制按钮，可以控制各模块界面的切换显示。

图 18.13 程序主窗体界面

（2）登录信息面板。

在窗体左侧有一个时钟控件，它下面是用户登录信息，这两个控件组成了登录信息面板的全部内容。

（3）人员管理面板。

这部分主要包括一个 JTree 树控件和一个刷新按钮，其中树控件包含了公司所有部门和员工的名称。

（4）功能区面板。

这部分面板主要用于放置各个功能模块的界面，其中显示的模块界面是由功能按钮组控制的。

18.5.2 主窗体模块技术分析

编写主窗体模块的难点在于功能按钮组的编写。功能按钮组用到的主要技术是自定义的控件和事件监听器的编写。下面通过代码进行详细介绍。

功能按钮组在项目中是由一个移动面板和包含按钮的面板组成的。其中移动面板是项目中自定义的，控件的类名是 SmallScrollPanel，它实现的主要功能是由左右两个方向按钮控制容器中的控件滚动显示。在搭配包含一定数量控件的面板后，其界面效果如图 18.14 所示。

图 18.14 功能按钮组

说明

由于路径太长，因此省略了部分路径，省略的路径是“TM\03\PersonnalManage\sre\com\mwq\frame”。

1. 移动面板

下面先介绍自定义移动面板的代码。

（1）移动面板是由 SmallScrollPanel 类实现的，它在构造方法中调用 initialize() 方法初始化程序界面之前，创建了左右滚动按钮的事件监听器，并初始化程序界面需要用到的图片对象。关键代码如下。

程序 10 代码位置：资源包 \MR\ 源码 \18\ 开发计划管理系统 \src\com\lzw\widget\SmallScrollPanel.java。

```
public SmallScrollPanel() {
    scrollMouseAdapter = new ScrollMouseAdapter();    // 初始化处理器
    // 初始化程序用图
    icon1 = new ImageIcon(getClass().getResource("top01.png"));
    icon2 = new ImageIcon(getClass().getResource("top02.png"));
    setIcon(icon1);                            // 设置用图
    setIconFill(BOTH_FILL);                    // 将图标拉伸适应界面大小
    initialize();                              // 调用初始化方法
}
```

（2）initialize() 方法负责程序界面的初始化，它一般在构造方法中被调用，方法体中分别为程序界面添加了滚动面板、左侧微调按钮和右侧微调按钮。关键代码如下。

程序 11 代码位置：资源包 \MR\ 源码 \18\ 开发计划管理系统 \src\com\lzw\widget\SmallScrollPanel.java。

```
private void initialize() {
    BorderLayout borderLayout = new BorderLayout();
    borderLayout.setHgap(0);
    this.setLayout(borderLayout);                    // 设置布局管理器
    this.setSize(new Dimension(300, 84));
    this.setOpaque(false);                           // 使控件透明
    this.add(getAlphaScrollPanel(), BorderLayout.CENTER);// 添加滚动面板到界面居中位置
    this.add(getLeftScrollButton(), BorderLayout.WEST);// 添加左侧微调按钮
    this.add(getRightScrollButton(), BorderLayout.EAST);// 添加右侧微调按钮
}
```

（3）界面中的滚动面板被放置在居中的位置，用于控制指定的视图容器或控件，它是由 getAlphaScrollPanel() 方法创建的。其中关键步骤是添加滚动事件监听器。关键代码如下。

程序 12 代码位置：资源包 \MR\ 源码 \18\ 开发计划管理系统 \src\com\lzw\widget\SmallScrollPanel.java。

```
public AlphaScrollPane getAlphaScrollPanel() {
   if (alphaScrollPane == null) {
      alphaScrollPane = new AlphaScrollPane();
```

```
        // 设置初始大小
        alphaScrollPane.setPreferredSize(new Dimension(564, 69));
        // 不显示垂直滚动条
        alphaScrollPane.setVerticalScrollBarPolicy(ScrollPaneConstants.
VERTICAL_SCROLLBAR_NEVER);
        // 不显示水平滚动条
        alphaScrollPane.setHorizontalScrollBarPolicy(ScrollPaneConstants.
HORIZONTAL_SCROLLBAR_NEVER);
        // 取消滚动面板边框
        alphaScrollPane.setBorderPaint(false);
        // 添加事件监听器
        alphaScrollPane.addComponentListener(new ScrollButtonShowListener());
    }
    return alphaScrollPane;
}
```

（4）界面左侧的微调按钮用于控制容器中的控件向左移动，这个按钮是由 getLeftScrollButton() 方法创建的，其中设置了按钮的图标和边框、初始大小并添加了相应的事件监听器来处理按钮单击事件。关键代码如下。

程序 13 代码位置：资源包 \MR\ 源码 \18\ 开发计划管理系统 \src\com\lzw\widget\SmallScrollPanel.java。

```
private JButton getLeftScrollButton() {
    if (leftScrollButton == null) {
          leftScrollButton = new JButton();
          // 创建按钮图标
          ImageIcon icon1 = new ImageIcon(getClass().getResource("/com/
lzw/frame/buttonIcons/zuoyidongoff.png"));
          // 创建按钮图标 2
          ImageIcon icon2 = new ImageIcon(getClass().getResource("/com/
lzw/frame/buttonIcons/zuoyidongon.png"));
          leftScrollButton.setOpaque(false);           // 按钮透明
          leftScrollButton.setBorder(createEmptyBorder(0, 10, 0, 0));
                              // 设置边框
          leftScrollButton.setIcon(icon1);                     // 设置按钮图标
          leftScrollButton.setPressedIcon(icon2);      // 设置按钮图标
          leftScrollButton.setRolloverIcon(icon2);     // 设置按钮图标
          leftScrollButton.setContentAreaFilled(false);// 取消按钮内容填充
          leftScrollButton.setPreferredSize(new Dimension(38, 0));// 设置初始大小
          leftScrollButton.setFocusable(false); // 取消按钮焦点功能
          leftScrollButton.addMouseListener(scrollMouseAdapter);// 添加滚动事件监听器
    }
    return leftScrollButton;
}
```

（5）界面右侧的微调按钮用于控制容器中的控件向右移动，这个按钮是由 getRightScrollButton () 方法创建的，其中设置了按钮的图标和边框、初始大小并添加了相应的事件监听器来处理按钮单击事件。关键代码如下。

程序 14 代码位置：资源包 \MR\ 源码 \18\ 开发计划管理系统 \src\com\lzw\widget\SmallScrollPanel.java。

```
private JButton getRightScrollButton() {
    if (rightScrollButton == null) {
          rightScrollButton = new JButton();
          // 创建按钮图标
          ImageIcon icon1 = new ImageIcon(getClass().getResource("/com/
lzw/frame/buttonIcons/youyidongoff.png"));
          // 创建按钮图标 2
          ImageIcon icon2 = new ImageIcon(getClass().getResource("/com/
lzw/frame/buttonIcons/youyidongon.png"));
          rightScrollButton.setOpaque(false);          // 按钮透明
          rightScrollButton.setBorder(createEmptyBorder(0, 0, 0, 10));
                              // 设置边框
          rightScrollButton.setIcon(icon1);            // 设置按钮图标
          rightScrollButton.setPressedIcon(icon2);     // 设置按钮图标
          rightScrollButton.setRolloverIcon(icon2);    // 设置按钮图标
          rightScrollButton.setContentAreaFilled(false);// 取消按钮内容填充
          rightScrollButton.setPreferredSize(new Dimension(38, 92));
                              // 设置按钮初始大小
          rightScrollButton.setFocusable(false);       // 取消按钮焦点功能
          rightScrollButton.addMouseListener(scrollMouseAdapter);
                              // 添加滚动事件监听器
    }
    return rightScrollButton;
}
```

（6）ScrollMouseAdapter 类是项目自定义的一个事件监听器，它在单击左右两个微调按钮时处理相应的滚动事件。其中滚动面板内容使用了多线程技术，这样在单击一个按钮时，滚动操作是连续的，直到释放鼠标按键。关键代码如下。

程序 15 代码位置：资源包 \MR\ 源码 \18\ 开发计划管理系统 \src\com\lzw\widget\SmallScrollPanel.java。

```
private final class ScrollMouseAdapter extends MouseAdapter implements Serializable {
    private static final long serialVersionUID = 5589204752770150732L;
    // 获取滚动面板的水平滚动条
    JScrollBar scrollBar = getAlphaScrollPanel().getHorizontalScrollBar();
```

```
    private boolean isPressed = true;                          // 定义线程控制变量
    @Override
    public void mousePressed(MouseEvent e) {
        Object source = e.getSource();                         // 获取事件源
        isPressed = true;
        // 判断事件源是左侧按钮还是右侧按钮，并执行相应操作
        if (source == getLeftScrollButton()) {
            scrollMoved(-1);
        } else {
            scrollMoved(1);
        }
    }
    private void scrollMoved(final int orientation) {
        new Thread() {                                         // 开辟新的线程
            // 保存原有滚动条的值
            private int oldValue = scrollBar.getValue();
            @Override
            public void run() {
                while (isPressed) {                            // 循环移动面板
                    try {
                        Thread.sleep(10);
                    } catch (InterruptedException e1) {
                        e1.printStackTrace();
                    }
                    // 获取滚动条当前值
                    oldValue = scrollBar.getValue();
                    EventQueue.invokeLater(new Runnable() {
                        @Override
                        public void run() {
                            // 设置滚动条移动 3 个像素
                            scrollBar.setValue(oldValue + 3 * orientation);
                        }
                    });
                }
            }
        }.start();
    }
}
```

2. 编写按钮组面板

按钮组面板位于主窗体类 ProjectFrame，它只是一个普通的 JPanel 面板，其中放置了所有功能模块的控制按钮，其设计界面如图 18.15 所示。

图 18.15 容纳模块控制按钮的面板设计界面

这个面板被添加到移动面板中形成了一个按钮组控制面板。下面来介绍按钮组面板的程序代码。

（1）这个放置模块控制按钮的面板使用了 GridLayout 布局管理器，将所有按钮设置为相等宽度与高度，然后把这些按钮添加到一个按钮组（ButtonGroup）对象中。关键代码如下。

程序 16 代码位置：资源包 \MR\ 源码 \18\ 开发计划管理系统 \src\com\lzw\ProjectFrame.java。

```
private BGPanel getJPanel() {
    if (jPanel == null) {
          GridLayout gridLayout = new GridLayout();
          gridLayout.setRows(1);
          gridLayout.setHgap(0);
          gridLayout.setVgap(0);
          jPanel = new BGPanel();
          jPanel.setLayout(gridLayout);                   // 设置布局管理器
          jPanel.setPreferredSize(new Dimension(400, 50));// 设置初始大小
          jPanel.setOpaque(false);                        // 设置透明
          jPanel.setSize(new Dimension(381, 54));
          // 添加按钮
          jPanel.add(getWorkSpaceButton(), null);         // 工作台按钮
          jPanel.add(getProgressButton(), null);          // 个人进度表按钮
          jPanel.add(getBookProjectButton(), null);       // 图书计划按钮
          jPanel.add(getPersonnelManagerButton(), null);// 人员管理按钮
          jPanel.add(getDeptManageButton(), null);        // 部门管理按钮
          if (buttonGroup == null) {
               buttonGroup = new ButtonGroup();
          }
          // 把所有按钮添加到一个组控件中
          buttonGroup.add(getWorkSpaceButton());
          buttonGroup.add(getProgressButton());
          buttonGroup.add(getBookProjectButton());
          buttonGroup.add(getPersonnelManagerButton());
          buttonGroup.add(getDeptManageButton());
    }
    return jPanel;
}
```

（2）把按钮组面板添加到移动面板中，并且设置为移动面板的视图。程序关键代码如下。

程序 17 代码位置：资源包 \MR\ 源码 \18\ 开发计划管理系统 \src\com\lzw\ProjectFrame.java。

```
private SmallScrollPanel getModuleButtonGroup() {
    if (moduleButtonGroup == null) {
        moduleButtonGroup = new SmallScrollPanel();    // 创建移动面板
        moduleButtonGroup.setOpaque(false);
        moduleButtonGroup.setViewportView(getJPanel());// 将按钮组面板作为移动面板的视图
    }
    return moduleButtonGroup;
}
```

18.5.3 主窗体模块实现过程

1. 编写登录信息面板

登录信息面板包含一个时钟控件，在用户登录后，会在时钟下方显示欢迎登录的信息。其界面效果如图 18.16 所示。

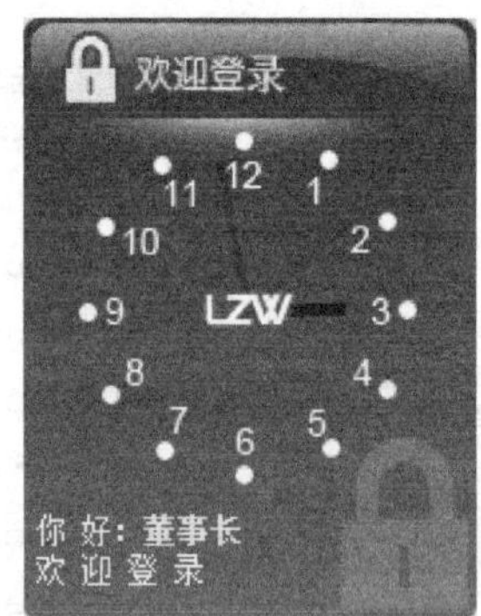

图 18.16 登录信息面板

本小节介绍该面板的实现过程。

登录信息面板在主窗体 ProjectFrame 类中，由 getLoginInfoPanel() 方法实现。该方法的核心内容是向面板中添加时钟控件和登录信息的标签控件，并使用布局管理器定位控件位置。关键代码如下。

程序 18 代码位置：资源包 \MR\ 源码 \18\ 开发计划管理系统 \src\com\lzw\ProjectFrame.java。

```
private BGPanel getLoginInfoPanel() {
    if (loginInfoPanel == null) {
        // 创建布局参数 1
        GridBagConstraints gridBagConstraints1 = new GridBagConstraints();
        gridBagConstraints1.gridx = 0;
        gridBagConstraints1.weighty = 0.0;
        gridBagConstraints1.fill = GridBagConstraints.BOTH;
        gridBagConstraints1.insets = new Insets(0, 5, 0, 5);
        gridBagConstraints1.gridheight = 1;
        gridBagConstraints1.weightx = 1.0;
        gridBagConstraints1.anchor = GridBagConstraints.CENTER;
        gridBagConstraints1.ipady = 15;
        gridBagConstraints1.gridy = 1;
        jLabel2 = new JLabel();                    // 创建登录信息标签
        Personnel user = Session.getUser();        // 获取登录用户对象
        if (user != null) {                        // 如果用户成功登录
            // 定义欢迎信息字符串
            String info = "<html><body>" + "<font color=#FFFFFF>你 好:
</font>" + "<font color=yellow><b>" + user + "</b></font>"
```

```
            + "<br><font color=#FFFFFF>欢 迎 登 录</font>" + "</body></html>";
            jLabel2.setText(info);                          // 设置欢迎信息
        }
        // 设置信息字体
        jLabel2.setFont(new Font(" 宋体 ", Font.PLAIN, 12));
        // 创建布局参数 2
        GridBagConstraints gridBagConstraints2 = new GridBagConstraints();
        gridBagConstraints2.gridx = 0;
        gridBagConstraints2.anchor = GridBagConstraints.CENTER;
        gridBagConstraints2.fill = GridBagConstraints.NONE;
        gridBagConstraints2.weighty = 0.0;
        gridBagConstraints2.weightx = 0.0;
        gridBagConstraints2.insets = new Insets(35, 0, 0, 0);
        gridBagConstraints2.gridy = 0;
        loginInfoPanel = new BGPanel();                     // 创建面板
        // 设置面板图标
         loginInfoPanel.setIcon(new  ImageIcon(getClass().getResource
("/com/lzw/frame/login.png")));
        loginInfoPanel.setIconFill(BGPanel.NO_FILL);
        // 设置初始大小
        loginInfoPanel.setPreferredSize(new Dimension(180, 228));

        // 添加时钟控件到面板
        loginInfoPanel.add(getClockPanel(), gridBagConstraints2);
        // 添加欢迎信息标签控件到面板
        loginInfoPanel.add(jLabel2, gridBagConstraints1);
    }
    return loginInfoPanel;
}
```

2. 编写人员管理面板

计划管理离不开人员信息的分类，可以根据部门和职务来区分公司人员的定位，人员管理面板就是为了实现这一功能而创建的，在选择人员时，对应的功能模块界面会转变为该人员的相关操作。其界面效果如图 18.17 所示。

图 18.17　人员管理面板

人员管理面板中使用了一个树控件来显示所有部门和人员层次，这个树控件是在项目中自定义的，其中集成了加载部门和人员信息的操作。程序关键代码如下。

程序 19 代码位置：资源包 \MR\ 源码 \18\ 开发计划管理系统 \src\com\lzw\personnel\PersonnelTree.java。

```
public class PersonnelTree extends JTree {
    private static final long serialVersionUID = 1L;
```

```
private DefaultMutableTreeNode rootNode;     // 树根节点
private DeptDao dao = new DeptDao();         // 部门数据库操作对象
public PersonnelTree() {
    super();
    initialize();
}
private void initialize() {
    this.setSize(300, 300);                  // 初始大小
    this.setRootVisible(false);              // 隐藏根节点
    this.setShowsRootHandles(false);         // 隐藏句柄
    loadPersonnel();                         // 加载部门和人员节点
}
public void loadPersonnel() {
    // 初始化根节点
    rootNode = new DefaultMutableTreeNode("公司人员");
    // 创建树模型对象
    DefaultTreeModel model = new DefaultTreeModel(rootNode);
    setModel(model);                         // 设置模型
    List<Dept> allDept = null;
    // 获取登录用户人员对象
    Personnel user = Session.getUser();
    // 根据人员职务级别加载信息
    if (user == null) {
        return;
    } else if (user.getLevel().getLevel() == 1) {
        // 管理员加载所有部门和人员信息
        allDept = dao.listOneLevelDept();
    } else if (user.getLevel().getLevel() == 2) {
        // 部门负责人加载本部门人员信息
        allDept = new ArrayList<Dept>();
        try {
            allDept.add(dao.getDept(Session.getDept().getDeptID()));
        } catch (TableIDException e) {
            ExceptionTools.showExceptionMessage(e);
        }
    } else if (user.getLevel().getLevel() > 2) {
        // 普通人员不加载部门信息
        return;
    }
    // 把从数据库读取的信息应用到树控件中
    loadDeptTreeNode(rootNode, allDept);
    // 展开根节点
    this.setExpandedState(new TreePath(rootNode), true);
```

```
        this.expandRow(0);
    }
    private void loadDeptTreeNode(final DefaultMutableTreeNode parent,
            final List<Dept> allDept) {
        for (final Dept dept : allDept) {                    // 遍历部门和人员列表
            final DefaultMutableTreeNode deptNode;
            deptNode = new DefaultMutableTreeNode();
            deptNode.setUserObject(dept);                    // 创建部门节点
            parent.add(deptNode);                            // 将节点添加到父节点
            revalidate();
            // 遍历子部门信息
            List<Dept> subDepts = dao.listSubDept(dept.getDeptID());
            if (subDepts.size() > 0) {
                // 迭代调用本方法
                loadDeptTreeNode(deptNode, subDepts);
            }
            // 读取部门的人员信息
            List<Personnel> personnels = dept.getPersennalCollection();
            // 遍历部门人员添加到树控件
            for (final Personnel personnel : personnels) {
                DefaultMutableTreeNode perNode = new DefaultMutableTreeNode();
                perNode.setUserObject(personnel);
                deptNode.add(perNode);
            }
        }
    }
}
```

自定义的显示公司人员的树控件将被添加到人员管理面板中。这个面板是继承 JPanel 自定义的一个控件，它在原始面板基础上添加了背景功能，可以通过设置图标和填充方式控制背景。在面板中分别添加了显示人员信息的树控件和一个控制面板，其中控制面板包含了一个刷新按钮。下面介绍人员管理面板的关键代码。

（1）创建人员管理面板，设置面板背景和其他参数，并添加人员控制面板和树控件到面板中。关键代码如下。

程序 20 代码位置：资源包 \MR\ 源码 \18\ 开发计划管理系统 \src\com\lzw\ProjectFrame.java。

```
private BGPanel getPersonnelManagePanel() {
    if (personnelManagePanel == null) {
            personnelManagePanel = new BGPanel();            // 创建面板
            personnelManagePanel.setLayout(new BorderLayout());// 设置布局管理器
            personnelManagePanel.setOpaque(false);           // 面板透明
            // 设置背景
```

```
        personnelManagePanel.setIcon(new ImageIcon(getClass().getResource
("/com/lzw/frame/perBack.png")));
        personnelManagePanel.setIconFill(BGPanel.BOTH_FILL); // 背景双向填充
        // 设置初始大小
        personnelManagePanel.setPreferredSize(new Dimension(177, 900));
        // 添加工具面板
        personnelManagePanel.add(getTreeToolsBar(), BorderLayout.NORTH);
        // 添加人员信息的树控件
        personnelManagePanel.add(getJPanel1(), BorderLayout.CENTER);
    }
    return personnelManagePanel;
}
```

（2）显示人员信息的树控件在主窗体中是由 getPersonnelTree() 方法创建的，这个方法负责树控件的创建和初始化。另外主窗体还向这个树控件中添加了很多的事件监听器，它们分别在树节点的选择事件中处理不同的业务逻辑，这些业务和其他模块的操作相关。关键代码如下。

程序 21 代码位置：资源包 \MR\ 源码 \18\ 开发计划管理系统 \src\com\lzw\ProjectFrame.java。

```
private PersonnelTree getPersonnelTree() {
    if (personnelTree == null) {
        personnelTree = new PersonnelTree();
        personnelTree.setBackground(Color.WHITE);    // 设置背景色
        // 添加人员管理事件监听器
        personnelTree.addTreeSelectionListener(getPersonnelPanel());
        // 添加部门管理事件监听器
        personnelTree.addTreeSelectionListener(getDeptPanel());
        // 添加图书计划管理事件监听器
        personnelTree.addTreeSelectionListener(getBookProjectPanel());
        // 添加个人计划表事件监听器
        personnelTree.addTreeSelectionListener(getProgressManagePanel());
        // 添加我的工作台事件监听器
        personnelTree.addTreeSelectionListener(getMyWorkspacePanel());
    }
    return personnelTree;
}
```

3. 编写功能区面板

功能区是用于放置不同模块功能的界面，在单击功能按钮组中不同的功能按钮时，功能区面板会显示对应功能模块的界面。功能区面板还包括一个位置标识，用于显示当前处于哪个功能模块。下面介绍功能区面板的代码。

（1）创建功能区面板，该面板是主窗体中的功能模块显示区域，其中包括位置标识面板和主面板。功能区面板的关键代码如下。

程序 22 代码位置：资源包 \MR\ 源码 \18\ 开发计划管理系统 \src\com\lzw\ProjectFrame.java。

```
private BGPanel getFunctionPanel() {
    if (functionPanel == null) {
            GridBagConstraints gridBagConstraints3 = new GridBagConstraints();
            gridBagConstraints3.gridx = 0;
            gridBagConstraints3.ipadx = 0;
            gridBagConstraints3.ipady = 0;
            gridBagConstraints3.fill = GridBagConstraints.BOTH;
            gridBagConstraints3.weightx = 1.0;
            gridBagConstraints3.weighty = 1.0;
            gridBagConstraints3.insets = new Insets(0, 0, 0, 0);
            gridBagConstraints3.gridy = 1;
            GridBagConstraints gridBagConstraints2 = new GridBagConstraints();
            gridBagConstraints2.gridx = 0;
            gridBagConstraints2.ipadx = 0;
            gridBagConstraints2.fill = GridBagConstraints.BOTH;
            gridBagConstraints2.insets = new Insets(0, 0, 0, 0);
            gridBagConstraints2.ipady = 0;
            gridBagConstraints2.gridy = 0;
            functionPanel = new BGPanel();
            functionPanel.setLayout(new GridBagLayout());// 设置布局管理器
            functionPanel.setOpaque(false);              // 面板透明
            functionPanel.setIconFill(BGPanel.BOTH_FILL);
            // 设置背景
             functionPanel.setIcon(new ImageIcon(getClass().getResource("/
com/lzw/frame/right.png")));
            functionPanel.add(getLocationPanel(), gridBagConstraints2);
            // 添加位置标识面板
            functionPanel.add(getMainPanel(), gridBagConstraints3);// 添加主面板
    }
    return functionPanel;
}
```

（2）创建位置标识面板，这个面板用于提示用户当前操作的功能模块是什么。其关键代码如下。

程序 23 代码位置：资源包 \MR\ 源码 \18\ 开发计划管理系统 \src\com\lzw\ProjectFrame.java。

```
private BGPanel getLocationPanel() {
    if (locationPanel == null) {
            GridBagConstraints gridBagConstraints13 = new GridBagConstraints();
            gridBagConstraints13.gridx = 1;
            gridBagConstraints13.ipady = 4;
            gridBagConstraints13.fill = GridBagConstraints.HORIZONTAL;
```

```
        gridBagConstraints13.gridy = 1;
        jLabel = new JLabel();                              // 站位标签
        jLabel.setText("");                                 // 初始空文本
        GridBagConstraints gridBagConstraints10 = new GridBagConstraints();
        gridBagConstraints10.gridx = 1;
        gridBagConstraints10.fill = GridBagConstraints.HORIZONTAL;
        gridBagConstraints10.weightx = 1.0;
        gridBagConstraints10.insets = new Insets(0, 3, 0, 2);
        gridBagConstraints10.anchor = GridBagConstraints.SOUTH;
        gridBagConstraints10.weighty = 0.0;
        gridBagConstraints10.ipady = 8;
        gridBagConstraints10.gridy = 0;
        currentLocationLabel = new JLabel();                // 初始化位置标识标签控件
        currentLocationLabel.setText("我的工作台");         // 设置标签文本
        currentLocationLabel.setVerticalAlignment(SwingConstants.BOTTOM);
        // 设置垂直对齐方式
        Font font = currentLocationLabel.getFont().deriveFont(Font.BOLD);
        currentLocationLabel.setFont(font);                 // 设置字体
        GridBagConstraints gridBagConstraints9 = new GridBagConstraints();
        gridBagConstraints9.gridy = 0;
        gridBagConstraints9.insets = new Insets(0, 20, 0, 0);
        gridBagConstraints9.anchor = GridBagConstraints.CENTER;
        gridBagConstraints9.fill = GridBagConstraints.NONE;
        gridBagConstraints9.ipady = 8;
        gridBagConstraints9.weighty = 0.0;
        gridBagConstraints9.ipadx = 0;
        gridBagConstraints9.gridx = 0;
        jLabel3 = new JLabel();                             // 说明性标签控件
        font = jLabel3.getFont().deriveFont(Font.BOLD);
        jLabel3.setFont(font);
        jLabel3.setText("您当前的位置：");                  // 设置标签文本
        jLabel3.setHorizontalAlignment(SwingConstants.RIGHT);// 设置标签对齐方式
        jLabel3.setVerticalAlignment(SwingConstants.BOTTOM);
        locationPanel = new BGPanel();                      // 创建位置面板
        locationPanel.setLayout(new GridBagLayout());// 设置位置面板的布局管理器
        locationPanel.setOpaque(false);                     // 面板透明
        locationPanel.add(jLabel3, gridBagConstraints9);
        locationPanel.add(currentLocationLabel, gridBagConstraints10);
        // 添加位置标识标签控件
        locationPanel.add(jLabel, gridBagConstraints13);
    }
    return locationPanel;
}
```

（3）编写功能区的主面板，主面板包含了工作面板。这两个面板之间利用 GridBagLayout 布局管理器预留了空隙，这只是程序布局中的需要，主面板的核心功能就是放置工作面板，并保持一定的空隙。关键代码如下。

程序 24 代码位置：资源包 \MR\ 源码 \18\ 开发计划管理系统 \src\com\lzw\ProjectFrame.java。

```
private BGPanel getMainPanel() {
    if (mainPanel == null) {
        GridBagConstraints gridBagConstraints4 = new GridBagConstraints();
        gridBagConstraints4.gridx = 0;
        gridBagConstraints4.ipadx = 0;
        gridBagConstraints4.ipady = 0;
        gridBagConstraints4.fill = GridBagConstraints.BOTH;
        gridBagConstraints4.weightx = 1.0;
        gridBagConstraints4.weighty = 1.0;
        gridBagConstraints4.insets = new Insets(5, 12, 5, 20);
        gridBagConstraints4.gridy = 0;
        mainPanel = new BGPanel();                          // 创建主面板
        mainPanel.setLayout(new GridBagLayout());     // 设置布局管理器
        mainPanel.setOpaque(false);                         // 面板透明
        mainPanel.add(getWorkPanel(), gridBagConstraints4);// 添加工作面板
    }
    return mainPanel;
}
```

（4）工作面板是功能区的核心区域，这个面板用于放置各个模块的界面。这些界面也是面板，不过功能和界面布局不同，而所有这些功能界面都放置到了功能区主面板的工作面板中。其关键代码如下。

程序 25 代码位置：资源包 \MR\ 源码 \18\ 开发计划管理系统 \src\com\lzw\ProjectFrame.java。

```
private JPanel getWorkPanel() {
    if (workPanel == null) {
        workPanel = new JPanel();
        workPanel.setLayout(new CardLayout());         // 设置布局管理器
        workPanel.setOpaque(false);                         // 面板透明
        workPanel.add(getMyWorkspacePanel(), getMyWorkspacePanel().getName());
        //添加我的工作台面板
        workPanel.add(getBookProjectPanel(), getBookProjectPanel().getName());
        // 添加图书计划面板
        // 添加个人计划表面板
        workPanel.add(getProgressManagePanel(), getProgressManagePanel().getName());
        // 添加部门管理面板
        workPanel.add(getDeptPanel(), getDeptPanel().getName());
```

```
        // 添加人员管理面板
        workPanel.add(getPersonnelPanel(), getPersonnelPanel().getName());
    }
    return workPanel;
}
```

18.6 部门信息管理模块设计

扫码看视频

18.6.1 部门信息管理模块概述

部门信息管理功能包括部门的添加、修改删除职务以及指定上级部门和部门的负责人。其功能界面如图 18.18 所示。

图 18.18 部门管理模块界面

18.6.2 部门信息管理模块技术分析

部门信息管理模块使用的主要技术是 GridBagLayout 布局管理器。GridBagLayout 类是一个灵活的布局管理器，它不要求控件大小相同便可以将控件垂直、水平或沿它们的基线对齐。每个 GridBagLayout 对象维持一个动态的矩形单元网格，每个控件占用一个或多个这样的单元，该单元被称为显示区域。

每个由 GridBagLayout 管理的控件都与 GridBagConstraints 的实例相关联。Constraints 对象指定控件的显示区域在网格中的具体放置位置，以及控件在其显示区域中的放置方式。除了 Constraints

对象之外，GridBagLayout 还考虑每个控件的最小大小和首选大小，以确定控件的大小。

网格的总体方向取决于容器的 ComponentOrientation 属性。对于水平的从左到右的方向，网格坐标（0，0）位于容器的左上角，其中 *x* 向右递增，*y* 向下递增。对于水平的从右到左的方向，网格坐标（0，0）位于容器的右上角，其中 *x* 向左递增，*y* 向下递增。

为了有效使用网格包布局，必须自定义与控件关联的一个或多个 GridBagConstraints 对象。可以通过设置一个或多个实例变量来自定义 GridBagConstraints 对象。

18.6.3 部门信息管理模块实现过程

待遇管理使用的主要数据表：dept。

部门信息管理由 DeptManage 类实现，其实现过程如下。

（1）创建构造方法，在构造方法中调用初始化程序界面和初始化界面数据的方法，然后添加事件监听器，在本面板界面显示的时候重新初始化界面数据。程序关键代码如下。

程序 26 代码位置：资源包 \MR\ 源码 \18\ 开发计划管理系统 \src\com\lzw\dept\DeptManage.java。

```
public DeptManage() {
    super();
    setName("部门管理");
    initialize();                                       // 初始化程序界面
    initDatas();                                        // 初始化界面数据
    setDept(getDept());                                 // 更新部门信息
    addComponentListener(new ComponentAdapter() {       // 添加事件监听器
        @Override
        public void componentShown(ComponentEvent e) {
            initDatas();                            // 在界面显示时初始化界面数据
        }
    });
}
```

（2）在 initialize() 方法中初始化程序界面，为界面设置边框效果。在界面中添加部门名称文本框、上级部门下拉列表框、负责人下拉列表框、部门创建日期、部门职责说明和控制面板。关键代码如下。

程序 27 代码位置：资源包 \MR\ 源码 \18\ 开发计划管理系统 \src\com\lzw\dept\DeptManage.java。

```
private void initialize() {
    // 省略部分代码
    // 设置面板边框
    this.setBorder(createTitledBorder(null, "部门管理面板",
                 TitledBorder.DEFAULT_JUSTIFICATION, TitledBorder.TOP,
new Font("sansserif", Font.BOLD, 12), new Color(59, 59, 59)));
    this.add(jLabel, gridBagConstraints);
    this.add(getDeptNameField(), gridBagConstraints1);// 添加部门名称文本框控件
    this.add(jLabel1, gridBagConstraints2);
    this.add(getUplevelField(), gridBagConstraints3);// 添加上级部门下拉列表框
```

```
    this.add(jLabel2, gridBagConstraints4);
    this.add(getMainPerField(), gridBagConstraints5); // 添加负责人下拉列表框
    this.add(jLabel3, gridBagConstraints6);
    this.add(getCreateDateField(), gridBagConstraints7);// 添加创建日期文本框
    this.add(jLabel4, gridBagConstraints8);
    // 添加滚动面板，其中包含部门职责文本域控件
    this.add(getAlphaScrollPane(), gridBagConstraints9);
    this.add(getControlPanel(), gridBagConstraints11);        // 添加控制面板
}
```

（3）界面中的控制面板是用于放置功能按钮的，这些功能按钮包括“新建部门”按钮、“确定 / 修改”按钮和“删除部门”按钮。程序关键代码如下。

程序 28 代码位置：资源包 \MR\ 源码 \18\ 开发计划管理系统 \src\com\lzw\dept\DeptManage.java。

```
private JPanel getControlPanel() {
    if (controlPanel == null) {
        FlowLayout flowLayout = new FlowLayout();       // 创建布局管理器
        flowLayout.setHgap(10);                         // 设置横向间距
        controlPanel = new JPanel();
        controlPanel.setOpaque(false);                  // 设置面板透明
        controlPanel.setLayout(flowLayout);             // 设置布局管理器
        controlPanel.add(getAddDeptButton(), null);     // 添加新建部门按钮
        controlPanel.add(getOkOrModifyButton(), null);  // 添加“确定 / 修改”按钮
        controlPanel.add(getDelDeptButton(), null);     // 添加删除部门按钮
    }
    return controlPanel;
}
```

（4）编写“新建部门”按钮，该按钮由 getAddDeptButton() 方法创建。在按钮的事件监听器中会新建一个 Dept 部门类的对象，然后把这个对象设置到界面中，以更新界面内容。另外，该按钮会根据登录用户的职务级别确定按钮是否可用。程序关键代码如下。

程序 29 代码位置：资源包 \MR\ 源码 \18\ 开发计划管理系统 \src\com\lzw\dept\DeptManage.java。

```
private JButton getAddDeptButton() {
    if (addDeptButton == null) {
        addDeptButton = new JButton();
        addDeptButton.setText(" 新建部门 ");
        addDeptButton.addActionListener(new ActionAdapter() { // 添加按钮事件监听器
            @Override
            public void actionPerformed(ActionEvent e) {
                Dept dept = new Dept(); // 创建新部门对象
                dept.setCDate(new Date(System.currentTimeMillis()));
                                            // 初始化部门创建日期为当日
                setDept(dept);              // 设置界面部门信息
```

```
            }
        });
    }
    Personnel user = Session.getUser();           // 获取登录用户
    // 根据用户级别确定按钮是否可用
    if (user == null) {
        addDeptButton.setEnabled(true);
    } else if (Session.getUser().getLevel().getLevel() < 2)
        addDeptButton.setEnabled(true);
    else
        addDeptButton.setEnabled(false);
    return addDeptButton;
}
```

（5）确定或修改部门信息的按钮是由 getOkOrModifyButton() 方法创建的。在按钮的事件监听器中将获取用户通过界面修改信息后的部门对象，然后通过部门数据表操作对象来修改或添加部门信息。另外该按钮会根据登录用户的职务级别确定按钮是否可用。程序关键代码如下。

程序 30 代码位置：资源包 \MR\ 源码 \18\ 开发计划管理系统 \src\com\lzw\dept\DeptManage.java。

```
private JButton getOkOrModifyButton() {
    if (okOrModifyButton == null) {
        okOrModifyButton = new JButton();
        okOrModifyButton.setText(" 确定 | 修改 ");
        // 添加事件监听器
        okOrModifyButton.addActionListener(new ActionAdapter() {
            @Override
            public void actionPerformed(ActionEvent e) {
                Dept dept = getDept();              // 获取界面修改后的部门对象
                DeptDao dao = new DeptDao();        // 创建部门数据库操作对象
                int num = dao.insertOrUpdateDept(dept);// 执行插入或更新部门操作
                initDatas();                        // 重新初始化界面数据
                if (num != 0)
                    JOptionPane.showMessageDialog(null, " 操作成功 ");
            }
        });
    }
    Personnel user = Session.getUser();           // 获取登录用户
    // 根据用户级别确定按钮是否可用
    if (user == null) {
        okOrModifyButton.setEnabled(true);
    } else if (Session.getUser().getLevel().getLevel() <= 2)
        okOrModifyButton.setEnabled(true);
```

```
    else
        okOrModifyButton.setEnabled(false);
    return okOrModifyButton;
}
```

（6）删除部门信息的按钮是由 getDelDeptButton() 方法创建的。在按钮的事件监听器中将获取用户通过界面或主窗体中人员管理面板选择的部门对象，然后通过部门数据表操作对象从数据库中删除指定的部门信息。另外该按钮会根据登录用户的职务级别确定按钮是否可用。程序关键代码如下。

程序 31 代码位置：资源包 \MR\ 源码 \18\ 开发计划管理系统 \src\com\lzw\dept\DeptManage.java。

```
private JButton getDelDeptButton() {
    if (delDeptButton == null) {
        delDeptButton = new JButton();
        delDeptButton.setText(" 删除部门 ");
        // 添加事件监听器
        delDeptButton.addActionListener(new ActionAdapter() {
            @Override
            public void actionPerformed(ActionEvent e) {
                Dept dept = getDept();          // 获取界面修改后的部门对象
                int option = JOptionPane.showConfirmDialog(null, "确认要删除【" +
dept.getName() + "】部门吗？");
                if (option != JOptionPane.YES_OPTION)
                    return;
                try {
                    new DeptDao().deleteDept(dept);// 从数据库删除部门对象
                    initDatas();                    // 重新初始化界面数据
                    JOptionPane.showMessageDialog(null, " 操作成功 ");
                } catch (TableIDException e1) {
                    ExceptionTools.showExceptionMessage(e1);
                }
            }
        });
    }
    Personnel user = Session.getUser();          // 获取登录用户
    // 根据用户级别确定按钮是否可用
    if (user == null) {
        delDeptButton.setEnabled(true);
    } else if (Session.getUser().getLevel().getLevel() < 2)
        delDeptButton.setEnabled(true);
    else
        delDeptButton.setEnabled(false);
    return delDeptButton;
}
```

（7）getDept() 方法将获取界面中的所有信息并赋值到保存的部门对象中，然后将修改过的部门对象返回给方法的调用者。关键代码如下。

程序 32 代码位置：资源包 \MR\ 源码 \18\ 开发计划管理系统 \src\com\lzw\dept\DeptManage.java。

```
public Dept getDept() {
    if (dept == null) {
        dept = Session.getDept();
        return dept;
    }
    dept.setName(getDeptNameField().getText());        // 更新部门名称
    dept.setUplevel((Dept) getUplevelField().getSelectedItem());
    // 更新上级部门
    dept.setMainPer((Personnel) getMainPerField().getSelectedItem());
    // 更新负责人
    Object value = getCreateDateField().getValue();
    // 更新部门创建日期
    if (value != null) {
        long time = ((java.util.Date) value).getTime();
        dept.setCDate(new Date(time));
    } else {
        dept.setCDate(null);
    }
    dept.setRemark(getRemarkArea().getText()); // 更新部门职务说明
    return dept;                               // 返回新的部门对象
}
```

（8）setDept() 方法的功能是把指定的部门对象保存为本类的成员变量，然后用这个部门对象中的信息来更新界面中的内容。

> **说明**
>
> 由于路径太长，因此省略了部分路径，省略的路径是“TM\03\PersonnalManage\sre\com\mwq\frame”。

程序关键代码如下。

程序 33 代码位置：资源包 \MR\ 源码 \18\ 开发计划管理系统 \src\com\lzw\dept\DeptManage.java。

```
public void setDept(Dept dept) {
    this.dept = dept;
    if (dept == null)
        return;
    getDeptNameField().setText(dept.getName());        // 初始化部门名称
    getUplevelField().setSelectedItem(dept.getUplevel()); // 初始化上级部门
```

```
    getMainPerField().setSelectedItem(dept.getMainPer());     // 初始化负责人
    getCreateDateField().setValue(dept.getCDate());     // 初始化部门创建日期
    getRemarkArea().setText(dept.getRemark());          // 初始化部门职责
}
```

（9）管理面板的界面布置完成以后需要对一些控件的值初始化。例如，部门负责人的下拉列表框需要从数据库中读取所有人员信息作为控件的选项列表，而上级部门下拉列表框同样要初始化所有部门信息作为控件的下拉列表。程序关键代码如下。

程序 34 代码位置：资源包 \MR\ 源码 \18\ 开发计划管理系统 \src\com\lzw\dept\DeptManage.java。

```
private void initDatas() {
    // 创建部门数据库操作对象
    DeptDao dao = new DeptDao();
    // 去除原有下拉列表框内容
    getUplevelField().removeAllItems();
    List<Dept> dlist = dao.listAllDept();
    // 初始化上级部门下拉列表框
    for (Dept dept : dlist) {
        getUplevelField().addItem(dept);
    }
    getUplevelField().addItem(null);
    // 确定下拉列表框的选项
    if (dept == null) {
        getUplevelField().setSelectedItem(null);
    } else {
        getUplevelField().setSelectedItem(dept.getUplevel());
    }
    // 初始化人员下拉列表框
    List<Personnel> list = new PersonnelDao().listAllPersonnel();
    getMainPerField().removeAllItems();
    for (Personnel per : list) {
        getMainPerField().addItem(per);
    }
    getMainPerField().addItem(null);
    if (dept == null) {
        getMainPerField().setSelectedItem(null);
    } else {
        getMainPerField().setSelectedItem(dept.getMainPer());
    }
}
```

18.7　基本资料模块设计

扫码看视频

18.7.1　基本资料模块概述

基本资料模块用于接收和修改人员的登录账号、密码、人员姓名、年龄、性别、部门和职务等信息，界面中的信息是必须填写的，它们将被保存到数据库的人员信息主表中。基本资料模界面如图 18.19 所示。

图 18.19　基本资料模块界面

18.7.2　基本资料模块技术分析

基本资料模块用到的主要技术是为控件绘制边框。在绘制边框之前，需要获得一个 Border 类型的对象。在 Java API 中，名为 BorderFactory 的类可以用于获得 Border 类型的对象。在该类中定义了若干静态方法，其返回值是 Border 类型。

本模块使用的是带有标题的边框，因此可以调用 createTitledBorder() 方法。该方法有多个重载形式，本程序使用的是最复杂的形式，其声明如下。

```
public static TitledBorder createTitledBorder(Border border, String title,
int titleJustification, int titlePosition, Font titleFont, Color titleColor)
```

方法 createTitledBorder() 的参数及其说明如表 18.7 所示。

表 18.7　createTitledBorder() 方法的参数及其说明

参数	说明
border	向其添加标题的 Border 对象
title	包含标题文本的 String

续表

参数	说明
titleJustification	指定标题调整的整数
titlePosition	指定文本相对于边框的纵向位置的整数
titleFont	指定标题字体的 Font 对象
titleColor	指定标题颜色的 Color 对象

在获得 Border 对象之后，可以使用控件的 setBorder() 方法来为控件设置边框。该方法的声明如下。

```
public void setBorder(Border border)
```

- border：要设置的边框对象。

18.7.3 基本资料模块实现过程

系统维护使用的主要数据表：personnel、personnel_linkinfo、personnel_details。

基本资料模块由 BaseInfoPanel 类实现，它位于 com.lzw.personnel.panel 类包中。其代码编写步骤如下。

（1）在类的构造方法中调用 initialize() 方法初始化界面和调用 initDatas() 方法初始化界面数据，然后在事件监听器中实现界面显示时就重新初始化界面数据，以保证界面中的数据与数据库同步。程序关键代码如下。

程序 35 代码位置：资源包 \MR\ 源码 \18\ 开发计划管理系统 \src\com\lzw\personnel\panel\BaseInfoPanel.java。

```
public BaseInfoPanel() {
    super();
    this.setName(" 基本资料 ");
    initialize();                                   // 初始化界面
    initDatas();                                    // 初始化界面数据
    // 添加事件监听器
    addComponentListener(new ComponentAdapter() {
        @Override
        public void componentShown(ComponentEvent e) {
            // 在显示界面时，重新初始化界面数据
            initDatas();
        }
    });
}
```

（2）构造方法中调用了 initialize() 方法初始化界面，这个方法使用 GridBagLayout 布局管理器来布局页面中的所有控件。由于布局参数过多，在介绍代码时将其省略，读者可以参见光盘源码分析布局参数。程序关键代码如下。

程序 36 代码位置：资源包 \MR\ 源码 \18\ 开发计划管理系统 \src\com\lzw\personnel\panel\BaseInfoPanel.java。

```
private void initialize() {
    // 省略布局参数
    jLabel = new JLabel();                                      // 密码标签
    jLabel.setText(" 密码： ");
    jLabel5 = new JLabel();                                     // 账号标签
    jLabel5.setText(" 账号： ");
    jLabel4 = new JLabel();                                     // 年龄标签
    jLabel4.setText(" 年龄： ");
    jLabel2 = new JLabel();                                     // 性别标签
    jLabel2.setText(" 性别： ");
    jLabel1 = new JLabel();                                     // 姓名标签
    jLabel1.setText(" 姓名： ");
    jLabel7 = new JLabel();                                     // 职务标签
    jLabel7.setText(" 职务： ");
    jLabel6 = new JLabel();                                     // 部门标签
    jLabel6.setText(" 部门： ");
    // 设置布局管理器
    this.setLayout(new GridBagLayout());
    // 设置边框
    this.setBorder(createTitledBorder(null, " 基本资料 ", TitledBorder.DEFAULT_
JUSTIFICATION, TitledBorder.TOP, new Font("sansserif", Font.BOLD, 12), new
Color(59, 59, 59)));
    this.add(jLabel1, gridBagConstraints);
    this.add(jLabel2, gridBagConstraints1);
    // 添加年龄文本框
    this.add(getAgeField(), gridBagConstraints2);
    // 添加性别下拉列表框
    this.add(getSexComboBox(), gridBagConstraints3);
    // 添加姓名文本框
    this.add(getNameField(), gridBagConstraints4);
    this.add(jLabel5, gridBagConstraints5);
    // 添加账号文本框
    this.add(getUserNameField(), gridBagConstraints6);
    this.add(jLabel4, gridBagConstraints7);
    this.add(jLabel6, gridBagConstraints9);
```

```
    // 添加部门下拉列表框
    this.add(getDeptComboBox(), gridBagConstraints10);
    this.add(jLabel7, gridBagConstraints11);
    // 添加职务下拉列表框
    this.add(getLevelComboBox(), gridBagConstraints12);
    this.add(jLabel, gridBagConstraints13);
    // 添加密码文本框
    this.add(getPasswordField(), gridBagConstraints21);
}
```

（3）getPersonnel() 方法可以获取用户在界面修改后的信息，并把这些信息保存到人员对象中，再把更新后的人员对象返回给方法的调用者。

说明

由于路径太长，因此省略了部分路径，省略的路径是“TM\03\PersonnalManage\sre\com\mwq\frame”。

程序关键代码如下。

程序 37 代码位置：资源包 \MR\ 源码 \18\ 开发计划管理系统 \src\com\lzw\personnel\panel\BaseInfoPanel.java。

```
public Personnel getPersonnel() {
    if (personnel == null)
        return null;
    personnel.setName(getNameField().getText());        // 更新人员对象的姓名
    personnel.setUserName(getUserNameField().getText());// 更新人员对象的登录账号
    // 更新人员对象的年龄
    personnel.setAge(((Number) getAgeField().getValue()).intValue());
    // 更新人员对象的性别
    personnel.setSex((String) getSexComboBox().getSelectedItem());
    // 更新人员对象的部门
    personnel.setDeptID((Dept) getDeptComboBox().getSelectedItem());
    // 更新人员对象的职务
    personnel.setLevel((PersonnelLevel) getLevelComboBox().getSelectedItem());
    personnel.setPassword(getPasswordField().getText());// 更新人员对象的密码
    return personnel;
}
```

（4）界面中所有控件的值都是通过 setPersonnel() 方法设置的，该方法将接收一个 Personnel 类的实例对象，即人员基本信息对象，通过读取对象中的所有属性来更新界面中的控件值。程序关键代码如下。

程序 38 代码位置：资源包 \MR\ 源码 \18\ 开发计划管理系统 \src\com\lzw\personnel\panel\BaseInfoPanel.java。

```
public void setPersonnel(Personnel personnel) {
    this.personnel = personnel;
    if (personnel == null)
        return;
    // 更新界面的姓名文本框
    getNameField().setText(personnel.getName());
    // 更新界面的账号文本框
    getUserNameField().setText(personnel.getUserName());
    // 更新界面的年龄文本框
    getAgeField().setValue(personnel.getAge());
    // 更新界面的性别下拉列表框
    getSexComboBox().setSelectedItem(personnel.getSex());
    // 更新界面的部门下拉列表框
    getDeptComboBox().setSelectedItem(personnel.getDeptID());
    // 更新界面的职务下拉列表框
    getLevelComboBox().setSelectedItem(personnel.getLevel());
    // 更新界面的登录密码文本框
    getPasswordField().setText(personnel.getPassword());
}
```

（5）在构造方法的最后调用了 initDatas() 方法初始化界面数据，这个方法很重要。当数据库内容被修改、增加或删除后，界面中相应控件的值需要进行同步。同步最基本的方法就是把界面中的数据重新加载一遍，那么这个方法在初始化界面数据的同时，经过多次运行也能起到刷新界面数据的作用。程序关键代码如下。

程序 39 代码位置：资源包 \MR\ 源码 \18\ 开发计划管理系统 \src\com\lzw\personnel\panel\BaseInfoPanel.java。

```
private void initDatas() {
        // 获取登录用户
    Personnel user = Session.getUser();
    List<Dept> dlist;
    // 根据用户级别读取部门信息的数据
    if (user == null || user.getLevel().getLevel() < 2) {
        // 读取所有部门信息
        dlist = new DeptDao().listAllDept();
    } else {// 如果是普通用户
        // 加载用户本部门的数据
        dlist = new ArrayList<Dept>();
        dlist.add(user.getDeptID());
    }
```

```
    // 加载部门信息
    getDeptComboBox().removeAllItems();
    for (Dept dept : dlist) {
        getDeptComboBox().addItem(dept);
    }
    // 加载职务信息
    List<PersonnelLevel> list = new PersonnelDao().listAllLevel();
    getLevelComboBox().removeAllItems();
    for (PersonnelLevel level : list) {
        getLevelComboBox().addItem(level);
    }
    setPersonnel(getPersonnel());
}
```

18.8 图书项目模块设计

扫码看视频

18.8.1 图书项目模块概述

在图书计划功能界面中单击“添加计划”按钮将进入图书项目计划添加界面。如果单击的是“修改计划”按钮也会进入这个界面，但是界面中显示的是选定的项目信息，而不是图 18.20 所示的创建新图书项目时的空信息界面。

图 18.20　添加图书项目界面

18.8.2 图书项目模块技术分析

图书项目模块用到的主要技术是 ComponentListener 的使用。在 ComponentListener 接口中定义了 4 个方法，分别用来处理控件可见、不可见、位置改变和大小改变事件。这里主要关注控件可见事件，为了简化编程而使用了该接口的适配器类 ComponentAdapter。它提供了 componentShown() 方法的空实现，该方法的声明如下。

```
public void componentShown(ComponentEvent e)
```

☑ e：需要添加的控件事件。

18.8.3 图书项目模块实现过程

系统维护使用的主要数据表：dept、publisher、book_project、ItemPersonnel。

图书项目界面由 ItemPanel 类实现，它位于 com.lzw.bookProject 类包中。实现思路是继承 JPanel 面板成为一个容器控件，然后在容器中放置界面需要的控件，这些控件对应着数据表的相应字段。

编写图书项目界面的步骤如下。

（1）由于构造方法只是简单地创建了日期文本框的事件监听器和调用了初始化程序界面的方法，因此这里以初始化界面的 initialize() 方法为起点，该方法使用 BorderLayout 布局管理器在面板上布置了项目参与人列表面板、图书项目面板和出版社添加面板。然后为本界面添加了处理界面显示的事件监听器。事件监听器中实现了界面数据的加载。程序关键代码如下。

程序 40 代码位置：资源包 \MR\ 源码 \18\ 开发计划管理系统 \src\com\lzw\bookProject\ItemPanel.java。

```
private void initialize() {
    this.setSize(722, 435);                                    // 设置初始大小
    this.setLayout(new BorderLayout());                        // 设置布局管理器
    this.setName(" 项目添加 ");
    // 设置边框
    this.setBorder(createTitledBorder(null, " 图书计划开发 ", TitledBorder.
                    DEFAULT_JUSTIFICATION, TitledBorder.ABOVE_TOP, new
Font("sansserif", Font.BOLD, 12),new Color(59, 59, 59)));
    this.add(getPerPanel(), BorderLayout.EAST); // 添加项目参与人列表面板
    this.add(getBookItemPanel(), BorderLayout.CENTER);// 添加图书项目面板
    this.add(getPublisherPanel(), BorderLayout.SOUTH);// 添加出版社添加面板
```

为面板添加事件监听器，在显示该界面时加载出版社数据、部门数据和图书项目数据到界面对应的控件中。例如把数据添加到相应的下拉列表框中的代码如下。

程序 41 代码位置：资源包 \MR\ 源码 \18\ 开发计划管理系统 \src\com\lzw\bookProject\ItemPanel.java。

```
// 添加事件监听器
this.addComponentListener(new ComponentAdapter() {
    // 在界面显示时的操作
    @Override
    public void componentShown(ComponentEvent e) {
        loadPublisher();                            // 加载出版社信息
        loadDept();                                 // 加载部门信息
        loadBookProject();                          // 加载图书项目信息
    }
```

事件处理方法中调用了加载图书项目信息的 loadBookProject() 方法，该方法把 ItemPanel 类中保存的图书项目对象的属性信息加载到程序界面各个控件中，例如项目名称、开发部门、计划页码等。程序关键代码如下。

程序 42 代码位置：资源包 \MR\ 源码 \18\ 开发计划管理系统 \src\com\lzw\bookProject\ItemPanel.java。

```
private void loadBookProject() {
    if (bookProject == null)
        return;
    // 加载图书项目计划名称到文本框
    getProjectNameInfoField().setText(bookProject.getPname());
    // 加载项目的出版社信息
    getPublisherInfoComboBox().setSelectedItem(bookProject.getPid());
    // 加载项目的部门信息
    getDeptInfoComboBox().setSelectedItem(bookProject.getDeptID());
    // 加载项目的页码到界面文本框
    getPageNumInfoField().setValue(bookProject.getPageNumber());
    // 加载项目的负责人
    getMainPerInfoComboBox().setSelectedItem(bookProject.getMainPer());
    {// 设置开始结束日期
        Date startDate = bookProject.getStartDate();// 加载项目的开始日期对象
        if (startDate == null)                      // 如果日期对象为空
            startDate = new Date(System.currentTimeMillis()); // 使用当前日期
        getStartDateInfoField().setValue(startDate);// 把开始日期设置到界面控件
        Date endDate = bookProject.getEndDate();// 加载项目的结束日期对象
        if (endDate == null)                    // 如果结束日期对象为空
            endDate = new Date(System.currentTimeMillis()); // 使用当前日期
        getEndDateInfoField().setValue(endDate);// 把结束日期设置到界面控件
```

```
    }
    // 加载项目工作日到界面控件
    getWorkDayInfoField().setValue(bookProject.getWorkDay());
    // 获取项目参与人集合对象
    List<ItemPersonnel> list = bookProject.getItemPersonnelCollection();
    // 获取项目参与人列表对象的数据模型
    DefaultListModel model = (DefaultListModel) getJList().getModel();
    model.removeAllElements();                          // 清空数据模型
    if (list != null) {                                 // 遍历项目参与人集合
        for (ItemPersonnel ip : list) {
            model.addElement(ip.getPerId()); // 添加每个参与人到数据模型
        }
    }
}
```

loadPublisher() 方法也在事件方法中被调用，它负责加载数据库中的出版社数据到界面对应的下拉列表框中。关键代码如下。

程序43 代码位置：资源包 \MR\ 源码 \18\ 开发计划管理系统 \src\com\lzw\bookProject\ItemPanel.java。

```
private void loadPublisher() {
    BookProjectDao dao = new BookProjectDao(); // 创建图书项目数据库操作对象
    publisherInfoComboBox.removeAllItems();     // 清空界面出版社下拉列表框
    List<Publisher> list = dao.listPublisher();// 获取数据库所有出版社信息
    // 遍历出版社信息集合
    for (Publisher pub : list) {
        // 添加每个出版社对象到下拉列表框
        publisherInfoComboBox.addItem(pub);
        publisherInfoComboBox.revalidate();
    }
}
```

loadDept() 方法负责加载数据库的部门数据到界面对应的下拉列表框中，它只更改界面的部门下拉列表框的数据。关键代码如下。

程序44 代码位置：资源包 \MR\ 源码 \18\ 开发计划管理系统 \src\com\lzw\bookProject\ItemPanel.java。

```
private void loadDept() {
    DeptDao dtptDao = new DeptDao();                // 创建部门数据库操作对象
    deptInfoComboBox.removeAllItems();              // 清除部门下拉列表框
    List<Dept> list = dtptDao.listAllDept();        // 读取所有部门数据集合
```

```
    // 遍历部门数据集合
    for (Dept dept : list) {
        // 添加每个部门对象到下拉列表框
        deptInfoComboBox.addItem(dept);
    }
}
```

（2）getBookItemPanel() 方法将创建一个图书项目信息面板，这个面板放置在项目参与人列表的左侧，用于放置一些显示图书项目信息的控件，例如图书项目的名称、出版社、部门、负责人、工作日等。程序关键代码如下。

程序45 代码位置：资源包\MR\源码\18\开发计划管理系统\src\com\lzw\bookProject\ItemPanel.java。

```
private JPanel getBookItemPanel() {
    if (bookItemPanel == null) {
        // 省略布局参数
        JLabel jLabel33 = new JLabel();                    // 标签控件
        jLabel33.setText("页  码：");
        JLabel jLabel32 = new JLabel();
        jLabel32.setText("工作日：");
        JLabel jLabel31 = new JLabel();
        jLabel31.setText("结束日期：");
        JLabel jLabel30 = new JLabel();
        jLabel30.setText("开始日期：");
        JLabel jLabel29 = new JLabel();
        jLabel29.setText("负责人：");
        JLabel jLabel28 = new JLabel();
        jLabel28.setText("开发部门：");
        JLabel jLabel27 = new JLabel();
        jLabel27.setText("出版社：");
        JLabel jLabel26 = new JLabel();
        jLabel26.setText("项目名称：");
        bookItemPanel = new JPanel();              // 创建面板控件
        // 设置布局管理器
        bookItemPanel.setLayout(new GridBagLayout());
        bookItemPanel.setBorder(createTitledBorder(null, "图书项目信息",
                TitledBorder.DEFAULT_JUSTIFICATION, TitledBorder.ABOVE_TOP,
                new Font("sansserif",Font.BOLD, 12), new Color(59, 59, 59)));
        bookItemPanel.setOpaque(false);                    // 面板透明
        bookItemPanel.add(jLabel26, gridBagConstraints47);
        // 添加项目名称文本框控件
```

```
        bookItemPanel.add(getProjectNameInfoField(), gridBagConstraints48);
        bookItemPanel.add(jLabel27, gridBagConstraints49);
        // 添加出版社下拉列表框控件
        bookItemPanel.add(getPublisherInfoComboBox(), gridBagConstraints50);
        bookItemPanel.add(jLabel28, gridBagConstraints52);
        // 添加部门下拉列表框控件
        bookItemPanel.add(getDeptInfoComboBox(), gridBagConstraints53);
        bookItemPanel.add(jLabel29, gridBagConstraints54);
        // 添加负责人下拉列表框控件
        bookItemPanel.add(getMainPerInfoComboBox(), gridBagConstraints55);
        bookItemPanel.add(jLabel30, gridBagConstraints56);
        // 添加项目开始日期文本框控件
        bookItemPanel.add(getStartDateInfoField(), gridBagConstraints57);
        bookItemPanel.add(jLabel31, gridBagConstraints58);
        // 添加项目结束日期文本框控件
        bookItemPanel.add(getEndDateInfoField(), gridBagConstraints59);
        bookItemPanel.add(jLabel32, gridBagConstraints60);
        // 添加工作日文本框
        bookItemPanel.add(getWorkDayInfoField(), gridBagConstraints61);
        bookItemPanel.add(jLabel33, gridBagConstraints62);
        // 添加计划页码文本框控件
        bookItemPanel.add(getPageNumInfoField(), gridBagConstraints63);
        // 添加双休复选框
        bookItemPanel.add(getJCheckBox(), gridBagConstraints64);
        // 添加项目面板中的确定按钮
        bookItemPanel.add(getItemOkButton(), gridBagConstraints65);
        // 添加取消按钮
        bookItemPanel.add(getItemCancelButton(), gridBagConstraints66);
        // 放置添加出版社按钮到面板
        bookItemPanel.add(getAddPublisherButton(), gridBagConstraints67);
        // 添加单休复选框
        bookItemPanel.add(getJCheckBox1(), gridBagConstraints);
    }
    return bookItemPanel;
}
```

（3）getPerPanel() 方法将创建一个滚动面板，其中包含项目参与人列表和指定项目参与人的控制面板。这样如果项目参与人过多，就可以通过滚动条来调整。关键代码如下。

程序 46 代码位置：资源包 \MR\ 源码 \18\ 开发计划管理系统 \src\com\lzw\bookProject\ItemPanel.java。

```
private AlphaScrollPane getPerPanel() {
    if (perPanel == null) {
```

```
        perPanel = new AlphaScrollPane();                    // 创建滚动面板
        perPanel.setBorder(createTitledBorder(null, "项目参与人", TitledBorder.
                        DEFAULT_JUSTIFICATION, TitledBorder.ABOVE_TOP,
                        new Font("sansserif", Font.BOLD, 12), new Color(59,
                        59, 59)));
        perPanel.setPreferredSize(new Dimension(200, 204));  // 设置初始大小
        perPanel.setBorderPaint(true);                       // 绘制边框
        perPanel.setHeaderOpaquae(false);
        perPanel.setViewportView(getJList());                // 设置滚动视图的控件
        // 设置列视图的控件为人员控制面板
        perPanel.setColumnHeaderView(getPersonnelToolPanel());
        perPanel.setOpaque(false);
        perPanel.getColumnHeader().setOpaque(false);
    }
    return perPanel;
}
```

（4）项目参与人列表只是一个简单的 JList 列表控件，所以这里省略它的创建代码，而介绍其控制面板，它用于控制项目参与人员的添加和删除。界面如图 18.21 所示。

董事长 ▼ 添加 删除

图 18.21　项目参与人列表的控制面板

面板中包含“添加”和“删除”按钮，还有一个用于选择人员的下拉列表框，单击“添加”按钮可以从下拉列表框中选择添加人员，而单击“删除”按钮将从参与人列表中确认要删除的人员。

控制面板的程序关键代码如下。

程序 47 代码位置：资源包 \MR\ 源码 \18\ 开发计划管理系统 \src\com\lzw\bookProject\ItemPanel.java。

```
private JToolBar getPersonnelToolPanel() {
    if (personnelToolPanel == null) {
        personnelToolPanel = new JToolBar();             // 创建工具面板
        personnelToolPanel.setFloatable(false);          // 取消浮动效果
        personnelToolPanel.add(getWriterInfoComboBox(), null);
        // 添加公司人员下拉列表框
        personnelToolPanel.add(getPerAddButton(), null); // 将人员添加按钮布置到面板
        personnelToolPanel.add(getPerDeleteButton(), null); // 将人员删除按钮布置到面板
    }
    return personnelToolPanel;
}
```

公司人员下拉列表框只是一个普通的控件，这里省略其创建代码，主要介绍两个按钮。其中，“添加”按钮从其左侧的公司人员下拉列表框中获取人员对象，然后添加到人员列表控件中。其关键代码如下。

程序 48 代码位置：资源包\MR\源码\18\开发计划管理系统\src\com\lzw\bookProject\ItemPanel.java。

```
private JButton getPerAddButton() {
    if (perAddButton == null) {
        perAddButton = new JButton();               // 创建按钮
        perAddButton.setText("添加");               // 设置文本
        // 添加事件监听器
        perAddButton.addActionListener(new ActionAdapter() {
            @Override
            public void actionPerformed(ActionEvent e) {
                // 获取下拉列表框中选择的人员对象
                Personnel per = (Personnel) getWriterInfoComboBox().getSelectedItem();
                // 获取参与人员列表控件的模型对象
                DefaultListModel model = (DefaultListModel) getJList().getModel();
                boolean contains = model.contains(per);
                if (!contains) {                    // 如果模型中没有该人员对象
                    // 将选择的人员对象添加到列表控件的模型中
                    model.addElement(per);
                }
            }
        });
    }
    return perAddButton;
}
```

项目参与人员控制面板上的“删除”按钮将获取人员列表中处于选择状态的选项，从该选项中读取人员对象，然后从列表控件中移除。关键代码如下。

程序 49 代码位置：资源包\MR\源码\18\开发计划管理系统\src\com\lzw\bookProject\ItemPanel.java。

```
private JButton getPerDeleteButton() {
    if (perDeleteButton == null) {
        perDeleteButton = new JButton();                    // 创建按钮
        perDeleteButton.setText("删除");                    // 设置文本
        // 添加事件监听器
```

```
        perDeleteButton.addActionListener(new ActionListener() {
            @Override
            public void actionPerformed(ActionEvent e) {
                // 获取参与人员列表控件中选择的人员对象
                Object value = getJList().getSelectedValue();
                // 获取列表控件的数据模型
                DefaultListModel model = (DefaultListModel) getJList().getModel();
                // 从列表控件中移除选定的人员对象
                model.removeElement(value);
                getJList().revalidate();
            }
        });
    }
    return perDeleteButton;
}
```

（5）编写图书项目界面中的“确定”按钮。这个按钮用于完成界面中的图书项目添加或者修改操作，这要根据用户的选择来判断。当用户单击“修改计划”按钮进入图书项目界面时，该界面的类的图书项目对象是数据库中已经存在的，它有 id 主键标识，因此会导致“确定”按钮执行修改操作，否则，就执行添加操作。程序关键代码如下。

程序 50 代码位置：资源包 \MR\ 源码 \18\ 开发计划管理系统 \src\com\lzw\bookProject\ItemPanel.java。

```
private JButton getItemOkButton() {
    if (itemOkButton == null) {
        itemOkButton = new JButton();              // 创建按钮控件
        itemOkButton.setText(" 确定 ");            // 设置按钮文本
        // 添加按钮事件监听器
        itemOkButton.addActionListener(new ActionAdapter() {
            @Override
            public void actionPerformed(ActionEvent e) {
                BookProject project = getBookProject();
                if (project == null)                  // 禁止修改空的不存在项目
                    return;
                if (project.getPname() == null || project.getPname().isEmpty()) {
                    JOptionPane.showMessageDialog(null, " 必须指定项目名称 ");
                    return;
                }
                BookProjectDao dao = new BookProjectDao();// 创建图书项目表操作对象
                dao.insertOrUpdateBookProject(project); // 添加或修改图书计划
                // 获取项目参与人控件模型
                DefaultListModel model = (DefaultListModel) getJList().getModel();
```

```
                Enumeration<?> elements = model.elements();
                try {// 添加项目参与人
                      // 遍历项目参与人集合
                    while (elements.hasMoreElements()) {
                        Personnel per = (Personnel) elements.nextElement();
                        ItemPersonnel ip = new ItemPersonnel();// 新建项目参与人对象
                        ip.setPerId(per);// 初始化项目参与人信息
                        ip.setBookId(project);
                        try {
                            dao.insertPersonnel(ip);// 把项目参与人对象添加到数据库
                        } catch (Exception e1) {
                            ExceptionTools.showExceptionMessage(e1);
                        }
                    }
                    JOptionPane.showMessageDialog(null, "操作完成");
                    BookProjectPanel parent = (BookProjectPanel) getParent();
                    parent.loadProjects();// 重新加载所有图书项目
                    CardLayout layout = (CardLayout) getParent().getLayout();
                    layout.show(getParent(), "计划添加");
                } catch (Exception e1) {
                    ExceptionTools.showExceptionMessage(e1);
                }
            }
        });
    }
    return itemOkButton;
}
```

（6）在图书项目界面中还有另外的功能界面，那就是出版社信息面板，它是由 getPublisherPanel() 方法实现的。在这个面板中可以添加出版社信息，它是通过“添加”按钮激活的。程序界面如图 18.22 所示。

图 18.22　出版社信息面板

单击界面中的“取消”按钮可以取消并隐藏出版社信息面板。下面介绍出版社信息面板的程序代码。

程序 51 代码位置：资源包 \MR\ 源码 \18\ 开发计划管理系统 \src\com\lzw\bookProject\ItemPanel.java。

```
private JPanel getPublisherPanel() {
    if (publisherPanel == null) {
        GridBagConstraints gridBagConstraints71 = new GridBagConstraints();
```

```
            gridBagConstraints71.gridx = 3;
            gridBagConstraints71.gridy = 0;
            GridBagConstraints gridBagConstraints70 = new GridBagConstraints();
            gridBagConstraints70.gridx = 2;
            gridBagConstraints70.gridy = 0;
            GridBagConstraints gridBagConstraints69 = new GridBagConstraints();
            gridBagConstraints69.fill = GridBagConstraints.HORIZONTAL;
            gridBagConstraints69.gridy = 0;
            gridBagConstraints69.weightx = 1.0;
            gridBagConstraints69.insets = new Insets(0, 0, 0, 5);
            gridBagConstraints69.gridx = 1;
            GridBagConstraints gridBagConstraints68 = new GridBagConstraints();
            gridBagConstraints68.gridx = 0;
            gridBagConstraints68.gridy = 0;
            jLabel34 = new JLabel();                       // 标签
            jLabel34.setText("出版社名称：");
            publisherPanel = new JPanel();                 // 创建出版社信息面板
            publisherPanel.setLayout(new GridBagLayout()); // 设置布局管理器
            publisherPanel.setVisible(false);              // 默认隐藏面板
            publisherPanel.setOpaque(false);                   // 面板透明
            publisherPanel.add(jLabel34, gridBagConstraints68);
            publisherPanel.add(getPublisherField(), gridBagConstraints69);
            // 添加出版社名称文本框
            publisherPanel.add(getPublisherAddButton(), gridBagConstraints70);
            // 添加出版社添加按钮
            publisherPanel.add(getPublisherCancelButton(), gridBagConstraints71);
            // 添加出版社信息面板的取消按钮
        }
        return publisherPanel;
    }
```

编写出版社信息面板上的“添加”按钮，该按钮在事件监听器中接收用户输入的出版社名称，通过图书项目表的数据库操作类在数据库中添加该出版社的数据。程序关键代码如下。

程序 52 代码位置：资源包 \MR\ 源码 \18\ 开发计划管理系统 \src\com\lzw\bookProject\ItemPanel.java。

```
private JButton getPublisherAddButton() {
    if (publisherAddButton == null) {
        publisherAddButton = new JButton();            // 创建按钮控件
        publisherAddButton.setText("添加");            // 设置按钮文本
        // 添加事件监听器
        publisherAddButton.addActionListener(new ActionAdapter() {
```

```
            @Override
            public void actionPerformed(ActionEvent e) {
                String name = getPublisherField().getText();// 获取出版社名称
                if (name != null && !name.isEmpty()) {
                    // 创建图书项目数据表操作对象
                    BookProjectDao dao = new BookProjectDao();
                    Publisher pub = new Publisher();  // 新建出版社对象
                    pub.setName(name);               // 设置出版社对象名称
                    try {
                        dao.insertPublisher(pub);    // 保存出版社对象到数据库
                        getPublisherPanel().setVisible(false);
                        // 隐藏出版社信息面板
                    } catch (TableIDException e1) {
                        e1.printStackTrace();
                    }
                }
            }
        });
    }
    return publisherAddButton;
}
```

18.9 开发技巧与难点分析

扫码看视频

18.9.1 无法使用 JDK6 以上的 API

在使用 Eclipse 开发项目之前，需要确认编译器中的一些设置。当然，读者也可以随时调整这些设置，但是处于学习阶段的读者最好提前设置好，避免学习中造成混淆，影响程序调试的判断。

Eclipse 早期版本（如 Eclipse3.2）默认的编译器级别为 1.4，也就是使用 JDK1.4 级别的编译器，这样在程序编译和在 Eclipse 中编写代码时就无法使用 JDK1.4 以上的高级 API。所以在程序设计时最好确认项目使用的 Java 环境版本，如果需要使用高版本，必须设置默认的编译器级别为 1.6。中文环境的 Eclipse 也可能称为“6.0”。

修改步骤为：选择 Eclipse 菜单栏的窗口→首选项菜单项，弹出图 18.23 所示的首选项对话框。在该对话框左侧展开 Java 节点，选择编译器子节点，在右侧会出现编译器相关设置，打开编译器一致性级别下拉列表框，选择其中的 1.6 选项，有的 Eclipse 版本是 6.0 选项，它们是相等的。然后单击应用按钮使设置生效，最后单击确定按钮关闭首选项对话框。

这样就完成了 Eclipse 编译器级别的设置，现在的 Eclipse 开发环境可以使用最新的 Java 1.6 版本的 API 了。

图 18.23　修改 Eclipse 默认编译器级别

18.9.2　无法连接数据库

本项目使用 MySQL5.7 数据库，数据库连接的基本信息在 BaseDao 类中，位于 com.lzw.dao 类包中。这些数据库连接信息如果不正确，将导致数据库无法连接。特别要注意的是，访问数据库的 URL 路径，其中包括数据库服务器的主机名称，如果程序和数据库不在同一台计算机，要把 localhost 修改为数据库服务器所在计算机的主机名称或者 IP 地址。程序关键代码如下。

```
public abstract class BaseDao implements Remote {
    // 数据库驱动名称
    private static String driver = "com.mysql.jdbc.Driver";
    // 数据库访问路径
    private String dbUrl = "jdbc:mysql://127.0.0.1:3306/ProjectManagerDB";
    // 访问数据库的账号
    private String dbUser = "root";
    // 访问数据库的密码
private String dbPass = "123456";
}
```